石油化工职业培训指导用书

化工分析工

刘云霞　主编

中国石化出版社

内 容 提 要

本书根据石油化工行业的特点及《国家职业标准》和《石油化工职业技能鉴定要素细目表》的要求精心编就，内容涵盖化工分析工岗位高级工、技师、高级技师的基础理论知识和专业知识，具体包括化学分析、色谱分析、电化学分析、光化学分析和油品分析等化学基础知识和分析相关知识。

书中内容紧扣职业技能鉴定国家题库石化分库——化工分析工鉴定考核的知识点，可以作为石化行业化工分析工职业技能等级鉴定的培训教材，亦可作为分析化验专业人员理论学习的参考书。

图书在版编目（CIP）数据

化工分析工／刘云霞主编.
—北京：中国石化出版社，2009（2021.4 重印）
（石油化工职业培训指导用书）
ISBN 978-7-80229-891-0

Ⅰ. 化… Ⅱ. 刘… Ⅲ. TE972 Ⅳ. TE972

中国版本图书馆 CIP 数据核字（2009）第 042226 号

中国石化出版社出版发行
地址：北京市东城区安定门外大街 58 号
邮编：100011　电话：(010)57512500
发行部电话：(010)57512575
http://www.sinopec-press.com
E-mail:press@sinopec.com
北京科信印刷有限公司印刷
全国各地新华书店经销
*
787×1092 毫米 16 开本 21.25 印张 534 千字
2009 年 5 月第 1 版　2021 年 4 月第 4 次印刷
定价：45.00 元

编审委员会

主　　任　李永强

副 主 任　石惟理　张政海

委　　员　李永强　石惟理　张政海　陈丽萍

　　　　　吕　英　彭利民

编审组

主　　编　刘云霞

编写人员　于文军　王建全　邓正祥　赵世红

　　　　　冯　智　张红频　王建军　刘振河

主　　审　杨永坛

前　言

分析化验是企业生产过程中必不可少的重要组成部分，是企业的“眼睛”。生产各个环节都离不开质量检测工作的支持和帮助，它对企业提高产品质量，研发新产品，增加经济效益，提高市场竞争力等，都起到十分重要的作用。因此，为了预防质量事故发生，分析化验人员必须具备很高的素质。特别是面对现代科学技术的蓬勃发展，分析技术的更新和自动化程度的提高，新设备、新工艺的大量涌现，更加需要有效手段来提升分析化验人员的专业能力与技术素质。天津石化培训中心自2004年作为中国石化集团公司化工分析工高级技师培训基地以来，承担了职业技能鉴定国家题库石化分库《化工分析工》、石油化工职业技能培训教材《化工分析工》编写任务。当题库和培训教材用于岗位考核、鉴定时，深感与之相配套的理论教材的短缺。为此，天津石化培训中心集多年培训经验，组织相关专业技术专家、学者、专业教师、工程技术人员开发了该培训指导用书，不仅适用于职业技能鉴定的复习指导，也可作为化工分析工高技能人才培训的学习参考书。

作为培训指导用书，本书力求做到内容丰富、语言精炼、通俗易懂、注重实用，能够满足员工对化工分析工专业理论培训学习的需要。作为一本偏重于职业技能鉴定培训的理论参考书，本书内容以国家题库为依托，根据多年技能等级鉴定培训实践经验进行了精心选择，以有用、够用为原则，对职业技能等级鉴定具有一定的指导意义。

本书在风格上力求用浅显的语言，深入浅出地对分析化验的理论知识进行阐述。为便于学习，书中选用了大量贴合国家题库的案例和习题，图文并茂，形象直观，以求有助于学习人员顺利通过职业技能鉴定。

全书共七个模块。模块一“相关知识”由王建全、张红频、于文军编写；模块二“化学基础知识”由冯智、刘振河编写；模块三“化学分析”由刘云霞编写；模块四“色谱分析”由于文军编写；模块五“电化学分析”由王建全编写；模块六“光学分析”由邓正祥编写；模块七“油品分析”由赵世红、王建军编写。中国石油科学研究院杨永坛对全书进行了统审。

在编审过程中直接或间接地参考和借鉴了许多国内外的专业书籍、资料，在此一并表示感谢！

由于教材内容涉及面广，技术相对超前，书中尚有不妥之处，请各位读者提出宝贵意见，以鞭策我们以后的工作。

目　录

模块一　相关知识

模块二　化学基础知识

模块五　电化学分析

模块六　光学分析

模块七　油品分析

模块一

相关知识

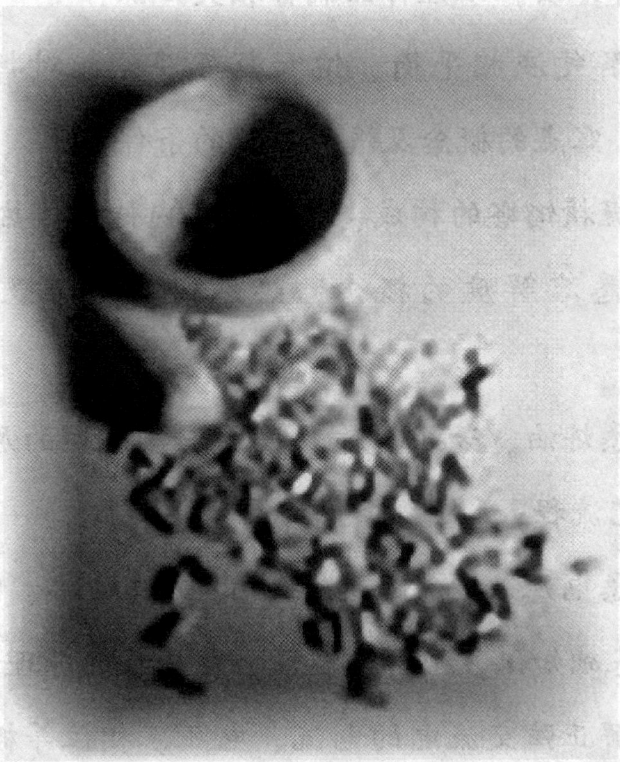

- 单元一　化工样品采样
- 单元二　工艺基础知识
- 单元三　电工基础知识

学 习 目 标

1. 掌握样品采集的相关知识和具体操作方法，学会根据有关数据进行采样验收方案的判定；

2. 了解固体、液体、气体化工样品采样设备，熟练掌握相关采样方法，掌握样品制备相关知识；

3. 了解气液相平衡、饱和蒸气压、相对挥发度、沸点、泡点、露点的概念及汽化冷凝的条件；

4. 掌握精馏塔的构成、作用及塔内传质传热过程；

5. 熟悉溶解度的概念，熟悉吸收、解吸的原理和条件；

6. 熟悉炼油、芳烃、烯烃板块中各装置的原料、产品和简要工艺流程；

7. 熟悉电压、电流、电阻、串并联电路、欧姆定律、电功率等基础知识，了解电流表、电压表的原理和结构；

8. 了解正弦交流电的电流、电压、相位等概念，了解电容、电感、阻抗及平均功率、等效电流等概念；

9. 了解三相交流电基本规律和基本用电常识。

单元一　化工样品采样

课题 1　采样基础知识

一般地说，采样误差常大于分析误差，因此样品采集和制作十分重要。如果采样和制样的方法不正确，即使分析工作做得非常仔细和正确，分析结果也是毫无意义的，有时甚至给生产和科研带来很坏的后果。

1.1　采样方案

采样的基本目的是从被检的总体物料中取得有代表性的样品，通过对样品的检测，得到在允许误差内的数据，从而求得被检物料的某一或某些特性平均值及其变异性。

采样的基本原则是使样品具有充分的代表性，当采样的费用较高时，在设计采样方案时可以兼顾采样误差和费用，但应满足对采样误差的要求。

采样方案的基本内容一般包括：确定总体物料的范围；确定采样单元和二次采样单元；确定样品数、样品量和采样部位；确定采样操作方法和采样工具；规定样品的加工方法；规定采样的安全措施。采样方案必须在采样前制定，宗旨应是以最低的成本，在允许的采样误差范围内获得总体物料有代表性的样品。

1.2　采样误差

在采样过程中，由一些无法控制的偶然因素所引起的偏差称为采样随机误差。随机误差是无法避免的。实际工作中，可以通过增加采样的重复次数来缩小采样随机误差。

除随机误差外，由于采样方案、采样设备、操作者以及环境等因素所引起的采样误差称为采样系统误差。系统误差的偏差是定向的，在工作中应该极力避免，增加采样的重复次数是不能缩小这种类型的误差的。

采得的样品都可能包含采样的随机误差和系统误差，因此在通过检测样品求得的特性值数据差异中，既包括采样误差，又包括试验误差。

1.3　物料特性值的变异性

1.3.1　物料特性值的变异性类型

物料特性值的变异性类型可以分为两大类，即均匀物料和不均匀物料。具体分类如下：

- 物料
  - 均匀物料
  - 不均匀物料
    - 随机不均匀物料
    - 非随机不均匀物料
      - 定向非随机不均匀物料
      - 周期非随机不均匀物料
      - 混合非随机不均匀物料

物料特性值的变异性类型如图 1-1～图 1-5 所示。

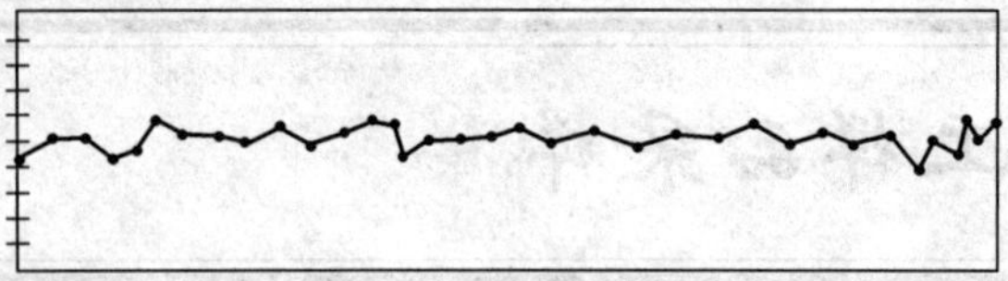

图 1-1　均匀物料特性值的变异类型

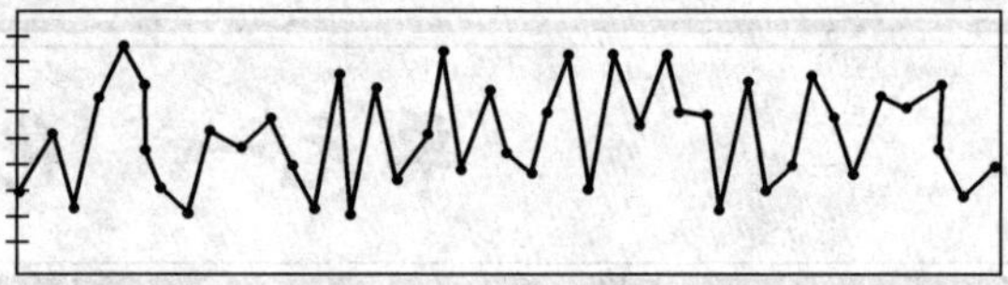

图 1-2　随机不均匀物料特性值的变异类型

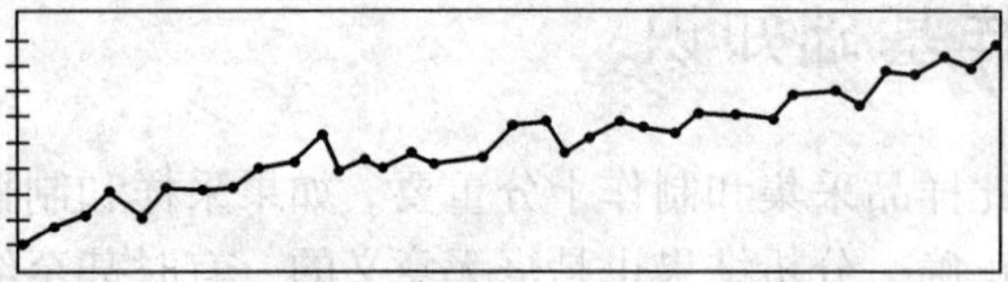

图 1-3　定向非随机不均匀物料特性值的变异类型

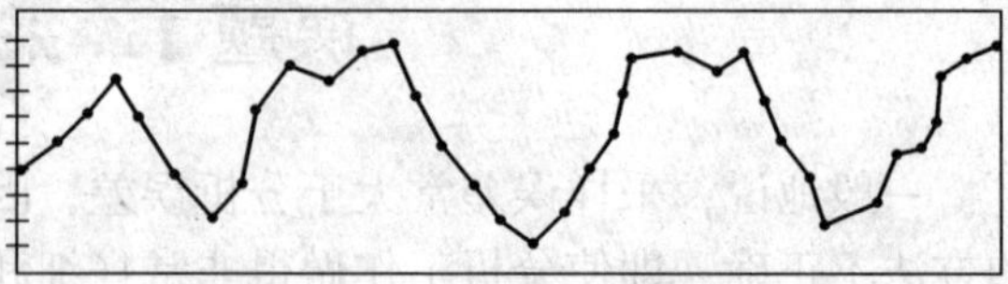

图 1-4　周期非随机不均匀物料特性值的变异类型

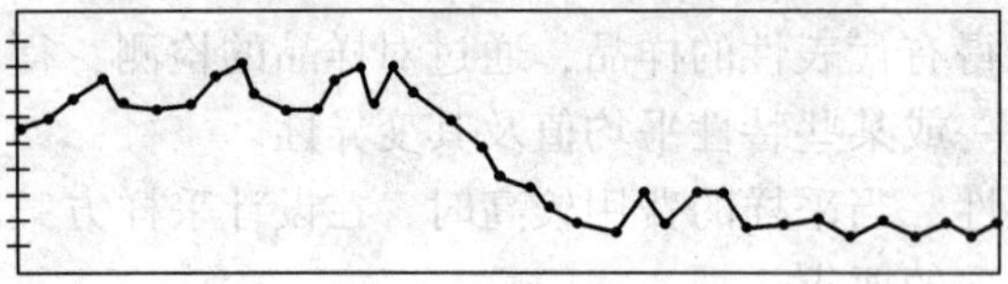

图 1-5　混合非随机不均匀物料特性值的变异类型

1.3.2　总体物料特性值的变异性及其类型推断

总体物料特性值的变异性及其类型是设计采样方案的基础。它们是客观存在的，但要通过检测的数据来估计，所需费用很高，而且操作很困难，所以在设计采样方案时，一般不进行实测，而是根据经验和已经掌握的物料信息来推断和假设。

1.4　样品采集的特点

采样检验是通过检验样品而对总体物料的质量做出评价和判断的一种检验方法，所以采集的样品必须能够代表总体物料的所有特性。

1.4.1　均匀物料的采样

均匀物料的采样，原则上可以在物料的任意部位进行，但在采样过程中不应带进杂质，并要注意操作不能引起物料的变化，如吸水、氧化等。

均匀物料的均匀性是随着规定考察单元大小的不同而可能有变化的。例如，50kg 桶包装的 10t 物料，桶间特性平均值没有显著差异，因此，这批物料对于桶单元来说是均匀物料。但如果桶内物料在处理过程中有离析，从桶内不同部位采得的每份为 500g 的物料间的特性平均值就会有差异。所以，对于以 500g 为考察单元来说，物料是不均匀的。

1.4.2　不均匀物料的采样

对于不均匀物料的采样，除了要注意与均匀物料相同的两点以外，一般采取随机采样。对所得样品分别进行测定，再汇总所有样品的检测结果，可以得到总体物料的特性平均值和变异性的估计量。如果从总体物料中随机选取若干等量样品合并成大样，再缩分成最终样品，那么得到的特性平均值的估计量误差较大，同时也不能得到关于特性值变异性的信息。

1.5　样品数和样品量

在满足需要的前提下，能给出所需信息的最少样品数和最少样品量为最佳样品数和最佳样品量。

1.5.1 样品数

对于一般化工产品，都可用多单元物料来处理，其单元界线可能是有形的，如容器，也可能是设想的，如流动物料的一个特定时间间隔。其采样操作一般分为两步，首先选取一定数量的采样单元，然后按物料特性值的变异性类型分别进行采样。

总体物料的单元数小于500的，采样单元数推荐按表1-1的规定确定。总体物料的单元数大于500的，推荐按总体单元数立方根的三倍数。如果物料的甲乙双方有明确的协议按照计量型一次采样验收方案来判断产品的质量，样品数可按照一次采样验收方案所要求的样品数确定。

表1-1 采样单元数的选取规定

总体物料的单元数	选取的最少单元数	总体物料的单元数	选取的最少单元数
1~10	全部单元	182~216	18
11~49	11	217~254	19
50~64	12	255~296	20
65~81	13	297~343	21
82~101	14	344~394	22
102~125	15	395~450	23
126~151	16	451~512	24
152~181	17		

对于固体散装物料，批量少于2.5t的，采样为7个单元或点；批量为2.5~80t的，采样为$\sqrt{\text{批量(t)}}\times 20$个单元或点，计算到整数；对于批量大于80t的，采样为40个单元或点。

1.5.2 样品量

在满足需要的前提下，样品量至少应满足以下要求：至少满足三次重复检测的需求；当需要留存备考样品时，应满足备考样品的需求；对采得的样品物料如需做制样处理时，应满足加工处理的需要。固体化工样品的最终样品量应满足检测和备考的需要，一般把样品等量分成两份，一份供检测用，一份留作备考，每份样品量至少应为检验需要量的3倍。液体化工样品一般将原始进样量缩分到2~3份小样，一份送试验室，一份保留，在必要时封送一份给买方。

1.6 采样相关工作

1.6.1 采样记录和采样报告

采样时应记录被采物料的状况和采样操作，如记录物料的名称、来源、编号、数量、包装情况、存放环境、采样部位、所采的样品数和样品量、采样日期、采样人姓名等。必要时根据记录填写采样报告。对于例行的常规采样，可以简化上述规定。

1.6.2 样品的容器和保存

样品容器应满足如下要求：具有符合要求的盖、塞或阀门，在使用前必须洁净、干燥；材质必须不与样品物质起作用，并不能有渗透性；对光敏性物质，盛样容器应该是不透光的，或在容器外罩避光塑料袋。

对于样品标签，一般包括样品名称及样品编号、总体物料批号及数量、生产单位、采样部位、样品量、采样日期和采样者等。在实际制作样品标签时，根据具体情况还应增加一些必要内容。此外，产品采样方法标准或操作规程中，还应规定样品的保存量、保存环境、保存时间以及撤销办法等。

固体化工样品备检样品贮存时间一般为六个月，根据实际的需要和物料的特性，可以适当的延长或缩短。液体化工样品的贮存要求在买卖双方协商的规定日期内妥善保存样品，对易挥发物质，样品容器必须有预留空间，需密封，并定期检查是否泄漏；对光敏物质，样品应装入棕色玻璃瓶中并置于避光处；对温度敏感物质，样品应贮存在规定的温度之下；对易和周围环境起作用的物质，应隔绝氧气、二氧化碳和水；对高纯度物质应防止受潮和灰尘浸入。

剧毒、危险样品的保存和撤销，除遵守一般规定外，还应遵守毒物或危险化学品的有关规定。

课题 2　采样验收方案

2.1　总体特性平均值及其标准差的估计

总体物料特性平均值 μ 及其标准差 σ 往往是未知的，对它们的估计可以根据过去的生产数据或从总体物料中选取有代表性的样品，根据对样品测定值的平均值和样品标准差来估计总体的特性平均值和标准差。

在进行估计时，样品测定次数越多，参与计算的测定值数目越大，估计就越精确。

2.2　用总体特性平均值来衡量产品质量的采样验收方案

2.2.1　单侧下限的采样验收方案

要求总体物料特性平均值越大越好，μ_1 和 $\mu_2(\mu_1>\mu_2)$ 为质量指标，当 $\mu\geqslant\mu_1$ 时，以高概率（大于 $1-\alpha$）判为合格，当 $\mu\leqslant\mu_2$ 时，则以很小概率（不超过 β）判为合格。α 和 β 分别为事先规定的第一种和第二种错判概率。根据给定的 μ_1、μ_2、α 及 β，按表 1-2 中规定的公式计算验收方案的样品数 n 和 k 值，并应用相应的判定规则。

表 1-2　用总体特性平均值来衡量产品质量的单侧下限采样验收方案

总体物料特性值的标准偏差 σ 为已知时	总体物料特性值的标准偏差 σ 为未知时
$n=\left[\dfrac{\phi^{-1}(\alpha)-\phi^{-1}(1-\beta)}{\mu_1-\mu_2}\sigma\right]^2$ $k=\dfrac{\mu_2\phi^{-1}(\alpha)-\mu_1\phi^{-1}(1-\beta)}{\phi^{-1}(\alpha)-\phi^{-1}(1-\beta)}$ 判定规则为： 当 $\overline{X}\geqslant k$ 时，判为合格； 当 $\overline{X}<k$ 时，判为不合格。	$n=\left[\dfrac{\phi^{-1}(1-\beta)-\phi^{-1}(\alpha)}{\mu_1-\mu_2}\sigma\right]^2+\dfrac{[\phi^{-1}(\alpha)]^2}{2}$ $k=\dfrac{(\mu_1-\mu_2)\phi^{-1}(\alpha)}{\sigma[\phi^{-1}(1-\beta)-\phi^{-1}(\alpha)]}$ （σ 为未知，可根据已有资料估计） 判定规则为： 当 $\overline{X}-ks\geqslant\mu_1$ 时，判为合格； 当 $\overline{X}-ks<\mu_1$ 时，判为不合格。

式中　n，k——样品数；　α——第一种错判概率；　β——第二种错判概率；
σ——标准偏差；　μ——特性平均值；　s——样品标准偏差

案例 一批化学原料，某种化学成分的分布是正态的，且标准偏差为0.45%，希望此种化学成分的平均值不应低于42%，如果不超过41%，只能以小概率接收，且规定 $\alpha=0.05$，$\beta=0.01$，试给出满足上述要求的一次采样验收方案。

解析：由已知条件，查表得

$\phi^{-1}(\alpha)=\phi^{-1}(0.05)=-1.64 \quad \phi^{-1}(1-\beta)=\phi^{-1}(0.99)=2.33$

代入公式得 $n=3.2$（以4计），$k=41.6$

因此，采样验收方案是：

从总体物料中采4个单位样品，检测并计算其化学成分的平均值，从而得到判定规则为：

当 $\overline{X}\geqslant 41.6$ 时，判为合格；当 $\overline{X}<41.6$ 时，判为不合格。

如果标准差为未知，0.45%仅为一个估计值，则可按公式求得 $n=4.54$（以5计），$k=-0.92$，则采样验收方案是从总体物料中采5个单位样品，检测并计算其化学成分的平均值和样品标准差，从而得到判定规则为：

当 $\overline{X}+0.92s\geqslant 42$ 时，判为合格；当 $\overline{X}+0.92s<42$ 时，判为不合格。

2.2.2 单侧上限的采样验收方案

要求总体物料特性平均值越小越好，μ_1 和 $\mu_2(\mu_1>\mu_2)$ 为质量指标，当 $\mu\leqslant\mu_2$ 时，以高概率（大于 $1-\alpha$）判为合格，当 $\mu\geqslant\mu_1$ 时，则以很小概率（不超过 β）判为合格。α 和 β 分别为事先规定的第一种和第二种错判概率。根据给定的 μ_1、μ_2、α 及 β，按表1-3中规定的公式计算验收方案的样品数 n 和 k 值，并应用相应的判定规则。

表1-3 用总体特性平均值来衡量产品质量的单侧上限采样验收方案

总体物料特性值的标准偏差 σ 为已知时	总体物料特性值的标准偏差 σ 为未知时
$n=\left[\dfrac{\phi^{-1}(1-\alpha)-\phi^{-1}(\beta)}{\mu_1-\mu_2}\sigma\right]^2$ $k=\dfrac{\mu_1\phi^{-1}(1-\alpha)-\mu_2\phi^{-1}(\beta)}{\phi^{-1}(1-\alpha)-\phi^{-1}(\beta)}$ 判定规则为： 当 $\overline{X}\leqslant k$ 时，判为合格； 当 $\overline{X}>k$ 时，判为不合格。	$n=\left[\dfrac{\phi^{-1}(\alpha)-\phi^{-1}(\beta)}{\mu_1-\mu_2}\sigma\right]^2+\dfrac{[\phi^{-1}(\alpha)]^2}{2}$ $k=\dfrac{(\mu_1-\mu_2)\phi^{-1}(\alpha)}{\sigma[\phi^{-1}(\alpha)+\phi^{-1}(\beta)]}$ （σ 为未知，可根据已有资料估计） 判定规则为： 当 $\overline{X}-ks\leqslant\mu_2$ 时，判为合格； 当 $\overline{X}-ks>\mu_2$ 时，判为不合格。

2.2.3 双侧限的采样验收方案

要求总体物料特性平均值同时满足上下限要求，μ_0 为质量指标，允许偏差为 $\pm d_0$，当 $\mu=\mu_0$ 时，以高概率（大于 $1-\alpha$）判为合格，当 $|\mu-\mu_0|\geqslant d_0$ 时，则以很小概率（不超过 β）判为合格。α 和 β 分别为事先规定的第一种和第二种错判概率。根据给定的 μ_0、d_0、α 及 β，按以下公式计算验收方案的样品数 n 和 d 值，并应用相应的判定规则。

$$n=\left[\frac{\phi^{-1}(\alpha/2)+\phi^{-1}(\beta)}{d_0}\sigma\right]^2 \qquad d=\frac{d_0\phi^{-1}(\alpha/2)}{\phi^{-1}(\alpha/2)+\phi^{-1}(\beta)}$$

判定规则为：

当 $|\overline{X}-\mu_0|\leqslant d$ 时，判为合格；当 $|\overline{X}-\mu_0|>d$ 时，判为不合格。

2.3 用总体不合格品率来衡量产品质量的采样验收方案

2.3.1 单侧下限的采样验收方案

当单位产品的特性值 $x\geqslant L$ 时为合格品，否则为不合格品。此时，L 即为单侧下限。事先给定两个不合格品率 P_1 和 $P_2(P_1<P_2)$，当总体物料的不合格品率 $P\leqslant P_1$ 时，以大概率（大于 $1-\alpha$）判为合格，当 $P\geqslant P_2$ 时，则以很小概率（不超过 β）判为合格。α 和 β 分别为事先规定的第一种和第二种错判概率。根据给定的 L、P_1、P_2、α 及 β，按表 1-4 中规定的公式计算验收方案的样品数 n 和 k 值，并应用相应的判定规则。

表 1-4 用总体不合格品率来衡量产品质量的单侧下限采样验收方案

总体物料特性值的标准偏差 σ 为已知时	总体物料特性值的标准偏差 σ 为未知时
$n=\left[\frac{\phi^{-1}(\alpha)-\phi^{-1}(1-\beta)}{\phi^{-1}(P_1)-\phi^{-1}(P_2)}\right]^2$ $k=L+\left[\frac{\phi^{-1}(P_1)\phi^{-1}(1-\beta)-\phi^{-1}(P_2)\phi^{-1}(\alpha)}{\phi^{-1}(\alpha)-\phi^{-1}(1-\beta)}\right]\sigma$ 判定规则为： 当 $\overline{X}\geqslant k$ 时，判为合格； 当 $\overline{X}<k$ 时，判为不合格。	$n=\left[\frac{\phi^{-1}(\alpha)-\phi^{-1}(1-\beta)}{\phi^{-1}(P_1)-\phi^{-1}(P_2)}\right]^2\left(1+\frac{k^2}{2}\right)$ $k=\frac{\phi^{-1}(P_1)\phi^{-1}(1-\beta)-\phi^{-1}(P_2)\phi^{-1}(\alpha)}{\phi^{-1}(\alpha)-\phi^{-1}(1-\beta)}$ 判定规则为： 当 $\overline{X}-ks\geqslant L$ 时，判为合格； 当 $\overline{X}-ks<L$ 时，判为不合格。
式中 L——单侧下限；P——不合格品率；d_0——允许偏差	

2.3.2 单侧上限的采样验收方案

当单位产品的特性值 $x<U$ 时为合格品，否则为不合格品。此时，U 即为单侧上限。其他与单侧下限相同。在此情况下，根据给定的 U、P_1、P_2、α 及 β,，按表 1-5 中规定的公式计算验收方案的样品数 n 和 k 值，并应用相应的判定规则。

表 1-5 用总体特性平均值来衡量产品质量的单侧上限采样验收方案

总体物料特性值的标准偏差 σ 为已知时	总体物料特性值的标准偏差 σ 为未知时
$n=\left[\frac{\phi^{-1}(1-\alpha)-\phi^{-1}(\beta)}{\phi^{-1}(1-P_1)-\phi^{-1}(1-P_2)}\right]^2$ $k=U-\left[\frac{\phi^{-1}(1-P_2)\phi^{-1}(1-\alpha)-\phi^{-1}(1-P_1)\phi^{-1}(\beta)}{\phi^{-1}(1-\alpha)-\phi^{-1}(\beta)}\right]\sigma$ 判定规则为： 当 $\overline{X}\leqslant k$ 时，判为合格； 当 $\overline{X}>k$ 时，判为不合格。	$n=\left[\frac{\phi^{-1}(\alpha)-\phi^{-1}(1-\beta)}{\phi^{-1}(P_1)-\phi^{-1}(P_2)}\right]^2\left(1+\frac{k^2}{2}\right)$ $k=\frac{\phi^{-1}(P_1)\phi^{-1}(1-\beta)-\phi^{-1}(P_2)\phi^{-1}(\alpha)}{\phi^{-1}(\alpha)-\phi^{-1}(1-\beta)}$ 判定规则为： 当 $\overline{X}-ks\leqslant U$ 时，判为合格； 当 $\overline{X}-ks>U$ 时，判为不合格。

2.3.3 双侧限的采样验收方案

如果采用同时控制两侧不合格品率，则以产品特性值上限为 U，下限为 L，如果 $L\leqslant x\leqslant U$ 为合格品，否则为不合格品。总体物料中的特性值小于 L 的单位产品规定不能超过 P_1，同一物料中特性值大于 U 的单位产品规定不超过 P_2。则判定规则为：

当 $\overline{X}-k_1s\geqslant L$ 和 $\overline{X}+k_2s\leqslant U$ 同时成立时，判为合格；

当其他情况时判为不合格。

如果采用控制两侧不合格品率之和，则要求在经过采样检测被判为合格的总体物料中，特性值小于 L 和大于 U 的两部分单位产品的总数不超过给定的 P 值。判定规则为：

当 $\overline{X}-ks\geqslant L$ 和 $\overline{X}+ks\leqslant U$ 同时成立时，判为合格；

当其他情况时判为不合格。

式中的 k_1、k_2、k 可查表得到。

训练

1. 为满足用户要求而确定成品的质量属于采样的(　　)。

(A)商业目的　　(B)技术目的

(C)基本目的　　(D)安全目的

2. 环境卫生局对某生产厂的排水进行抽样检测，该活动属于采样的(　　)。

(A)技术目的　　(B)安全目的　　(C)法律目的　　(D)商业目的

3. 如果采样费用较高，设计采样方案时为节省费用(　　)。

(A)可以忽略采样误差要求　　(B)必须满足采样误差要求

(C)可以只考虑采样费用　　(D)可以消除采样安全投入

4. 下列叙述不属于影响采样方案的因素的是(　　)。

(A)确定总体物料的范围　　(B)被采总体物料的范围

(C)被检物料的规格　　(D)判定标准的特性定义

5. 总体物料的特性值沿着一定方向改变的物料是(　　)。

(A)随机不均匀物料　　(B)定向非随机不均匀物料

(C)周期非随机不均匀物料　　(D)混合非随机不均匀物料

6. 应用总体特性平均值单侧上限采样验收方案时，β 表示(　　)。

(A)第一种错判概率　　(B)第二种错判概率

(C)样品标准差　　(D)特性平均值

7. 总体物料的特性值的标准偏差为已知时，应用总体不合格品率单侧下限采样验收方案判定为合格的条件是：总体物料的特性平均值(　　)k。

(A)$>$　　(B)$\geqslant$　　(C)$<$　　(D)$\leqslant$

8. 总体物料的特性值的标准差为已知时，应用总体不合格品率单侧上限采样验收方案判定为合格的条件是：总体物料的特性平均值(　　)k。

(A)$>$　　(B)$\geqslant$　　(C)$<$　　(D)$\leqslant$

9. 应用同时控制两侧不合格品率的采样验收方案时，总体物料中特性值小于 L 的单位产品应不超过(　　)。

(A)P　　(B)P_1　　(C)P_2　　(D)d

10. 应用控制两侧不合格品率之和的采样验收方案时，总体物料中特性值小于 L 和大于 U 的两部分单位产品的总数应不超过(　　)。

(A)P　　(B)P_1　　(C)P_2　　(D)d

课题3　样品采集

3.1　固体化工样品采样

固体化工样品的样品类型包括部位样品、定向样品、代表样品、截面样品和几何样品，应根据采样目的、采样条件、物料状况确定样品种类，然后制定采样方案，进行采样。

固体化工样品采样器具包括采样探子、采样钻、气动和真空探针、分样器、自动采样器等。

3.1.1　固体化工样品采样方法

件装粉末、小颗粒、小晶体取样应采用采样探子或其他合适的工具，从采样单元中按一定的方向，插入一定深度取定向样品，每个采样单元中所取得的定向样品的方向和数量依据容器中物料的均匀程度确定。散装粉末、小颗粒、小晶体的静止物料根据量的大小及均匀程度，用勺、铲或采样探子从物料的一定部位或沿一定的方向取部位样品或定向样品。运动物料用自动采样器、勺子或其他合适的工具从皮带运输机或物质的落流中随机的或按一定的时间间隔取截面样品。

件装粗粒和规则块状物取样应直接沿一定方向，在一定深度上取定向样品，采样时应注意，用采样探子取样有可能改变物料的粒径。散装粗粒和规则块状物的静止物料根据物料量的大小及均匀程度，用勺、铲或其他合适的工具在物料的一定部位取部位样品或沿一定的方向取定向样品。运动物料用适当的工具或采用分流的方法，从皮带运输机上或从落流中随机的或按一定的时间间隔取截面样品。如果能用适当的装置粉碎物料，则粉碎后按粉末、小颗粒、小晶体的采样方式采样。

可以切割的固体样品一般用刀子或其他合适的工具在物料的一定部位取截面样品或一定形状和重量的几何样品。

要求特殊处理的固体是指同周围环境中的一种或多种成分有反应的固体及活泼或不稳定的固体。此类固体应按有关标准或规定进行采样。

3.1.2　固体化工样品样品制备

样品制备是为了从较大量的原始样品中获取最佳量的、能满足检验要求的、待测性质能代表总体物料特性的样品。制备时应遵守以下原则：原始样品的各部分应有相同的概率进入最终样品；制备技术和装置在样品制备过程中不破坏样品代表性，不改变样品组成，不使样品受到污染和损失；在检验允许的前提下，为了不加大采样误差，应在缩减样品的同时缩减粒度；应根据待测特性、原始样品的量及粒度以及待采样物料的性质确定样品制备的步骤及采用的技术。

固体化工样品制备技术包括粉碎、混合和缩分三个阶段。应根据具体情况一次或多次重复操作，直至获得最终样品。粉碎、混合及缩分均可根据具体情况选用手工或机械方法进行，操作时应选择适当的工具。

常用的手工缩分方法包括四等分法和交替铲法，选用何种方法应根据物料状况确定。

3.2　液体化工样品采样

3.2.1　液体化工产品采样设备

液体化工产品采样设备包括采样勺、采样管、采样瓶或罐以及管线采样设备。

采样勺用不与被采物料发生化学作用的金属或塑料制成，包括表面样品采样勺和混合样品采样勺(采样杯)。

采样管是一个由玻璃、金属或塑料制成的管子，能插入到桶、罐、槽车中所需要的液面上。采样管也可用于从一个选择的液面上采取点样或采取底部样，以检查存在的污染物。当采样管设计和处置适宜并插入缓慢时，还可用于从液体的纵向截面采取代表性的样品。

采样瓶、罐包括玻璃采样瓶、采样笼罐和金属制采样瓶(罐)。金属制采样瓶(罐)又可分为普通型采样器、加重型采样器和底阀型采样器。普通型采样器通常为不锈钢制采样瓶，体积500mL，适用于贮罐、槽车和船舶采样。加重型采样器容量一般为500mL，主要应用于相对密度较大的液体化工样品采样，如浓硫酸。底阀型采样器运用于贮罐、槽车和船舱底部采样，采样器的阀或塞子与罐底接触就打开，离开就关闭。

管线取样设备是一个伸到管线内的管线取样器，试样入口点在不小于管线内径的1/3处。取样时，取样点应位于湍流范围内，湍流常在管线的冲洗段或在泵的输出侧。如果没有冲洗段，取样器应水平安装在管线的垂直段，且靠近泵出口。

3.2.2 *液体化工产品采样方法*

(1) 常温下为流动态的液体样品

① 件装容器采样分为小瓶装(25~500mL)、大瓶装(1~10L)或小桶装(≈19L)和大桶装(≈200L)。小瓶装产品按采样方案随机采得若干瓶产品，各瓶摇匀后分别倒出等量的液体混合均匀作为样品，也可分别测定各瓶物料的某特性值以考察物料特性值的变异性和均值。大瓶装或小桶装产品，一般将被采样的瓶或桶用人工搅拌或摇匀后，用适当的采样管采取混合样品。大桶装样品，在静止情况下用开口采样管采全液位样品或采部位样品混合成平均样品，在滚动或搅拌均匀后，用适当的采样管采得混合样品。

② 贮罐采样包括立式圆形贮罐采样和卧式圆柱形贮罐采样。如贮罐侧壁安装有上、中、下采样口并配上阀门，当贮罐装满物料时，可从各采样口分别采取部位样品，然后按罐型相关要求混合成为平均样品。不满时，应该按照要求进行特殊取样处理。

③ 槽车和船舱采样。槽车包括火车槽车和汽车槽车。当顶部无法采样而物料又较为均匀时，可用采样瓶在槽车的排料口取样。对于船舱采样，应把采样瓶放入船舱内所需要的位置采取上、中、下部位样品，以等体积混合成平均样品。对装载相同产品的整船货物采样时，可把每个舱采得的样品混合成平均样品。当舱内物料比较均匀时，可采一个混合样或全液位样作为代表性样品。

④ 从输送管道采样。管道采样分为与流量成比例的试样和与时间成比例的试样，流速变化大于平均流速10%时，按流量比采样；较平稳时则按时间比采样，采样方法见表1-6和表1-7。

表1-6 与流量成比例的采样规定

输送数量	采样规定	输送数量	采样规定
不超过1000m^3	输送开始和结束时各一次	超过10000m^3	开始一次，以后每隔2000m^3一次
1000~10000m^3	开始一次，以后每隔1000m^3一次		

从输送管道采样，可以从出口端周期性的放置一个样品容器，容器上放漏斗以防外溢，

采样时间间隔与流速成反比，混合体积和流速成正比。此外，从输送管道采样还可采用探头采样和自动管线采样器采样。

表 1-7 与时间成比例的采样规定

输送时间	采样规定	输送时间	采样规定
不超过 1h	输送开始和结束时各一次	2～24h	开始一次，以后每隔 1h 一次
1～2h	输送开始、中间和结束时各一次	超过 24h	开始一次，以后每隔 2h 一次

（2）稍加热即为流动态的化工样品

对于一些在常温下为固体，受热时就易变成流动液体而不改变其化学性质的产品，建议在生产厂的交货容器灌装后立即采取液体产品。当必须从交货容器中采样时，一种是把容器放入热熔室中使样品全部熔化后采样，另一种是劈开包装采固体样品。

采取该类样品的采样设备应是耐热材料制成并不和物料起化学作用，使用时，应慢慢放入热液体中，停留使达到温度平衡后采样。

在加热交货容器采样时，应注意排气，以防止容器破漏。同时，在采集热液体时，还要防止溅出引起烧伤。

（3）黏稠液体

黏稠液体在容器中采样难以混匀，建议在生产厂的交货容器灌装过程中采样。当必须从交货容器中采样时，应按有关标准中规定的采样方法或按协议方商定的采样方法进行。在生产厂采样可分为在生产厂的最终容器中采样和在生产厂的产品装桶时采样两种方式。

采取该类样品的采样器及样品容器应选用不使样品变质、对物料不造成污染的材料制成，其形状应考虑到使用和清洗的方便。如无棱角、无不能接触和不能直接观察的部位等。当样品从采样器中倒出之前，应有足够的时间让外挂液体流净，也可使用其他强制设施刮净外部液体。

（4）多相液体

多相液体是指含有可分离液相或固相的液体。如乳液、悬浮液、浆状液等。均匀悬浮液可以按常温下为流动态的液体采样程序采样，如果可分离相分离后不能重新悬浮，则不能按正常的液体采样。

多相液体可以按常温下为流动态的液体采样程序采样，但应根据其特性进行预检查后采样。预检查操作包括检查表皮、探查沉淀层、观察凝胶作用和搅拌混匀。

在采代表性样品时，必须在采样操作的全过程中连续不断地搅拌。在固相物质的沉降速度快时，最好采用机械搅拌。如果不能连续搅拌，应在停止搅拌后当液体还处于运动状态时快速采样。

采集该类样品的采样设备，为了适应快速采样的要求，进口部分不能狭窄。同时，为了防止所采集的样品中的固相物质减少影响样品液固比例的代表性，必须选用能关闭的采样器，以确保操作完毕时采样器能一直保持密闭状态。

1. 采集黏稠液体的采样设备及注意事项有哪些规定？

2. 您是否采集过槽车样品？在采集过程中，您如何确定采样位置？如何混合样品？请举例说明。

思考

3.3　气体化工样品采样

3.3.1　气体化工产品采样设备

气体化工产品采样设备包括采样器、导管、样品容器、预处理装置、调节压力或流量的装置、吸气器和抽气泵等。在分析之前接触样品的设备应对样品气不渗透，不吸收，在采样温度下无化学活性，不起催化作用，机械性能良好，容易加工连接。对于污染样品的部件，则应安装在分析仪器之后。如湿式流量计。

（1）采样器

硅硼玻璃采样器适用于采集低温样品，使用温度不得超过450℃。耐火采样器通常用透明的石英、瓷器、富铝红柱石或重结晶的氧化铝制成。该类采样器易碎，若无底座在高温下会变形，除石英外，受到突然的温度变化会破裂。石英采样器可在温度900℃以下长期使用，在1100℃时尽管有失去透明性的趋势，但仍可使用。在最高温度1500℃可短期使用。珐琅采样器一般能耐1400℃高温，但易受热灰侵蚀。氧化铝瓷器适用于在1500℃连续使用，富铝红柱石可在1700℃使用，而重结晶的氧化铝可在1900℃使用。

（2）导管

采用不锈钢管、碳钢管、铜管、铝管、特制金属软管、玻璃管、聚四氯乙烯或聚乙烯等塑料管和橡胶管。塑料管、乳胶管和橡胶管不能用于输送高纯气体。高纯气体应用不锈钢管或铜管采样，管间用硬焊或活动连接，但必须连接紧密确保不漏。只有在输送纯度要求不高的气体时才用橡胶或塑料管。

（3）样品容器

常见气体样品容器包括：玻璃容器、金属钢瓶、卡式气罐、液氯钢瓶、金属杜瓦瓶、吸附性采样管、球胆、塑料袋、复合膜气袋。

金属钢瓶包括单阀型、双阀型、非预留体积管型和预留体积管型。双阀预留容积管型采样钢瓶在连通预留容积管的阀门上做有标志。金属钢瓶常用小钢瓶，容积为0.1～5L，一般分耐高压和中压两类。钢瓶必须定期作强度试验，专瓶专用。

球胆易吸附烃类等气体，易渗透氢气等小分子气体，故放置后成分会发生变化。采样后必须立即分析，并且应固定球胆专取某种样品。

（4）调节压力和流量的装置

高压采样，一般可安装两级型式的减压调节器。高压或中压采样，可在采样导管和采样器之间装一个三通，将三通的一端连接一个合适的安全装置或放空装置。

3.3.2　气体化工样品采样

略高于大气压的气体采样时，一般将清洁、干燥的采样器连接到采样管路，打开采样阀，用相当于采样管路和容积至少10倍以上的气体清洗，然后关上出口采样阀，再关入口采样阀，移去采样器。

高压气体在采集样品时，应先减压至略高于大气压，然后采集样品。减压可采用装调压器、针阀或节流毛细管等方法。

等于或低于大气压的气体采集样品时，将采样器的一端连接到采样管，另一端连接到一个吸气器或抽气泵，抽入足量气体彻底清洗采样导管和采样器。先关采样器出口采样阀，再关采样器进口采样阀，移去采样器。

采集连续样品时应注意，在整个采样期内，应保持同样的速度向样品容器充气。

间断样品的采样常用手动操作。也可以用电子时间程序控制器接到气体采样系统，控制固定间隔时间自动采样。

混合样品的采样通常分为分取混合采样法和分段采样法。分取混合采样法是将不同容器内的气体分别按气体的体积采取等比例的气体样品，然后混合。分段采样法则是对一种气流，按规定距离由几个采样点采取部位样品，同时在每个采样点测量气体的流速。逐个分析这些样品，按下面的公式计算某一成分的平均浓度，式中 V 表示采样点的气体流速，X 表示成分的相应比例。

$$R = \frac{V_1X_1 + V_2X_2 + \cdots + V_nX_n}{V_1 + V_2 + \cdots + V_n}$$

高纯气体应每瓶采样，采样时应用 15 倍以上体积的样品气置换分析导管。

3.3.3 液化气体的采样

石油化工低碳烃类液化气体产品采样应根据检验需要的样品量选用不同规格型号的采样钢瓶或卡式气罐。采样钢瓶应清洁干燥，对非预留容积管型的采样钢瓶应在采样前称量皮重。卡式气罐应用待采物料冲洗至少 3 次。冲洗钢瓶后，采取液体样品约至采样钢瓶容积的 80%。

有毒化工液化气体产品的采样，如液氯，可使用带有一长一短双内管连通双阀门瓶头的液氯钢瓶，根据计算好的短内管长度，采得预留容积为液氯钢瓶容积 12%~15%的液氯样品。采样方法分为装车管线采样方法和卸车管线采样方法。

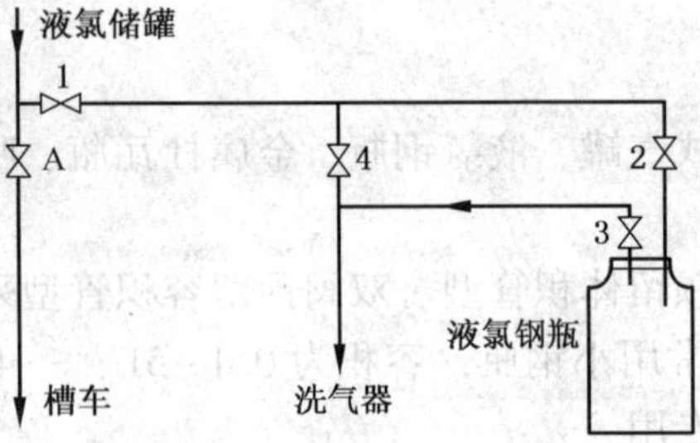

图 1-6 装车管线采样方法

采用装车管线采样时，按图 1-6 连接液氯钢瓶，所有阀门均处于关闭状态。顺次打开阀门 A、阀门 2 和 3，然后打开阀门 1。装车过程中，用阀门 1 调节流速，当液氯液面到达短内管最低点后，继续使液氯流经液氯钢瓶至少 10min，顺序关闭阀门 1、2、3，并立即打开阀门 4，使管线中的液氯蒸发掉。关闭阀门 4，取下液氯钢瓶。

采用卸车管线采样时，所有阀门均处于关闭状态。顺次打开阀门 A、阀门 3 和 2，然后打开阀门 1，当液氯液面到达短内管最低点后，继续使液氯流经液氯钢瓶至少 10min，顺序关闭阀门 3、2、1，并立即打开阀门 4，使管线中的液氯蒸发掉。关闭阀门 4，取下液氯钢瓶。

采集低温液化气体产品使用隔热良好的金属杜瓦瓶，采用直接注入法或通过盖帽注入法。

训练

1. 气体化工样品采样除瓶装气体外，多由管道运输，因此采样与(　　)关系较小。

(A)时间　(B)流速快　(C)流速慢　(D)采样量

2. 下列设备，不属于气体化工样品采样样品容器的是(　　)。

(A)玻璃容器　(B)金属钢瓶

(C)吸附剂采样管　(D)硅硼玻璃采样器

3. 下列内容不属于液体化工样品预检内容的是(　　)。

训练

(A)了解被采物料容器的大小　(B)了解附属设备的情况
(C)检查采样设备　(D)观察容器内物料的颜色

4. 为了从一个选择的液面上采取点样，应选择的设备是(　　)。

(A)采样瓶　(B)采样管　(C)采样勺　(D)采样杯

5. 下列样品类型中，不属于固体化工产品样品类型的是(　　)。

(A)部位样品　(B)定向样品　(C)混合样品　(D)代表样品

6. 粉末、小颗粒、小晶体等固体化工样品的采样应选用(　　)。

(A)真空探针　(B)采样钻　(C)采样探子　(D)采样勺

7. 化工样品的单元界限是(　　)。

(A)有形的　(B)无形的
(C)或有形或无形的　(D)不能用有形无形论断

8. 一般化工产品，当总体物料的单元数为 188 时，应选取的最少单元数为(　　)。

(A)15　(B)16　(C)17　(D)18

9. 采集略高于大气压的气体，应用相当于采样管路和容器体积至少(　　)倍以上的气体清洗。

(A)7　(B)8　(C)9　(D)10

10. 在分段采样法中，对一种气流，按规定距离由几个采样点采取部位样品，同时在(　　)采样点测量气体的流速。

(A)一个　(B)两个　(C)五个　(D)每一个

11. 从卧式圆柱形贮罐采取液体化工样品，如果物料装满，应将上中下样品按(　　)比例混合。

(A)1∶1∶1　(B)2∶1∶1　(C)3∶4∶3　(D)2∶5∶3

12. 对装载相同产品的整船货物采样，如果仓内物料比较均匀，可采(　　)个混合样作为代表性样品。

(A)1　(B)2　(C)6　(D)8

13. 管道采样按时间比采样，如果输送时间在 2~24h 之间，应每隔(　　)h 取样一次。

(A)0.5　(B)1　(C)2　(D)3

14. 下列关于黏稠液体采样注意事项的叙述，错误的是(　　)。

(A)采样器具应不能使样品变质
(B)采样器的形状应考虑到使用和清洗的方便
(C)样品倒出前应有足够的时间让外挂液体留净
(D)不能用强制设施刮净采样器外部液体

15. 选择保存样品的容器，无须考虑的内容是(　　)。

(A)样品容器在使用前必须洗净　(B)样品材质必须不能与样品物质起作用
(C)样品容器不能有渗透性　(D)样品容器应能防火、防压

单元二　工艺基础知识

课题 1　精　　馏

1.1　精馏原理

精馏是指在提供回流的条件下，气液两相多次逆流接触，进行相间传质传热，使混合物中的各组分因挥发性不同而有效分离的过程，其分离精确度很高。精馏按原料组分数目可分为二元精馏和多元精馏。

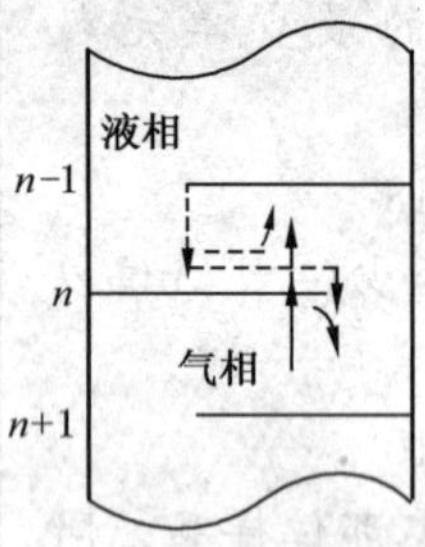

图 2-1　塔内气液相接触传质传热示意图

如图 2-1，在精馏塔中，塔板上开有许多小孔，从下一层塔板上升的蒸气通过板上小孔上升，而上一层板上的液体通过溢流管流下。对任一块塔板而言，都有 4 股流体出入，以第 n 层塔板为例。

在第 n 层塔板上，由下一层塔板上升的高温气体(温度为 t_{n+1})和由上一层塔板流下的低温液体(温度为 t_{n-1})接触时，因为二者温度不同，浓度不同，要进行传热、传质。由于 $t_{n+1}>t_{n-1}$，因此低温液体中轻组分汽化，高温气体中重组分冷凝。其结果是使离开第 n 层塔板的气体中轻组分浓度有所增加，离开第 n 层塔板的液体中重组分浓度有所增加。最终在塔顶得到较纯的易挥发组分，在塔底得到较纯的难挥发组分。

实现精馏必须具备以下条件：

(1) 混合物中各组分间挥发度存在差异。这是用精馏方法分离混合物的基本依据。

(2) 气液两相接触时存在温度差和浓度差。只有这样才能形成不平衡状态，造成传热、传质的推动力。

(3) 有塔顶的液相回流和塔底的气相回流。塔顶液相回流轻组分浓度高而温度低，塔底气相回流重组分浓度高而温度高。

(4) 提供气液两相密切接触的场所——塔板。

精馏塔在操作过程中要控制物料平衡、热量平衡和气液相平衡三大平衡。

1.2　精馏塔的构成

如图 2-2，根据原料的组成和状态，精馏塔可以在塔的不同部位进料。

一个完整的精馏塔由精馏段、进料段和提馏段三部分构成。

精馏塔进料口至塔顶部分称为精馏段。原料进塔后，气液相分离，气相上升与液相回流接触，轻组分浓度由下而上不断上升，其温度则逐渐降低，经冷凝器冷凝后在塔顶回流罐得到轻组分。将其

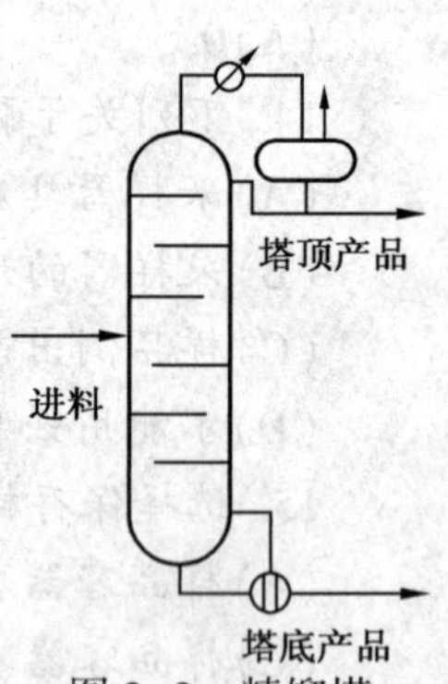

图 2-2　精馏塔结构示意图

中一部分打回塔内作液相回流，其余作为塔顶产品采出。液相回流是精馏段操作的必要条件。塔顶回流量与塔顶采出量之比称为回流比。

进料入塔的部位称为进料段。进料在此闪蒸分离，所以又称为气化段。精馏塔的进料可根据实际情况处于不同状态。通常用气化率 e 表示进料热状态。气化率是指因气化而减少的液体质量占原液体质量的比例，也就是进料状态下物料中气体质量与总质量之比。对于低温的过冷液体进料 $e<0$，处于泡点的饱和液体进料 $e=0$，气液两相混合进料 $0<e<1$，处于露点的饱和气体进料 $e=1$，而高温的过热蒸气进料 $e>1$。如果进料气相中轻组分浓度越低，则精馏段塔板数应越多，即进料位置应越低。

精馏塔进料口至塔底部分称为提馏段。进料的液相与精馏段流下的液体一起进入提馏段，在下降的过程中与逆流而上的气相接触，逐级传热、传质，液相中重组分浓度不断上升，最后在塔底得到重组分液体。其中一部分被引出作为塔底产品，余下的送入再沸器被加热气化后又返回塔中作为气相回流。

1.3 精馏塔的操作

精馏塔操作的主要影响因素为温度、压力、流量、液位。

操作精馏塔的时候，必须保持塔内的热量平衡和物料平衡。如果塔热量供给过大，将造成塔顶温度上升，塔顶产品会变重，可通过加大塔顶冷回流量来降低塔顶温度，从而调节产品质量。如果塔操作压力上升，不利于汽化和分馏，若温度不变，则气化率降低，塔顶产品组成变轻，收率下降。

案例

某精馏塔用于分离苯和甲苯混合物，进料量为6900kg/h，其中苯的质量分数为0.4，要求塔顶、底产品中苯的质量分数分别为0.95、0.05。求塔顶、塔底产品的质量流量。

解析： 设塔顶、底产品的质量流量分别为 D 和 W，根据总物料平衡，有 $6900=D+W$

根据组分苯的物料平衡，有 $6900\times0.4=D\times0.95+W\times0.05$

计算得 $D=2683.3\text{kg/h}$ $W=4216.7\text{kg/h}$

答： 塔顶产品的质量流量为2683.3kg/h，塔底产品的质量流量为4216.7kg/h。

课题2 吸　　收

吸收过程是分离气体混合物的一种重要方法。

2.1 吸收原理

吸收是指利用气体混合物中各组分在液体吸收剂中的溶解度不同，使气液两相充分接触，易溶气体组分转入液相，从而将气体混合物分离。例如，用水吸收空气中的氨气，易溶的氨气称为吸收质(也叫溶质)，所用水称为吸收剂(也叫溶剂)。

气体吸收在化工生产中用来达到以下几个目的：分离混合气体以获得一定的组分；除去有害组分以净化气体；制备某种气体的溶液。

混合气体中只有一种组分被吸收的称为单组分吸收；若有几种组分都能不同程度地被吸收称为多组分吸收。气体被吸收剂吸收时不伴有化学反应的称为物理吸收(如用水吸收二氧化碳)；若吸收同时，发生显著的化学反应称为化学吸收(用碱液吸收二氧化碳)。化学吸收比物理吸收要复杂得多。

选择性能优良的吸收剂是吸收过程的关键。一般要考虑到以下几个因素：选择性要好，对所吸收气体的溶解度要大，对其他组分的溶解度要小；吸收剂的蒸气压要低，不易汽化，吸收剂损失量小。另外，还要无腐蚀、无毒、难燃、化学稳定性好、价格低廉。

2.2　吸收过程

使气体混合物与吸收剂相接触，由于分子的运动和扩散，吸收质气体分子会穿过相界面进入液体，即被吸收剂吸收。随着吸收的进行，吸收质在吸收剂中的浓度逐渐增大。这一过程是吸收过程。同时，吸收质分子也会由液相转移到气相，即吸收质分子从吸收剂中分离出来，称为解吸。在一定的温度、压力条件下，经过足够的时间，当吸收和解吸速率相等时，吸收质从气相溶于液相的速率和它从液相返回气相的速率相等，吸收质在液相中溶解的数量达到极限，这时，吸收质在气相中的浓度和在液相中的浓度就保持不变，即两相达到了动态平衡。在一定压力和温度下，当气液处于平衡时，一定量吸收剂所能溶解的吸收质的最大量，称为溶解度。

在平衡状态下，如果要使吸收继续进行，必须打破其平衡条件。升高压力或降低温度可以使吸收继续进行。

在平衡状态下，如果要进行解吸，也必须打破其平衡条件。降低压力或升高温度有利于解吸。解吸可以获得纯净气体组分或回收吸收剂。

1. 在一定压力和温度下，当气液处于平衡状态时，一定数量吸收剂所能溶解的吸收质的最大数量，称为________。

2. ________温________压有利于解吸的进行。

课题 3　工艺装置

原料经过工艺装置进行加工，最终生产出各种合格产品。各企业同一生产装置工艺流程可能略有差异，但概括起来，石油化工企业的工艺装置主要分为炼油板块、芳烃板块和烯烃板块三类。

3.1　炼油板块

如图 2-3，原油经过常减压蒸馏装置进行第一次加工后，再经过催化裂化、延迟焦化、加氢裂化等二次加工过程，最终生产出高质量的气体及汽油、煤油、柴油等性能优良的轻质油品。下面对上述几套工艺装置进行简单介绍。

3.1.1　常减压蒸馏

常减压蒸馏是对原油进行一次加工的过程。它是通过蒸馏的方法将原油分离成各种燃料油(汽油馏分、煤油馏分、柴油馏分等)、润滑油馏分或二次加工原料。常减压蒸馏装置一般由三部分组成，即初步蒸馏、常压蒸馏和减压蒸馏。简要流程图 2-4 所示。

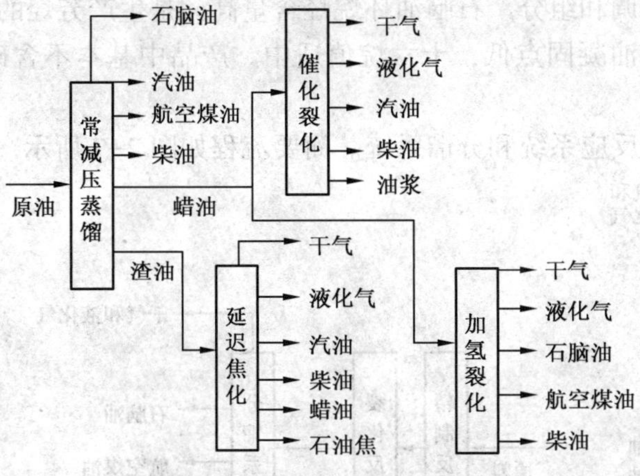

图 2-3　炼油板块主要流程

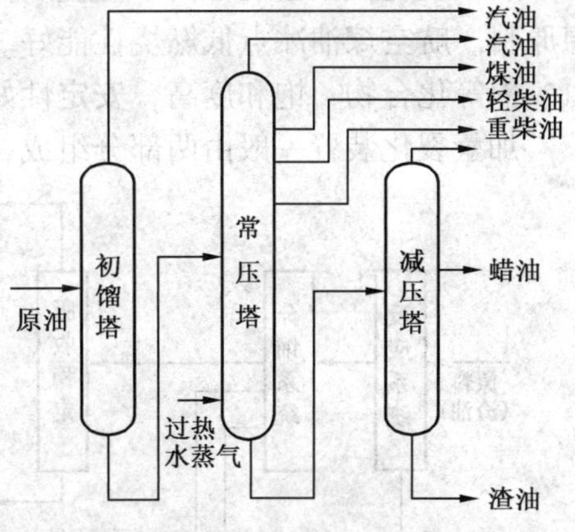

图 2-4　常减压装置工艺流程

原油首先进入初馏塔，使原油气相部分分离出来，在塔顶得到轻汽油，液相部分送到常压塔，从常压塔中可以分馏出汽油、煤油、轻柴油、重柴油等燃料油，塔底油进入减压塔进一步分离出裂化原料(蜡油)和渣油等。有的常减压蒸馏装置另设轻烃回收系统，产品有液化气、石脑油、航空煤油、柴油、蜡油、渣油等。

3.1.2　催化裂化

常减压以后的各种加工过程称为二次加工过程。催化裂化是重要的二次加工过程之一。其作用在于将重质油品转化成高质量的轻质油品。

催化裂化是蜡油等原料通过催化裂化反应转化成汽油、柴油、干气、液化气等主要产品以及渣油、焦炭。其中 330~550℃的减压馏分油是最理想的原料。催化裂化装置一般由三部分组成，即反应-再生系统、分馏系统和吸收稳定系统。简要流程如图 2-5 所示。

原料油(蜡油)在反应器中进行分解等催化裂化反应，反应产物通过分馏系统，得到柴油、渣油，较轻反应产物再经过吸收和解吸系统，将干气、液化气和汽油分开。

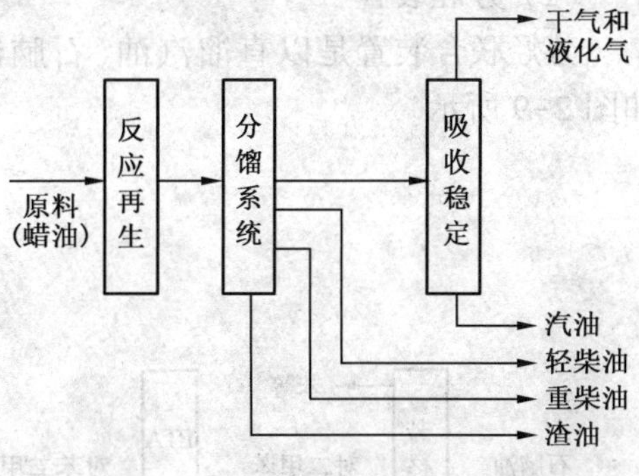

图 2-5　催化裂化装置工艺流程

3.1.3　延迟焦化

延迟焦化是以残渣油为原料，在高温条件下，通过深度裂解和缩合，转化成气体、汽油、柴油、蜡油及焦炭的加工过程。对于提高轻质油收率起着重要的作用。

延迟焦化所产汽、柴油含烯烃、二烯烃较多，安定性较差，不能直接作为产品使用，要经过再加工。延迟焦化装置一般由三部分组成，即反应系统、分馏系统和吸收稳定系统。简要流程如图 2-6 所示。

原料油(渣油)在焦炭塔中进行裂解和缩合反应，反应产物通过分馏系统，得到柴油、蜡油及焦炭，较轻反应产物再经过吸收和解吸系统，将干气、液化气和汽油分开。

3.1.4　加氢裂化

加氢裂化是蜡油等重质原料在氢气和催化剂存在下，进行加氢、异构、裂化反应，使大分子烃类裂解成小分子烃类，生产干气、液化气、汽油、煤油、柴油等优良轻质油品的加工过程。

加氢裂化汽油辛烷值高，是优质汽油调和组分。石脑油环烷烃含量高，是生产芳烃的理想原料。航空煤油冰点低燃烧性能好。柴油凝固点低，十六烷值适中。产品中基本不含硫、氮、氧等化合物，饱和度高，安定性好。

加氢裂化装置一般由两部分组成，即反应系统和分馏系统。简要流程如图 2-7 所示。

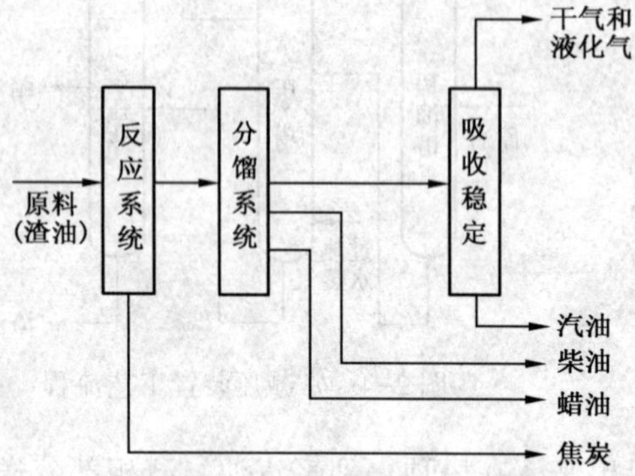

图 2-6 延迟焦化装置工艺流程

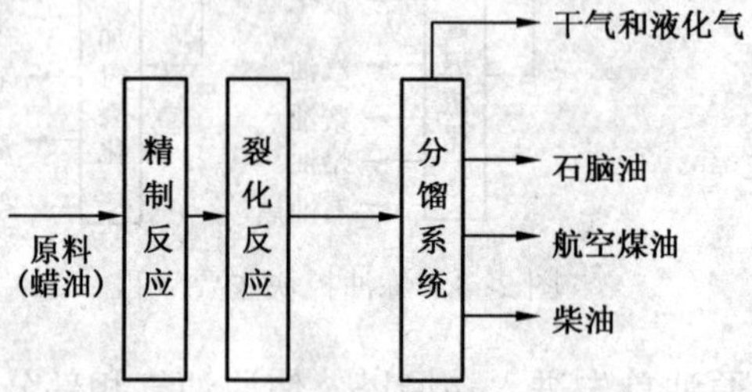

图 2-7 加氢裂化装置工艺流程

原料油(蜡油)首先通过加氢精制除去原料中的硫、氮、氧及金属杂质，并饱和烯烃，在氢气和催化剂存在下，进行加氢、异构、裂化反应，使大分子烃类裂解成小分子烃类，反应产物通过分馏，得到干气、液化气及汽油、煤油、柴油等优良轻质油品。

3.2 芳烃板块

图 2-8 是芳烃板块的主要流程，石脑油经过芳烃装置进行加工后，主要产品是对二甲苯，副产品是苯。对二甲苯再经过精对苯二甲酸(PTA)装置进行加工，生产出精对苯二甲酸。下面对上述两套工艺装置进行简单介绍：

(1) 芳烃装置

芳烃联合装置是以直馏汽油(石脑油)为原料，生产苯、对二甲苯等主要产品的过程，如图 2-9 所示。

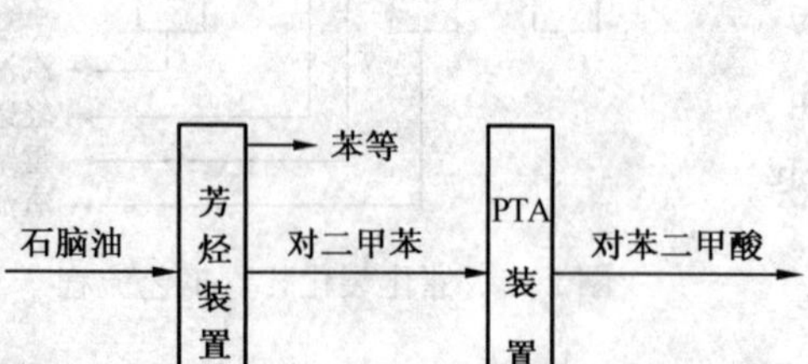

图 2-8 芳烃板块主要流程

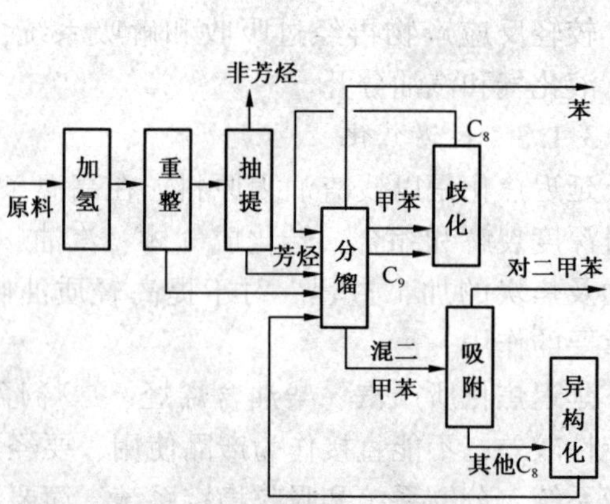

图 2-9 芳烃装置工艺流程

芳烃联合装置主要由七部分组成，即加氢、重整、抽提、分馏、歧化、吸附、异构化。

加氢：原料(石脑油)首先进入加氢单元除去杂质，以保护重整催化剂不会由于进料中含有过量的杂质(如：硫、氮、水、铅等)而受到损害；

重整：加氢后的石脑油中的部分非芳烃通过芳构化等反应转化为芳烃。

芳烃抽提：用溶剂把芳烃和非芳烃分开，从而回收高纯度的芳烃。

分馏：来自重整、芳烃抽提、歧化和异构化四个单元装置的芳烃，通过分馏系统进行分离，得到高纯度的产品苯和中间产品甲苯、C_9 芳烃和二甲苯。

歧化：来自分馏单元的甲苯和 C_9 芳烃通过歧化和烷基化反应生成苯、二甲苯等产物。

吸附：利用吸附剂从 C_8 芳烃混合物中分离出对二甲苯。

异构化：将来自吸附分离单元的已经分离出对二甲苯的其他 C_8 芳烃异构体，在催化剂的作用下转化为对二甲苯，其反应产物送回芳烃分馏单元。

(2) PTA 装置

PTA 是精对苯二甲酸的英文缩写名称。

PTA 装置是以对二甲苯(PX)为原料，经过氧化和加氢精制生产对苯二甲酸。PTA 装置主要由两部分组成，即氧化和加氢精制。简要流程如图 2-10。

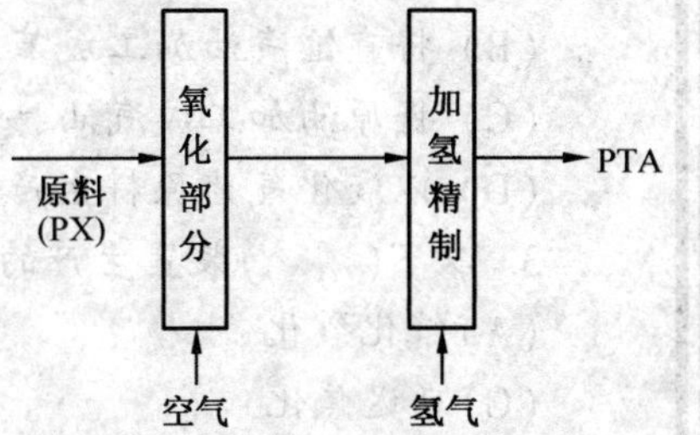

图 2-10 PTA 装置工艺流程

在一定的温度、压力、催化剂和辅剂作用下，原料(PX)用压缩空气氧化，生成粗对苯二甲酸。为除去粗对苯二甲酸中的对羧基苯甲醛，在一定的温度、压力和催化剂作用下，用氢气作为还原剂将其脱除，最终得到高纯度的精对苯二甲酸产品。

3.3 烯烃板块

图 2-11 是烯烃板块的主要流程，石脑油经过乙烯装置进行加工后，主要产品是乙烯和丙烯。乙烯一部分送聚乙烯装置生产聚乙烯，一部分送环氧乙烷/乙二醇装置生产环氧乙烷及乙二醇；丙烯送聚丙烯装置生产聚丙烯。下面对乙烯工艺装置进行简单介绍。

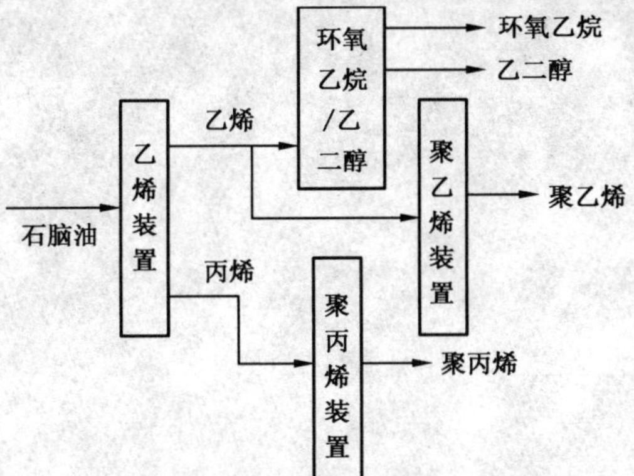

图 2-11 烯烃板块主要流程

乙烯装置是以石脑油为原料，经过裂解、压缩、精馏等生产乙烯及其他产品的过程。

其理想原料是正构烷烃。乙烯装置主要由三部分组成，即裂解、压缩和精馏。

石油烃通过高温裂解，发生断链、脱氢等多种化学反应，生成裂解气产物；裂解气通过压缩机压缩，提高压力使其中各组分沸点相应升高，从而提高了深度分离的操作温度；裂解气经过净化处理后，进入深冷分离精馏单元，在低温下将裂解气中除去甲烷和氢以外的其他烃全部冷凝下来，利用各烃类沸点不同进行精馏分离，最终得到乙烯、丙烯、C_4 和 C_5 及以上产品。

1. ________装置的加工过程是对原油进行一次加工的过程。

2. PX 是________的简称。

3. 在乙烯装置中，深冷分离的原理是在低温下将裂解气中除甲烷和氢以外的其他烃全部冷凝下来，然后用________的方法进行分离。

训练

1. 催化裂化的主要生产目的之一是(　　)。

(A) 将重质油品转化成高质量的轻质油

(B) 将直馏汽油加工成苯、二甲苯等化工原料

(C) 除去汽油中的含硫、含氧、含氮化合物等

(D) 以液化气为原料生产碳三、碳四等的过程

2. 加氢裂化的主要生产目的之一是(　　)。

(A) 将重质油品转化成高质量的轻质油

(B) 将直馏汽油加工成苯、二甲苯等化工原料

(C) 将原油加工成汽油、煤油、柴油等

(D) 以液化气为原料生产碳三、碳四等的过程

3. 以下(　　)装置生产的汽柴油含烯烃、二烯烃较多，安定性较差。

(A)催化裂化　　(B)加氢裂化

(C)延迟焦化　　(D)催化重整

单元三　电工基础知识

课题 1　直　流　电

1.1　电流

电流是指电荷的定向移动。电流的大小称为电流强度(简称电流，符号为 I)，是指单位时间内通过导线某一截面的电荷量，每秒通过一库仑的电量称为一安培(A)。安培是国际单位制中所有电性的基本单位，除此之外，常用的单位还有毫安(mA)及微安(μA)。换算为 1A = 1000mA，1mA = 1000μA。

电流强度定义公式为

$$I = Q/t$$

式中　Q——电量，C；

t——时间，s。

电流强度的微观表达式为

$$I = nesv$$

式中　n——单位体积内的自由电荷数；

e——电子的电量；

s——导体横截面积；

v——自由电子定向移动的速率。

电流的方向：物理上规定电流的方向是正电子的流动方向或者负电子的流动的反方向。一般情况下，电子指的是负电子，除非特别说明是正电子。

电流产生要具备以下两个条件：

(1) 导体必须具有能够自由移动的电荷；

(2) 导体两端存在电压(要使闭合回路中得到持续电流，必须要有电源)。

1. 在金属导线中，电流是依靠________的移动传导的。
2. 能够让电流顺利通过的物体被称为________。

1.2　电压

电压就是能使导体中电子按一定方向运动的一个物理量。电压是使电路中电荷定向移动形成电流的原因。

电压又称电位差，是衡量电场力做功本领大小的物理量。ab 两点间的电压，数值上等

于电场力把电荷从 a 点移到 b 点所做的功与被移动电荷所带电荷量的比。即

$$U=W/Q$$

电路中因其他形式的能量转换为电能所引起的电位差，叫做电动势或者简称电势。用字母 E 表示，单位为 V。

电动势是反映电源把其他形式的能转换成电能的本领的物理量。电动势使电源两端产生电压。在电路中，电动势常用 δ 表示。电动势的单位和电压的单位相同。

1. 电动势的方向规定为(　　)。

(A)从低电位指向高电位　　(B)由高电位指向低电位

(C)电位的方向　　(D)电位的反方向

2. 把 1C 的电荷，从距离为 10m，电压为 2V 的 A 点移动到 B 点，电荷对外作的功为(　　)。

(A)1J　　(B)2J　　(C)5J　　(D)10J

1.3 电阻

定义：导体对电流的阻碍作用就叫导体的电阻，符号为“R”。

电阻器(Resistor)是所有电子电路中使用最多的元件。电阻器的主要物理特征是变电能为热能，也可说它是一个耗能元件，电流经过它就产生热能。电阻器在电路中通常起分压分流的作用，对信号来说，交流与直流信号都可以通过电阻。

电阻器都有一定的阻值，它代表这个电阻对电流流动阻挡力的大小。电阻的单位是欧姆，用符号“Ω”表示。欧姆定义：当在一个电阻器的两端加上 1V 的电压时，如果在这个电阻器中有 1A 的电流通过，则这个电阻器的阻值为 1Ω。

除了欧姆外，电阻的单位还有千欧(kΩ)，兆欧(MΩ)等。

$$1M\Omega=1000k\Omega，1k\Omega=1000\Omega。$$

电阻率是用来表示各种物质电阻特性的物理量，符号为“ρ”。国际单位制中，电阻率的单位是 Ω · m。用某种材料制成的长 1m、横截面积是 $1m^2$ 的导线的电阻，叫作这种材料的电阻率。用公式可表示为

$$\rho=RS/L$$

电阻率的倒数为电导率。

不善于传导电流的物质称为绝缘体，又称为电介质，它们的电导率极低。导电性能良好的物体叫作导体，其电导率很高。

电导率介于金属导体和绝缘体之间的固体材料叫半导体，在室温时电导率约在 10^{-10} ~ 10^4/Ω · cm 之间。

电阻率具有以下特点：

(1) 电阻率 ρ 不仅和导体的材料有关，还和导体的温度有关。在温度变化不大的范围内，几乎所有金属的电阻率随温度作线性变化，即 $\rho=\rho_o(1+at)$。其中 t 是摄氏温度；ρ_o 是 0℃时的电阻率；a 是电阻率温度系数。

(2) 由于电阻率随温度改变而改变，所以对于某些电器的电阻，必须说明它们所处的物理状态。如一个 220V，100W 电灯灯丝的电阻，通电时是 484Ω，未通电时只有 40Ω

左右。

(3) 电阻率和电阻是两个不同的概念。电阻率是反映物质对电流阻碍作用的属性，电阻是反映物体对电流阻碍作用的属性。

把一根导线均匀拉伸为原来长度的2倍，则其电阻值变成原来的多少倍？

解析：当导线被拉伸到原来长度的2倍时，导线长度变成原来长度2倍的同时，由于金属的特性，其横截面积也要缩小一倍。根据 $R=\rho L/S$，其电阻值将变成原来的4倍。

1.4 欧姆定律

在同一电路中，导体中的电流跟导体两端的电压成正比，跟导体的电流成反比，这就是欧姆定律。即

$$I=U/R$$

式中 I、U、R 分别为同一部分电路中同一时刻的电流强度、电压和电阻。

需要注意的是：

(1) 欧姆定律只适用于金属导体和液体。

(2) 欧姆定律中所说的“导体中的电流，跟导体两端的电压成正比”是在电阻一定的条件下；“导体中的电流跟导体的电阻成反比”是指在电压一定的条件下。脱离了前提条件，这种比例关系就不存在了。

(3) 电源本身也存在一定的电阻。

1. 用不计内阻的1.5V电源给一个电阻供电，如果电流为0.5A，那么该电阻的值为________Ω。

2. 在相同的电压下，电阻越大则导体内的电流越________。

1.5 串联电路和并联电路

电路中的各电阻首尾相连接到电路中，电阻的这种连接方式叫做串联。串联电路中，电路的总电阻等于各个串联电阻值的总和，通过任何一个电阻的电流值等于电路的总电流。即

$$R=R_1+R_2+R_3+\cdots\cdots \qquad I=I_1=I_2=I_3\cdots\cdots$$

电路中的各电阻并列地接到电路的两点间，电阻的这种连接方式叫做并联。并联电路中，电路的总电阻的倒数等于各个并联电阻倒数的和，通过总电路的电流等于通过各个并联电阻的电流之和。即

$$1/R=1/R_1+1/R_2+1/R_3+\cdots\cdots \qquad I=I_1+I_2+I_3+\cdots\cdots$$

除了电阻之外，其他用电器的连接同样分为并联和串联两种方式。

案例

把4个同样的电阻分成2组，每组并联连接，2组电阻串联连接，则所得电阻的阻值是多少？

解析：每组的2个电阻并连连接，阻值为原来的1/2。2组串联连接，阻值为原电阻的2倍，即0.5×2=1。因此所得电阻和原电阻中的任何一个电阻的阻值相等。

1.6 基尔霍夫定律

基尔霍夫定律包括电流定律和电压定律(第一定律和第二定律)。

基尔霍夫电流定律：任一电路中的任一节点，在任一瞬间流出该节点的所有电流的代数和恒为零。就参考方向而言，流出节点的电流在式中取正号，流入节点的电流取负号。基尔霍夫电流定律是电荷守恒定律在电路中的体现。

基尔霍夫电压定律：任一电路中的任一回路，在任一瞬间沿此回路的各段电压的代数和恒为零。电压的参考方向与回路的绕行方向相同时，该电压在式中取正号，否则取负号。基尔霍夫电压定律是能量守恒定律在电路中的体现。使用基尔霍夫定律应注意以下问题：

(1)选定一个回路的绕行方向；(2)确定各支路电流的参考方向；(3)确定电压源的方向。

案例

右图所示意电路中，已知电阻 $R_1=R_2=2R_3=2R_4$，$I_1=1\text{A}$，$I_2=3\text{A}$，$I_3=2\text{A}$，则 I_4 等于多少？

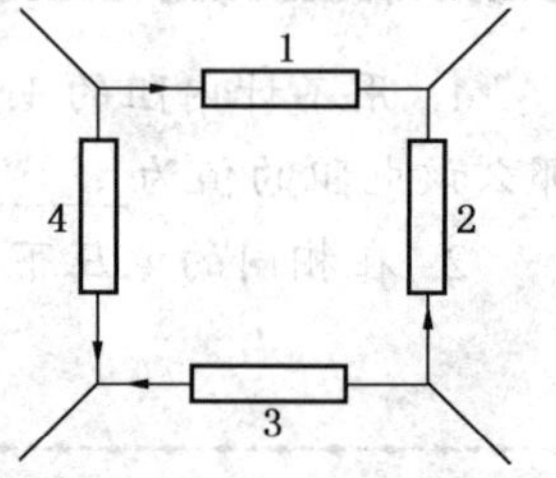

解析：依据基尔霍夫电压定律，把顺时针方向定位正向，则此正方形回路的总电压的代数和为0。即

$$R_1I_1 - R_2I_2 + R_3I_3 - R_4I_4 = 0$$

代入电阻和电流数值，计算得到 $I_4=-2\text{A}$。

说明电流方向与标示方向相反。

1.7 电功率

电流在单位时间里所做的功叫电功率，用符号 P 表示。当电流通过导体时，由于电阻的存在，将因功耗而引起发热，这种现象叫电流的热效应。电阻电路中，电流的热效应遵守焦尔–楞次定律，即电流通过导体所产生的热量跟电流强度的平方、跟导体的电阻和电流通过的时间成正比。即

$$Q=I^2Rt$$

通过这个公式，可以得出直流电阻电路中的电功率公式为

$$P=UI=I^2R=U^2/R$$

1. 在两端电压不变的情况下，把两个相同的电阻由串联改为并联，那么总的功率为(　　)。

2. 某 100Ω 电阻两端的电压是 20V，那么这个电阻的发热功率是(　　)W。

3. 串联电路的总功率等于各个电阻功率的(　　)。

4. 并联电路的总功率等于各个电阻功率的(　　)。

1.8 电流表和电压表

电流表是测量电流大小的工具。最简单的电流表就是毫安表，毫安表是根据通电导体在磁场中受磁场力的作用而制成的，其内部有一永磁体，在极间产生磁场，在磁场中有一个线圈，线圈两端各有一个游丝弹簧，弹簧各连接电流表的一个接线柱，在弹簧与线圈间由一个转轴连接，在转轴相对于电流表的前端，有一个指针。当有微小的(毫安级别)电流通过时，电流沿弹簧、转轴通过磁场，电流切磁感线，所以受磁场力的作用，使线圈发生偏转，带动转轴、指针偏转。由于磁场力的大小随电流增大而增大，所以就可以通过指针的偏转程度来观察电流的大小。特点是：(1)刻度是均匀的；(2)允许通入的电流不能超过 I_g；(3)电流表有一定的内阻 R_g。

为了测量较大的电流，把毫安表和一个电阻并联组成新的电流表，称为安培表，通常也称为电流表，如图 3-1 所示。其目的在于让并联电阻分流走大部分电流，让毫安表测量剩下的部分，以保护毫安表。利用并联电阻和毫安表内阻的比例关系可以得到总的电流值。通过并联不同阻值的电阻，可以得到不同量程的电流表。

同样，利用毫安表和适当的电阻串联，可以测量电路中两点间的电压值，这种工具称为电压表(或伏特表)，如图 3-2。利用串联电阻和毫安表通过的电流大小的关系可以得到测量两点间的电压值。通过串联不同阻值的电阻，可以得到不同量程的电压表。

需要注意的是：

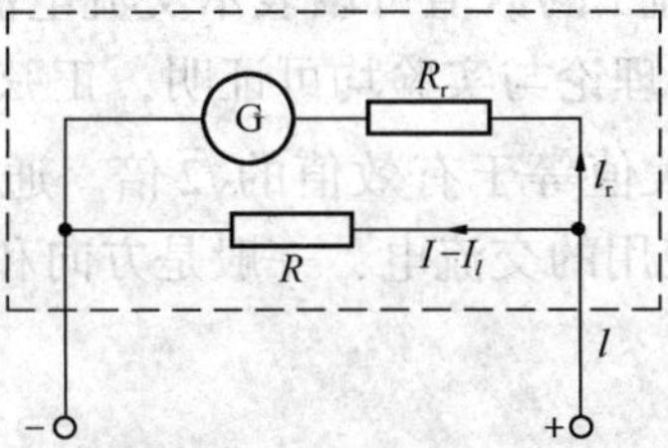

图 3-1　安培表原理图

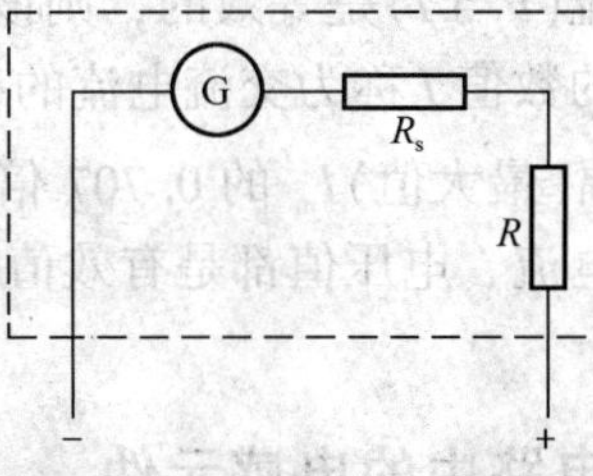

图 3-2　伏特表原理图

(1) 安培表(电流表)和电压表(伏特表)本身存在内阻，对电路进行测量时，对电路本身可能造成影响。

(2) 使用电流表测量电流时，电流表应该在电路中串联使用；利用电压表测量电压时，应并联使用。为了保护内部的毫安表，使用时应首先打到最大量程，并逐渐缩小量程到适当范围进行测量。

1. 电流表的量程越大，内部的电阻就越(　　)。
2. 理想电流表的内阻为(　　)。
3. 电压表的量程越大，内部的电阻就越(　　)。
4. 理想电压表的内阻为(　　)。

课题 2　正弦交流电

2.1　正弦交流电的有效值

交流电：方向和强度(大小)作周期性变化的电流。当线圈在磁场中匀速转动时，线圈里就产生大小和方向作周期性改变的交流电。

大小及方向均随时间按正弦规律做周期性变化的电流和电压、电动势叫做正弦交流电。这些物理量在某一时刻 t 的瞬时值可用三角函数式来表示，即

$$i(t)=I_m\sin(\omega t+\phi);\quad u(t)=U_m\sin(\omega t+\phi);\quad e(t)=E_m\sin(\omega t+\phi)$$

其中，I_m，U_m，E_m 分别为交流电电流、电压、电动势的振幅(也叫做峰值或最大值)；ω 为交流电的角频率，单位为弧度/秒(rad/s)，它表征正弦交流电流每秒内变化的电角度；三个式子中的 ϕ 分别叫做电流、电压、电动势的初相位或初相，单位为弧度 rad 或度，它表示初始时刻($t=0$ 时)正弦交流电所处的电角度。

振幅、角频率、初相这三个参数叫做正弦交流电的三要素。其实任何正弦量都具备这三要素。

在电工技术中，有时并不需要知道交流电的瞬时值，而规定一个能够表征其大小的特定值——有效值，其依据是交流电流和直流电流通过电阻时，电阻都要消耗电能(热效应)。设正弦交流电流 $i(t)$ 在一个周期 T 时间内，使一电阻 R 消耗的电能为 Q_R，另有一相应的直流电流 I 在时间 T 内也使该电阻 R 消耗相同的电能，即 $Q_R=I^2RT$。就平均对电阻作功的能力来说，这两个电流(i 与 I)是等效的，则该直流电流 I 的数值可以表示交流电流 $i(t)$ 的大小，于是把这一特定的数值 I 称为交流电流的有效值。理论与实验均可证明，正弦交流电流的有效值 I 等于其振幅(最大值)I_m 的 0.707 倍，即最大值等于有效值的 $\sqrt{2}$ 倍。通常交流电气设备铭牌上标识的电流、电压值都是有效值，现在使用的交流电，一般是方向和强度每秒改变 50 次，即 50Hz。

2.2　正弦电路中的电感元件

电感通俗一点一般就是指螺线圈，它在通过变化的电流时，会产生一些与一般的导线不同的效应，所以另起一个名字叫电感。电感只能对非稳恒电流起作用，它的特点是两端电压正比于通过它的电流的瞬时变化率(导数)，比例系数就是它的“自感”。电感起作用的原因是它在通过非稳恒电流时产生变化的磁场，而这个磁场又会反过来影响电流，所以，这么说来，任何一个导体，只要它通过非稳恒电流，就会产生变化的磁场，就会反过来影响电流，所以任何导体都会有自感现象产生。

由于电感线圈在通过交流电时要产生自感电动势，由楞次定律可知，其产生的感应电流

总是阻碍原电流的变化，于是把这种阻碍作用称为感抗，用 R_L 表示。

在纯电感电路中，电压要比电流超前 π/2。电感元件的感抗与本身的电感成正比与外接电压频率成正比。即 $R_L=\omega L$。感抗反映了电感元件对正弦电流的限制能力。日光灯的镇流器就是一个电感。

需要注意的是：(1)感抗只有在正弦交流电路中才有意义；(2)电感元件接收的平均功率为零；(3)在直流电下，电感元件相当于短路。

2.3 正弦电路中的电容元件

很多电子产品中，电容器都是必不可少的电子元器件，它在电子设备中充当整流器的平滑滤波、电源和退耦、交流信号的旁路、交直流电路的交流耦合等。最简单的电容就是平行板电容器，如图 3-3 平行板电容器。在直流电路中，电容相当于断路，不导电。但是在正弦交流电路中，由于电容器极板间发生不停的充电放电现象，电容是具有一定的导电能力的。同时，由于电容器两极板上在此过程中电荷积累而产生电势差，因而反抗电荷的继续运动，这样就形成容抗。

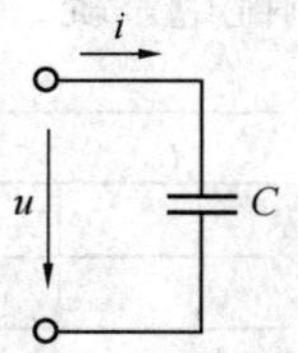

图 3-3 平行板电容器

对于带同样电量的电容器来说，电容越大，两板的电势差越小，所以容抗和电容成反比。交流电频率越高，充、放电进行得越快，容抗就越小。所以容抗和频率也成反比。即 $R_C=1/\omega C$。

在纯电容电路中，电流比电压超前。

同样，容抗只有在正弦交流电路中才有意义，电容元件接收的平均功率也为零。

日光灯的起辉器中主要就是一个电容。

2.4 正弦交流电路的功率

交流电的瞬时功率不是一个恒定值，根据三角函数可以知道，在正弦交流电路中，瞬时功率的变化频率，是电压和电流的频率的 2 倍。

功率在一个周期内的平均值叫做有功功率，它是指在电路中电阻部分所消耗的功率，以字母 P 表示，单位瓦特(W)。(电容和电感基本不消耗功率。)根据三角函数，正弦交流电的有功(平均)功率 P 可以表示为

$$P=UI\cos\phi$$

式中 U、I——正弦交流电中电压和电流的有效值；

ϕ——电流和电压的相差。

除了有功功率外，为了表征正弦交流电路中电容、电感等元器件的作用，还引入了无功功率、视在功率等术语。

无功功率是指在具有电感或电容的电路中，在每半个周期内，把电源能量变成磁场(或电场)能量贮存起来，然后，再释放，又把贮存的磁场(或电场)能量再返回给电源，只是进行这种能量的交换，并没有真正消耗能量，我们把这个交换的功率值，称为"无功功率"。无功功率代表系统与外部能量交换的规模。

在具有阻抗的交流电路中，电压有效值与电流有效值的乘积值，称为"视在功率"，它不是实际做功的平均值，也不是交换能量的最大速率，只是在电机或电气设备设计计算较简便的方法。

通常，变压器标识的容量是指它的视在功率。

2.5 三相交流电原理

三相交流电源，是由三个频率相同、振幅相等、相位依次互差120°的交流电势组成的电源。三相交流电较单相交流电有很多优点，它在发电、输配电以及电能转换为机械能方面都有明显的优越性。例如：制造三相发电机、变压器都较制造单相发电机、变压器省材料，而且构造简单、性能优良。又如，用同样材料所制造的三相电机，其容量比单相电机大50%；在输送同样功率的情况下，三相输电线较单相输电线，可节省有色金属25%，而且电能损耗较单相输电时少。由于三相交流电具有上述优点，所以获得了广泛应用。大型发电，输配电系统，均采用三相制。大型交流电动机也都是三相制。

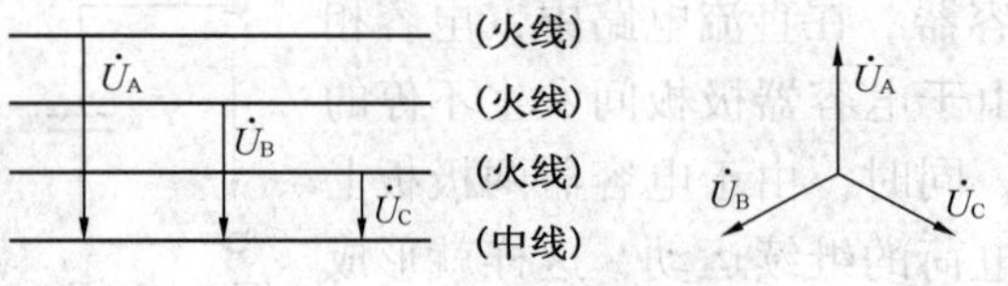

图3-4 三相交流电

三相交流电有A、B、C三相，它们的相量关系如图3-4三相交流电所示。通常，三相交流电输电一般需要4根输电线，即3个相线(火线)和1个零线(中线)。因此，三相交流电的电压有相电压和线电压两种，分别表示相线与中线间的有效电压和相线之间的有效电压。通常动力三相电的相电压和线电压分别为220V和380V。

日常生活用的单相交流电是三相交流电的一部分。因此有关正弦交流电的物理公式等结论，同样可以适用于三相交流电。

作为三相电的用户，使用三相交流电的电器连接方式有Y和△两种连接方式。

2.6 分析人员低压电器使用常识

我国规定安全电压根据不同的情况分为6个等级，通常说的安全电压指36V这个等级，绝对安全电压为12V。

运行中的分析仪器不可以用湿抹布擦拭外壳，更不能擦拭仪器内部带电部位。

移动电气设备时，一定要先拉闸停电，后移动设备，不能带电移动。

发现分析仪器保险管熔断时，应根据仪器说明，找到规定电流的保险管换上后，再重新开启分析仪器。

发现分析仪器电气线路出现故障时，应关闭仪器，通知电气维修人员前来处理。

训练

1. 在一个单电阻直流电路中，把原来的电阻再串联2个同样的电阻，电流值变成原来的(　　)倍。
2. 串联电路中，电阻值最大的电阻两端的电压(　　)。
   (A) 等于电源电压　(B) 小于其他电阻两端的电压
   (C) 大于其他电阻两端的电压　(D) 不能确定
3. 减少并联电路中的一个电阻，其他电阻中的电流(　　)。
4. 把三个同样的导线拧在一起当一个新导线使用，新导线的电阻值(　　)。
5. 测量一个电阻的电流值时，电流表(　　)。

(A) 应调整到最高档，并联电阻连接　　(B) 应调整到最高档，串联电阻连接

(C) 应调整到最低档，并联电阻连接　　(B) 应调整到最低档，串联电阻连接

6. 在右图所示电路节点中，$I_1=1A$，$I_2=I_3=3A$，则 I_4 等于(　　)。

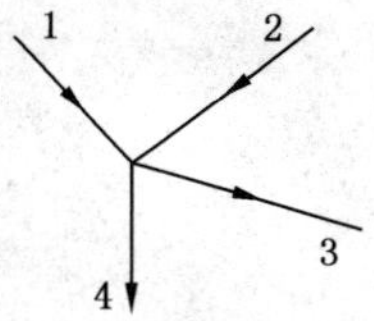

7. 正弦交流电路是指(　　)。

(A) 电路中任意一点的电压值呈周期性变化的电路

(B) 电路中所有电源都是正弦变化的电路

(C) 电路中所有电源都呈正弦变化且频率相同的电路

(D) 电路中任意一点电流在每个周期的平均值为 0 的电路

8. 正弦交流电路中电流的变化规律可以表示为(　　)。

(A) $I=I_m\sin(\omega t)$　　(B) $I=I_m\sin(\omega t)+\psi$

(C) $I=I_m\sin(\omega t+\phi)$　　(D) $I=I_m\sin(\omega t+\phi)+\psi$

9. 用于表征正弦交流电的正弦量三要素中，与计时起点无关的有(　　)。

(A) 振幅 I_m　　(B) 角频率 ω

(C) 初相 ϕ　　(D) 相位差 $\Delta\phi$

模块二

化学基础知识

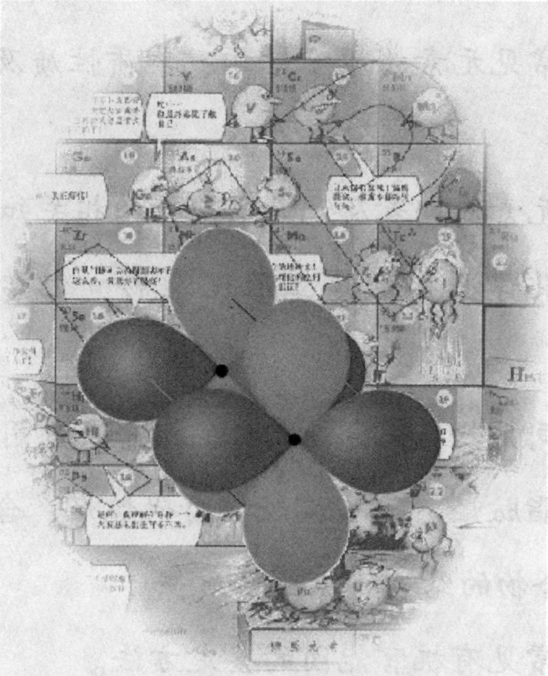

- 单元一　无机化学基本理论
- 单元二　元素
- 单元三　化学平衡与电离平衡
- 单元四　有机化学基础

学 习 目 标

1. 掌握构成物质的基本微粒及常见物质分类；

2. 掌握物质的变化、化合价的意义及一般规律；

3. 掌握物质的量、摩尔质量、气体摩尔体积的定义及相关计算；

4. 掌握常见元素的原子结构、单质性质及常见化合物的性质；

5. 掌握元素周期表及元素周期律的相关知识；

6. 掌握化学平衡的建立原理及影响化学平衡移动的因素；

7. 掌握同系物、同分异构体的概念及应用；

8. 掌握脂肪烃、芳香族烃、卤代烷烃、含氧有机物等典型有机化合物的结构特点及性质；

9. 掌握常见有机官能团的鉴定方法。

单元一　无机化学基本理论

课题 1　物　质

1.1　物质的组成

物质从宏观上讲，由元素组成。从微观上讲，由分子构成或者由原子直接构成。如“水”，这种物质由氢、氧元素组成；由水分子构成，1 个水分子由 2 个氢原子和 1 个氧原子构成。

(1) 分子与原子的区别及联系

区别：分子是保持物质化学性质的一种微粒。(不是唯一微粒，为什么?)

原子是化学变化中的最小微粒。(注意限制条件：化学变化中)

联系：① 分子 $\underset{\text{在化学反应中合成为}}{\overset{\text{在化学反应中分裂为}}{\rightleftharpoons}}$ 原子

② 它们都是微观的概念，既可讲种类，也可讲个数。

(2) 元素和原子的区别及联系

区别：元素是宏观概念，只讲种类，不讲个数、大小、质量。

原子是微观概念，既讲种类，又讲个数、大小、质量。

联系：元素是具有相同质子数的同一类原子的总称，原子是组成元素的具体微粒。

1.2　物质的分类

物质的分类如图 1-1 所示。

(1) 纯净物与混合物

纯净物：是由单一物质组成的物质(氧气、氮气、氯酸钾等)；

混合物：是由两种或多种物质混合而成的物质(汽油、泥土、空气、盐酸等)。

(2) 单质和化合物

单质是由同种元素组成的纯净物(O_2、N_2、Fe、Cu)。

注意：一种元素可以形成几种不同的单质，这些单质叫这种元素的同素异形体。互为同素异形体的单质在性质上有很大差异。

化合物是由两种或两种以上元素的原子(指不同元素的原子种类)组成的纯净物(CO_2、H_2O)。

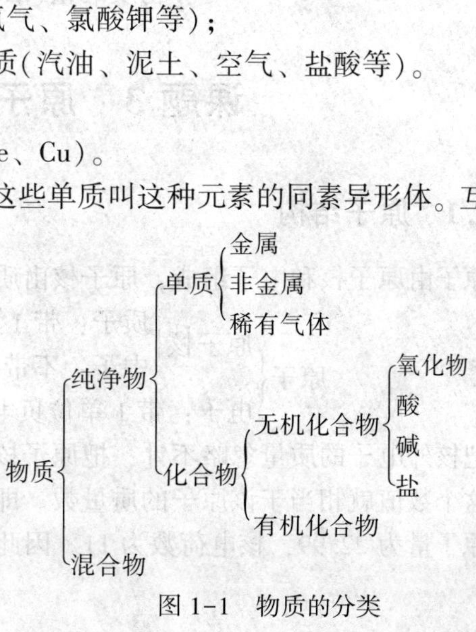

图 1-1　物质的分类

1.3　物质的变化

物理变化指没有新物质生成的变化(水结成冰、潮解)。化学变化指有新物质生成的变化(碳燃烧生成 CO_2)物理性质是物质不需要发生化学变化就表现出来的性质，如状态、颜色、气味、熔点、沸点、溶解性等。化学性质是物质化学变化表现出来的性质，如可燃性、稳定性、酸性、氧化性等。

课题 2 物质的量

物质的量是国际单位制中 7 个基本物理量之一，其符号为 n，单位为摩尔(mol)，简称摩。物质的量表示物质所含微观粒子数目的多少。在使用物质的量时，必须指明微观粒子的基本单元，一般利用化学式指明是原子、分子、离子等，或是这些粒子的特定组合。

1mol 物质中，含有阿伏加德罗常数(N_A)个微观粒子。阿伏加德罗常数(N_A)是以 0.012kg ^{12}C 所含的碳原子数作基准，其近似值为 $6.02\times10^{23}\ mol^{-1}$。微观粒子的个数与物质的量之间的换算关系为

$$物质的量(mol)=\frac{微粒个数(个)}{6.02\times10^{23}(个/mol)}$$

需要注意的是摩尔所计量的对象是微观的基本单元，不能用来描述宏观物体。

2.1 摩尔质量(M)

单位物质的量的某物质的微粒所具有的质量叫摩尔质量，单位为 g/mol。

$$摩尔质量(g/mol)=\frac{物质的质量(g)}{物质的量(mol)}$$

也就是说，1mol 粒子(原子、分子)的质量以 g 为单位时，在数值上都与该粒子的相对原子质量(Ar)或相对分子质量(Mr)相等。

2.2 气体摩尔体积

在标准状况(STP)[0℃(273K)、1.01×10^5Pa]下，1mol 任何理想气体所占的体积都约为 22.4L，这个体积叫该气体的摩尔体积。即

$$物质的量(mol)=\frac{气体体积(L_{标})}{22.4(L/mol)}$$

课题 3 原子结构及电子排布

3.1 原子结构

原子由原子核和电子组成，原子核由质子和中子组成。具体如下：

$$原子\begin{cases}原子核\begin{cases}质子：带 1 单位正电荷，相对质量为 1.007\\中子：不带电荷，相对质量为 1.008\end{cases}\\电子：带 1 单位负电荷，质量为质子的 1/1836\end{cases}$$

把核外电子的质量忽略不计，把原子核内所有的质子和中子的相对质量取近似整数加起来，这个数值就相当于该原子的质量数。即质量数(A)= 质子数(Z)+中子数(N)。例如钠原子的原子量为 22.99，核电荷数为 11。因此，它的质量数为 23，质子数为 11，中子数23−11 =12。

以 ^{12}C 的质量的 1/12(约 1.66×10^{-27}kg)作为标准，其他原子的质量跟它的比值，就是这种原子的相对原子质量。即

$$其原子的相对原子质量=\frac{该原子一个原子的实际质量(kg)}{一个碳-12\ 原子实际质量的\ 1/12(kg)}$$

具有相同的质子数，而中子数不同的同一种元素的不同原子互称同位素。按某元素各种天然同位素原子所占的百分比(丰度)，计算出来的加权平均值平均值即此元素的平均原子量。

3.2　核外电子排布规律

(1) 电子排布轨道

电子在原子中处于不同的能级状态，也就是说是分层分布的，称为电子层，又叫能层。电子层可用一般从内到外按 K、L、M、N、O 的顺序排列，越外层电子的能量越高。每个电子层可容纳最多电子的数量为 $2n^2$。

同一个电子层又可分为不同的亚层，从内到外用 s、p、d、f 等排列。亚层之间也存在一定的能量差，但相对电子层间的能量差来说要小得多。

每一个亚层内分为若干个轨道，如 s 亚层有 1 个轨道，p 亚层有 3 个轨道，d 亚层有 5 个轨道，d 亚层有 7 个轨道。同一个亚层的轨道与轨道之间，并不存在能量差。

在同一个轨道上，最多可排列顺时针和逆时针方向自旋的两个电子，用"↑"和"↓"表示。

(2) 电子排布规则

保利不相容原理：在同一原子中，不能存在电子层、亚层、轨道和自旋方向完全相同的两个电子，这规律叫做保利不相容原理

能量最低原理：当不违背保利不相容原理时，核外电子总是尽先占据能量低的轨道，只有当能量最低轨道占满后，电子才依次进入能量较高的轨道，这个规律叫作能量最低原理。在同一亚层中的各个轨道上，电子的排布将尽可能分占不同的轨道，而且自旋方向相同，这一规律称为洪特规则。作为洪特规则的补充，能量相等的轨道全充满、半充满或全空的状态比较稳定。

根据以上原则，电子在原子轨道中填充排布的顺序为 1s 2s 2p 3s 3p 4s 3d 4p 5s 4d 5p 6s 4f 5d 6p 7s 5f 6d…。例如对于 7 号元素氮和 11 号元素钠，它们的电子排布如下：

$_7N$	$1s^22s^22p^3$	↑↓	↑↓	↑	↑	↑	
$_{11}Na$	$1s^22s^22p^63s^1$	↑↓	↑↓	↑↓	↑↓	↑↓	↑

课题 4　元素周期律

4.1　元素周期律

元素的性质随着原子序数的递增而呈现周期性变化，这一规律叫作元素周期律。由于元

素的化学性质与原子最外层电子情况密切相关，因此元素性质的周期性变化是元素原子的核外电子排布周期性变化的结果。

4.2 元素周期表

(1) 周期和族

具有相同的电子层数，而又按原子序数递增的顺序排列的一系列元素，称为一个周期。

在目前流行的长式周期表中，共有 18 个纵行，除 8、9、10 这三个纵行合并成一个族，叫做第Ⅷ族外，其他 15 个纵行，每一个纵行为一族。由短周期元素和长周期元素共同组成的族叫主族(A)；完全由长周期元素组成的族叫做副族(B)；惰性气体通常情况下难以起化学反应，化合价可看作 0，因而叫做零族。

(2) 元素性质周期变化规律

随着原子序数的递增，元素原子的最外层电子排布、原子半径、电负性、金属性(非金属性)等呈现周期性变化。

最外层电子排布：对于同一周期的主族元素，具有相同的电子层数，且随着原子序数的递增最外层电子数依次增加；同一主族元素具有相同的最外层电子数，且随着原子序数的递增外层电子层数依次增加。

原子半径：同一周期的主族元素随着原子序数的递增，原子半径逐渐变小；同一主族元素随着原子序数的递增，原子半径逐渐增大；对于同一种元素的不同种原子有：①阴离子半径>原子半径>阳离子半径；②阳离子所带正电荷数越多，则离子半径越小；③阴离子所带负电荷数越多，则离子半径越大。

元素的电负性是指原子在分子中吸引电子的能力，规定最活泼的非金属元素 F 的电负性为 4.0。同一周期的主族元素随着原子序数的递增，电负性增强；同一主族元素随着原子序数的递增，电负性减弱。

元素的金属性是指元素的原子失去电子成为阳离子的能力。非金属性是指元素的原子得到电子成为阴离子的能力。元素的电负性比较全面地反映了原子得失电子的能力，可作为元素金属性和非金属性统一衡量的依据。电负性越强非金属性越强而金属性越弱。

4.3 物质的化合价

价电子：元素原子的最外层电子，称为价电子(除惰性气体外)，价电子数目决定元素的化合价。如表 1-1 所示，对于主族元素，其最高正化合价数 = 主族序数 = 最外层电子数，非金属负化合价 = 8-最外层电子数(最高正价或主族序数)。在化合物中，各元素正负化合价代数和为零；在单质中，元素的化合价为零。

表 1-1 主族元素最高价氧化物及氢化物通式

主 族	IA	IIA	IIIA	IVA	VA	VIA	VIIA
最外层电子数	s^1	s^2	s^2p^1	s^2p^2	s^2p^3	s^2p^4	s^2p^5
最高正化合价	1	2	3	4	5	6	7
负化合价				−4	−3	−2	−1
最高氧化物通式	R_2O	RO	R_2O_3	RO_2	R_2O_5	RO_3	R_2O_7

续表

主 族	IA	IIA	IIIA	IVA	VA	VIA	VIIA
对应水化物通式	ROH	$R(OH)_2$	$R(OH)_3$	H_4RO_4	H_3RO_4	H_2RO_4	HRO_4
氢化物通式				RH_4	RH_3	H_2R	HR

4.4 分子式

用化学符号表示物质分子的组成的化学式称为分子式，通常可表示四种含义：①表示一种物质；②表示组成这种物质的元素；③表示构成这种物质的一个分子；④表示构成这种分子的原子及其个数比。例如，一个二氧化碳分子 CO_2 是由 1 个碳原子和 2 个氧原子构成的，是由碳元素和氧元素组成的。分子中各原子的相对原子质量的总和称为相对分子质量，简称分子量。

分子式的书写规则如下：

(1) 单质分子式的写法：金属单质和固态非金属单质用元素符号表示它们的分子式，如碳 C、硫 S、铁 Fe、铝 Al；稀有气体是由单原子构成的用元素符号表示，氦 He、氖 Ne、氩 Ar；非金属气态单质分子大多数为双原子分子，氢气 H_2、氧气 O_2、氮气 N_2、氯气 Cl_2。

(2) 化合物分子式的写法：氧化物中，氧写在后面；非氧化物中，金属写在前面，非金属写在后面。

课题 5 化 学 键

5.1 化学键

常见的化学键主要有离子键和共价键两种。离子键指使阴、阳离子结合成化合物的静电作用。由离子键构成的化合物叫做离子化合物。其成键元素多为活泼金属与活泼非金属。一般存在于离子化合物中。共价键指原子之间通过共用电子对所形成的化学键。其成键元素多为同种或不同种非金属元素。共价键可根据电子对偏移情况分为非极性键及极性键两种。同种非金属元素原子之间形成非极性共价键；不同种非金属元素原子之间形成极性共价键。共价键既存在于非金属单质和共价化合物中，也存在于多原子的离子化合物中。

5.2 分子结构和晶体结构

在晶格结点上排列着分子，质点间以分子间作用力(范德华力、氢键)相结合的晶体叫分子晶体。分子晶体的熔、沸点都较低，硬度也较小。一般都是绝缘体，熔融状态也不导电。分子晶体包括所有的非金属氢化物、大多数非金属单质、大多数的非金属氧化物、绝大多数的共价化合物、少数盐(如 $AlCl_3$)和大多数有机物。

通过离子键形成的晶体叫作离子晶体。在离子晶体的晶格结点上交替排列着阴离子和阳离子，在晶体间没有单个分子存在。离子晶体一般具有较高的熔、沸点和较大的硬度，溶于水后可以导电。包括：强碱，如 NaOH、KOH；活泼金属氧化物，如 Na_2O、MgO、Na_2O_2；大多数盐类，如 $CuSO_4$、NaCl、Na_2CO_3。

通过金属键形成的晶体叫金属晶体。金属键是指金属晶体中自由电子及排列成晶格状的金属离子之间的静电作用。金属晶体具有金属光泽、良好的导电性、导热性、延展性。绝大多数金属都属于金属晶体。

相邻原子间以共价键相结合而形成空间立体网状结构的晶体叫原子晶体。原子晶体的熔点和沸点都很高，硬度大，一般不导电，且难溶于一些常见的溶剂。包括：某些非金属单质，如金刚石(C)、晶体硅(Si)、晶体硼(B)、晶体锗(Ge)等；某些非金属化合物，如碳化硅(SiC)晶体、氮化硼(BN)晶体；某些氧化物，如二氧化硅(SiO_2)晶体。

课题 6　无机化学反应

6.1　无机化学反应的分类

根据反应的形式(分子中原子重新组合的方式)，无机化学反应可以分为化合反应(由两种或两种以上物质生成另一种物质的反应)、分解反应(由一种物质生成两种或两种以上的物质的反应)、置换反应(由一种单质跟一种化合物作用，生成另一种单质和另一种化合物)、复分解反应(两种化合物互相交换成份生成另外两种化合物)等。

根据反应后反应物组成元素的化合价有无变化，可将无机化学反应分为氧化-还原反应和非氧化-还原反应。有电子得失或共用电子对偏移(某些元素化合价改变)的反应，称为氧化-还原反应。将原子(或离子)失电子或电子偏离(元素化合价升高)的变化称为氧化反应。将原子(或离子)得电子或电子偏近(元素化合价降低)的变化称为还原反应。

反应中失电子或所含某元素化合价升高的物质为还原剂，还原剂失电子被氧化后的产物为氧化产物。得电子或所含某元素化合价降低的物质称为氧化剂，氧化剂得电子被还原后的产物为还原产物。

1. 氯气通入热的 KOH 溶液中发生如下反应：$3Cl_2 + 6KOH = 5KCl + KClO_3 + 3H_2O$。反应中，氧化剂为________、还原剂为________，被氧化的原子数与被还原的原子数之比是________。

2. 写出 $2Na+Cl_2 = 2NaCl$ 的还原剂和氧化剂，指出被还原和被氧化的物质。

6.2　离子反应

(1) 电解质

在水溶液中或熔融状态下能导电的化合物(大部分酸碱盐)称为电解质。在水溶液中和熔融状态下都不能导电的化合物(大部分有机物)称为非电解质。电解质必须是化合物，如单质 Cu 能导电但它不是电解质。化合物本身能电离出阴阳离子，这些离子在电场的作用下做定向运动，产生电流。如 SO_2 水溶液能导电但它也不是电解质，因为 SO_2 水化物是 H_2SO_3，是 H_2SO_3 而不是 SO_2 电离出阴阳离子。

(2) 离子反应

有离子参加的反应称为离子反应，其本质就是离子间的反应。用实际参加反应的离子符号表示离子反应的式子称为离子方程式。与化学反应方程式相同，离子方程式两边也遵守物质守恒定律。另外，离子反应方程式两边的总电荷要遵守电荷守恒定律。

训练

1. 下列物质都属于单质的一组是(　　)。

(A) 臭氧、铁、氮气

(B) 氧气、氢气、二氧化碳

(C) 氯化钠、硫酸、氢氧化钠

(D) 四氧化二氮、二氧化氮、一氧化氮

2. 下列物质中，其氧化物既能跟盐酸又能跟氢氧化钠反应生成盐和水的是(　　)。

(A) Zn　　(B) Si　　(C) Mg　　(D) Fe

3. 下列说法，正确的是(　　)。

(A) 因为水和冰是聚集状态不同的物质，所以冰和水共存是混合物

(B) 因为胆矾($CuSO_4 \cdot 5H_2O$)分子中含有硫酸铜和水，所以胆矾是混合物

(C) 不含杂质的盐酸是纯净物

(D) 氧气(O_2)和臭氧(O_3)都是单质

4. 下列关于摩尔的说法中，正确的是(　　)。

(A) 摩尔是表示物质的量的数量单位

(B) 摩尔是表示物质质量的单位

(C) 摩尔是表示物质的量的单位

(D) 摩尔是既表示物质中所含的微粒数，又表示物质量的单位

5. 下列物质中，其物质的量为 0.2mol 的是(　　)。

(A) 2.2gCO_2　　(B) 3.6gH_2O　　(C) 3.2gO_2　　(D) 49gH_2SO_4

6. 0.3mol 氧气与某金属 M 完全反应生成 0.2molM_2O_n，则 n 值是(　　)。

(A) 1　　(B) 3　　(C) 5　　(D) 7

7. 在相同条件下，下列气体中与 14gN_2 具有相同分子数目的是(　　)。

(A) 32g O_2　　(B) 15g NO　　(C) 34g NH_3　　(D) 80g Ar

8. 某元素二价阴离子的核外有 18 个电子，质量数为 32，该元素原子的原子核中的中子数为(　　)。

(A) 12　　(B) 14　　(C) 16　　(D) 18

9. 下列叙述中，互为同位素的是(　　)。

(A) 氕和氘　　(B) 纯碱和烧碱

(C) C_6^{12}、C_6^{13}、C_6^{14} 和 C　　(D) 石墨和金刚石

10. 下列的数字是四种原子的核电荷数，其中最外层电子数最多的一种原子是(　　)。

(A) 9　　(B) 11　　(C) 14　　(D) 16

11. 在下列元素中，最高正化合价数值最大的是(　　)。

(A) Na　　(B) P　　(C) Cl　　(D) Ar

12. 某元素 R 的最高价氧化物化学式为 RO_2，且 R 的气态氢化物中氢的质量分数为 25%，此元素是(　　)。

（A）C　　（B）N　　（C）Si　　（D）S

训练

13. 下列元素位于第三周期第四主族的是(　　)。

（A）S　　（B）P　　（C）Si　　（D）O

14. 下列原子中，最外层有5个电子的是(　　)。

（A）Na　　（B）Cl　　（C）N　　（D）P

15. 下列叙述中正确的是(　　)。

（A）化学键只存在于分子间

（B）化学键只存在于离子间

（C）化学键是相邻的两个或多个原子之间强烈的相互作用

（D）化学键是相邻的两个或多个分子之间强烈的相互作用

16. 下列原子序数中，易形成离子的是(　　)。

（A）6　　（B）9　　（C）13　　（D）11

17. 下列物质中，既有离子键又有共价键的是(　　)。

（A）H_2O　　（B）$CaCl_2$　　（C）KOH　　（D）Cl_2

18. 下列反应属于置换反应的是(　　)。

（A）$NH_3+HNO_3 = NH_4NO_3$　　（B）$AgNO_3+NaCl = AgCl\downarrow +NaNO_3$

（C）$O_2+2H_2S = 2H_2O+2S$　　（D）$2AgBr \xlongequal{光} 2Ag+Br_2\uparrow$

19. 下列反应属于氧化-还原反应的是(　　)。

（A）$CaCO_3 \xlongequal{\Delta} CaO+CO_2^-$

（B）$NH_4Cl \xlongequal{\Delta} NH_3^-+HCl$

（C）$2NaCl+H_2SO_4$(浓)$= Na_2SO_4+2HCl\uparrow$

（D）$2Al+6HCl$(稀)$= 2AlCl_3+3H_2\uparrow$

20. 在下列化学方程式中，不能用离子方程式 $Ba^{2+}+SO_4^{2-}=BaSO_4\downarrow$ 来表示的是(　　)。

（A）$Ba(NO_3)_2+H_2SO_4=BaSO_4\downarrow +2HNO_3$

（B）$BaCl_2+Na_2SO_4=BaSO_4\downarrow +2NaCl$

（C）$BaCO_3+H_2SO_4=BaSO_4\downarrow +2H_2O+CO_2\uparrow$

（D）$BaCl_2+H_2SO_4=BaSO_4\downarrow +2HCl$

单元二　元　素

课题 1　碱金属和碱土金属

1.1　碱金属

1.1.1　碱金属元素

周期表中ⅠA 族由锂 Li、钠 Na、钾 K、铷 Rb、铯 Cs、钫 Fr 六种元素组成，它们的氧化物溶于水呈强碱性，从而称之为碱金属元素。它们的价层电子构型为 ns^1，只有+1 氧化态，最外层只有一个电子，次外层为稀有气体的电子层结构。原子半径为同周期元素中(稀有气体除外)最大，易失去最外层电子，为同周期元素中金属性最强的元素。由上而下，原子半径和核电荷数逐渐增大，且原子半径增大起主要作用，核对外层电子引力逐渐减少，失电子能力依次增强，故金属性从上而下逐渐增强。详见表 2-1。

表 2-1　碱金属物理性质

物质	颜色	氧化性	沸点、熔点变化	溶水情况	传导性
Li Na K Rb Cs	银白色具有柔软性和延展性 略带金色	易氧化失去光泽，故保存在煤油或石蜡中	从上到下沸点、熔点降低	缓慢 剧烈火花 剧烈爆鸣声 从上到下依次剧烈程度增加	导电性 导热性

碱金属元素是最活泼的金属元素，它们的单质能与大多数非金属起反应，形成各种氧化物、氢氧化物，还可以形成许多重要的盐类。

1.1.2　金属钠

银白色金属，质地柔软，熔点 97.8℃，沸点 883℃，密度 0.97g · cm^{-3}，是电和热的良导体。金属钠的化学性质很活泼，可以和很多物质发生化学反应，通常保存在煤油或石蜡油中。

钠跟氧气的反应：

在常温时　　$4Na+O_2 = 2Na_2O$

在点燃时　　$2Na+O_2 = Na_2O_2$(淡黄色) 过氧化钠比氧化钠稳定。

钠能跟卤素、硫、磷、氢等非金属直接发生反应，生成相应的化合物。

如　　$2Na+Cl_2 = 2NaCl$

$2Na+S = Na_2S$(跟硫化合时甚至发生爆炸。)

钠跟水的反应

$$2Na+2H_2O = 2NaOH+H_2\uparrow$$

由于此反应放出大量的热，能引起氢气燃烧，所以钠失火不能用水扑救。

1.2 碱土金属

元素周期表中ⅡA族的铍(Be)、镁(Mg)、钙(Ca)、锶(Sr)、钡(Ba)、镭(Ra)六种元素，由于钙、锶、钡的氧化物在性质上介于“碱性”和“土性”(把黏土的主要成分既难溶于水又难熔融的 Al_2O_3 称为“土”)之间，故称之为碱土金属。

碱土金属最外层有 2 个 s 电子，原子半径比相邻碱金属要小，金属活泼性稍差且主要氧化数为+2。与碱金属一样，由上而下，原子半径和核电荷数逐渐增大，且原子半径增大起主要作用，核对外层电子引力逐渐减少，失电子能力依次增强，故金属性从上而下逐渐增强。碱土金属能与大多数非金属起反应，如在空气中易燃烧，生产各种类型的氧化物，除铍、镁外，都较易与水反应，可形成稳定的氢氧化物和许多重要的盐。

1.3 焰色反应

定义：焰色反应是某些金属或它们的挥发性化合物在无色火焰中灼烧时使火焰呈现特征的颜色的反应。焰色反应是物质物理性质的表现。

当碱金属和其它一些金属及其相应化合物盐在火焰上灼烧时，原子中的电子吸收了能量，从能量较低的轨道跃迁到能量较高的轨道，但处于能量较高轨道上的电子是不稳定的，很快跃迁回能量较低的轨道，这时就将多余的能量以光的形式放出。而放出的光的波长在可见光范围内(波长为 400nm~760nm)，因而能使火焰呈现颜色。但由于碱金属的原子结构不同，电子跃迁时能量的变化就不相同，就发出不同波长的光，使火焰呈现特殊焰色。详见表 2-2。

表 2-2 常见金属的焰色

金属元素	焰 色	金属元素	焰 色
锂	紫红色	钙	砖红色
钠	黄 色	锶	深红色
钾	浅紫色(透过蓝色钴玻璃)	钡	黄绿色
铷	紫 色	铜	绿 色

课题 2 卤素元素

2.1 卤素元素

元素周期表中ⅦA族的氟(F)、氯(Cl)、溴(Br)、碘(I)和砹(At)五种元素，统称为卤素(通常以 X 表示)。卤素是成盐元素的意思，主要是因为它们都是典型非金属元素，容易和典型金属化合成典型的盐而得名。其中砹为放射性元素，本书不予讨论。

卤素是各周期中原子半径最小，电负性最大的元素，它们的非金属性是同周期元素中最强的。卤素原子的价电子层构型为 ns^2np^5，易得到一个电子达到 8 个电子的稳定结构，化合物中最常见的氧化数是-1，是典型的非金属元素。在形成卤素的含氧酸及其盐时，可以表现出+1、+3、+5、+7 的正氧化态。卤素的核电荷数和原子半径从上到下依次增加，故其非金属性由氟到碘逐渐减弱。其中氟是周期中非金属性最强的元素。

2.2 卤素的单质

2.2.1 卤素单质的物理性质

卤素单质的一些物理性质，见表2-3。

表2-3 卤素单质物理性质

物质	颜色	聚集状态	熔、沸点变化	毒性	溶水情况	溶有机溶剂
F_2	淡黄绿色	气体	熔沸点升高↓	均具有刺激性气味，毒性从F到I依次减弱	剧烈反应	（注：单质氟反生反应）易溶于有机溶剂如CS_2和CCl_4
Cl_2	黄绿色	气体易液化			不易溶水	
Br_2	深棕红色	液体易气化			不易溶水	
I_2	紫黑色	固体易升华			难溶于水	

2.2.2 卤素单质的化学性质

化学活泼性是卤素单质的重要特性。卤素的化学反应类型基本相同。但从氟到碘其活泼性逐渐减弱，反应的激烈程度也不相同。

氯气溶于水中所得的溶液称为氯水，其主要氯水成分为 Cl_2、H_2O、HCl、O_2。表现为弱酸性，HClO 不稳定易分解为 HCl 和 O_2。

2.2.3 可溶性卤化物的鉴别方法

（1）卤离子的鉴定——硝酸银法

$$\left.\begin{array}{l} F_2 \\ Cl_2 \\ Br_2 \\ I_2 \end{array}\right\} + AgNO_3(\text{稀}) \left\{\begin{array}{l} AgF\ \text{易溶于水不产生沉淀不能用此方法} \\ AgCl\ \text{白色沉淀} \\ AgBr\ \text{淡黄色沉淀} \\ AgI\ \text{黄色沉淀} \end{array}\right.$$

氰离子和硫离子干扰本试验，如果它们存在，应予以除去，将溶液用稀硝酸酸化后煮沸数分钟，使生成 HCN 和 H_2S 而逸出。

（2）区别鉴定氯、溴、碘离子——氯水氧化法

在酸性溶液中，溴离子和碘离子可被氯水氧化成游离的溴和碘，用四氯化碳萃取后，若四氯化碳呈紫色，表明有碘存在；当继续加氯水时，碘进一步被氧化成碘酸，紫色褪去，若此溶液中有溴离子存在则溴离子被氧化为游离的溴，使四氯化碳呈棕色。

$$2NaI + Cl_2 \longrightarrow I_2(CCl_4) + 2NaCl \qquad \text{显紫色}$$

$$I_2 + 5Cl_2 + 6H_2O \longrightarrow 2HIO_3 + 10HCl \qquad \text{紫色褪去}$$

$$2NaBr + Cl_2 \longrightarrow Br_2(CCl_4) + 2NaCl \qquad \text{显棕色}$$

（3）溴、碘存在下鉴定氯

在酸性条件下，将溴离子和碘离子氧化成游离的溴和碘，加热驱除。常用氧化剂有浓硝酸、过硫酸铵、二氧化铅等。

$$2HBr + 2HNO_3 \longrightarrow Br_2\uparrow + 2NO_2 + 2H_2O$$

$$2NaBr + (NH_4)_2S_2O_8 \longrightarrow Br_2\uparrow + (NH_4)_2S_2O_4 + Na_2SO_4$$

$$2NaBr + PbO_2 + 4HAc \longrightarrow Br_2\uparrow + Pb(Ac)_2 + 2H_2O + 2NaAc$$

反应后用氯水氧化法检查溴和碘是否除尽，再用硝酸银法鉴定氯。

1. 氯水在日光照射下会有气体逸出，该气体是________。

2. 在卤化物中，卤素最常见的的化合价是________。

3. 把足量的氯气通入碘化钾和溴化钾的混合液中，然后蒸干灼烧，最后残留物质是________。

4. 现有 KBr、NaOH、$CuCl_2$、$AgNO_3$ 四种溶液，分别置于 a、b、c、d 四支试管中并进行下述实验：将 a、b 混合，产生蓝色沉淀；将 a、d 混合，产生白色沉淀；将 c、d 混合，产生浅黄色沉淀，那么 a、b、c、d 四种物质分别是________、________、________、和________。

课题 3 氧族元素

3.1 氧族元素

元素周期表中ⅥA 族的氧($_8O$)、硫($_{16}S$)、硒(Se)、碲(Te)、钋(Po)统称氧族元素。原子最外层都只有 6 个电子，常见的化合价为-2 价，除氧外都有正的价态+2、+4、+6。

3.1.1 物理性质见表 2-4。

表 2-4 氧素单质物理性质

元素符号	O	S	Se	Te
状 态	气态	固态	固态	固态
颜 色	无色	淡黄色	灰色	银白色
溶解性	难溶	难溶	难溶	难溶
导电性	不导电	不导电	半导体	导体
熔沸点	从 O 到 Te 逐渐升高			
密 度	从 O 到 Te 逐渐增大			
非金属性	从 O 到 Te 逐渐减弱			

3.1.2 化学性质

(1) 氢化物

氧、硫、硒的单质可以直接与氢气化合生成氢化物(H_2R)

$$2H_2+O_2 \xlongequal{点燃} 2H_2O \qquad H_2+S \xlongequal{加热} H_2S$$

(2) 与金属反应(氧、硫能与大多数金属直接化合)

$$Fe+S \xlongequal{加热} FeS \qquad 3Fe+2O_2 \xlongequal{加热} Fe_3O_4$$

(3) 氧化物及其含氧酸

硫、硒、碲均有二氧化物，三氧化物，且均是酸酐。如：SO_2、SO_3、SeO_2、SeO_3、TeO_2、TeO_3；对应的酸为 H_2SO_3(中强酸)、H_2SO_4(强酸)、H_2SeO_4、H_2TeO_4 等。

3.2 二氧化硫

3.2.1 物理性质及用途

无色有刺激性气味的有毒气体，密度比空气大，易溶于水(常温常压下体积比为1∶40)，易液化(沸点-10℃)，液态SO_2气化时吸收大量的热，是一种制冷剂。二氧化硫是污染大气的主要有害物质之一。主要用于生产硫酸、亚硫酸；杀菌消毒；漂白某些有色物质(二氧化硫溶于水产生的亚硫酸与有色物质直接结合生成不稳定的无色物质)。

3.2.2 化学性质

(1) 具酸性氧化物(酸酐)的通性

与水反应： $SO_2+H_2O = H_2SO_3$

与碱反应： $SO_2+Ca(OH)_2 = CaSO_3+H_2O$

$CaSO_3+SO_2+H_2O = Ca(HSO_3)_2$

足量的二氧化硫能够使澄清石灰水先变浑浊后变澄清。

总反应方程式： $2SO_2+Ca(OH)_2 = Ca(HSO_3)_2$

(2) 还原性

$SO_2+I_2+2H_2O = H_2SO_4+2HI$ $\quad 2SO_2+O_2 \xrightarrow[加热]{催化剂} 2SO_3$

(3) 氧化性 $SO_2+2H_2S = 3S+2H_2O$

3.3 H_2SO_4 的性质

3.3.1 物理性质

纯硫酸是一种无色油状液体，常用的浓硫酸质量分数为98.3%。硫酸是一种高沸点难挥发的强酸，能以任意比和水混溶，溶于水时会放出大量的热。

3.3.2 稀硫酸具有酸的通性

$H_2SO_4 = 2H^+ + SO_4^{2-}$可以和碱、碱金属、活泼金属、某些盐反应。

如：$H_2SO_4+BaCl_2 = BaSO_4\downarrow+2HCl$(可用来检验$SO_4^{2-}$的存在)

3.3.3 浓硫酸

浓硫酸有强吸水性，但由于浓硫酸的强氧化性和酸性，不能用来干燥具有还原性和碱性的气体(如H_2S、NH_3)。

浓硫酸还可以从一些有机化合物中夺取与水分子相当的氢和氧，使这些有机物炭化，因此可以作为脱水剂。如蔗糖的碳化。

$$C_{12}H_{22}O_{11} \xrightarrow{浓硫酸} 12C+11H_2O$$

浓硫酸具有强氧化性，在加热时更显著，可以氧化许多非金属和金属如：

$$Cu+2H_2SO_4(浓) \xlongequal{\Delta} CuSO_4+SO_2\uparrow+2H_2O$$

$$C+2H_2SO_4(浓) \xlongequal{\Delta} CO_2\uparrow+2SO_2\uparrow+2H_2O$$

冷浓硫酸能使铁、铝等金属表面生成一层致密的氧化膜，保护内部的金属不继续与酸作用，这种现象称为“钝化”。

课题 4 氮族元素

4.1 氮族元素

元素周期表中ⅤA 族的氮(N)、磷(P)、砷(As)、锑(Sb)、铋(Bi)统称氮族元素，所有元素原子最外层有 5 个电子。故最高正价为+5 价，最高价氧化物化学式为 R_2O_5，主要水化物形式为 H_3RO_5 或 HRO_3；氢化物化学式为 RH_3。氮族元素单质物理性质见表 2-5。

表 2-5 氮族元素单质物理性质

元素	氮	磷	砷	锑
最高价氧化物及	N_2O_5	P_2O_5	As_2O_5	Sb_2O_5
其含氧酸	HNO_3	H_3PO_4	H_3AsO_4	H_3SbO_4
同 H_2 化合	直接化合	很难直接化合	不能直接化合	不能直接化合
氢化物稳定性	NH_3 很稳定	PH_3 不稳定	AsH_3 受热分解	SbH_3 很易分解
性质	从 N 到 Sb 非金属性逐渐减弱，金属性逐渐增强			

4.2 氮及其重要化合物

氮主要以单质状态存在于空气中，约占空气组成的 78%(体积分数)，无色无味的气体，密度比空气稍小，熔、沸点低，难液化，难溶于水。具有很高的稳定性，常温下不易参加反应。氮气可以与氢气及金属发生反应生成氨及金属氮化物，表现出氧化性；同时可以在放电的情况下和氧气反应生成氮的氧化物，表现出还原性。

氮的氢化物氨(NH_3)常温下是无色具有特殊气味的气体，易液化，液氨汽化热较大，可作制冷剂；易溶于水，1 体积水能溶解 700 体积氨。氨的化学性质活泼，能发生下列反应。

$$NH_3+H_2O \rightleftharpoons NH_4^++OH^-$$

$$4NH_3+3O_2 \xrightarrow[800℃]{Pt} 2N_2+6H_2O$$

$$2NH_3+2Na \longrightarrow 2NaNH_2+H_2\uparrow$$

4.3 磷

磷在自然界中以化合态形式存在，具有多种同素异形体，常见的有白磷和红磷两种单质，见表 2-6。

表 2-6 磷单质的性质

	白磷	红磷
颜色状态	白色蜡状固体	暗红色粉末
溶解性	不溶于水	不溶于水
	易溶于 CS_2	也不溶于 CS_2
毒性	剧毒	无毒
着火点	40℃，易自燃	240℃，可燃物
相互转化	隔绝空气加热到 260℃后得到红磷	加热到 416℃(升华后冷却)得到白磷

单质磷的化学活泼性比氮强，白磷比红磷活泼。主要发生的反应有

$$与 O_2 反应\quad 4P+5O_2 \xlongequal{点燃} 2P_2O_5$$

$$与 Cl_2 反应\quad 2P+3Cl_2 \xlongequal{点燃} 2PCl_3 \quad 2P+5Cl_2 \xlongequal{点燃} 2PCl_5$$

P_2O_5 为白色雪花状固体，可在不同温度下与不等量的水作用，得到磷的各种含氧酸。具有强吸水性，常用作干燥剂。

$$P_2O_5+H_2O \xlongequal{冷水} 2HPO_3(偏磷酸，有毒)$$

$$P_2O_5+3H_2O \xlongequal{热水} 2H_3PO_4(磷酸，无毒)$$

磷酸是无色晶体，高沸点、中等强度三元酸，易潮解。磷酸二氢盐都可溶与水，一般只有钾、钠、铵的磷酸一氢盐，磷酸的正盐可溶。

课题 5 碳族元素

5.1 碳族元素

元素周期表中ⅣA 族的碳(C)、硅(Si)、锗(Ge)、锡(Sn)、铅(Pb)统称碳族元素。原子最外层有 4 个电子。同族中随着原子序数的增加金属性逐渐增强，非金属性逐渐减弱。溶沸点依次增高，导电性逐渐增强。该族元素主要化合价为+4、+2 价，最高价氧化物为 XO_2 型；氢化物为 XH_4 型。其中 C、Si、Ge、Sn 的+4 价化合物稳定；Pb 的+2 价化合物稳定。

碳族元素位于容易失去电子和容易得到电子的主族元素之间的位置，既不容易失去电子，又不容易得到电子，所以容易形成共价化合物。

5.2 碳

碳有几种同素异形体，即金刚石、石墨、无定形碳等。单质碳可以在空气或氧气中燃烧得到 CO_2，另外无定形碳可以在高温下与金属氧化物、硫反应。如

可燃性：$C+O_2 \xlongequal{点燃} CO_2$ $\quad$ $C+O_2(不足) \xlongequal{点燃} 2CO$

还原性：$C+2CuO \xlongequal{} 2Cu+CO_2$ $\quad$ $C+H_2O \xlongequal{高温} CO+H_2$(水煤气)

5.3 二氧化碳的性质

CO_2 为无色气体，无毒，但含量过高能使人发生窒息；能溶于水(体积比 1∶1)，部分生成碳酸；易液化，固体 CO_2 俗称“干冰”，易升华能带走大量的热，可作制冷剂；比空气重，不能燃烧，也不助燃，可作灭火剂；能吸收红外线，产生温室效应。

氧化性：$CO_2+C \xlongequal{高温} 2CO$ $\quad$ $CO_2+2Mg \xlongequal{点燃} 2MgO+C$

酸性氧化物：$CO_2+Ca(OH)_2 \xlongequal{} CaCO_3+H_2O$ 足量的 CO_2 可使澄清的石灰水先变混浊再变澄清。

$$CaCO_3+CO_2+H_2O \xlongequal{} Ca(HCO_3)_2$$

二氧化碳的制取方法：

工业制法 $\quad$ $CaCO_3 \xlongequal{高温} CaO+CO_2\uparrow$

实验室制法 $CaCO_3+2HCl \xlongequal{} CaCl_2+H_2O+CO_2\uparrow$

盛石灰水的试剂瓶，在空气中放置一段时间后，在瓶壁上有白色固体物质生成，这是____________。

1. 在下列叙述中，错误的是(　　)。
(A) 钠燃烧时发出黄色火焰
(B) 钠在空气中燃烧生成氧化钠
(C) 钠与硫化合时可以发生爆炸
(D) 钠是强还原剂

2. 下列关于 Na 和 Na^+ 性质的叙述中，正确的是(　　)。
(A) 它们都是强还原剂　　(B) 它们的电子层数相同
(C) 它们都显碱性　　(D) 它们灼烧时都能使火焰呈现黄色

3. 下列物质中，不能使有色布条褪色的是(　　)。
(A) 次氯酸钠溶液　　(B) 次氯酸钙溶液
(C) 氯水　　(D) 氯化钙

4. 下列物质中属于纯净物的是(　　)。
(A) 氯水　　(B) 漂粉精
(C) 液氯　　(D) 氯化氢

5. 下列说法正确的是(　　)。
(A) 当溶液中加硝酸银溶液时有沉淀生成证明有氯离子存在
(B) 氯化钠与碳酸钠溶液中加入硝酸银溶液生成氯化银沉淀
(C) 溶液中加入氯化钡溶液有沉淀生成说明有氯离子存在
(D) 氯化钾溶液中加入硝酸和硝酸银溶液有沉淀生成说明有氯离子存在

6. 下列对卤素原子半径描述正确的是(　　)。
(A) $F_2>Cl_2>Br_2>I_2$　　(B) $Cl_2>Br_2>I_2>F_2$
(C) $F_2<Cl_2<Br_2<I_2$　　(D) $I_2<Br_2<F_2<Cl_2$

7. 不能相互反应的一组物质是(　　)。
(A) $NaBr+Cl_2$　　(B) $KI+Cl_2$
(C) $KI+Br_2$　　(D) $KBr+I_2$

8. 向含有 NaBr 和 KI 的混合溶液中通入过量的 Cl_2 充分反应。将溶液蒸干，并灼烧所得的物质，最后剩余的固体物质是(　　)。
(A) NaCl 和 KI　　(B) NaCl、KCl 和 I_2
(C) KCl 和 NaBr　　(D) KCl 和 NaCl

9. 用 $AgNO_3$ 溶液检验 Cl^- 时须加稀 HNO_3，说法正确的是(　　)。

(A) 也可用稀盐酸代替稀硝酸

(B) 也可用稀硫酸代替稀硝酸

(C) 不能用稀盐酸或稀硫酸代替，原因是生成的 AgCl 沉淀会溶解

(D) 不能用稀盐酸或稀硫酸代替，原因是引进 Cl^- 或 SO_4^{2-} 均会影响 Cl^- 的检验

10. 下列关于硫的说法中，不正确的是(　　)。

(A) 硫有多种同素异形体

(B) 硫的化学性质与氧气相同

(C) 硫在空气中燃烧时，火焰呈淡蓝色；在氧气中燃烧时，火焰呈蓝紫色

(D) 硫在一定条件下可与某些金属反应，生成金属硫化物

11. 与 6.0gSO_3 所含的氧原子数相等的 SO_2 的质量为(　　)。

(A) 3.6g　　(B) 6.0g　　(C) 7.2g　　(D) 5.4g

12. 在下列变化中，属于化学变化的是(　　)。

(A) SO_2 使品红溶液褪色　　(B) 氯水使有色布条褪色

(C) 活性炭使红色墨水褪色　　(D) O_3 使某些染料褪色

13. 下列叙述错误的是(　　)。

(A) 浓硫酸具有很强的氧化性　　(B) 浓硫酸具有很强的挥发性

(C) 浓硫酸具有很强的脱水性　　(D) 浓硫酸溶解时放出大量的热

14. 下列物质酸性最强的是(　　)。

(A) H_3PO_4　　(B) HNO_3　　(C) H_2CO_3　　(D) H_3BO_3

15. 下列关于红磷和白磷性质的叙述中正确的是(　　)。

(A) 在空气中燃烧都生成 P_2O_5　　(B) 白磷有毒，红磷无毒

(C) 都不溶于水，但都能溶于 CS_2　　(D) 白磷和红磷互为同素异形体

16. 下列关于碳和硅的叙述中，不正确的是(　　)。

(A) 氧化物都能与氢氧化钠反应　　(B) 单质在加热时都能跟氧气反应

(C) 氧化物都能溶于水生成相应的酸　　(D) 碳和硅都有同素异形体

17. 如果要除去二氧化碳气体中混有的少量一氧化碳，应采用的方法是(　　)。

(A) 把混合气体点燃

(B) 把混合气体通过澄清石灰水

(C) 把混合气体通过灼热的氧化铜粉末

(D) 把混合气体由一个容器倾倒到另一个容器里

18. 下面能生成二氧化碳的反应是(　　)。

(A) 木炭在空气里充分燃烧　　(B) 煅烧石灰石

(C) 木炭在高温时与氧化铜反应　　(D) 煤燃烧不充分

单元三 化学平衡与电离平衡

课题 1 化学平衡

1.1 化学平衡的基本特征

(1) 化学反应速率

化学反应的快慢用化学反应速率来衡量，一般来说，化学反应速率可以用单位时间某一反应物浓度的减少或生成物浓度的增加来表示，其符号用 V 表示，单位是 mol/(L·s)、mol/(L·min)等。

(2) 可逆反应及化学平衡

在化学反应中，若在同一条件下，既能向生成物方向(正反应方向)进行，又能向反应物方向(逆反应方向)进行，则该反应即为可逆反应。对于在一定条件下进行的可逆反应，若正反应和逆反应的速率相等，反应物和生成物的浓度不随时间而改变。这时反应物和生成物的混合物就处于化学平衡状态。

1.2 化学平衡的移动

从一种条件下的平衡状态转移到另一种条件下的平衡状态的过程，称为化学平衡的移动。化学平衡的移动原理依据勒夏特列原理，即如果改变影响平衡的一个条件(如浓度、温度或压强等)，平衡就向能够减弱这种改变的方向移动。外界因素对化学平衡的影响如表 3-1。

表 3-1 外界因素对化学平衡的影响

条件改变	平衡移动方向	条件改变	平衡移动方向
增大反应物浓度	正反应	减少压强	(气体分子数)增大方向
减少反应物浓度	逆反应	升高温度	吸热反应方向
增大压强	(气体分子数)减小方向	降低温度	放热反应方向

课题 2 电离平衡

2.1 电离平衡

当电解质溶于水或受热熔化时，会离解成自由移动离子。若在水溶液中或熔化状态下电解质完全以离子形式存在，则该电解质为强电解质；若在水溶液中或熔化状态下电解质只有部分电离为离子大部分仍以分子形式存在，则该电解质为弱电解质。电离程度主要由电解质本身的结构决定。强电解质主要有离子化合物和部分极性键化合物，包括强酸、强碱、盐；弱电解质主要有部分极性化合物，包括弱酸、弱碱、水。

电解质的电离方程式书写：强电解质完全电离，书写时用“$=\!=\!=$”号；弱电解质部分电离，书写时用“$\rightleftharpoons$”号。电离方程式的书写应注意以下几点：①首先必须判断物质的类别；②多元弱酸的电离是分步进行的；③多元弱碱的电离因为较为复杂，因此写成一步完成；④多元弱酸的酸式盐的电离由盐的电离和酸根离子的电离构成。

弱电解质的电离是一个化学平衡的过程。这样在一定条件下，当弱电解质分子电离成离子的速度与离子重新结合成分子的速度相等时，电离就达到了平衡状态，这种平衡称为电离平衡。当弱电解质在溶液中达到平衡时，溶液中已经电离的电解质分子数占原来总分子数的百分数称为电离度。

2.2　水的电离

25℃时纯水电离出 H^+、OH^-的浓度是

$$H_2O \rightleftharpoons H^+ + OH^- \qquad [H^+]=[OH^-]=1\times10^{-7}mol/L$$

在一定温度下，不论是纯水还是酸、碱、盐的溶液中 H^+浓度和 OH^-浓度的乘积都是常数。K_W 称为水离子积常数。常温下，可认为水离子积常数 $K_W=[H^+]\times[OH^-]=1\times10^{-14}$

对于水溶液，根据$[H^+]$和$[OH^-]$的相对多少，将溶液分为酸性、中性和碱性。

纯水：	$[H^+]=[OH^-]$	中性
酸性溶液：	$[H^+]>[OH^-]$	酸性
碱性溶液：	$[H^+]<[OH^-]$	碱性

通常用 pH 来表示溶液的酸碱性，将溶液中 H^+浓度的负对数记为 pH，

$$pH = -\lg[H^+]$$

pH 越小酸性越强；pH 越大碱性越强。

如何计算$[H^+]=0.001mol/L$ 的酸性溶液的 pH。

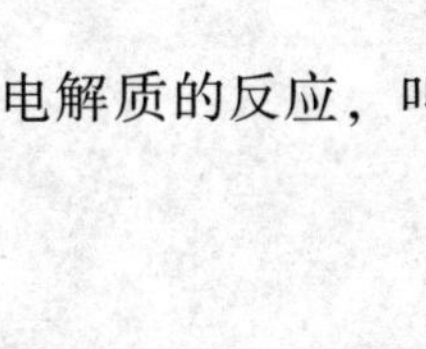

2.3　盐类的水解原理

在溶液中盐电离出来的离子跟水所电离出来的 H^+或 OH^-结合生成弱电解质的反应，叫作盐类的水解。水解反应与中和反应的关系为

$$酸+碱 \underset{水解}{\overset{中和}{\rightleftharpoons}} 盐+水$$

水解反应的条件是生成弱电解质，其实质是水解反应促进了水的电离平衡。盐类水解的规律如表 3-2。

表 3-2 盐类水解的规律

类 型	实 例	是否水解	水解的离子	生成的弱电解质	溶液的酸碱性
强酸弱碱盐	NH_4Cl	水解	阳离子	弱碱	酸性
强碱弱酸盐	$NaHCO_3$	水解	阴离子	弱酸	碱性
强酸强碱盐	NaCl	不水解	无	无	中性
弱酸弱碱盐	$(NH_4)_2S$	强烈水解	阴、阳离子	弱酸、弱碱	具体判断

结论：谁弱谁水解，谁强显谁性。

训练

1. 下列说法中正确的是(　　)。

(A) 可逆反应的特征是正反应速率和逆反应速率相等

(B) 在其他条件不变时，升高温度可以使化学平衡向放热反应的方向移动

(C) 在其他条件不变时，增大压强一定会破坏气体反应的平衡状态

(D) 在其他条件不变时，使用催化剂可改变化学反应速率，但不能改变化学平衡状态

2. 在化学反应 $CO_3^{2-}+H_2O \rightleftharpoons HCO_3^-+OH^-$ 达到平衡时，要使平衡向逆反应方向移动，可以采取下述方法的是(　　)。

(A) 加酸　　(B) 加水　　(C) 加石灰水　　(D) 加碳酸钠

3. 对于达到平衡状态的可逆反应：$N_2+3H_2 \rightleftharpoons 2NH_3$(正反应为放热反应)，下列叙述中不正确的是(　　)。

(A) 反应物和生成物浓度相等

(B) 反应物和生成物浓度不再发生变化

(C) 降低温度，平衡混合物里 NH_3 的浓度减小

(D) 增大压力，不利于氨的合成

单元四　有机化学基础

课题 1　有机化合物概述

1.1　有机化合物的定义

有机化合物是指碳氢化合物及其衍生物，但是一般将一氧化碳、二氧化碳、碳酸盐、金属氰化物和硫氰化物等视为无机物。研究碳氢化合物及其衍生物的学科称为有机化学。

1.2　有机化合物分类

一般根据有机化合物的组成及结构，可将有机化合物分为以下几类：

- 有机物
  - 烃
    - 链烃
      - 饱和链烃　烷烃 C_nH_{2n+2}
      - 不饱和链烃　烯烃、炔烃 C_nH_{2n}　C_nH_{2n-2}
    - 环状烃
      - 环烷烃　三元环、多元环 C_nH_{2n}
      - 芳烃　单环、多环、稠环、单环 C_nH_{2n-6}
  - 非烃
    - 卤代烃　R-X
    - 含氧　醇、酚、醚、醛、酮、羧酸、酯
    - 含硫　硫醇、硫酚、硫醚、噻吩
    - 含氮　氮杂环
  - 糖
    - 单糖　葡萄糖、果糖 $C_6H_{12}O_6$
    - 双糖　麦芽糖、蔗糖 $C_{12}H_{22}O_{12}$
    - 多糖　淀粉、纤维素 $(C_6H_{10}C_5)_n$
  - 含氮化合物　蛋白质
  - 高分子化合物
    - 天然高分子化合物
    - 合成有机高分子化合物

1.3　烃

由碳、氢两种元素组成的一类有机化合物叫烃。碳碳以单键相连成链，剩下价键则完全连氢原子，这种结构的烃类称为烷烃；环烷烃内则存在碳碳以单键相连所成的环。像烷烃和环烷烃这样，碳碳之间都是单键连接的烃类称为饱和烃。在分子中碳原子之间存在以双键或叁键相结合的烃为不饱和烃。其中：分子中仅含有一个双键的链状的烃为烯烃；分子中含有两个双键的链状的烃为二烯烃；分子中含有一个叁键的链状的烃为炔烃。

在分子中有一个或多个苯环的烃称为芳香烃，如

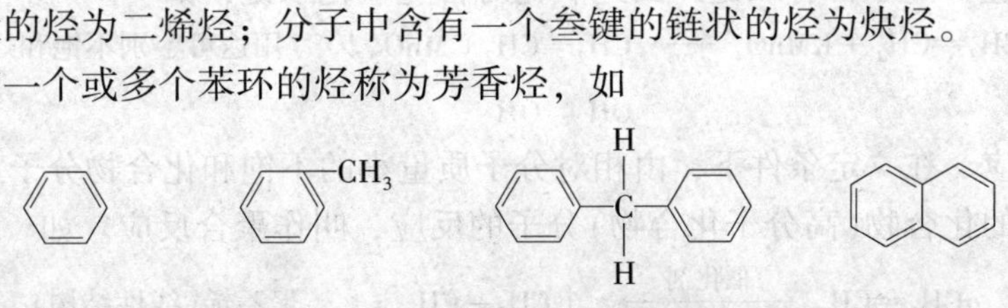

苯(单环)　　甲苯(单环)　　二苯甲烷(多环)　　萘(稠环)

烃分子失去一个氢原子后，余下的原子团称为烃基，用(R-)表示，如甲基、乙基、异丙基、苯基等。有机分子中比较活泼，容易发生反应且决定化合物化学性质的原子或原子团，称为官能团。如羰基、羧基等。

1.4　同系物、同系列及同分异构体

结构特征相似，具有相同的分子组成通式，分子组成上相差一个或多个亚甲基(—CH_2—)的一些有机物分子称为同系物。由同系物组成的一系列物质群，称为同系列。分子式相同，但结构不同的分子称为同分异构体。有机物出现同分异构体的主要原因有碳链异构、位置异构、几何异构和官能团异构四种。

课题 2　脂　肪　烃

2.1　烷烃

甲烷 CH_4 的结构是以碳原子为中心的正四面体结构，这点可由 CH_2Cl_2 没有同分异构体来证实。烷烃的通式是 C_nH_{2n+2}。烷烃分子中的碳原子每增加 1 个，其相对分子质量增加 14。烷烃可能发生的反应有

燃烧反应：　$CH_4+2O_2 \rightarrow CO_2+2H_2O+890kJ/mol$ 氧气充足

$CH_4+O_2 \rightarrow C+2H_2O$　　氧气不足

裂化反应：在一定的条件下，把相对分子质量大、碳链长、沸点高的烃分子断裂为相对分子质量较小、沸点较低的烃的过程叫裂化。

取代反应：烷烃中的 H 被其他原子所取代的反应，如甲烷在光照下和氯气发生取代反应。

2.2　烯烃

乙烯的分子式为 C_2H_4，它的结构式为 $CH_2=CH_2$，乙烯分子中存在碳碳双键，其中一个是 σ 键一个是 π 键，由于 π 键具有很强的化学活性，因此其官能团为双键。由于乙烯含碳的质量分数较高，含有 π 键，因此空气中燃烧时会有黑烟产生。实验室中可以用加热乙醇和浓硫酸的混合液来制备，其中浓硫酸是催化剂和脱水剂。乙烯可以作为水果催熟剂。

烯烃的通式为 C_nH_{2n}。引起烯烃异构的原因有碳链异构、位置异构、顺反异构。烯烃可以发生的典型反应如下：

(1) 加成反应　烯烃分子由于含有不饱和键，可以发生加成反应，将不饱和键加成为饱和键，加成时通常符合马尔科夫尼科夫规律，即不饱和烃在发生加成反应时氢原子加到含氢多的碳原子上。

(2) 氧化反应　由于含有双键，因此氧化时首先氧化双键，如

$$CH_2=CH_2 + KMnO_4 \longrightarrow \underset{\displaystyle OH}{\underset{|}{CH_2}}-\underset{\displaystyle OH}{\underset{|}{CH_2}} + MnO_2\downarrow \quad \text{用途可鉴别不饱和烃}$$

(3) 聚合反应　在一定条件下，由相对分子质量小的不饱和化合物分子互相结合成为相对分子质量很大的化合物(高分子化合物)分子的反应，叫作聚合反应。如

$$nCH_2=CH_2 \xrightarrow[\text{加压，加温}]{\text{催化剂}} *\!\left[CH_2-CH_2\right]_n\!* \quad \text{聚乙烯(线性结构)}$$

2.3　环烷烃

化学性质和烷烃相似。其中以五碳环和六碳环的性质较稳定。另外环烷烃可以发生开环反应，生成饱和链烃，加成时符合马尔科夫尼科夫规律。环烷烃不与高锰酸钾反应。

2.4　炔烃

乙炔分子式为 C_2H_2，为线性结构，乙炔燃烧焰温度很高，可达 3000℃以上，工业上用它来焊接或切割金属。实验室采用电石与水反应制备乙炔。它的分子内存在碳碳叁键，其中一个 σ 键二个 π 键。因此，其化学性质很活泼，能起加成、氧化、聚合及金属取代等反应。如乙炔可以和高锰酸钾发生反应，即

$$2CH\equiv CH + \underset{\text{紫色}}{10KMnO_4} + 2H_2O \longrightarrow 6CO_2\uparrow + 10KOH + \underset{\text{褐色}}{10MnO_2\downarrow}$$

同时，与 H 相连的碳碳叁键，如乙炔可以和银氨溶液或者铜氨溶液反应生成金属炔化物。这个反应可以用来对炔类进行鉴定，即

$$CH\equiv CH + 2Ag[(NH_3)_2]NO_3 \longrightarrow \underset{\text{灰白色乙炔银沉淀}}{AgC\equiv CAg\downarrow} + 2NH_4NO_3 + 2NH_3$$

$$CH\equiv CH + 2[Cu(NH_3)_2]Cl \longrightarrow \underset{\text{砖红色乙炔亚铜沉淀}}{CuC\equiv CCu\downarrow} + 2NH_4Cl + 2NH_3$$

课题 3　芳香族烃

芳香烃简称“芳烃”，通常指分子中含有苯环结构的碳氢化合物。这里重点介绍苯。

苯的分子结构(凯库勒式) 。其沸点 80.1℃，熔点 5.5℃，是无色带有特殊气味的液体，易挥发，有一定毒性。它的密度是 0.879g/cm^3，比水轻，不溶于水，但能溶于汽油、乙醇、乙醚等有机溶剂中。苯分子里有六个碳原子六个氢原子都处在同一平面内，具有平面正六边形的结构。

苯的结构特点决定其易发生取代反应，但由于苯中形成了大 π 键，因此化学活性比较稳定，不容易发生加成反应，也不会被高锰酸钾氧化。苯能够发生的典型反应有取代反应、加成反应、氧化反应。如

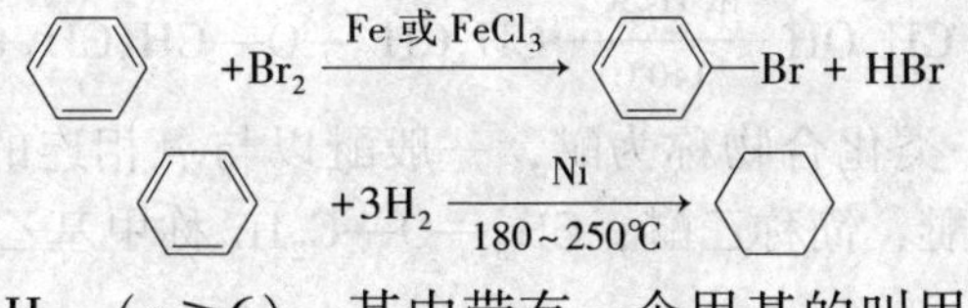

苯的同系物通式为 $C_nH_{2n-6}(n\geqslant 6)$。其中带有一个甲基的叫甲苯。甲苯和苯相似，是无色的液体，比水轻，不溶于水，而溶于有机溶剂，熔点-93℃，沸点 110.6℃。它除了可以发生苯可能发生的取代等反应外，还会被高锰酸钾氧化成为苯甲酸。二元烷基苯中，由于两个烷基在苯环上的位置不同，产生三种同分异构体。命名时，两个烷基的相对位置既可用“邻”、“间”、“对”表示，也可用数字表示。用数字表示时，若烷基不同，一般较简单的烷基所在位置编号为 1。

课题 4　卤代烷烃

卤代烃是指烃分子中的氢原子被卤原子取代后的化合物，简称卤代烃。卤原子是卤代烃的官能团，通常为氯原子、溴原子和碘原子。

三氯甲烷是无色带有甜味的液体，密度为 1.489g/cm³，沸点 61.2℃，易挥发不燃烧。不溶于水而溶于有机溶剂，并能溶解许多有机物，是常用的有机溶剂。三氯甲烷在医药上可用作麻醉剂。在光照下能被空气氧化，生成剧毒的光气。因此应避光保存在密闭的棕色瓶中四氯化碳是一种无色液体，有令人愉快的气味，密度 1.595g/cm³，沸点 76.8℃。不溶于水，能溶解脂肪、树脂、油漆、橡胶等多种有机溶物，是常用的有机溶剂和萃取剂。不能燃烧，不导电，易挥发，其蒸气的密度比空气大，所以，常用作灭火剂。四氯化碳跟金属钠在温度较高时能起剧烈反应以致发生爆炸，因此不能用它来扑灭金属钠着火。四氯化碳在 500℃以上时，能因氧化作用而生成少量的光气，因此用它灭火时必须注意空气的流通。四氯化碳有毒，能灼伤皮肤，损伤肝脏，因此使用时应注意安全。

氯乙烯是无色有特殊香味的气体，沸点-13.9℃，难溶于水，易溶于乙醇、乙醚等有机溶剂中。它容易燃烧，跟空气能形成爆炸性混合物，爆炸极限为 3.6%~26.4%(体积分数)。主要生产聚氯乙烯。

二氟二氯甲烷又叫氟里昂，是一种无色的气体，无毒，无臭味，无腐蚀性，不燃烧，沸点-29.8℃。以前曾经用它做冷冻剂。由于会破坏大气臭氧层，目前已经被禁用。

课题 5　含氧有机物

5.1　醇及醚

醇可以看成是烃分子中的氢原子被羟基(—OH)取代后生成的衍生物(R—OH)。醇类可以发生的化学反应有：

(1) 与金属反应 $2CH_3CH_2OH + 2Na \longrightarrow 2CH_3CH_2ONa + H_2\uparrow$

(2) 氧化反应　$2CH_3CH_2OH+O_2 \xrightarrow[\Delta]{Cu或Ag} 2CH_3CHO+2H_2O$

(3) 脱水反应　$CH_3CH_2OH \xrightarrow[170℃]{浓H_2SO_4} CH_2{=}CH_2\uparrow +H_2O$

$$2CH_3CH_2OH \xrightarrow[140℃]{浓H_2SO_4} CH_3CH_2—O—CH_2CH_3+H_2O$$

通式为 R—O—R′的一类化合物称为醚，一般醚以与氧相连的烃基加醚字命名。例如：C_2H_5—O—C_2H_5 称二乙基醚，简称乙醚；CH_3—O—C_2H_5 称甲基乙基醚，简称甲乙醚。

5.2　苯酚

苯酚俗名石炭酸，分子式 C_6H_5OH。无色结晶或结晶熔块，具有特殊气味。由于羟基连接在苯环上，因此苯酚的羟基具有弱酸性。同时苯酚可以发生取代反应，如

苯酚和铁发生的显色反应：$6C_6H_5OH + Fe^{3+} \longrightarrow [Fe(C_6H_5O)_6]^{3-} + 6H^+$ 也可以用于检验苯酚。

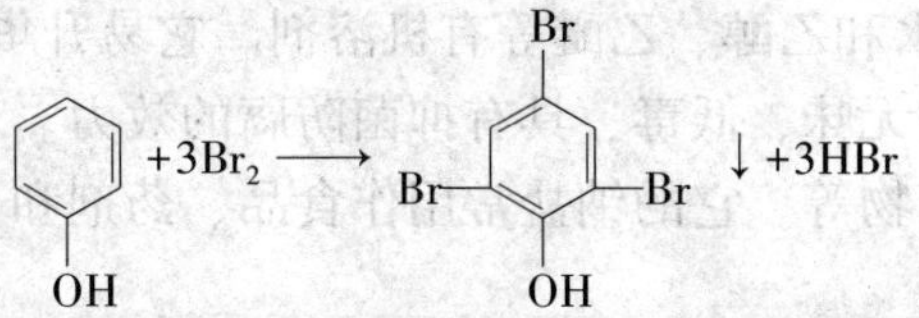

用于检验苯酚

5.3 醛和酮

醛和酮都是分子中含有羰基(碳氧双键)的化合物，其中羰基(—CO—)和一个氢连接而成的基团称为醛基(—CHO)。由醛基和烃基(或氢原子)连接而成的化合物称为醛；羰基与两个烃基相连形成的化合物称为酮。醛和酮都可以发生加成反应、氧化反应等，但醛类可以和银氨溶液和铜氨溶液发生如下反应，而酮类则不能，可以用来鉴定醛类。

$$CH_3CHO+2[Ag(NH_3)_2]OH \xrightarrow{\Delta} CH_3COONH_4+2Ag\downarrow+3NH_3+H_2O$$

$$CH_3CHO+2Cu(OH)_2 \xrightarrow{\Delta} CH_3COOH+Cu_2O\downarrow+2H_2O$$

氧化亚铜(砖红色沉淀)

甲醛的沸点-21℃，常温下是无色具有强烈刺激性气味的气体，对眼黏膜、皮肤有刺激作用。易溶于水，一般以溶液状态保存，35%~40%(m/m)的甲醛水溶液叫做福尔马林。大量用于塑料工业(制造酚醛树脂)、合成纤维工业等。其水溶液具有杀菌、防腐能力，因此是一种良好的杀菌剂。

苯甲醛俗称苦杏仁油，是无色油状液体，有苦杏仁味，沸点-179℃，微溶于水，溶于乙醇，乙醚等有机溶剂。存在于苦杏仁及桃、李等果核中。用于制备染料、香料、药物等。

丙酮是重要的有机合成原料，用来制造有机玻璃、合成树脂和药物等。丙酮也是重要的有机溶剂，广泛用于油漆、炸药、电影胶片等生产中。

5.4 羧酸

含有羧基—COOH的化合物。主要表现为酸性。如乙酸具有酸的通性，其酸性比碳酸强比盐酸弱，其溶液能使指示剂变色，能跟金属、碱性氧化物、碱、盐起反应。

甲酸俗称蚁酸，是无色具有刺激性气味的液体，熔点8.4℃，沸点是100.5℃，能溶于水、乙醚、乙醇等。甲酸是酸性最强的饱和一元羧酸，具有较强的腐蚀性，与人的皮肤接触时能使皮肤起泡。甲酸结构比较特殊，如图4-1所示虽然是一个很简单的分子，但是含有多种官能团，因此既有酸性又有醛的性质。

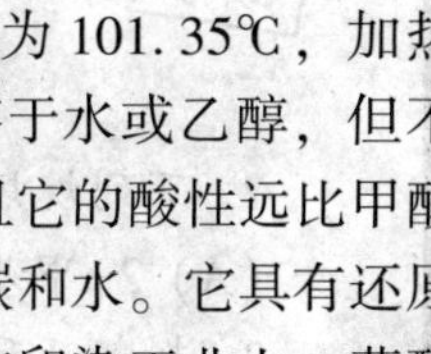

图4-1 甲酸

乙二酸通常以钾盐钠盐的形式存在植物的细胞中，所以俗称草酸，是最简单的二元酸。草酸是无色透明晶体，分子内含两个结晶水，熔点为101.35℃，加热到100℃时就失去结晶水，变成无水草酸。无水草酸熔点是189.5℃。溶于水或乙醇，但不溶于乙醚。草酸具有较强的酸性，是二元羧酸中酸性最强的一种酸，而且它的酸性远比甲酸和乙酸强，除了具有一般的酸性外，还与甲酸相似，易被氧化成二氧化碳和水。它具有还原性，因此草酸可作还原剂，用于定量分析中标定高锰酸钾溶液的浓度。在印染工业上，草酸可作媒染剂和漂白剂。草酸还能跟许多金属形成可溶性的配合物，因此大量用来提取稀有金属，还可除去墨水痕迹或铁锈。

苯甲酸俗称安息香酸，它是最简单的芳香羧酸。是一种白色针状晶体，熔点是

121.7℃，微溶于冷水，易溶于热水和乙醇、乙醚等有机溶剂。它易升华，能随水蒸气蒸发，其蒸气对黏膜有刺激作用，苯甲酸无味、低毒、具有抑菌防腐的效力。苯甲酸是有机合成的原料，可用于合成香料、燃料、药物等。它的钠盐常用作食品、药剂和日用品的防腐剂。

课题 6 常见有机官能团的鉴定

鉴定有机官能团通常采用有机物化学检验方法进行。

6.1 溴试验

双键：大多数含有双键的化合物，能使溴水很快褪色，但当双键的碳原子上连有吸电子基团或空间位阻大时，使加成反应变得很慢，甚至不能进行。

叁键：叁键对亲电试剂的加成不如双键，所以，炔烃和溴水的四氯化碳溶液加成反应进行较慢。

芳烃：不与溴的四氯化碳溶液反应，可与液溴起取代反应，生成的溴化氢气体可用 pH 试纸或蓝色石蕊试纸检验，芳胺因与溴化氢成盐而无溴化气体放出。

烯醇、醛、酮及含有活泼亚甲基的化合物：它们与溴发生反应，使溴褪色，并放出溴化氢气体。

6.2 高锰酸钾溶液试验

含有不饱和键的化合物能与高锰酸钾反应，使后者的紫色褪去而生成棕色的二氧化锰沉淀。

6.3 三氯化铁试验

酚类可以和三氯化铁生成蓝色或绿色的配合物，可以用来鉴别酚类。

6.4 银镜反应

醛类可以和银氨溶液发生特征的银镜反应，可以用来鉴别醛类。

炔氢可以和银氨溶液生成白色的炔银沉淀，可以用来鉴别炔类。

训练

1. 下列属于脂肪族化合物的是(　　)。

(A) $CH_3CH_2CH_2C\equiv CH$　　(B) 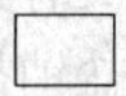

(C) 　　(D) 

2. 下列烷烃的一氯取代产物中没有同分异构体的是(　　)。

(A) 2-甲基丙烷　(B) 乙烷　(C) 丁烷　(D) 丙烷

3. 判断两种物质互为同系物的准则是(　　)。

(A) 分子组成上相差一个或若干个碳原子

(B) 符合同一个通式

(C) 结构相似

(D) 结构相似、通式相同、分子组成上相差一个或若干个 CH_2 原子团

4. 2，3-二甲基丁烷的一溴代物异构体的数目是(　　)。

(A) 2 种　　(B) 3 种　　(C) 4 种　　(D) 5 种

5. 下列各组物质中，位置异构的是(　　)。

(A) 2-甲基-2-戊烯和 3-甲基-2 戊烯

(B) 顺-2-丁烯和反-2-丁烯

(C) 1-丁烯和 2-甲基丙烯

(D) 1-丁烯和 2-丁烯

6. 甲烷的氯代生成了(　　)种取代产物。

(A) 1 种　　(B) 2 种　　(C) 3 种　　(D) 4 种

7. 在常温下，把一个盛有一定量甲烷和氯气的密闭玻璃容器放在光亮的地方，两种气体发生反应，下列叙述中不正确的是(　　)。

(A) 容器内气体颜色不变　　(B) 容器内分子总数不变

(C) 容器内压强不变　　(D) 容器内发生的反应属于置换反应

8. 某烷烃含碳 83.33%，它的蒸气对氢气的相对密度为 36，该分子简式是(　　)。

(A) C_4H_{10}　　(B) C_5H_{12}　　(C) C_3H_8　　(D) C_2H_6

9. 有机物 $CH_3CH(CH_3)CH(CH_3)CH_2CH_3$ 的系统名称是(　　)。

(A) 2-甲基-3-乙基丁烷　　(B) 2-乙基-3-甲基丁烷

(C) 2，3-二甲基戊烷　　(D) 3，4-二甲基戊烷

10. 当乙烯完全燃烧时，生成 1mol CO_2 和 1mol H_2O，需要乙烯(　　)mol。

(A) 2　　(B) 1.5　　(C) 1　　(D) 0.5

11. 下列叙述中错误的是(　　)。

(A) 乙烯是一种无色的气体

(B) 乙烯是一种易溶于水的气体

(C) 乙烯能与氢气发生加成反应

(D) 乙烯能使高锰酸钾溶液褪色

12. 下列关于烷烃和烯烃的说法中，不正确的是(　　)。

(A) 它们所含元素的种类相同，但通式不同

(B) 均能与氯气发生反应

(C) 烯烃分子中的碳原子数≥2，烷烃分子中碳原子数≥1

(D) 含碳原子数相同的烯烃和烷烃互为同分异构体

13. 下列化合物的名称正确的是(　　)。

(A) 2-乙基-3-戊烯

(B) 4，5-二甲基-2-异丙基-2-己烯

(C) 4-甲基-2-己烯

(D) 2，2-二甲基-4-戊烯

14. 乙炔与乙烯结构上的区别是(　　)。

(A) 价键活泼性不同　　(B) 参于杂化的电子数不同

(C) 含有的碳原子数不同　　(D) 加成试剂不同

15. 在室温下，下列物质分别与硝酸银的氨溶液作用能立即产生沉淀的是(　　)。

(A) 乙烯基乙炔　　(B) 1，3-己二烯

(C) 2，4-己二炔　　(D) 2-丁炔

16. 某烃分子式为 C_5H_8，当它与氯化亚铜的氨溶液作用时，有红色沉淀产生。根据上述事实可推测该烃可能的结构式是(　　)。

(A) $CH_3(CH_2)_2C{\equiv}CH$　　(B) $CH_3C{\equiv}CCH_2CH_3$

(C) $CH_3CH(CH_3)C{\equiv}CH$　　(D) 1，3-丁二烯

17. 下列说法不正确的是(　　)。

(A) 三元环由于结构的特殊性容易开环发生加成反应

(B) 三元环开环的部位是 C—C 键和 C—H 键

(C) 三元环破环的位置是在环上含氢最多和含氢最少的碳原子之间断裂

(D) 三元环破环后发生加成时符合加成规律

18. 某单环芳烃分子量是 92，它的分子式是(　　)。

(A) C_6H_6　　(B) C_8H_{10}

(C) C_7H_8　　(D) C_9H_{12}

19. 苯分子不能与下列试剂发生反应的是(　　)。

(A) 浓硫酸　　(B) 浓硝酸和浓硫酸

(C) 氯气和三氯化铁　　(D) 高锰酸钾溶液

20. 下列物质中，与 $Br_2/FeBr_3$ 反应最快的物质是(　　)。

(A) 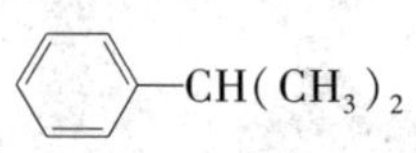

(B) 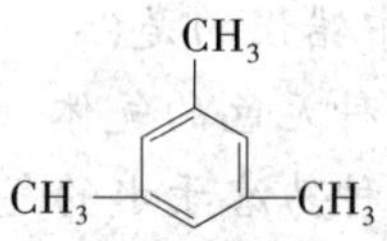

(C) 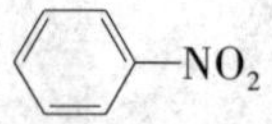

(D) 

21. 下列说法中，属于提纯苯的是(　　)。

(A) 苯不与高锰酸钾反应

(B) 苯与硫酸反应

(C) 苯与浓硫酸反应后，再水解脱去磺酸基

(D) 苯与硝酸反应

22. 苯、甲苯、硝基苯进行磺化反应时，速度快慢顺序正确的是(　　)。

(A) 苯>甲苯>硝基苯　　(B) 硝基苯>苯>甲苯

(C) 甲苯>硝基苯>苯　　(D) 甲苯>苯>硝基苯

23. 三溴甲烷是甲烷的(　　)。

(A) 同系物　　(B) 同分异构体

(C) 同素异形体　　(D) 衍生物

24. 下列有关氟氯烃说法中，不正确的是(　　)。

(A) 氟氯烃是一类含氟和含氯的卤代烃

(B) 氟氯烃化学性质稳定，有毒

(C) 氟氯烃大多无色、无臭、无毒

(D) 在平流层中，氟氯烃在紫外线照射下，分解产生的氯原子可引发损耗臭氧层的循环反应

25. 下列说法错误的是(　　)。

(A) 常温下氯乙烷是气体　　(B) 多数一卤代烷烃其蒸气有毒

(C) 卤代烷烃难溶于水　　(D) 一卤代烷的相对密度大于1

26. 下列各组物质中，互为同分异构体的是(　　)。

(A) 乙醇和乙醚　　(B) 1-丙醇和甲乙醚

(C) 甲醇和乙醇　　(D) 甲醚和乙醚

27. 下列物质中，能用分子式 $C_4H_{10}O$ 表示的是(　　)。

(A) $CH_3CH_2CH_2CH_2OH$　　(B) $CH_2=CHCH_2CH_2OH$

(C) $CH_3CH_2CH(CH_3)OH$　　(D) $CH_3CH_2OCH_2CH_3$

28. 下列说法中，不正确的是(　　)。

(A) 低级醇的沸点比其相对分子质量相近的烷烃要低

(B) 乙醇沸点比甲醇高

(C) 乙醇可以以任何比例与水混溶

(D) 乙醇是无色的液体

29. 46g 某一元醇与足量的金属钠完全反应，得到 11.2 L(标准状况)氢气，该醇的分子式是(　　)。

(A) 甲醇　　(B) 乙醇　　(C) 1-丙醇　　(D) 2-丁醇

30. 下列反应中，属于脱水反应的是(　　)。

(A) 溴乙烷与氢氧化钠水溶液共热　　(B) 溴乙烷与氢氧化钠醇溶液共热

(C) 乙醇与浓硫酸加热到 170℃　　(D) 乙醇与浓硫酸加热到 140℃

31. 能与三氯化铁溶液发生显色反应的是(　　)。

(A) 苯酚　　(B) 甘油　　(C) 乙醇　　(D) 乙醚

32. 下列关于苯酚性质的叙述中，不正确的是(　　)。

(A) 苯酚在水中的溶解度随温度的升高而增大

(B) 苯酚易溶于乙醇等有机溶剂

(C) 苯酚水溶液呈弱酸性，能与碱反应

(D) 苯酚没有毒，其稀溶液可用作防腐剂和消毒剂

33. 下列各组混合物中，不可以用分液漏斗分离的是(　　)。

(A) 溴乙烷和水　　(B) 苯酚和乙醇

(C) 乙醇和水　　(D) 乙醛和苯

34. 下列物质不能发生银镜反应的是(　　)。

(A) 甲醛　　(B) 乙醛　　(C) 2-甲基丙醛　　(D) 丙酮

35. 羰基(>C=O)中的两个单键，分别与两个甲基连接的化合物叫(　　)。

(A) 丙醛　　(B) 异丙醇　　(C) 丙酮　　(D) 丙酸

36. 下列有关酯的叙述中，不正确的是(　　)。

(A) 酸与醇在强酸的存在下加热，可得到酯

(B) 乙酸和甲醇发生酯化反应生成甲酸乙酯

(C) 酯化反应的逆反应是水解反应

(D) 果类和花草中存在着芳香气味的低级酯

37. 下列各组物质中，能用银氨溶液进行鉴别的是(　　)。

(A) 乙醇和乙醚　　(B) 乙醛和丙酮

(C) 乙烯和乙烷　　(D) 乙酸和甲酸

模块三

化学分析

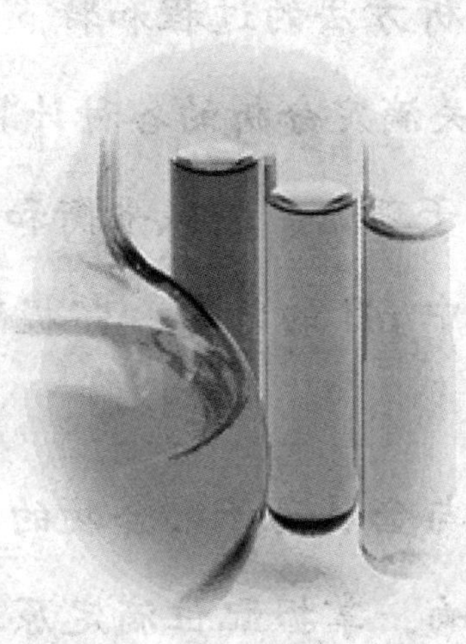

- 单元一　误差与数据处理
- 单元二　滴定分析概论
- 单元三　酸碱滴定法
- 单元四　配位滴定法
- 单元五　氧化还原滴定法
- 单元六　沉淀滴定法
- 单元七　重量分析法

学习目标

1. 了解准确度、精密度的概念，掌握误差的分类和来源及减免方法，掌握有效数字的修约规则和运算规则，掌握分析数据的统计处理方法；

2. 了解滴定分析方法的过程和特点，掌握标准溶液的配制方法，掌握有关滴定分析的各种计算；

3. 了解酸碱质子理论、酸碱平衡和分布系数，掌握缓冲溶液、酸碱溶液中 pH 的计算，掌握酸碱滴定原理及指示剂的选择；

4. 了解 EDTA 与金属离子配合物的特点，了解副反应对滴定主反应的影响，掌握配位滴定原理及金属指示剂作用原理；

5. 了解氧化还原反应的实质，掌握影响氧化还原反应进行的因素，掌握氧化还原滴定过程中电极电位和离子浓度的变化规律；

6. 了解沉淀滴定法对沉淀反应的要求，掌握莫尔法、佛尔哈德法、法扬司法确定终点的方法原理、滴定条件；

7. 了解沉淀形成的过程，掌握沉淀的条件，掌握重量分析法的原理和测定过程及结果计算。

单元一　误差与数据处理

课题 1　误差和有效数字

定量分析是准确测定组分在试样中的含量，若测得的“量”不准，就会导致生产上的损失、资源的浪费、科研上的错误结论。但在分析过程中，即使是技术很熟练的人用同一方法对同一试样仔细地进行多次分析，也不能得到完全一致的分析结果，而是分析结果在一定范围内波动，即分析结果的误差是客观存在的。因此，在进行定量分析时，就必须判断分析结果的准确性，并检查产生不准确(误差)的原因及解决方法，从而提高分析结果的准确度。

1.1　准确度与误差

准确度是指在一定条件下，试样的测得值与真实值之间相接近的程度。用误差表示，误差越小，分析结果的准确度越高。误差分为绝对误差和相对误差。

$$绝对误差 = 测得值 - 真实值 \tag{1-1}$$

即

$$E_a = \bar{x} - x_T$$

真实值虽客观存在，但通常是不知道的，但下列情况的真值可以认为是知道的：

(1) 理论真值　纯物质中各元素或组分按照化学式计算所得的理论含量。

(2) 计量学约定真值　由国际计量大会确定的元素的原子量、物理化学常数等。

(3) 相对真值　认定精度高一个数量级的测定值作为低一级的测量值的真值。

绝对误差不能用来判断两个分析结果的准确度，因为误差在真实结果中所占的比例没能反映出来，因此提出了相对误差。相对误差是绝对误差在真实值中所占的百分率。

$$相对误差 = \frac{绝对误差}{真实值} \times 100\% \tag{1-2}$$

即

$$E_r = \frac{E_a}{x_T} \times 100\%$$

相对误差能反映误差在真实结果中所占的比例，这对于比较在各种情况下测定结果的准确度更为方便，因此最常用。绝对误差和相对误差都有正、负值，正值表示测定结果偏高，负值表示测定结果偏低。

1.2　精密度与偏差

精密度是指在相同条件下，对同一试样进行多次平行测定结果相接近的程度可用偏差表示。偏差越小，分析结果的准确度越高。偏差可分为以下几种：

1.2.1　绝对偏差与相对偏差

绝对偏差(d_i)是每次的测得值(x_i)与平均值之差值。即

$$d_i = x_i - \bar{x} \tag{1-3}$$

相对偏差是绝对偏差在平均值中所占的百分率。

$$相对偏差 = \frac{d_i}{\bar{x}} \times 100\% \qquad (1-4)$$

1.2.2　平均偏差和相对平均偏差

平均偏差是各次测得值与平均值之差的绝对值的平均值。

$$平均偏差\ \bar{d} = \frac{|x_1-\bar{x}|+|x_2-\bar{x}|+\cdots\cdots+|x_n-\bar{x}|}{n} = \frac{|d_1|+|d_2|+\cdots\cdots|d_n|}{n} = \frac{\sum_{i=1}^{n}|d_i|}{n} \qquad (1-5)$$

相对平均偏差是平均偏差在平均值中所占的百分率。

$$相对平均偏差 = \frac{\bar{d}}{\bar{x}} \times 100\% \qquad (1-6)$$

用平均偏差表示准确度虽较简单，但有不足之处，因为在一组测定数据中，小偏差总是占多数，大偏差总是少数，若按总的测定次数去求平均偏差所得的结果就偏小，而大的偏差不易反映出来。因此，用数理统计方法处理数据时，常以标准偏差和相对标准偏差来衡量一组测得值的准确度。

1.2.3　标准偏差与相对标准偏差

标准偏差（s）又称均方根偏差，当测定次数不多时（$n<20$），其计算式为

$$s = \sqrt{\frac{\sum_{i=1}^{n}(x_i-\bar{x})^2}{n-1}} = \sqrt{\frac{\sum_{i=1}^{n}d_i}{n-1}} \qquad (1-7)$$

相对标准偏差也称为变异系数，是标准偏差在平均值中所占的百分率。

$$相对标准偏差 = \frac{s}{\bar{x}} \times 100\% \qquad (1-8)$$

需要注意的是：误差与偏差具有不同的含义。误差是以真实值为标准作比较，偏差是以平均值为标准作比较。但在实际分析中，真实值又是未知的，人们只能通过多次反复的测定得到一个接近真实值的平均值，以这个平均值代替真实值来计算误差，显然，这样求得的误差仍属偏差。所以在日常中并不强调误差与偏差的区别，一般惯称“误差”，并常用“公差”表示允许误差。

1.2.4　公差

公差是生产主管部门对某一样品分析结果所规定的允许误差。在比较和判断分析结果之间是否吻合或超差时，公差起着判断数据标准的作用；在判断制定或选择分析方法是否可行时，公差起着依据的作用。

公差的确定要根据生产需要和实际可能两方面考虑。一般原材料和成品分析对准确度的要求较高，允许公差较小；而生产中间控制分析、微量杂质分析和复杂物质分析对准确度的要求较低，允许公差较大。

1.3　系统误差和偶然误差

根据误差的性质及其产生原因，误差分为系统误差和偶然误差两类。

1.3.1　系统误差

系统误差又称可测误差，是在测定过程中由于某些固定的原因所造成的。使分析结果总是偏高或偏低，在多次平行测定中会重复出现，对分析结果的影响比较固定。系统误差产生

的主要原因有(1)方法误差：由于分析方法本身所造成。(2)仪器误差：由于仪器本身不够准确或用后受损未经校正造成。(3)试剂误差：由于试剂不纯或蒸馏水中含有杂质所造成。(4)操作误差：由于分析人员掌握操作规程与正确方法有出入而引起的。

进行对照实验是判断测定过程中有无系统误差的有效方法。常用的对照办法有(1)用已知准确含量的标准样品作对照。(2)用已知量的待测组分加入样品进行测定来对照。(3)用国家颁布的标准方法或公认的经典分析方法分析同一试样来对照。如果经对照试验后，发现有系统误差存在，则应找出产生系统误差的原因，并设法消除。系统误差的消除方法主要有空白试验、仪器校正、方法校正等。

1.3.2　偶然误差

偶然误差也称不定误差、随机误差，是由于某些偶然和意外的原因所造成的。它的大小和正负是可变的，因此无法测量，也不可能校正。虽然如此，但在同样条件下进行多次测定，可发现偶然误差的分布是有规律的，符合正态分布规律。其规律如图 1-1 所示。从图中可以看到

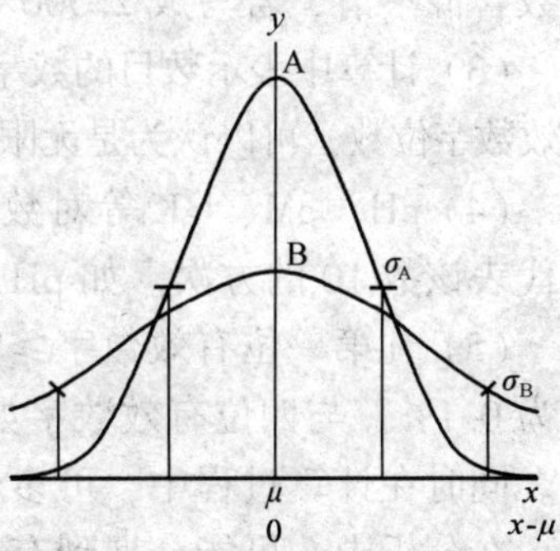

图 1-1　两组准确度不同的测量值的正态分布图

(1) 正态分布曲线呈对称钟形，两头小中间大，分布曲线有最高点，通常就是总体平均值 μ 的坐标(总体平均值就是无限次测定数据的平均值，相应于曲线的最高点的横坐标值，在没有系统误差时，它就是真值)。大多数测量值集中在算术平均值附近，即算术平均值是最可信赖值或最佳值。

(2) 曲线以 $x=\mu$ 为其对称轴，说明正误差和负误差出现的概率相等。

(3) 当 $x\to+\infty$ 或 $x\to-\infty$ 时，曲线以 x 轴为渐近线，说明小误差出现的概率大，大误差出现的概率小，出现极大误差的概率极小，趋近于零。

根据偶然误差具有正态分布规律，采用多次平行测定，取其平均值表示结果，可有效减小测定中的偶然误差。

1.4　减少测量中的误差

在滴定分析中，滴定管读数有±0.01mL 的误差。在一次滴定中，读数 2 次，则可能造成±0.02mL 误差，若要使测量的相对误差小于 0.1%，则消耗滴定液的体积应控制在多少?

$$相对误差=\frac{绝对误差}{体积\ V}\times 100\%$$

$$体积(V)=\frac{绝对误差}{相对误差}=\frac{0.02}{0.1\%}=20\text{mL}$$

可见消耗滴定液的体积需在 20mL 以上，保持在 25mL 左右即可。

1.5　准确度与精密度的关系

定量分析中要求测量值或分析结果应达到一定的准确度和精密度。值得注意的是并非精密度高，准确度就高。精密度表示测定结果的重现性，准确度表示测定结果的正确性。精密度是保证准确度的先决条件。精密度差表明测定结果的重现性差，分析结果不可靠。但精密度高，却不一定准确度高，因为测量结果中有可能包含需要进行校正的系统误差。只有精密

度高，准确度也高的测定数据才是可靠的。

1.6 有效数字及修约

有效数字是指在分析工作中实际能测量到的数字。在记录实验数据时只保留最后一位数是可疑的。通常认为有效数字中末位数字的绝对误差是±1 个单位。如在分析天平上称得某物质质量 20.6142g，该数据有 6 位有效数字，最后一位 2 是可疑数字，其他各位数 20.614 都是确定值。在记录数据过程中，应注意

(1) 在具体数字前的 0 只起定位作用，不是有效数字，在数字中间或后面的 0 才是有效数字。如 0.0060，前面三个“0”不是有效数字，只有最后一个 0 才是有效数字。

(2) 记录比较大或比较小的数据时最好写成指数记数形式。例如数字 2500 的有效数字位数含混不清，若写成 2.500×10^3 表示 4 位有效数字，写成 2.50×10^3 表示 3 位有效数字。

(3) 计算中表示数目的数字是非测量数字，是准确值，没有可疑数字。如常数 π、e 等数的有效数字位数，可以认为是无限多位的，即在所有计算式中应以其他测量数据决定数字的位数。

(4) pH、pM、lgK 等对数值，其有效数字的位数仅取决于小数部分的位数，整数部分只代表该数 10 的方次。如 pH＝11.64，即 $[H^+]=2.3\times10^{-12}$mol/L，为 2 位有效数字。

(5) 凡第一位有效数字≥8 时，其有效数字的位数可多计一位。例如 8.37 的相对误差约为 0.1%，与四位有效数字如 10.05 的相对误差相近，所以 8.37 可以当成四位有效数字处理。同时在计算过程中，可多保留一位可疑数字，最后结果再弃去多余数字。

在分析中，可能会遇到有效数字位数不同的测定值，在计算分析结果之前，应将其修约到合理的有效数字后再计算。按照 1981 年我国正式公布的国家标准（GB 1.1—81）规定，有效数字的修约按“四舍六如五成双”原则进行。具体方法如下：

① 当拟舍弃数字的第一位是“4”时，则多余数字都舍去；②当拟舍弃数字的第一位是“6”时，则进 1；③当拟舍弃数字的第一位是“5”时，而 5 后面数均为 0 或没有数字时，若 5 前位为奇数则进 1，若是偶数则舍弃；④当拟舍弃数字的第一位是“5”时，而 5 后面还有不是 0 的任何数时，无论 5 前面是奇数还是偶数均进 1。

要注意在确定修约位数后，应一次修约获得结果，不得多次连续修约。例如 7.3481 修约为两位数时，不能先修约为 7.35，再修约为 7.4，而应一次修约为 7.3。

1.7 有效数字的运算规则

(1) 几个数相加或相减时，它们的和或差的有效数字的保留，应以小数点后位数最少（即绝对误差最大）的数为准。例如：$0.6124+26.04+7.25982=0.61+26.04+7.26=33.91$。

(2) 几个数相乘除时，其积或商的有效数字的保留，应以其中有效数字位数最少（即相对误差最大）的数为准。例如：$0.0121\times25.64\times1.05782=0.0121\times25.6\times1.06=0.328$

(3) 对数据进行乘方或开方时，结果的有效数字位数保留应与原数据相同。例如：$6.72^2=45.1584\approx45.2$。

(4) 所取对数的小数点后的位数（不包括整数部分）应与原数据的有效数字的位数相同。例如 $\lg102=2.00860017\approx2.009$

在计算过程中，为了提高计算结果的可靠性，可暂时多保留 1 位数字，再多保留就完全没有必要了，而且会增加运算时间。但是，在得到最后结果时，一定要注意弃去多余的数字。在用计算器处理数据时，可以先不修约，直接进行运算，但最后结果的有效数字位数要

与上述规则一致。

1.8 有效数字在分析实验中的应用

记录测量数据时，应根据所用仪器的精度记录所有准确数字和一位(最后一位)估计值。表示分析结果时，通常，(1)当含量≥10%时，一般保留四位有效数字；(2)当含量在1%~10%之间时，一般保留三位有效数字；(3)当含量<1%时，一般保留两位有效数字；(4)对于准确度和精密度的表示一般只要求1~2位有效数字；(5)进行有关化学平衡的计算时，一般保留2位或3位有效数字；(6)常量分析中，标准溶液的浓度保留4位有效数字。

1. 记录数据和结果时，保留几位有效数字，须根据测定方法和使用仪器的(　　)来决定。

(A) 最小刻度值　　(B) 准确程度

(C) 示值　　(D) 刻度值

2. $\frac{1.20\times(1.24-1.12)}{5.4375}$的结果应以(　　)位有效数字报出。

课题2 分析结果的数据处理

2.1 分析数据的统计处理

在分析工作处理测量数据时，应先校正系统误差，然后对数据进行统计处理，剔除可疑值，计算数据的平均值，求出平均偏差与标准偏差，最后按照要求的置信度求出平均值的置信区间。

数据集中趋势的表示方法有算术平均值和中位数两种。中位数是指一组平行测定值按由小到大的顺序排列时的中间值。当测定次数 n 为奇数时，位于序列正中间的那个数即中位数；当测定次数 n 为偶数时，中位数为正中间相邻的两个测定值的平均值。中位数的优点是能简便直观地说明一组测量数据的结果，且不受两端具有过大误差数据的影响。缺点是不能充分利用数据。通常只有当平行测定次数较少而又有离群较远的可疑值时，才用中位数代表测定结果。

偶然误差的存在影响测量的精密度，通常采用平均偏差或标准偏差来表示数据的分散程度。在用统计方法处理数据时，广泛采用标准偏差来衡量数据的分散程度。当测量次数 n 为无限多次时，各测量值对总体平均值 μ 的偏离用总体标准偏差 σ 表示；当测量次数不多、总体平均值 μ 又不知道时，用样本的标准偏差 s 表示。二者的计算公式如下，其中$(n-1)$在统计学中称为自由度f。

$$\sigma=\sqrt{\frac{\sum_{i=1}^{n}(x_i-\mu)^2}{n}} \tag{1-9}$$

$$s=\sqrt{\frac{\sum_{i=1}^{n}(x_i-\bar{x})^2}{n-1}} \tag{1-10}$$

2.2　置信度与平均值的置信区间

正态分布是无限次测量数据的分布规律，不能直接用于处理小样本试验。而通常的测试只进行了 3~5 次，为了处理小样本实验数据，需要应用类似于正态分布的 t 分布。t 值被定义为

$$\pm t=(\bar{x}-u)\frac{\sqrt{n}}{s} \qquad (1-11)$$

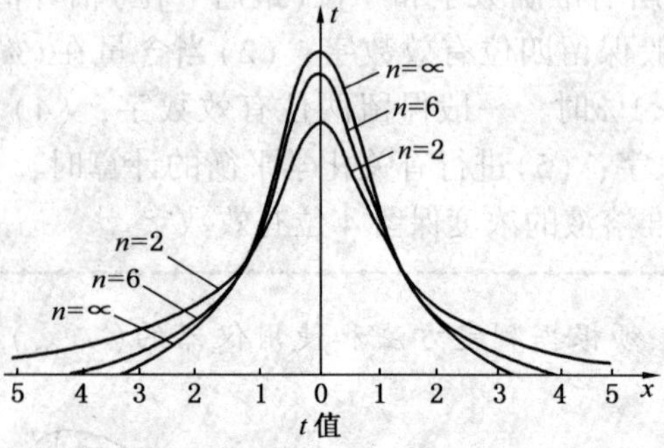

图 1-2　t 分布曲线

t 分布曲线(图 1-2)与正态分布曲线相似，只是 t 分布曲线随测定次数减少而成重尾分布，当 n 趋近∞时，t 分布曲线就趋近正态分布曲线。t 分布曲线下面一定范围内的面积就是某测定值出现的概率。但一定 t 值时的概率随测定次数 n 不同而不同。因此，t 分布的概率与 t 值及测定次数有关。表 1-1 列出了不同测定次数及不同概率(置信度)的 t 值，称为 t 值表。

表 1-1　t 值表

t \ n	置信度 P			t \ n	置信度 P		
	0.90	0.95	0.99		0.90	0.95	0.99
2	6.31	12.71	63.66	7	1.94	2.45	3.71
3	2.92	4.30	9.92	8	1.90	2.36	3.50
4	2.35	3.18	5.84	9	1.86	2.31	3.36
5	2.13	2.78	4.60	10	1.83	2.26	3.25
6	2.02	2.57	4.03	∞	1.64	1.96	2.58

在实际分析中由于随机误差的不可避免，测定值的平均值与真值往往不一致($\bar{x}\neq\mu$)。因此在有限次测量中，最核心的问题是如何评估测定的平均值与真值的接近程度，即真值在平均值附近某一范围内的可能概率。为此统计学上给出了置信度和平均值的置信区间的概念。

置信度 P 就是人们对所作判断的可靠性把握程度，也称置信概率，也就是真值在平均值附近某区间内的可能性。在给定置信度的前提下，这个区间的大小可根据 t 值定义得到，这就是平均值的置信区间。即

$$u=\bar{x}\pm\frac{ts}{\sqrt{n}} \qquad (1-12)$$

显然，置信区间的大小受到所定置信度 P 的影响。置信区间越宽，真值在此区间内的可能性即置信度就 P 越大；要求的置信度 P 越高，置信区间就越宽。从统计意义上的推断，通常都不把置信度定为 100%。例如推断某铁矿石的含铁量在 0~100%之间，该判断本身完全正确，置信度为 100%，但这样的判断因置信区间过宽，毫无实用价值。较好的判断应将置信度的高低定得合适，使得置信区间的宽度足够小而置信度又很高。在分析化学中，通常取 95%的置信度，有时根据情况也采用 90%，99% 等置信度。落在此范围之外的概率(1-P)，称为显著性水平，用 a 表示。

分析结果的正确表达可以使人们更好地了解分析结果的可靠性，还可以增加分析结果的可比性。在用式(1-12)报出分析结果时，还应说明样本容量、置信度及剔除离群值的个数。

2.3 异常值的检验与取舍

在一组平行测定中，常常有个别数据与平均值的差值较大，将这种明显偏离平均值的测定值称为离群值或可疑值。离群值有两种可能：一种可能是测定值随机波动的极度表现，虽然离群较远，但仍处于统计学所允许的合理误差范围之内，与其余测定值属于同一总体；另一种可能是与其余值不属于同一总体的异常值。

对于离群值，首先应查明产生原因。如果查明确实由于过失引起的，就应舍弃，而不必进行统计检验。当无法查明原因时，就必须对其进行统计检验，以便从统计上判断离群值是否为异常值，以决定取舍。如果统计检验确定它为异常值，则应从这组测定值中将其舍弃，否则就应将其保留。对离群值的统计检验方法，主要有以下几种：

2.3.1 *Q* 检验法

该法适用于3~10次测定的比较简单的方法，其步骤为

(1) 将各次数据按递增的顺序排列：x_1、x_2、……x_n；

(2) 确定检验端：首先算出两端相邻值之差 x_2-x_1 及 x_n-x_{n-1} 值，然后比较两个差值的大小，差值大的一端先检验；

(3) 计算舍弃商：$Q_{计}=\dfrac{|x_{可疑}-x_{相邻}|}{x_{最大}-x_{最小}}$

(4) 根据测定次数和指定的置信度查 *Q* 值表1-2，可得相应的 $Q_{表}$ 值；

(5) 将 $Q_{计}$ 与 $Q_{表}$ 相比较，若 $Q_{计} \geqslant Q_{表}$，应将可疑值舍弃，否则应予保留；

(6) 舍弃一个可疑值后，应对其余数据继续进行 *Q* 检验，直至无可疑值。

表1-2 *Q* 值表(置信度90%和95%)

测定次数 *n*	3	4	5	6	7	8	9	10
$Q_{0.90}$	0.94	0.76	0.64	0.56	0.51	0.47	0.44	0.41
$Q_{0.95}$	0.98	0.85	0.73	0.64	0.59	0.54	0.51	0.48

Q 检验的缺点是，没有充分利用测定数据，仅将可疑值与相邻数据比较，可靠性差。在测定次数少时，误将可疑值判为正常值的可能性较大。*Q* 检验可以重复检验直至无其他可疑值为止。但 *Q* 检验法公式随 *n* 不同略有差异，在使用时要注意。

案例

某学生测得 NaOH 溶液的浓度(mol/L)分别为0.1141、0.1140、0.1148、0.1142，问其中0.1148应否保留(置信度90%)，若第五次测得结果为0.1142，此时0.1148又如何处理？

解析：将数据排列为：0.1140、0.1141、0.1142、0.1148

$$Q_{计}=\frac{0.1148-0.1142}{0.1148-0.1140}=\frac{0.0006}{0.0008}=0.75$$

查表1-2，当 $n=4$ 时，$Q_{0.90}=0.76$，因 $Q_{计}<Q_{0.90}$，故0.1148应保留。

又增加一次测定值为0.1142，$Q_{计}$ 仍为0.75。当 $n=5$ 时，$Q_{0.90}=0.64$，因 $Q_{计}>Q_{0.90}$，故0.1148应舍弃。可见，较多的实验数据可以提供较合理的检验结果。

2.3.2 格鲁布斯(Grubbs)检验法

采用格鲁布斯检验法判断可疑值时，要将样本的平均值 $\bar{x}$ 和实验标准偏差 s 引入算式，由于利用了所有的测量数据作为判断数据，故判断的准确性要比 Q 检验法高，但计算量较大。其方法步骤如下：

(1) 将数据从小到大排列为 x_1、x_2、…、x_n；

(2) 计算该组数据的平均值 $\bar{x}$(包括可疑值在内)及标准偏差 s；

(3) 确定检验端：首先算出两端值与平均值之差 $\bar{x}-x_1$ 及 $x_n-\bar{x}$ 值，然后比较两个差值的大小，差值大的一端先检验；

(4) 计算统计量 $G_{计}=\dfrac{|x_{可疑}-\bar{x}|}{s}$

(5) 根据测定次数和指定的置信度(如95%)查 G 值(表 1-3)。若 $G_{计} \geqslant G_{0.95}$，应将可疑值舍弃，否则应予保留；

(6) 舍弃一个可疑值后，应继续检验，直至无可疑值为止。

表 1-3 G 值表

测定次数 n	3	4	5	6	7	8	9	10	11	12
置信度 95%	1.15	1.46	1.67	1.82	1.94	2.03	2.11	2.18	2.23	2.29
置信度 99%	1.15	1.49	1.75	1.94	2.10	2.22	2.32	2.41	2.48	2.55

测定某样品中钙的含量(%)，六次平行测定所得数据为 40.02、40.15、40.20、40.12、40.18、40.35，试用格鲁布斯法检验这组数据(置信度为95%)的可疑值。

2.4 显著性检验

在实际工作中，常使用标准方法与自己所用的分析方法对照实验，然后用统计学方法检验两种分析结果是否存在显著性差异，确定所用方法的可靠性。当用标准方法检验分析方法的可靠性时，首先要用 F 检验法检验两种方法的精密度有无显著性差异，如果两种方法的精密度没有显著性差异，再用 t 检验法确定两种方法的准确度有无显著性差异。

2.4.1 F 检验法

F 检验法是通过比较两组数据的方差 s^2，以确定它们的精密度是否有显著性差异。样本方差为

$$s^2 = \frac{\sum_{i=1}^{n}(x-\bar{x})^2}{n-1} \tag{1-13}$$

F 检验法的检验步骤如下：

(1) 计算出两个样本的方差并比较其大小；

(2) 利用公式 $F_{计}=\frac{s_{大}^2}{s_{小}^2}$计算 F 值；

(3) 根据自由度 $f=(n-1)$，求出两组数据的自由度 $f_{大}$(大方差数据的自由度)与 $f_{小}$(小方差数据的自由度)；

(4) 在一定的置信度(95%)和相应自由度($f_{大}$ 和 $f_{小}$)的情况下查 F 值(表 1-4)。将 $F_{计}$ 与 $F_{表}$ 作比较；

(5) 如果 $F_{计}>F_{表}$，说明两组数据的精密度存在显著性差异，因此不必继续检验准确性，说明新方法不够可靠。如果 $F_{计}<F_{表}$，说明两组数据的精密度没有显著性差异，于是需用 t 检验法检验 $\overline{x_1}$ 和 $\overline{x_2}$ 之间准确度是否存在有显著性差异。

表 1-4 置信度 95%时 F 值

$f_{小}$ \ $f_{大}$	2	3	4	5	6	7	8	9	10	∞
2	19.00	19.16	19.25	19.30	19.33	19.36	19.37	19.38	19.39	19.50
3	9.55	9.28	9.12	9.01	8.94	8.88	8.84	8.81	8.78	8.53
4	6.94	6.59	6.39	6.26	6.16	6.09	6.04	6.00	5.96	5.63
5	5.79	5.41	5.19	5.05	4.95	4.83	4.82	4.78	4.74	4.36
6	5.14	4.76	4.53	4.39	4.28	4.21	4.15	4.10	4.06	3.07
7	4.74	4.35	4.12	3.97	3.87	3.79	3.73	3.68	3.63	3.23
8	4.46	4.07	3.84	3.69	3.58	3.50	3.44	3.39	3.34	2.93
9	4.26	3.86	3.63	3.48	3.37	3.29	3.23	3.18	3.13	2.71
10	4.10	3.71	3.48	3.33	3.22	3.14	3.07	3.02	2.97	2.54
∞	3.00	2.60	2.37	2.21	2.21	2.01	1.94	1.88	1.83	1.00

2.4.2 t 检验法

(1) 平均值与标准值的比较

对标准样品分析若干次，利用 t 检验法比较测定结果的平均值 $\bar{x}$ 与标准样品的标准值 μ 之间是否存在显著性差异，即可判断分析方法是否存在较大的系统差异。方法为首先计算统计量 t 值 $t_{计}=\frac{|\bar{x}-u|}{s}\sqrt{n}$，然后根据测定次数和要求的置信度查 t 值表中相应 $t_{表}$ 值，如果 $t_{计}>t_{表}$，则存在显著性差异，否则不存在显著性差异。

案例

采用某种新方法测定基准明矾中铝的含量(%)，得到 9 个分析结果：

10.74、10.77、10.77、10.77、10.81、10.82、10.73、10.86、10.81(%)已知明矾中铝的标准值为 10.77%，问采用新方法后，是否引起系统误差(置信度 95%)？

解析：已知 $n=9$，$f=9-1=8$，计算结果为 $\bar{x}=10.79\%$，$s=0.042\%$

$$t_{计}=\frac{|\bar{x}-u|}{s}\sqrt{n}=\frac{10.79-10.77}{0.042}\sqrt{9}=1.43$$

查表 1-1 中相应 t 值为 2.31，因 $t_{计}<t_{表}$，说明 $\bar{x}$ 与 μ 之间不存在显著性差异，即采用新方法后没有引起系统误差。

(2) 两组平均值的比较

此检验的目的是检验两种不同方法或两个不同的人所测结果间是否存在系统误差。设有两组分析数据分别为$\overline{x_1}$、s_1、n_1 和$\overline{x_2}$、s_2、n_2，应首先用 F 检验法比较两组数据的方差，只有通过 F 检验才有必要继续进行 t 检验，以确定两组数据之间是否存在系统误差，即两个平均值之间是否有显著性差异。

如果用 F 检验法检验的结果没有显著性差异，则需计算合并标准偏差，然后计算 $t_{计}$ 值，即

$$s_{合}=\sqrt{\frac{偏差平方和}{总自由度}}=\sqrt{\frac{\sum_{i=1}^{n}d_{1i}^2+\sum_{i=1}^{n}d_{2i}^2}{f_1+f_2}}=\sqrt{\frac{(n_1-1)s_1^2+(n_2-1)s_2^2}{n_1+n_2-2}} \quad (1-14)$$

$$t_{计}=\frac{|\overline{x_1}-\overline{x_2}|}{s_{合}}\sqrt{\frac{n_1n_2}{n_1+n_2}} \quad (1-15)$$

并根据总自由度$f=n_1+n_2-2$ 和所定的置信度查表得到 $t_{表}$，当 $t_{计}>t_{表}$，可以认为$\overline{x_1}\neq\overline{x_2}$，两组分析数据不属于同一总体，即它们之间存在显著性差异；反之，当 $t_{计}<t_{表}$，可以认为$\overline{x_1}=\overline{x_2}$，两组分析数据属于同一总体，即它们之间不存在显著性差异。

案例

为检验新方法测钢样中铬含量的可靠性，与成熟的原方法同测一个钢样中铬的含量，结果新方法为 1.26%、1.25%、0.22%；原方法为 1.35%、1.31%、1.33%、1.34%，问新方法是否可靠(置信度 95%)？

解析：新方法：$\overline{x_1}=1.24$，$s_1=0.021$，$n_1=3$

原方法：$\overline{x_2}=1.33$，$s_2=0.017$，$n_2=4$

先用 F 检验法检验两种方法的精密度有无显著性差异。

$$F_{计}=\frac{0.021^2}{0.017^2}=1.51$$

$f_{大}=n_1-1=2$，$f_{小}=n_2-1=3$，查 F 值表，$F_{表}=9.55$。因 $F_{计}<F_{表}$，故两种方法的精密度没有显著性差异。继续对两组平均值进行 t 检验。

$$s_{合}=\sqrt{\frac{2\times0.021^2+3\times0.017^2}{3+4-2}}=0.019$$

$$t_{计}=\frac{|\overline{x_1}-\overline{x_2}|}{s_{合}}\sqrt{\frac{n_1n_2}{n_1+n_2}}=\frac{|1.24-1.33|}{0.019}\sqrt{\frac{3\times4}{3+4}}=6.21$$

查 t 值表，当 $P=0.95$，$f_{总}=3+4-2=5$ 时，$t_{表}=2.78$

由于 $t_{计}>t_{表}$，故$\overline{x_1}$和$\overline{x_2}$有显著性差异。说明新方法不够可靠，可能存在系统误差。

训练

1. 能更好地说明测定数据分散程度的是(　　)。

(A) 绝对偏差　　(B) 相对偏差
(C) 平均偏差　　(D) 标准偏差

2. 滴定管读数时最后一位值测得不准，会造成(　　)。

(A) 系统误差　(B) 过失误差　(C) 方法误差　(D) 偶然误差

3. 下列关于系统误差正确的叙述是(　　)。

(A) 系统误差是可以测定的
(B) 操作误差是不可避免的
(C) 系统误差是可以校正的
(D) 系统误差给分析结果带来的影响是不一定的

4. 下列关于偶然误差的说法正确的有(　　)。

(A) 一个样品进行平行测定，结果很接近，说明偶然误差小
(B) 为了减小偶然误差，测定次数越多越好
(C) 增加平行测定次数可减小过程中的偶然误差
(D) 偶然误差决定分析结果的精密度

5. 测定铜合金中铜含量，五次测得数据为 62.54%、62.46%、62.50%、62.48%、62.52%，则其标准偏差(　　)。

(A) 0.02%　(B) 0.03%　(C) 0.04%　(D) 0.05%

6. 对无限次测量而言，可以用(　　)来表示数据的集中趋势。

(A) 平均值　(B) 真值　(C) 中位数　(D) 总体平均值

7. 对于要求较高的分析，经常采用(　　)来衡量精密度。

(A) 平均偏差　　(B) 标准偏差
(C) 平均值的标准偏差　　(D) 总体平均值

8. 在一组测量数据中，最多只有一个可疑数值，则用(　　)判断可疑数值最好。

(A) $4\bar{d}$ 检验法　　(B) Q 检验法
(C) 格鲁布斯检验法　　(D) 狄克逊检验法

9. 下列论述正确的是(　　)。

(A) 置信度是表示平均值的可靠程度
(B) 公式 $\mu=\bar{x}\pm t\frac{S}{\sqrt{n}}$ 表示平均值 $\bar{x}$ 的置信区间
(C) 置信系数 t 随测定次数 n 的增加而增加
(D) 平均值的置信区间随置信度的增加而增加

10. 化工厂生产一种化学试剂，要求杂质的含量不得超过 24.00mg/L，现抽取五个样品进行测定，测定的结果为 23.72，24.09，23.95，24.11，23.99mg/L。问此产品是否合格？已知当置信度为 95%时，$t_{表}=2.57$。

单元二　滴定分析概论

课题 1　滴定分析法的特点及方式

滴定分析方法是化学分析法中的重要方法之一。它广泛应用于常量分析和半微量分析，适用于多种化学反应。这种分析法所需的仪器设备比较简单，易于掌握和操作，是定量分析中最常用、最基本的方法。

1.1　滴定分析法的过程及特点

滴定分析法是根据一种已知准确浓度的试剂溶液(即标准溶液或滴定剂)和被测组分完全作用时所消耗标准溶液的体积和浓度来计算被测组分的含量。此法通常用滴定管将标准溶液滴加到被测组分溶液中，这样的操作过程称为“滴定”。当滴加的标准溶液和被测组分定量反应完全时，两者的物质的量恰好符合化学反应式所表示的化学计量关系时，称反应到了“化学计量点”。常用“*eq*”表示。为了确定化学计量点，常在试液中加入一种辅助试剂来指示化学计量点的到达，这种物质称为“指示剂”。指示剂颜色的转变点称为“滴定终点”。常用“*ep*”表示。由于指示剂并不一定正好在反应的计量点时变色，因此在实际工作中，滴定终点和化学计量点不一定相符，它们之间存在着一个很小的差别，即滴定误差。通常选用产生误差最小的指示剂。

滴定分析法的特点是适用于常量组分(含量>1%)的测定，准确度较高，相对误差一般为±0.2%，仪器简单，操作方便、快速，用于多种化学反应类型的测定，应用范围极为广泛。

1.2　滴定分析法对化学反应的要求

化学反应很多，但可用于滴定分析的化学反应必须符合下述条件：(1)反应要按一定的化学反应式进行，无副反应发生，这是定量计算的理论依据；(2)反应要定量进行，通常要求反应完全程度≥99.9%；(3)反应要迅速。如果反应较慢，可通过加热或加入催化剂来加速反应的进行，否则，滴定的计量点难以确定；(4)有确定终点的适当方法。

1.3　滴定分析法的分类

滴定分析法以化学反应为基础，根据所利用化学反应的不同，滴定分析一般分为 4 大类：酸碱滴定法、配位滴定法、氧化还原滴定法和沉淀滴定法。

1.4　滴定方式

根据滴定程序的不同，滴定方式分为以下 4 种。

(1) 直接滴定法

用标准溶液直接进行滴定被测组分，利用指示剂或仪器测试指示化学计量点到达的滴定方式。凡能满足滴定分析要求的反应，都可以用于直接滴定。直接滴定法是最常用和最基本的滴定方式，操作简便、快速，引入的误差比较小。

（2）返滴定法（又称回滴法或剩余量滴定法）

在被测试液中准确加入已知过量的第一种滴定剂，反应完全后，再用第二种滴定剂滴定过剩的第一种滴定剂，从而测定待测组分的含量。这种滴定方式主要用于滴定反应速率较慢或反应物是固体的情况，也可用于没有合适指示剂的情况。如用 $AgNO_3$ 标准溶液滴定 Cl^-，缺乏合适的指示剂，此时，可先加入一定量过量的 $AgNO_3$ 标准溶液使 Cl^- 沉淀完全，再用 NH_4SCN 标准溶液返滴定过量的 Ag^+，以 Fe^{3+} 为指示剂，出现 $Fe(SCN)^{2+}$ 淡红色为终点。

（3）置换滴定法（又称取代滴定法）

在被测试液中加入过量的但不计量的某些辅助试剂与被测组分反应，生成一定量的新物质，再用标准溶液滴定生成物，由滴定剂的消耗量，反应生成的物质与被测组分的定量关系计算出被测组分的含量。这种滴定方式主要用于因滴定反应没有定量关系或伴有副反应而无法直接滴定的测定。如用滴定剂 $Na_2S_2O_3$ 测定 $K_2Cr_2O_7$，因 $Cr_2O_7^{2-}$ 是强氧化剂，不仅能将 $S_2O_3^{2-}$ 氧化成 $S_4O_6^{2-}$，同时还有少量的 SO_4^{2-} 生成，这样它们之间的化学计量关系就不能确定。为此先将 $K_2Cr_2O_7$ 与过量的 KI 作用，释放出和 $K_2Cr_2O_7$ 有确定化学计量关系的 I_2，然后再用 $Na_2S_2O_3$ 滴定，便可间接求出 $K_2Cr_2O_7$ 的含量。

（4）间接滴定法

某些待测组分不能直接与滴定剂反应，但可通过其他的化学反应间接测定其含量。如溶液中 Ca^{2+} 几乎不发生氧化还原反应，但利用它与 $C_2O_4^{2-}$ 作用形成 CaC_2O_4 沉淀，过滤洗涤后，加入 H_2SO_4 使其溶解，再用 $KMnO_4$ 标准溶液滴定 $C_2O_4^{2-}$，就可间接测定 Ca^{2+} 的含量。

1. 置换滴定法计算的关键是什么？
2. 置换滴定法与返滴定法的区别是什么？
3. 返滴定法、置换滴定法各自适用情况如何？

思考

课题 2 标准溶液及滴定分析计算

滴定分析中，标准滴定溶液的浓度和用量是计算待测组分含量的主要依据，因此正确配制标准滴定溶液，准确地确定标准滴定溶液的浓度以及对标准溶液进行妥善保存，对于提高滴定分析的准确度有重大意义。

2.1 基准物质和标准溶液

可以用来直接配制标准溶液或标定标准溶液浓度的物质称为基准物质。作为基准物质必须具备以下条件：(1)纯度高，纯度至少在 99.9%以上，杂质含量不应影响分析结果准确度；(2)组成(包括结晶水在内)应与化学式完全相符；(3)性质要稳定，不易被空气氧化，不易吸收空气中的水分和 CO_2，干燥时组成不变；(4)基准物质参加反应时，按反应式定量进行，没有副反应；(5)最好具有较大的摩尔质量，以减小称量的相对误差。

当欲配制的标准溶液的溶质是基准物时，可用直接法配制，即准确称取一定量的基准物质，溶解后定量地转移到容量瓶中，用蒸馏水稀释至刻度，根据称取物的质量和容量瓶的体积，可计算出标准溶液的准确浓度。

当欲配制的标准溶液的溶质不是基准物时，需用间接法配制，即先将要配制标准溶液的物质配成所需要的近似浓度，然后准确称取一种合适的基准物质，用滴定的方法确定已配溶液的准确浓度。这一操作过程叫做“标定”。有时也可用另一种已知浓度的标准溶液标定待测标液的准确浓度。显然后一方法的准确度不如用基准物质直接标定好。

溶液浓度的表示方法，通常有以下几种：

（1）物质量的浓度（c） 是指单位体积溶液中所含溶质 B 的物质的量，单位 mol/L。即 $C_B=\frac{n_B}{V}$。由于物质量 n_B 的数值取决于基本单元的选择，因此表示物质量的浓度时，必须指明基本单元，可以是原子、分子、离子及其他粒子，或是这些粒子的特定组合。

（2）滴定度（T） 是指与每毫升标准溶液相当的被测组分的质量。用 $T_{\text{被测组分/滴定剂}}$ 表示。

（3）B 的质量分数 ω_B 是指 B 的质量与混合物的质量之比，即 $\omega_B=\frac{m_B}{m_0}$。其中 m_B 表示物质 B 的质量；m_0 表示混合物的质量。由于质量分数是相同物理量之比，因此是无量纲量。若分子、分母两个质量单位一样，则质量分数为一纯数（小数）。这时，可用“百分数”或“千分数”表示。

（4）B 的质量浓度 ρ_B 是指 B 的质量除以混合物的体积，单位 g/L。即 $\rho_B=\frac{m_B}{V}$，其中 V 表示混合物（溶液）的体积，单位为 L。

（5）B 的体积分数 φ_B 是指混合前 B 的体积除以混合物的体积，当溶质 B 为液体或气体时，常用此法表示，即 $\varphi_B=\frac{V_B}{V}$。体积分数也是无量纲量。

（6）比例浓度 包括容量比浓度和质量比浓度。容量比浓度是指液体试剂按照体积比相混合或用水稀释而成的浓度，例如 1∶3 盐酸溶液；质量比浓度是指两种固体试剂按照质量比相混合的浓度，例如 1∶100 钙指示剂氯化钠混合指示剂。

化学实验中，常遇到溶液各种浓度的换算问题，如在配制一个以物质的量浓度表示的酸溶液时，由于浓酸常以质量分数表示，因此需要质量分数与物质的量浓度的换算。

2.2 滴定分析计算

滴定分析是用标准溶液滴定被测物质的溶液，计算的依据是：当滴定到达化学计量点时，它们的物质的量之间关系恰好符合化学反应所表示的化学计量关系。

案例

采用氧化还原滴定法测定铁矿石中的铁含量。称取试样 0.3162g，溶于盐酸溶液后，以 $SnCl_2$ 将试液中的 Fe^{3+} 完全还原成 Fe^{2+}。再以 0.02028mol/L $K_2Cr_2O_7$ 标准溶液滴定。滴定终点时，用去 $K_2Cr_2O_7$ 滴定剂 21.46mL。计算试样中以 Fe 和 Fe_2O_3 表示的铁含量。

解析：滴定反应为

$$Cr_2O_7^{2-}+6Fe^{2+}+14H^+ = 2Cr^{3+}+6Fe^{3+}+7H_2O$$

因此

$$\omega_{Fe} = \frac{6c_{Cr_2O_7^{2-}} \cdot V_{Cr_2O_7^{2-}} \cdot M_{Fe} \times 10^{-3}}{m_s} \times 100\%$$

$$= \frac{6 \times 0.02028 \times 21.46 \times 55.85 \times 10^{-3}}{0.3162} \times 100\% = 46.12\%$$

$$\omega_{Fe_2O_3} = \frac{3c_{Cr_2O_7^{2-}} \cdot V_{Cr_2O_7^{2-}} \cdot M_{Fe_2O_3} \times 10^{-3}}{m_s} \times 100\%$$

$$= \frac{3 \times 0.02028 \times 21.46 \times 159.7 \times 10^{-3}}{0.3162} \times 100\% = 65.94\%$$

训练

1. 100kgω_{HCl}=37%HCl 浓溶液，加 90kg 水，求此溶液的质量分数。

2. 已知 H_2SO_4溶液 $c_{(1/2H_2SO_4)}$ = 18.3mol/L，密度 d = 1.50g/mL，则 $\omega_{H_2SO_4}$是多少。$M_{H_2SO_4}$=98.08g/mol。

3. 配制 500mL、ω=20%硫酸溶液（d=1.14g/mL），需取浓硫酸（d=1.84g/mL，ω=96%）多少 mL?

4. 将 4.0g、ω=40%氢氧化钠溶液，加水至 1000mL，求此溶液的质量浓度。

5. 市售浓 H_2SO_4，密度 d=1.84g/mL，ω=96%，求其质量浓度。

6. 已知 c_{EDTA} = 0.05000mol/L，那么 EDTA 相对于 Al_2O_3的滴定度为多少？已知 $M_{Al_2O_3}$=102g/mol。

7. 已知硝酸溶液 c_{HNO_3} = 8mol/L，则此溶液的体积比为多少？（浓硝酸的 d = 1.42g/mL，ω=72%，M_{HNO_3}=63g/mol）

8. 用 $KMnO_4$ 法测定 Fe 时，取试样 0.3102g，酸溶解后将 Fe^{3+} 还原为 Fe^{2+}，用 0.01635mol/L $KMnO_4$标准溶液滴定至终点，耗去 22.47mL，求试样中铁的质量分数。

9. 用摩尔法测定食盐中的 NaCl 含量，称取试样 0.1500g，溶于水之后，用 0.1000mol/L $AgNO_3$标准溶液滴定，用去 25.00mL，求试样中 NaCl 的质量分数。（试样中除 NaCl 外不含其他能与 $AgNO_3$作用的物质）

10. 某 $CaCO_3$试样 0.1427g 制成溶液后，在氨性下将 Ca^{2+}沉淀为 CaC_2O_4，经过过滤、洗涤后溶于酸，再用 c_{KMnO_4} = 0.02024mol/L 的 $KMnO_4$ 标准溶液滴定，消耗 27.62mL，计算 $CaCO_3$的质量分数。

11. 称取 0.4207g 石灰石样品，沉淀为 CaC_2O_4 并溶于 H_2SO_4，用 0.01916mol/L $KMnO_4$标准溶液滴定至终点用去 43.08mL，求石灰石样品中以 Ca 表示的质量分数。

12. 将4.030g含$NaNO_2$和$NaNO_3$的样品溶解于500.0mL水中，取其中25.00mL与50.00mL 0.1186mol/LCe^{4+}的强酸溶液相混合，反应5min后，过量的Ce^{4+}用硫酸亚铁铵标准溶液返滴定，用去31.13mL 0.04289mol/L的亚铁标准溶液，试计算样品中$NaNO_2$的质量百分含量。已知$M_{NaNO_2}=68.995g/mol$。

13. 把0.4296g $BaCO_3$试样溶于25.00mL $c_{HCl}=0.2500mol/L$盐酸溶液，剩余酸以$c_{NaOH}=0.2000mol/L$ NaOH溶液返滴定，消耗10.56mL，计算$BaCO_3$的质量分数。已知$M_{BaCO_3}=197.33g/mol$。

14. 有一含有Ni^{2+}的试液，吸取10.00mL用水稀释，加入氨性缓冲溶液调pH=10，再加入15.00mL 0.01000mol/L的EDTA。多余的EDTA用0.01500mol/L的$MgCl_2$滴定至终点，用去4.37mL，求试液中Ni的物质的量浓度。

15. 称取0.1500g基准物质KIO_3，在酸性溶液中与过量的KI作用，析出的I_2用$Na_2S_2O_3$标准溶液滴定，用去24.00mL，求$Na_2S_2O_3$溶液的物质的量浓度。已知$M_{KIO_3}=213.99g/mol$。

16. 称取纯$K_2Cr_2O_7$ 0.4217g用水溶解后稀成100mL，取其中的25.00mL加硫酸和过量的KI，析出I_2用$Na_2S_2O_3$标准溶液滴定，用去25.00mL，求$Na_2S_2O_3$溶液的物质的量浓度。已知$M_{K_2Cr_2O_7}=294.18g/mol$。

单元三　酸碱滴定法

课题 1　水溶液中的酸碱平衡

酸碱滴定法是以酸碱反应为基础的滴定分析方法。一般的酸、碱以及能与酸碱直接或间接进行质子传递的物质，几乎都可以利用酸碱滴定法进行测定，是滴定分析中最重要的方法之一。

1.1　酸碱质子理论

1923 年丹麦人布朗斯台德（Bronsted）提出了酸碱质子理论，根据这个理论，凡是能给出质子（H^+）的物质是酸；能接受质子的物质是碱。当一种酸给出质子后，剩下的部分就是碱；而碱接受质子后变成为酸。一种酸（HB）给出一个质子后所得的碱（B^-）称为该酸的共轭碱；酸（HB）称为碱（B^-）的共轭酸。酸和碱这种互相依存的关系可用下式表示为

$$\underset{\text{酸}}{HB} \rightleftharpoons \underset{\text{质子}}{H^+} + \underset{\text{碱}}{B^-}$$

把这种相互依存，密不可分的关系称为共轭关系，把 HB—B^- 叫作共轭酸碱对。如 $H_2PO_4^- \rightleftharpoons H^+ + HPO_4^{2-}$。需要注意的是：①共轭酸碱对中酸和碱之间彼此只相差一个质子；②酸或碱可以是中性分子、正离子或负离子；③质子理论的酸碱概念具有相对性，同一物质如 $H_2PO_4^-$，在一个共轭酸碱对中为酸，而在另一共轭酸碱对中却为碱，这类物质称为两性物质。

通常概念的酸碱反应，是由两个共轭酸碱对之间进行质子转移的结果。如 HCl 和 NH_3 的反应：$HCl+NH_3 = NH_4^+ + Cl^-$。反应的结果是各反应物转化为它们各自的共轭碱或共轭酸。总之，各种酸碱反应过程都是质子传递过程，而质子的传递是通过水来实现的。

水是一种两性物质，在水分子之间也可以发生质子的相互传递。一个水分子作为碱接受另一个水分子提供的质子，形成自身的共轭酸碱 H_3O^+ 和 OH^-。即 $H_2O+H_2O = H_3O^+ + OH^-$。其平衡常数称为水的离子积，$K_w = [H^+][OH^-] = 1.0\times10^{-14}$。即 $pK_w = pH + pOH = 14.00$

在纯水中 $[H^+]$ 和 $[OH^-]$ 的乘积为一常数，加入酸或碱后，溶液中的 $[H^+]$ 和 $[OH^-]$ 的乘积将会发生什么变化？

1.2 酸碱离解平衡

1.2.1 酸碱离解常数

在水溶液中，酸碱的强度取决于酸将质子给予水分子和碱从水分子中夺取质子的能力。给出质子的能力越强，酸性就越强，反之就越弱；接受质子的能力越强，碱性就越强，反之就越弱。这种给出和获得质子能力的强弱，通常用酸碱在水溶液中的离解常数的大小来衡量。酸的离解常数也称酸度常数，以 K_a 表示；碱的离解常数也称碱度常数，以 K_b 表示。经常使用的是 pK_a 或 pK_b 值。

通过比较酸碱的离解常数 K_a 和 K_b 大小，可以判断酸碱的强弱。例如

$$HAc + H_2O \rightleftharpoons H_3O^+ + Ac^- \qquad K_a = 1.8 \times 10^{-5}$$

$$NH_4^+ + H_2O \rightleftharpoons H_3O^+ + NH_3 \qquad K_a = 5.6 \times 10^{-10}$$

$$HS^- + H_2O \rightleftharpoons H_3O^+ + S^{2-} \qquad K_a = 7.1 \times 10^{-15}$$

这三种酸的强弱顺序为：$HAc>NH_4^+>HS^-$。对于任何一种酸，如果它本身的酸性越强，其 K_a 值就越大，则其共轭碱的碱性就越弱，即 K_b 值就越小。于是上述三种酸的共轭碱的强弱顺序为：$S^{2-}>NH_3>Ac^-$。

1.2.2 共轭酸碱对的 K_a 和 K_b 之间的关系

共轭酸碱的 K_a 和 K_b 之间有确定的关系，现以一元弱酸 HAc 为例进行讨论。

HAc 的离解平衡：$HAc+H_2O \rightleftharpoons H_3O^+ + Ac^-$

$$K_a = \frac{[H^+][Ac^-]}{[HAc]} \qquad (3-1)$$

共轭碱 Ac^- 的离解平衡：$Ac^- + H_2O \rightleftharpoons OH^- + HAc$

$$K_b = \frac{[HAc][OH^-]}{[Ac^-]} \qquad (3-2)$$

显然
$$K_a \times K_b = \frac{[H^+][Ac^-]}{[HAc]} \times \frac{[HAc][OH^-]}{[Ac^-]} = [H^+][OH^-] = 10^{-14.00}$$

即
$$pK_a + pK_b = pK_w = 14.00 \qquad (3-3)$$

根据这个关系式，对于弱酸(或弱碱)只要知道酸或碱的离解常数，可以计算出其共轭碱(或酸)的离解常数。

案例

已知 $H_2C_2O_4$ 的 $pK_{a1}=1.23$，$C_2O_4^{2-}$ 的 $pK_{b1}=9.81$，求 $HC_2O_4^-$ 的 pK_{a2} 和 pK_{b2}。

解析：(1)根据 $HC_2O_4^- + H_2O \rightleftharpoons C_2O_4^{2-} + H_3O^+$ 的 $pK_{b1}=9.81$，因此 $HC_2O_4^-$ 的 $pK_{a2}=pK_w-pK_{b1}=14.00-9.81=4.19$。

(2) 同样根据 $HC_2O_4^- + H_2O \rightleftharpoons H_2C_2O_4 + OH^-$，因此 $HC_2O_4^-$ 的 $pK_{b2}=pK_w-pK_{a1}=14.00-1.23=12.77$

1.3 酸碱平衡中溶液的 pH 计算

1.3.1 酸的浓度和酸度

酸的浓度即酸的分析浓度。是指溶液中溶质的各种型体的总浓度，通常用物质的量浓度(mol/L)表示。例如 $c_{HAc}=0.1000mol/L$。

平衡浓度是指溶液达到平衡时，溶液中溶质存在的某一种型体的浓度。用[ ]表示。例如 HAc 溶液，达到平衡时，溶液中存在 HAc 和 Ac^-两种形态，[HAc]和[Ac^-]即为各自的平衡浓度。HAc 的分析浓度就等于这两种形态平衡浓度之和，即 $c_{HAc}=[HAc]+[Ac^-]$

酸度是指溶液中 H^+的平衡浓度。用 pH 表示。

1.3.2 浓度和活度

实验证明，许多化学反应，如果以有关物质的浓度代入各种平衡常数公式进行计算，所得的结果与实验结果往往有一定的偏差，浓度较高的强电解质溶液这种偏差更为明显。

这是由于在进行平衡公式的推导过程中总是假定溶液处于理想状态，即假定溶液中各种离子都是孤立的，离子与离子之间、离子与溶剂之间均不存在相互作用力。而实际上这种理想状态是不存在的，在溶液中不同电荷的离子之间存在着互相吸引力，相同电荷的离子之间存在相互排斥的作用力，甚至离子与溶剂分子之间也可能存在相互吸引或互相排斥的作用力。

因此，在强电解质溶液中，由于离子间力的影响，离子参加化学反应的有效浓度要比它的真实浓度低。离子在化学反应中起作用的有效浓度为离子的活度，用 α 表示。

$$\alpha = c\gamma$$

其中，γ 为离子的活度系数，其大小代表了离子间力对离子化学作用能力影响的大小，也是衡量实际溶液与理想溶液之间差别的尺度。对于浓度极低的电解质溶液，离子之间的距离很大，离子之间相互作用力小到可以忽略不计，这时 $\gamma\approx1$ 则 $\alpha\approx c$。随着溶液浓度增大，γ 越小于 1，α 也越小于 c。

严格来说，很多场合都应该用活度，但通常情况下用浓度代替活度，在准确度要求高时，就必须采用活度计算。

1.3.3 不同 pH 溶液中酸碱各种形体的分布

当共轭酸碱对处于平衡状态时，溶液中存在酸碱的各种型体。某种形体的平衡浓度占总浓度的分数，即为该形体的分布系数，以 δ 表示。酸碱各形体的分布系数的大小取决于溶液的 pH，当溶液的 pH 发生变化，酸碱各形体的分布状况也随之发生变化，可用 δ-pH 曲线描述，称为分布曲线。

如一元酸 HAc 溶液的总浓度为 c_{HAc}，各形体平衡浓度为[HAc]、[Ac^-]，则 $c_{HAc}=[HAc]+[Ac^-]$。此两种形体的分布系数分别为 δ_{HAc} 和 δ_{Ac^-}，则

$$\delta_{HAc}=\frac{[HAc]}{c}=\frac{[HAc]}{[HAc]+[Ac^-]}=\frac{1}{1+\frac{[Ac^-]}{[HAc]}}=\frac{1}{1+\frac{K_a}{[H^+]}}=\frac{[H^+]}{K_a+[H^+]} \quad (3-4)$$

$$\delta_{Ac^-}=\frac{[Ac^-]}{c}=\frac{[Ac^-]}{[HAc]+[Ac^-]}=\frac{1}{\frac{[H^+]}{K_a}+1}=\frac{K_a}{K_a+[H^+]} \quad (3-5)$$

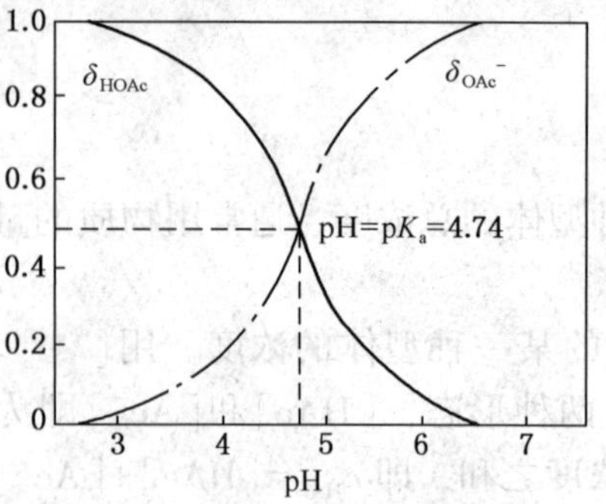

图 3-1 HAc 的 δ-pH 曲线

显然 $\delta_{HAc}+\delta_{Ac^-}=1$

根据式(3-4)和式(3-5)可以计算 HAc 溶液在不同 pH 时两种形体的分布系数值。以 pH 为横坐标，各形体的分布系数为纵坐标，可得到如图 3-1 所示的分布曲线。

由图可见，当 $pH=pK_a=4.74$ 时，$\delta_{HAc}=\delta_{Ac^-}=0.5$，溶液中 HAc 和 Ac^-两种形体各占一半；$pH<pK_a$ 时，溶液中 HAc 为主要形体，$pH>pK_a$ 时，溶液中 Ac^-为主要形体。

计算 pH = 5.00 时，HAc 和 Ac^- 的分布系数。已知 $K_a=1.0\times10^{-5}$。

解析： $\delta_{HAc}=\dfrac{[H^+]}{K_a+[H^+]}=\dfrac{1.0\times10^{-5}}{1.8\times10^{-5}+10^{-5}}=0.36$

$\delta_{Ac^-}=1.00-0.36=0.64$

计算 pH=10.00 时 NH_3 水溶液中 NH_3 的分布系数为(　　)。已知 $K_b=1.8\times10^{-5}$。

分布系数是一个非常重要的参数，它对于计算平衡时溶液中各组分的浓度，深入了解酸碱滴定的过程、终点误差以及分步滴定的可行性等都是非常有用的。

1.3.4 不同种类酸碱溶液中 pH 的计算

(1) 强酸(碱)溶液

强酸(碱)在水溶液中全部离解，当浓度 $c\geqslant10^{-6}$mol/L 时，可忽略水的离解，H^+(OH^-)浓度就等于酸(碱)的浓度。

(2) 一元弱酸(碱)溶液

设有一元弱酸 HA，它的分析浓度为 c_a，它在水溶液中是部分离解的，因而存在着下列离解平衡：$HA \rightleftharpoons H^+ + A^-$。当计算结果的允许相对误差为 5%时，如果弱酸的酸性不是太弱，即 $cK_a\geqslant20K_w$ 时，可忽略水电离出来的 H^+浓度。所以离解达平衡时，$[H^+]=[A^-]$，未离解的 $[HA]=c_a-[H^+]=c_a-[A^-]$，其离解常数为

$$K_a=\frac{[H^+][A^-]}{[HA]}=\frac{[H^+]^2}{c_a-[H^+]}$$

整理后得到

$$[H^+]=\frac{-K_a+\sqrt{K_a^2+4c_aK_a}}{2} \tag{3-6}$$

当 $cK_a\geqslant20K_w$，$\dfrac{c_a}{K_a}<500$ 时，可用式(3-6)计算一元弱酸溶液$[H^+]$。

如果平衡溶液中H^+的浓度远小于弱酸的分析浓度，即$[H^+] \ll c$，说明此时弱酸的离解度很小，可近似认为$c-[H^+] \approx c$，代入上式得

$$[H^+] = \sqrt{c_a K_a} \qquad (3-7)$$

当$cK_a \geqslant 20K_w$且$\frac{c_a}{K_a} \geqslant 500$时，可用最简式(3-7)计算一元弱酸溶液$[H^+]$。

同理，对于一元弱碱溶液，其$[OH^-]$也可按上述方法计算。

案例　计算0.20mol/L HAc溶液的pH($K_a = 1.8 \times 10^{-5}$)。

解析：$HAc \rightleftharpoons H^+ + Ac^-$

因为$cK_a = 0.20 \times 1.8 \times 10^{-5} = 3.6 \times 10^{-6} > 20K_w$

$$\frac{c_a}{K_a} = \frac{0.20}{1.8 \times 10^{-5}} \geqslant 500$$

所以采用最简式计算，$[H^+] = \sqrt{c_a K_a} = \sqrt{0.20 \times 1.8 \times 10^{-5}} = 1.9 \times 10^{-3}$ mol/L

$$pH = 2.72$$

(3) 多元弱酸(碱)溶液

多元酸在水中是分步离解的，即

$$H_2A \rightleftharpoons H^+ + HA^- \quad K_{a1} = \frac{[H^+][HA^-]}{[H_2A]}$$

$$HA^- \rightleftharpoons H^+ + A^{2-} \quad K_{a2} = \frac{[H^+][A^{2-}]}{[HA^-]}$$

若$\frac{K_{a1}}{K_{a2}} > 10^2$，可认为溶液中的$H^+$主要来自于$H_2A$的第一级离解，由二级离解产生的$H^+$极少，可以忽略不计，这样二元弱酸可近似按一元弱酸处理。当$cK_{a1} \geqslant 20K_w$且$\frac{c}{K_{a1}} \geqslant 500$时，可用最简式$[H^+] = \sqrt{cK_{a1}}$计算溶液$[H^+]$。

案例　室温时，H_2CO_3饱和溶液的浓度约为0.040mol/L，求此溶液中的pH。

已知$K_{a1} = 4.2 \times 10^{-7}$，$K_{a2} = 5.6 \times 10^{-11}$。

解析：因为$cK_{a1} \geqslant 20K_w$，$\frac{c}{K_{a1}} > 500$

所以可用最简式计算为

$$[H^+] = \sqrt{cK_{a1}} = \sqrt{0.040 \times 4.2 \times 10^{-7}} = 1.3 \times 10^{-4} \text{ mol/L}$$

$$pH = 3.88$$

(4) 两性物质溶液

两性物质在溶液中既起酸的作用，又起碱的作用，常见的有多元酸的酸式盐如$NaHCO_3$，

$Na_2H_2PO_4$，Na_2HPO_4，$KHC_8H_4O_4$等，弱酸弱碱盐如 NH_4Ac，$HCOONH_4$等。处理两性物质在溶液中的酸碱平衡比较复杂，必须进行简化处理。在允许相对误差为5%时，若 $c>20K_{a1}$，$K_{a1}+c\approx c$，一般对于多元酸被中和了一个 H^+后形成的两性物质，其水溶液的$[H^+]$的最简计算公式为：

$$[H^+]=\sqrt{K_{a1}K_{a2}}$$

案例

计算 0.100mol/L $NaHCO_3$溶液的 pH。已知 H_2CO_3的 $K_{a1}=4.2\times10^{-7}$，$K_{a2}=5.6\times10^{-11}$。

解析：因为 $cK_{a2}>20K_w$，$c=0.100>20K_{a1}$，可用最简式计算为

$$[H^+]=\sqrt{K_{a1}K_{a2}}=\sqrt{4.2\times10^{-7}\times5.6\times10^{-11}}=4.8\times10^{-9}\text{mol/L}$$

$$pH=8.32$$

表 3-1 列出了各类酸碱水溶液$[H^+]$的计算公式及其在允许有5%误差范围内的使用条件。

表 3-1 常见酸碱水溶液计算$[H^+]$的简化公式及使用条件

类别	计算公式	使用条件（允许误差5%）
强酸	近似式：$[H^+]=c_a$ $[H^+]=\sqrt{K_w}$ 精确式：$[H^+]=\frac{1}{2}(c+\sqrt{c^2+4K_w})$	$c_a\geqslant10^{-6}$mol/L $c_a<10^{-8}$mol/L 10^{-6}mol/L$\geqslant c_a\geqslant10^{-8}$mol/L
一元弱酸	近似式：$[H^+]=\frac{1}{2}(-K_a+\sqrt{K_a^2+4c_aK_a})$ 最简式：$[H^+]=\sqrt{cK_a}$	$c_aK_a\geqslant20K_w$ $c_aK_a\geqslant20K_w$，且 $c_a/K_a\geqslant500$
二元弱酸	近似式：$[H^+]=\frac{1}{2}(-K_{a1}+\sqrt{K_{a1}^2+4c_aK_{a1}})$ 最简式：$[H^+]=\sqrt{c_aK_{a1}}$	$c_aK_{a1}\geqslant20K_w$，且 $2K_{a2}/\sqrt{c_aK_{a1}}\gg1$ $c_aK_{a1}\geqslant20K_w$，$c/K_{a1}\geqslant500$，且 $2K_{a2}/\sqrt{c_aK_{a1}}\gg1$
两性物质	酸式盐 近似式：$[H^+]=\sqrt{cK_{a1}K_{a2}/(K_{a1}+c)}$ 最简式：$[H^+]=\sqrt{K_{a1}K_{a2}}$ 弱酸弱碱盐 近似式：$[H^+]=\sqrt{K_aK'_ac/(K_a+c)}$ 最简式：$[H^+]=\sqrt{K_aK'_a}$ （K'_a 为弱碱的共轭酸的离解常数，K_a 为弱酸的离解常数）	$cK_a\geqslant20K_w$ $cK_{a2}\geqslant20K_w$，且 $c\geqslant20K_{a1}$ $cK'_c\geqslant20K_w$ $c\geqslant20K_a$
缓冲溶液	最简式：$[H^+]=\frac{c_a}{c_b}\cdot K_a$ （c_a，c_b 分别为 HA 及其共轭碱 A^-的浓度）	c_a，c_b 较大（即 $c_a\gg[OH^-]-[H^+]$，$c_b\gg[H^+]-[OH^-]$）

1. 计算 0.10mol/L Na_2CO_3溶液的 pH。

($K_{b1}=1.8\times10^{-4}$　$K_{b2}=2.4\times10^{-8}$)

2. 计算 0.10mol/L NH_4Cl 溶液的 pH。

已知 $NH_3\cdot H_2O$ 的 $K_b=1.8\times10^{-5}$。

课题 2　酸碱缓冲溶液

2.1　缓冲作用原理

酸碱缓冲溶液是一种能对溶液的酸度起稳定作用的溶液。向缓冲溶液中加入少量强酸或强碱(或因化学反应，溶液中产生了少量酸或碱)，或将溶液稍加稀释，溶液的酸度基本保持不变。

组成缓冲溶液的缓冲剂可分为如下几种类型：

(1) 弱酸及其共轭碱，如 HAc-NaAc；

(2) 弱碱及其共轭酸，如 NH_3-NH_4Cl；

(3) 强酸、强碱，如 HCl、NaOH；

(4) 两性物质，如 KH_2PO_4-Na_2HPO_4。

下面以 HAc-NaAc 缓冲溶液为例，说明缓冲溶液的作用原理。

在这种溶液中，HAc 在水溶液中存在以下离解平衡：

$$HAc \rightleftharpoons H^+ + Ac^-$$

NaAc 是强电解质在水溶液中完全离解：

$$NaAc \longrightarrow Na^+ + Ac^-$$

因此在 HAc-NaAc 溶液中存在大量的 HAc 和 Ac^-，若加入少量酸，根据同离子效应，平衡应向生成难离解的 HAc 方向移动，也就是加入的 H^+与溶液中 Ac^-结合生成 HAc，从而耗去 H^+，使溶液中$[H^+]$增加不大，pH 变化很小；若加入少量碱，则 OH^-与溶液中 H^+结合成水，降低了溶液中的$[H^+]$，HAc 便继续离解，以补充耗去的 H^+，使溶液中$[H^+]$减少不大，pH 变化很小；若加入少量水稀释，因为溶液中的 HAc 与 Ac^-浓度同时减少，$[HAc]/[Ac^-]$的比值几乎不变，所以缓冲溶液可维持溶液 pH 基本不变。

2.2　缓冲溶液 pH 的计算

以 HAc-NaAc 缓冲溶液为例，导出 pH 计算公式。

设 NaAc 的浓度为 $c_{盐}$，HAc 的浓度为 $c_{酸}$，溶液中存在下列反应：

$$HAc \rightleftharpoons H^+ + Ac^-$$

$$NaAc \longrightarrow Na^+ + Ac^-$$

平衡时，$[Ac^-]=c_{盐}+[H^+]$，$[HAc]=c_{酸}-[H^+]$

$$电离常数\ K_a=\frac{[H^+][Ac^-]}{[HAc]}$$

由于溶液中有大量的 Ac^- 存在，受 Ac^- 同离子效应的影响，使 HAc 的电离受到抑制，电离出来的 H^+ 的浓度很小，因此，可近似认为 $[Ac^-] \approx c_{盐}$，$[HAc] \approx c_{酸}$

则
$$K_a = \frac{[H^+]c_{盐}}{c_{酸}}$$

$$[H^+] = K_a \frac{c_{酸}}{c_{盐}}$$

$$pH = pK_a - \lg \frac{c_{酸}}{c_{盐}} \qquad (3-8)$$

对于弱碱及其共轭酸组成的缓冲溶液，其 pOH 计算公式可用类似的方法导出

$$pOH = pK_b - \lg \frac{c_{碱}}{c_{盐}} \qquad (3-9)$$

案例　称取 13.6g $NaAc \cdot 3H_2O$ 加 5.6mL 冰乙酸，用水稀至 1L，求此缓冲溶液 pH 为多少？若在 50mL 此缓冲溶液中，分别加入 0.050mL 的 1.00mol/L HCl 和 NaOH 溶液，此时 pH 各为多少？

解析：已知 $K_a = 1.8 \times 10^{-5}$，$M_{NaAc \cdot 3H_2O} = 136.1$，冰乙酸浓度为 18mol/L，则配成 1L 溶液后

$$c_{盐} = \frac{13.6}{136.1} = 0.100 mol/L$$

$$c_{酸} = \frac{18.0 \times 5.60}{1000} = 0.100 mol/L$$

$$pK_a = -\lg K_a = -\lg 1.8 \times 10 - 5 = 4.74$$

则
$$pH = pK_a - \lg \frac{c_{酸}}{c_{盐}} = 4.74 - \lg \frac{0.100}{0.100} = 4.74$$

在 50mL 此缓冲溶液中加入 0.050mL 1.00mol/L 盐酸后，加入的 H^+ 与溶液中的 Ac^- 结合成 HAc，使 HAc 浓度增加，而 Ac^- 浓度减少，故

$$c_{酸} = \frac{50 \times 0.100 + 1.00 \times 0.050}{50.05} = 0.101 mol/L$$

$$c_{盐} = \frac{50 \times 0.100 - 1.00 \times 0.050}{50.05} = 0.099 mol/L$$

则
$$pH = pK_a - \lg \frac{c_{酸}}{c_{盐}} = 4.74 - \lg \frac{0.101}{0.099} = 4.73$$

在 50mL 此缓冲溶液中加入 0.050mL 1.00mol/LNaOH 后，溶液中的 HAc 与 NaOH 发生中和反应，使 HAc 浓度降低，而 Ac^- 浓度增加，故

$$c_{酸} = \frac{50 \times 0.100 - 1.00 \times 0.050}{50.05} = 0.099 mol/L$$

$$c_{盐} = \frac{50 \times 0.100 + 1.00 \times 0.050}{50.05} = 0.101 mol/L$$

则
$$pH = pK_a - \lg \frac{c_{酸}}{c_{盐}} = 4.74 - \lg \frac{0.099}{0.101} = 4.75$$

2.3 缓冲容量及缓冲范围

一切缓冲溶液，只能在加入少量的强酸或强碱，或适当稀释时，才能保持溶液的 pH 基本不变。而当加入的强酸浓度接近缓冲体系的共轭碱的浓度，或加入的强碱浓度接近共轭酸的浓度时，缓冲溶液的缓冲能力即消失。由此可见，缓冲溶液的缓冲能力是有一定限度的。缓冲容量是衡量缓冲溶液缓冲能力大小的尺度。常用 β 表示，其定义为：使 1L 缓冲溶液 pH 增加或减小 1 个单位所需加入强碱或强酸的量。

缓冲容量的大小与缓冲溶液的总浓度及其共轭酸碱对浓度的比值有关。当总浓度一定时，其组分浓度之比为 1∶1 时缓冲容量最大，即 pH 的改变量 ΔpH 最小。而当缓冲组分的浓度比为 1∶1 时，总浓度越大，缓冲容量也越大。

当缓冲组分的浓度比离 1∶1 越远，其缓冲容量就越小，甚至失去缓冲作用。一般两组分浓度比在 10∶1 和 1∶10 之间时，缓冲溶液具有缓冲作用，超出此范围，溶液不再具有缓冲作用。缓冲溶液所能控制的 pH 范围称为缓冲溶液的有效的作用范围，简称缓冲范围。

对于弱酸及其共轭碱组成的缓冲溶液其缓冲范围 $pH=pK_a\pm1$；弱碱及共轭酸组成的溶液其缓冲范围 $pH=pK_w-(pK_b\pm1)$。

2.4 缓冲溶液的选择和配制

分析化学中用于控制溶液酸度的缓冲溶液很多，通常根据实际情况选用不同的缓冲溶液，选择的原则是

(1) 构成缓冲溶液的组分对测定无干扰。

(2) 有足够的缓冲容量。

(3) 所用缓冲物质总浓度应当比较大，一般在 0.01～1mol/L 之间。

(4) 所需控制的 pH 应在缓冲溶液的缓冲范围内，如果缓冲溶液是由弱酸及其共轭碱组成的，则 pK_a 应尽量与所需控制的 pK_a 一致，即 $pH\approx pK_a$。如果缓冲溶液是由弱碱及其共轭酸组成的，则 pK_b 应尽量与所需控制的 pK_b 一致，即 $pOH\approx pK_b$ 或 $pH\approx14-pK_b$。

精确的 pH 标准缓冲溶液已有市售商品供应。粗略的 pH 缓冲溶液，可按有关公式计算出组分所需的量，然后进行配制。

案例

欲配制 pH=5.00 含 [HAc]=0.20mol/L 的缓冲溶液 1L，需要 1.0mol/L HAc 和 1.0mol/L NaAc 溶液各多少毫升？

解析：已知 pH=5.00 [HAc]=0.20mol/L

根据 $$[H^+]=K_a\frac{[HAc]}{[Ac^-]}$$

故 $$1.0\times10^{-5}=1.8\times10^{-5}\times\frac{0.20}{[Ac^-]}$$

$$[Ac^-]=0.36mol/L$$

需 1.0mol/L 的 HAc 和 NaAc 的体积分别为

$0.20\times1000=1.0\times V_{HAc}$ $V_{HAc}=200mL$

$0.36\times1000=1.0\times V_{NaAc}$ $V_{NaAc}=360mL$

取 1.0mol/L HAc 溶液 200mL 和 1.0mol/L NaAc 溶液 360mL 混合后，用水稀释至 1000mL 摇匀即得。

课题 3 酸碱指示剂

3.1 变色原理

常用的酸碱指示剂是一些有机弱酸或弱碱。其共轭酸碱对具有不同的结构，且颜色各异。随着溶液的 pH 改变，其共轭酸碱对互相转化，因而引起溶液颜色的改变。

用 HIn 表示弱酸型指示剂，在溶液中，由于 pH 改变，发生电离和互变异构的平衡，即

$$\underset{\text{酸式色}}{HIn} \underset{H^+}{\overset{+OH^-}{\rightleftharpoons}} H^+ + \underset{\text{碱式色}}{In^-}$$

当加碱时，HIn 电离并发生异构变化，变为相应的异构体 In^-，同时呈现异构体色(碱式色)。加入酸，平衡向左移动，由碱式色变为酸式色。一般来说，当一种形式的浓度大于另一种形式的浓度 10 倍时，人眼通常只看到较浓形式物质的颜色。所以当溶液的 pH 由 $pK_{HIn}-1$ 向 $pK_{HIn}+1$ 逐渐改变时，理论上人眼可以看到指示剂由酸式色逐渐过渡到碱式色。所以称 $pH=pK_{HIn}\pm1$ 为指示剂的理论变色范围，简称指示剂的变色范围。$pH=pK_{HIn}$时，称为指示剂的理论变色点。

理论上说，指示剂的变色范围都是 2 个 pH 单位，但由于人眼对各种颜色的敏感度不同，加上两种颜色互相掩盖，影响观察，所以实际观察结果与理论计算结果略有上下。表 3-2列出一些常用酸碱指示剂。在变色范围内指示剂颜色变化最明显的那一点的 pH，称为滴定指数，以 pT 表示，这点就是实际滴定终点，当人眼对指示剂的两种颜色同样敏感时，则 $pT=pK_{HIn}$。

表 3-2 常用的酸碱指示剂

指示剂	变色范围 pH	颜色		pK_{HIn}	pT	浓度
		酸色	碱色			
百里酚蓝(第一次变色)	1.2~1.8	红	黄	1.6	2.6	0.1%(20%乙醇溶液)
甲基黄	2.9~4.0	红	黄	3.3	3.9	0.1%(90%乙醇溶液)
甲基橙	3.1~4.4	红	黄	3.4	4	0.05%水溶液
溴酚蓝	3.1~4.6	黄	紫	4.1	4	0.1%(20%乙醇溶液)，或指示剂钠盐的水溶液
溴甲酚绿	3.8~5.4	黄	蓝	4.9	4.4	0.1%水溶液，每 100mg 指示剂加 0.05mol/LNaOH2.9mL
甲基红	4.4~6.2	红	黄	5.0	5.0	0.1%(60%乙醇溶液)，或指示剂钠盐的水溶液
溴百里酚蓝	6.0~7.6	黄	蓝	7.3	7	0.1%(20%乙醇溶液)，或指示剂钠盐的水溶液

续表

指示剂	变色范围 pH	颜色		pK_{HIn}	pT	浓度
		酸色	碱色			
中性红	6.8~8.0	红	黄橙	7.4		0.1%(60%乙醇溶液)
酚 红	6.7~8.4	黄	红	8.0	7	0.1%(60%乙醇溶液),或指示剂钠盐的水溶液
酚酞	8.0~9.6	无	红	9.1		0.1%(90%乙醇溶液)
百里酚蓝(第二次变色)	8.0~9.6	黄	蓝	8.9	9	0.1%(20%乙醇溶液)
百里酚酞	9.4~10.6	无	蓝	10.0	10	0.1%(90%乙醇溶液)

3.2 影响酸碱指示剂变色范围的因素

指示剂的变色范围越窄越好，这样在化学计量点时，pH 稍有变化，指示剂即可由一种颜色变到另一种颜色，如此可减小滴定误差。下面分别讨论影响指示剂实际变色范围的主要因素：

(1) 指示剂用量

指示剂用量的多少，是一个不容忽视的问题。双色指示剂如甲基橙，指示剂的颜色决定于其酸式和碱式的浓度比，而与指示剂用量无关。但用量过多会使色调变化迟缓，导致滴定终点时颜色变化不敏锐，而且指示剂本身也消耗一定量的滴定剂，引起滴定误差。因此在能看清指示剂颜色变化的条件下，一般用量少一点为宜。对于单色指示剂如酚酞，也是用量偏少时滴定终点变色敏锐。如果用量过多，会导致滴定终点在 pH 较低时出现。

(2) 温度

温度的变化引起指示剂离解常数 K_{HIn} 改变，从而引起指示剂变色范围的变化。一般情况下，温度升高，K_{HIn} 增大。通常滴定是在室温下进行的，如果必须加热，则标准溶液的标定也应在同样条件下进行。

(3) 溶剂

指示剂在不同溶剂中，其 pK_{HIn} 值不同。所以不同溶剂中，指示剂变色范围不同。例如甲基橙在水溶液中，$pK_{HIn}=3.4$，在甲醇中，$pK_{HIn}=3.8$。

(4) 盐类

盐类的存在会影响指示剂离解常数的变化，因而使指示剂变色范围有变化。此外盐类具有吸收不同波长光的性质，从而影响指示剂颜色的深度和色调，势必影响指示剂变色的敏锐性。

(5) 滴定程序

由于深色较浅色明显，所以当溶液由浅色变为深色时，人眼容易辨别。例如以甲基橙作指示剂，用碱标准溶液滴定酸时，终点颜色的变化是由橙红变黄。就不如用酸标准溶液滴定碱时终点颜色由黄变橙红色。所以用酸标准溶液滴定碱时可用甲基橙作指示剂。而用碱标准溶液滴定酸时，一般采用酚酞作指示剂，因为终点从无色变为红色比较敏锐。

3.3 混合指示剂

在滴定过程中，有时需要将终点限制在很窄的 pH 范围内，或者消除中间色，使指示剂颜色转变更为敏锐，这时通常采用混合指示剂。它是利用颜色之间的互补作用，具有颜色改变较为敏锐、变色范围较窄的特点。

混合指示剂是由人工配制而成的，有两种配制方法。一种是由两种或多种指示剂混合而成。例如溴甲酚绿(pH=3.8~5.4，黄→蓝)与甲基红(pH=4.4~6.2，红→黄)按3∶1体积比混合，当pH<5.1时，溶液呈橙色；当pH>5.1时，溶液呈绿色；pH=5.1时，溶液呈灰色，颜色变化非常明显。

另一种是在一种指示剂中加入一种惰性染料混合而成。例如用甲基橙(pH=3.1~4.4，红→黄)和靛蓝磺酸钠(蓝色)组成“改性甲基橙”，靛蓝在滴定过程中不变色，只作为甲基橙的变色背景，溶液由紫色→灰色→绿色，颜色变化非常敏锐。

课题4 酸碱滴定原理

在酸碱滴定中，最关键的问题是要选择合适的指示剂，而要选择合适的指示剂，必须了解滴定过程中H^+浓度的变化规律，尤其要了解在化学计量点前后滴定剂不足或过量0.1%时，溶液pH变化情况，才有可能选择合适的指示剂，准确地确定终点。因此溶液的pH是酸碱滴定过程中的特征变量，它可以通过pH计测出，也可计算求出。酸碱滴定曲线就是描述pH这一特征变量随着标准溶液的不断加入而发生逐渐变化的函数关系图像。这类滴定包括一元酸碱的滴定、多元酸碱的滴定和混合酸碱的滴定。由于各种不同类型的酸碱滴定过程中H^+浓度的变化规律是各不相同的，因此滴定曲线的形状也就各不相同，下面就部分类型的滴定分别加以讨论。

4.1 强碱（酸）滴定强酸（碱）

以pH为纵坐标，以NaOH溶液的加入量(或滴定百分数)为横坐标，强碱滴定强酸的滴定曲线，如图3-2所示。

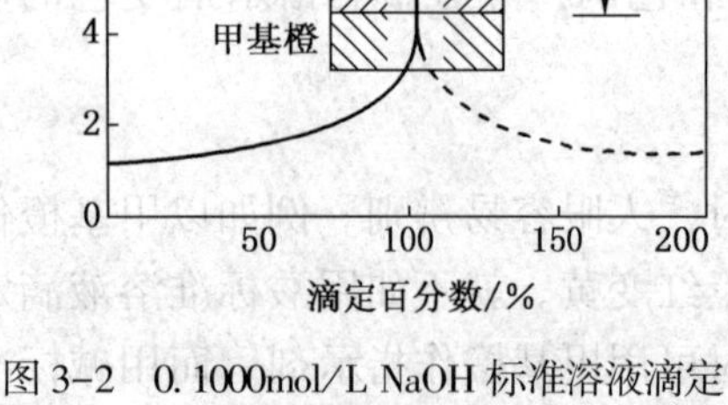

图3-2 0.1000mol/L NaOH标准溶液滴定0.1000mol/L HCl溶液的滴定曲线

强碱对强酸的滴定曲线，开始时比较平坦，这是因为在大量的盐酸溶液中，加入少量的NaOH，溶液的pH改变不大。随着标准溶液的不断加入，溶液中酸含量逐渐减少，以后加入同样量的碱引起溶液中pH的改变逐渐加大，曲线向上弯曲。当NaOH加入量达到溶液中99.9%的盐酸被滴定，此时若再加入一滴标准溶液(约0.04mL)，不仅将剩下的0.1%盐酸中和掉，而且NaOH还过量了0.1%，溶液的pH由4.3突然增加到9.7。在这之后，继续加入NaOH，由于溶液中碱量增多，每增加一滴所引起的pH变化又逐渐减小，曲线又呈现比较平坦。

把化学计量点前后一滴标准溶液所引起的溶液pH的急剧变化，称为滴定突跃，或者说，在计量点前后±0.1%相对误差范围内溶液pH的突变，称为滴定突跃。突跃所包括的pH范围称为滴定突跃范围。滴定突跃范围的大小与酸碱的浓度有关，溶液越浓，突跃范围越大；浓度越稀，突跃范围越小。当酸碱浓度增大10倍时，滴定突越范围增加2个pH单位。

4.2 强碱滴定弱酸

强碱滴定弱酸滴定曲线如图 3-3 所示。

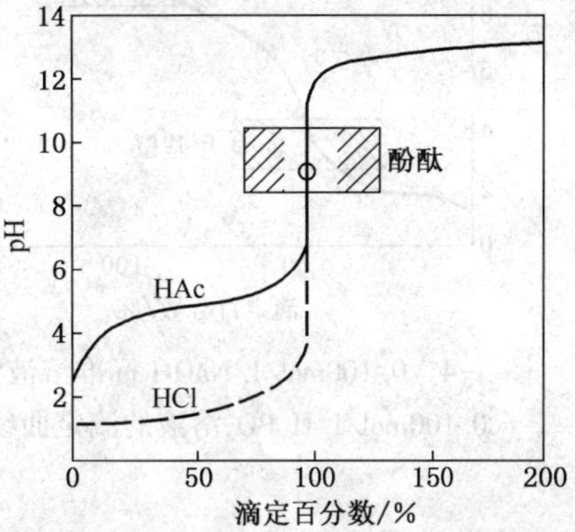

图 3-3 0.1000mol/L NaOH 标准溶液滴定 0.1000mol/L HAc 溶液的滴定曲线

由图 3-3 可看出强碱滴定强酸和强碱滴定弱酸的滴定曲线有以下几点区别

(1) NaOH-HAc 滴定曲线起点的 pH 比 NaOH-HCl 滴定曲线起点的 pH 高，因为 HAc 为弱酸，其离解程度比等浓度的 HCl 小。

(2) NaOH-HAc 滴定开始后 pH 升高较快。这是由于中和生成的 Ac^-产生同离子效应，使 HAc 更难离解，故[H^+]降低较快。

(3) NaOH-HAc 滴定曲线中，继续进行滴定时，NaAc 浓度不断增加，在溶液中形成了 NaAc-HAc 缓冲体系，故 pH 增加较慢，使这一段曲线较为平坦。当接近化学计量点时，HAc 已很少，缓冲作用减弱，Ac^-的水解作用加强，pH 升高较快，故曲线的斜率迅速增大。

(4) 由于 Ac^-的水解作用，使临近化学计量点时 NaOH-HAc 滴定溶液的 pH 已在碱性范围内，因此 NaOH 滴定 HAc 的突跃范围 pH = 7.74 ~ 9.70，较 NaOH 滴定 HCl 小得多。所以这时甲基橙、甲基红已不适用，而酚酞、百里酚酞可作为该滴定的指示剂。

由于滴定的类型各不相同，滴定过程中 pH 的变化也不相同。但无论哪一种滴定类型，滴定过程中溶液 pH 的变化规律一般都一样，都是开始时，标准溶液加入量增大，pH 发生变化，但变化量不大，随着滴定的不断进行，pH 随标准溶液加入量而改变的变化量增大。至化学计量点附近，标准溶液加入量改变很少，pH 却发生很大变化。所不同的是，由于滴定类型不同，其滴定突跃的 pH 变化规律也不同，计算方法也不同。

由以上讨论可知，酸碱滴定突跃范围的大小不仅与酸碱浓度有关，还与弱酸的 K_a 有关。当酸碱浓度一定时，K_a 值越大，突跃范围越大。K_a 增大 10 倍，突跃增加 1 个 pH 单位。当浓度为 0.1mol/L，$K_a<10^{-9}$时，已无明显的突跃，指示剂难以选择也就无法进行直接滴定。只有当弱酸的浓度 c_a与弱酸离解常数 K_a 的乘积 $c_aK_a \geqslant 10^{-8}$时才能直接滴定。这是判断弱酸能否直接滴定的依据。

4.3 多元酸的滴定

多元酸碱的滴定比一元酸碱的滴定复杂，这是因为如果考虑能否直接准确滴定的问题就意味着必须考虑两种情况：一是能否滴定酸或碱的总量；二是能否分级滴定。通过大量的实验证明，多元酸的滴定可按下述原则判断

(1) 当 $c_aK_{a1} \geqslant 10^{-8}$时，这一级离解的 H^+可以被直接滴定。

(2) 当相邻的两个 K_a 的比值等于或大于 10^5时，较强的那一级离解的 H^+先被滴定，出现第一个滴定突跃，较弱的那一级离解的 H^+后被滴定。但能否出现第二个滴定突跃，取决于酸的第二级离解常数值是否满足 $c_aK_{a2} \geqslant 10^{-8}$。如果大于或等于 10^{-8}，则有第二个突跃。

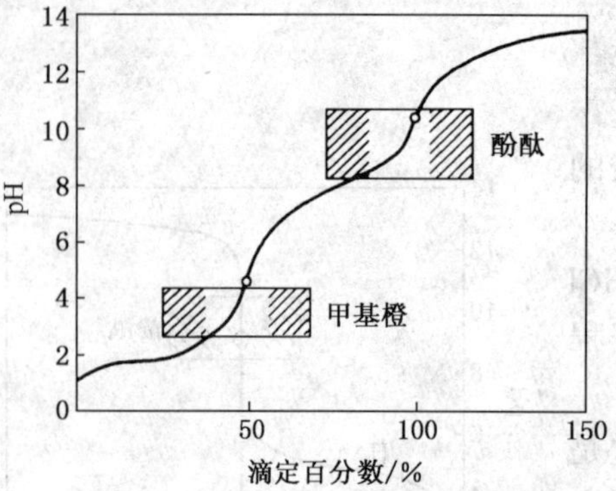

图 3-4　0.100mol/L NaOH 标准溶液滴定 0.100mol/L H_3PO_4溶液的滴定曲线

（3）如果相邻的两个 K_a 的比值小于 10^5时，滴定时两个突跃将混在一起，这时只有一个滴定突跃。

如图 3-4 所示，由于中和反应交叉进行，使化学计量点附近曲线倾斜，滴定突跃较短，且第二化学计量点附近的突跃较第一化学计量点附近的突跃还短。正因为突跃较短，使得终点变色不够明显，因此导致终点准确度也欠佳。

4.4　指示剂的选择原则

根据滴定曲线上近似垂直的滴定突跃的范围，可以选择适当的指示剂。例如强酸强碱的滴定，化学计量点时的 pH=7.00，pH 滴定突跃范围为 4.30~9.70。显然，在化学计量点附近变色的指示剂如溴百里酚蓝、中性红等可以正确指示终点的到达，因为化学计量点正处于指示剂的变色范围内。实际上，凡是在滴定突跃范围内变色的指示剂都可以相当正确地指示终点，如甲基橙、甲基红、酚酞等都可用作这类滴定的指示剂。

因此，在酸碱滴定中，如果用指示剂来指示终点，应选择变色范围处于或部分处于滴定突跃范围的指示剂。即滴定突跃的大小对选择指示剂有重要意义，突跃越大对指示剂的选择越方便，突跃越小，指示剂的选择就越受限制。

4.5　酸碱滴定中 CO_2的影响

在酸碱滴定中，CO_2的影响有时是不能忽略的，它是酸碱滴定中误差的重要来源。CO_2的来源很多，例如蒸馏水中溶有一定量的 CO_2；碱标准溶液和配制碱标准溶液的试剂吸收了 CO_2（成为碳酸盐）；在滴定过程中溶液不断吸收空气中的 CO_2等。

在酸碱滴定中，CO_2的影响是多方面的。当用碱溶液滴定酸溶液时，溶液中的 CO_2会被碱溶液滴定，至于 CO_2被滴定多少，取决于终点时溶液的 pH。在不同的 pH 结束滴定，CO_2带来的误差不同，显然，终点时溶液的 pH 越低，CO_2的影响越小。一般地说，如果终点时溶液的 pH 小于 5，CO_2的影响可以忽略。

为了消除 CO_2对酸碱滴定的影响，必要时可采用煮沸溶液，除去溶液中的 CO_2；配制不含 CO_3^{2-}的标准碱溶液。还要注意尽量使用加热煮沸后冷却至室温的蒸馏水，以及滴定时不要剧烈振荡锥形瓶等。

对于弱酸的滴定，由于计量点的 pH 在碱性范围，CO_2的影响较大。但如果采用同一指示剂在同一条件下进行标定和测定，CO_2的影响可以部分抵消。

4.6　终点误差

酸碱滴定中，如果终点与化学计量点不一致，说明溶液中或者多加了酸或碱，或者还有剩余的酸或碱未完全反应，因此，将过量的或者剩余的酸或碱的物质的量除以理论上应该加入的酸或碱的物质的量，即可得出酸碱滴定反应的终点误差。

案例 用 0.1000mol/L 的 NaOH 滴定 25.00mL 浓度 0.1000mol/L 的盐酸，用甲基橙为指示剂，滴定至 pH = 4.00 为终点，试计算终点误差。

解析：计量点时，pH = 7.00，现在滴定至 pH = 4.00，说明有一部分盐酸未被完全中和。pH = 4.00，$[H^+]_{ep} = 1.0\times10^{-4}$ mol/L，$[OH^-]_{ep} = 1.0\times10^{-10}$ mol/L

$$c_{HCl}^{eq} \approx \frac{0.1000}{2} = 0.05000\text{mol/L}$$

$$TE\% = \frac{[OH^-]_{ep}-[H^+]_{ep}}{c_{HCl}^{eq}}\times100\% = \frac{1.0\times10^{-10}-1.0\times10^{-4}}{0.05000}\times100\% = -0.20\%$$

课题 5 混合碱的测定

混合碱一般指 NaOH 和 Na_2CO_3 或 Na_2CO_3 和 $NaHCO_3$ 的混合物。分析方法有氯化钡法和双指示剂法。分析中多用双指示剂法。双指示剂法就是利用两种指示剂进行连续滴定，根据不同指示剂的颜色变化得到两个终点，分别根据各终点时所消耗的标准溶液的体积，计算各组分的含量。在混合碱的测定中，可用 HCl 做标准溶液，所用的两种指示剂分别为酚酞和甲基橙，为了使终点敏锐，结果更准确，还可用甲酚红和百里酚蓝混合指示剂代替酚酞，用溴甲酚绿和甲基红混合指示剂代替甲基橙。滴定的过程可图解如下：

$NaOH + Na_2CO_3$ ——加入酚酞
↓ HCl V_1
$NaCl + NaHCO_3$ ——酚酞变成无色后加入甲基橙
↓ HCl V_2
$NaCl + H_2CO_3$ ——甲基橙变色（由黄 → 橙）

$Na_2CO_3 + NaHCO_3$ ——加入酚酞
↓ HCl V_1
$NaHCO_3 + NaHCO_3$ ——酚酞变成无色后加入甲基橙
↓ HCl V_2
$NaCl + H_2CO_3$ ——甲基橙变色（由黄 → 橙）

根据双指示剂的两个终点时消耗的 HCl 体积 V_1 和 V_2 的相对大小，可判断未知混合碱的组成，如下所示：

V_1 和 V_2 的相对大小	试样的组成	V_1 和 V_2 的相对大小	试样的组成
$V_1>0$，$V_2=0$	NaOH	$V_1>V_2>0$	$NaOH+Na_2CO_3$
$V_1=0$，$V_2>0$	$NaHCO_3$	$V_2>V_1>0$	$Na_2CO_3+NaHCO_3$
$V_1=V_2>0$	Na_2CO_3		

训练 1. 酸碱给出和获得质子能力的强弱，通常用酸碱在水溶液中的（　　）的大小衡量。

（A）平衡常数　（B）离解常数

（C）H^+浓度　（D）OH^-浓度

2. 在水溶液中，酸碱的强度取决于(　　)。

(A) 酸将质子给予水分子的能力　(B) 碱从水分子中夺取质子的能力

(C) 酸的物质的量　(D) 碱的物质的量

3. 一元弱酸弱碱的 K_a 和 K_b 成(　　)。

(A) 正比　(B) 反比　(C) 不成比例　(D) 之和为 14

4. 溶液的酸碱性可以用(　　)的浓度统一表示。

(A) H^+　(B) H_2O　(C) K_w　(D) pH

5. 配制 pH=5.0 缓冲溶液 1.0L，已用去 6.0mol/L HAc 68.0mL，需加入 NaAc(　　)g。已知 $K_a=1.8\times10^{-5}$，$M_{NaAc}=82.03g/mol$。

(A) 30　(B) 12.3　(C) 61　(D) 120

6. 各种指示剂的变色范围的幅度各不相同，但一般不大于(　　)个 pH 单位，也不小于(　　)个 pH 单位。

(A) 1，2　(B) 2，1　(C) 3，2　(D) 10，2

7. 指示剂用量过多，则(　　)。

(A) 终点变色更易观察　(B) 并不产生任何影响

(C) 终点变色不明显　(D) 滴定准确度更高

8. 混合指示剂颜色变化是否明显，与组成混合指示剂的两种组分的(　　)有关。

(A) 化学组成　(B) 变色范围

(C) 浓度　(D) 混合比例

9. 强酸碱滴定中，酸碱浓度每增大 10 倍，滴定突跃范围就增加(　　)个 pH 单位。

(A) 1　(B) 2　(C) 7　(D) 不确定

10. 绘制滴定曲线的最终目的是(　　)。

(A) 了解滴定过程　(B) 找出溶液 pH 变化规律

(C) 找出 pH 突越范围　(D) 选择合适的指示剂

11. 盐酸滴定 $NH_3\cdot H_2O$ 时，在化学计量点时溶液的 pH 取决于(　　)的浓度。

(A) HCl　(B) $NH_3\cdot H_2O$

(C) NH_4Cl　(D) $NH_4Cl+NH_3\cdot H_2O$

12. 对于一元弱酸的滴定，当酸的浓度一定，突跃范围与 K_a 有关，K_a 越大，即(　　)。

(A) 酸越强　(B) 酸越弱　(C) 突跃越大　(D) 突跃越小

13. 对于多元酸碱的滴定，应该(　　)。

(A) 判断多元酸碱能否直接滴定

(B) 判断 H^+ 或 OH^- 是一个个被滴定还是一起被滴定

(C) 判断多元酸碱滴定有几个突跃

(D) 判断化学反应进行的程度

单元四　配位滴定法

课题1　EDTA及其与金属离子的配合物

配位滴定法是以配位反应为基础进行的滴定分析方法。配位滴定法已成功地用于合金、矿物岩石、无机原材料、工业产品、电镀液、燃料、食品及药物临床等领域的分析。五十多种离子都已有了较成熟的配位滴定测定方法。

用于滴定的配位反应必须具备这些条件：(1)在一定反应条件下，生成的配合物要有确定的组成，即中心离子与配位剂严格按一定比例化合；(2)形成的配合物要有足够的稳定性；(3)配位反应速度快；(4)要有确定化学计量点的方法。

能与金属离子形成配合物的物质称为配位剂。配位滴定中常用乙二胺四乙酸及其二钠盐作为配位剂，缩写为EDTA。目前几乎有95%以上的配位滴定是用EDTA作配位剂的，因此通常所谓的配位滴定法主要指EDTA滴定法。

1.1　EDTA的特性

乙二胺四乙酸为白色晶状固体，不溶于无水乙醇、丙酮和苯，室温下溶解度很小，每100mL水只溶解0.02g。因此分析上常用它的二钠盐 $Na_2H_2Y \cdot 2H_2O$，也简称EDTA或称EDTA二钠盐。室温下，它的溶解度为每100mL水溶解11.1g，饱和水溶液的浓度约为0.3mol/L。

EDTA是一个四元酸，常用 H_4Y 表示其分子式。结构式为

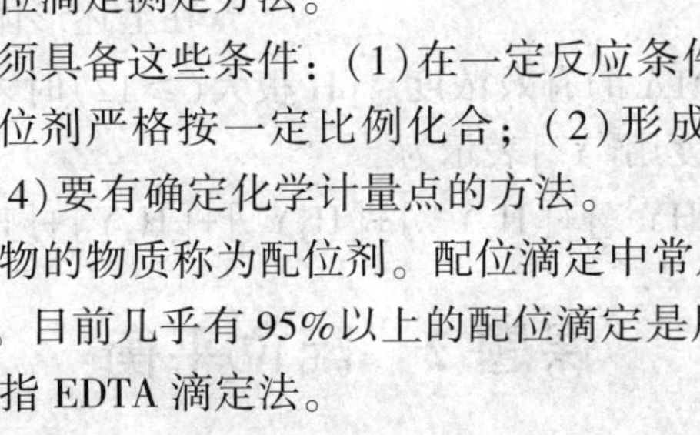

EDTA分子中具有两个氨基氮和四个羧基氧，其中氮、氧原子都有配位电子，能与金属离子形成配位键，所以与不同价态的金属离子一般均按1∶1配合，形成M-Y型螯合物，给结果计算带来很大的方便。因为EDTA分子含有4个亲水的羧氧基团，所以生成的配合物大多溶于水中，因此能在水溶液中顺利地进行滴定反应。

1.2　EDTA的离解平衡

EDTA在水溶液中，两个羧基上的 H^+ 可以转移到N原子上，形成双偶极离子。在酸度很高的水溶液中，它的两个羧酸根离子可以接受 H^+，形成 H_6Y^{2+}，这样EDTA就相当于六元酸。在水溶液中有六级离解平衡。

在任何水溶液中，EDTA总是有 H_6Y^{2+}、H_5Y^+、H_4Y、H_3Y^-、H_2Y^{2-}、HY^{3-}、Y^{4-} 七种形式存在，在不同pH的水溶液中七种形体的分布如图4-1所示。EDTA的主要存在形体如表4-1所示。

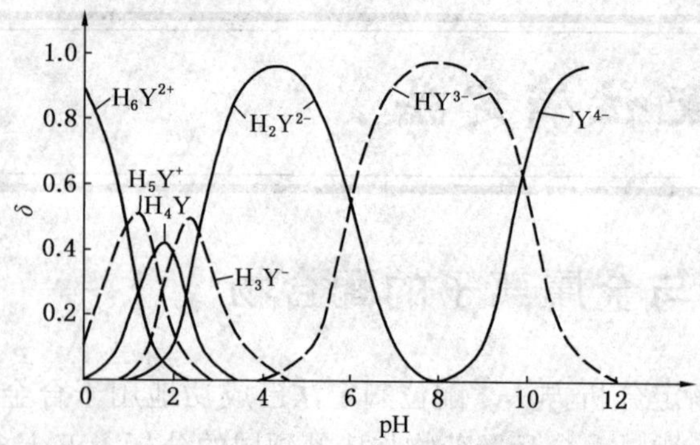

图 4-1 EDTA 各种形体的分布曲线

表 4-1 不同 pH 时，EDTA 的主要存在形体

pH	主要存在形体
<0.90	H_6Y^{2+}
0.90~1.60	H_5Y^+
1.60~2.07	H_4Y
2.07~2.75	H_3Y^-
2.75~6.24	H_2Y^{2-}
6.24~10.34	HY^{3-}
>10.34	Y^{4-}

在上述形体中，只有 Y^{4-} 能与金属离子直接配位，将 $[Y^{4-}]$ 称为 EDTA 的有效浓度。pH 很大（≥12）时才几乎完全以 Y^{4-} 形体存在。EDTA 各种存在形体的总浓度用 $[Y']$ 表示为

$$[Y'] = [Y^{4-}]+[HY^{3-}]+[H_2Y^{2-}]+[H_3Y^-]+[H_4Y]+[H_5Y^+]+[H_6Y^{2+}]$$

课题 2 配位平衡

2.1 配合物的绝对稳定常数（形成常数）

金属离子与 EDTA 形成配合物（$M+Y \rightleftharpoons MY$）的稳定性，可用该配合物的稳定常数 $K_{稳}$ 来表示。

$$K_{MY} = \frac{[MY]}{[M][Y]} \tag{4-1}$$

对于相同配位数的配合物，此值越大，配合物越稳定。如：

$$Ag^+ + 2CN^- \rightleftharpoons [Ag(CN)_2]^- \qquad K_{稳} = 10^{21.1}$$

$$Ag^+ + 2NH_3 \rightleftharpoons [Ag(NH_3)_2]^+ \qquad K_{稳} = 10^{7.15}$$

可见，$[Ag(CN)_2]^-$ 比 $[Ag(NH_3)_2]^+$ 稳定的多。也就是说，对于相同类型的配合物，$K_{稳}$ 越大，其配合物越稳定。两种金属离子与同一配位剂生成两种类型相同的配合物时，其配位次序是 $K_{稳}$ 值大的先配位。同一金属离子与不同配位剂可形成稳定性不同的配合物，可用形成稳定配合物的配位剂将较不稳定配合物中的配位剂置换出来。例如，加 CN^- 于 $[Ag(NH_3)_2]^+$ 溶液中，将发生下列置换反应：

$$[Ag(NH_3)_2]^+ + 2CN^- \rightleftharpoons [Ag(CN)_2]^- + 2NH_3$$

K_{MY} 稳定常数的倒数即为配合物的不稳定常数（或称为离解常数）。

2.2 配合物的逐级稳定常数 K_i 和累积稳定常数 β

对于配位比 1∶n 的配合物，由于 ML_n 的形成是逐级进行的，每级反应有与之相应的逐级稳定常数。若将逐级稳定常数渐次相乘，就得到各级累积常数。

第一级累积稳定常数 $$\beta_1 = K_1 = \frac{[ML]}{[M][L]}$$

第二级累积稳定常数 $\beta_2 = K_1K_2 = \frac{[ML]}{[M][L]}\frac{[ML_2]}{[ML][L]} = \frac{[ML_2]}{[M][L]^2}$

第 n 级累积稳定常数 $\beta_n = K_1K_2\cdots K_n = \frac{[ML_n]}{[M][L]^n}$

根据配位化合物的各级累积稳定常数可以计算各级配合物的浓度，即

$$[ML] = \beta_1[M][L]$$

$$[ML_2] = \beta_2[M][L]^2$$

$$[ML_n] = \beta_n[M][L]^n$$

2.3 配位反应的副反应

配位滴定中，金属离子 M 与 EDTA 离子 Y 之间的反应称为主反应，其他的反应都称为副反应。

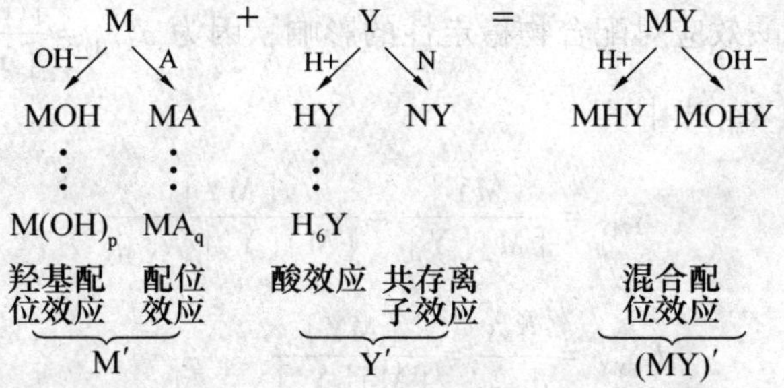

上式中，A 为辅助配位剂，N 为共存离子。副反应影响主反应的现象称为“效应”。显然，反应物（M，Y）发生副反应不利于主反应的进行，而生成物（MY）的各种副反应则有利于主反应的进行，但所生成的这些混合物大多数不稳定，可以忽略。在众多的副反应中，对配位滴定影响最大的是溶液的酸度，这里着重讨论酸效应对 EDTA 配位反应的影响。

由于 H^+ 的存在，使得 EDTA 参加主反应的能力下降，这种现象称为酸效应。酸效应的大小用酸效应系数 $a_{Y(H)}$ 来描述。

$$a_{Y(H)} = \frac{[Y']}{[Y]} \tag{4-2}$$

式中，$[Y']$ 代表未与 M 配位的 EDTA 的各种形体的总浓度，$[Y]$ 为游离的 EDTA 的浓度。

$a_{Y(H)}$ 决定于溶液的酸度，溶液酸度越大，$a_{Y(H)}$ 值越大，表示滴定反应达平衡时，游离滴定剂 Y 的浓度越小，其副反应越严重。如果 Y 没有副反应，即未配位的 EDTA 全部以 Y 的形式存在，则 $a_{Y(H)} = 1$，此时 $[Y'] = [Y]$。因此酸效应系数是判断 EDTA 能否准确滴定某金属离子的重要参数。$a_{Y(H)}$ 值可从 EDTA 的各级离解常数和溶液中 H^+ 浓度求得。表 4-2 列出不同 pH 的溶液中 EDTA 酸效应系数。

从表 4-2 可以看出，多数情况下 $a_{Y(H)}$ 不等于 1，$[Y']$ 总是大于 $[Y]$，只有当溶液 pH>12 时，$a_{Y(H)}$ 才等于 1，此时 EDTA 基本上完全离解为 Y^{4-}，EDTA 的配位能力最强。随着酸度增高，$\lg a_{Y(H)}$ 值增大，EDTA 与金属离子形成的配合物稳定性显著降低。

考虑到副反应的影响，K_{MY} 已不能反映出配合物的实际稳定程度，需要引入一个新的常数-条件稳定常数。

表 4-2 不同 pH 时的 $\lg a_{Y(H)}$

pH	$\lg a_{Y(H)}$	pH	$\lg a_{Y(H)}$	pH	$\lg a_{Y(H)}$
0	23.64	3.8	8.85	7.4	2.88
0.4	21.32	4.0	8.44	7.8	2.47
0.8	19.08	4.4	7.64	8.0	2.27
1.0	18.01	4.8	6.84	8.4	1.87
1.4	16.02	5.0	6.45	8.8	1.48
1.8	14.27	5.4	5.69	9.0	1.28
2.0	13.51	5.8	4.98	9.5	0.83
2.4	12.19	6.0	4.65	10.0	0.45

2.4 表观（条件）稳定常数

条件稳定常数又称表观稳定常数，它是将副反应的影响考虑进去后的实际稳定常数。以 K'_{MY} 表示。如果只考虑酸效应对配合物稳定性的影响，因为 $a_{Y(H)}=\frac{[Y']}{[Y]}$，所以 $[Y]=\frac{[Y']}{\alpha_{Y(H)}}$，将其代入绝对稳定常数 K_{MY} 式中，

$$K_{MY}=\frac{[MY]}{[M][Y]}=\frac{[MY]}{[M][Y']/a_{Y(H)}}$$

即

$$K'_{MY}=\frac{K_{MY}}{a_{Y(H)}}=\frac{[MY]}{[M][Y']} \tag{4-3}$$

$$\lg K'_{MY}=\lg K_{MY}-\lg a_{Y(H)} \tag{4-4}$$

式(4-4)是处理配位平衡的重要公式。条件稳定常数的大小说明了配合物 MY 在一定条件下的实际稳定程度，是判断滴定可能性的重要参数。

2.5 单一金属离子准确滴定的判别式

配位滴定中准确滴定条件应根据被测金属离子的浓度、条件稳定常数及误差要求来推导。

设被测离子浓度 c_M，若允许滴定的终点误差为±0.1%，在滴定至终点时有

$$[MY]=0.999c_M$$

$$[M]=[Y']=0.001c_M$$

代入式(4-3)，得

$$K'_{MY}\geqslant\frac{0.999c_M}{(0.001c_M)^2}=\frac{10^6}{c_M}$$

即

$$\lg c_M K'_{MY}\geqslant 6 \tag{4-5}$$

这是配位滴定能够准确滴定的判别式，若 $\lg c_M K'_{MY}<6$，就不能准确滴定。

对于 0.01mol/L 金属离子浓度的溶液，能用 EDTA 准确滴定的条件是

$$\lg K'_{MY}\geqslant 8 \tag{4-6}$$

案例

在 pH=2 和 pH=5 时，Zn^{2+} 是否被 EDTA 滴定？

查表已知 $\lg K_{ZnY}=16.50$

pH=2 时，$\lg a_{Y(H)}=13.51$；pH=5 时，$\lg a_{Y(H)}=6.45$

解析：pH=2 时，$\lg K'_{ZnY}=\lg K_{ZnY}-\lg a_{Y(H)}=16.50-13.51=2.99<8$，ZnY 配位不完全，不能准确滴定。

pH=5 时，$\lg K'_{ZnY}=\lg K_{ZnY}-\lg a_{Y(H)}=16.50-6.45=10.05>8$，配合物很稳定，可以准确滴定。

2.6　EDTA 酸效应曲线

从表 4-2 和式(4-4)可知，pH 越大，$\lg a_{Y(H)}$ 值越小，$\lg K'_{MY}$ 越大，配位反应越完全，对滴定越有利。pH 降低，$\lg a_{Y(H)}$ 值就减小。对于稳定性高的配合物，溶液的 pH 即使稍低一些，仍可进行滴定，而对于稳定性差的配合物，若溶液的 pH 低，就不能进行滴定了。因此，滴定不同的金属离子所允许的最低 pH 不同。

为了确定滴定金属离子时所允许的最低 pH，可将式(4-4)改成

$$\lg \alpha_{Y(H)} \leqslant \lg K_{MY}-\lg K'_{MY}$$

如被测离子浓度为 0.01mol/L，将式(4-6)代入，得

$$\lg \alpha_{Y(H)} \leqslant \lg K_{MY}-8 \qquad (4-7)$$

这就是准确滴定金属离子 M 时，所允许的最大 $\lg a_{Y(H)}$ 值的计算公式。最大 $\lg a_{Y(H)}$ 所对应的酸度就是滴定该金属离子的最高允许酸度，对应的 pH 就是滴定该金属离子的最低 pH。根据金属离子的 $\lg K_{MY}$ 值与滴定它们时所允许的最低 pH，绘成 EDTA 酸效应曲线，如图 4-2 所示。

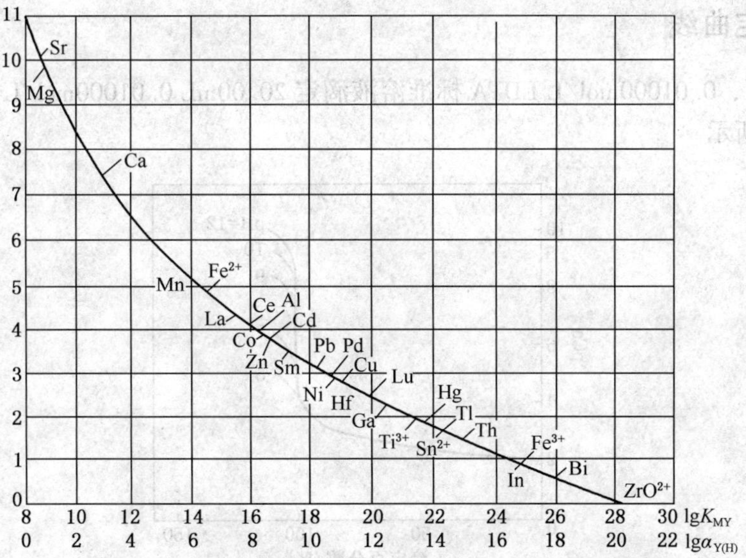

图 4-2　EDTA 酸效应曲线

在滴定分析中酸效应曲线具有以下作用

(1) 选择滴定的酸度条件

在曲线上找出被测金属离子位置，由此作水平线，所得 pH 就是单独滴定该金属离子的最低允许 pH。如果小于该 pH，就不能配位或配位不完全，滴定就不能定量进行。

曲线上没有标明的被测离子，可由被测离子的 $\lg K_{MY}$ 处作垂线，求得与曲线的交点，再按上法即可得到被测离子的最低允许 pH。

(2) 判断干扰情况

酸效应曲线上被测离子以下的离子都干扰测定。位于被测离子上面的金属离子是否干扰，要看它们与 EDTA 形成配合物的稳定常数相差多少及所选的酸度是否适宜而确定。

经验表明，在酸效应曲线上，一种离子由开始部分被配位到定量配位的过渡，大约相当于 5 个 $\lg K_{MY}$ 单位。当两种离子浓度相近时，若其配合物的 $\lg K_{MY}$ 之差等于或大于 5，就可连续滴定两种离子而互不干扰。

(3) 兼作 pH-$\lg\alpha_{Y(H)}$ 表使用

滴定中实际所采用的 pH 要比允许的最低 pH 高一些，这样可以保证被滴定的金属离子配位更完全。但 pH 不能过高，否则会引起金属离子发生水解作用，使 EDTA 的配位能力降低。不同的金属离子用 EDTA 滴定时，pH 都有一定范围的限制，超过这个范围，不论是高是低，都不适于进行滴定。

课题 3　配位滴定基本原理

配位滴定中，随着配位滴定剂的不断加入，金属离子不断与配位剂反应生成配合物，其浓度不断减少。在化学计量点附近，金属离子浓度(pM)发生突变。以滴定分数或滴定剂体积为横坐标，pM 为纵坐标作图，绘制配位滴定曲线。配位滴定曲线反映了滴定过程中配位剂的加入量与待测金属离子浓度之间的变化关系。

3.1　滴定曲线

不同 pH 下，0.01000mol/L EDTA 标准溶液滴定 20.00mL 0.01000mol/L Ca^{2+} 溶液的滴定曲线如图 4-3 所示。

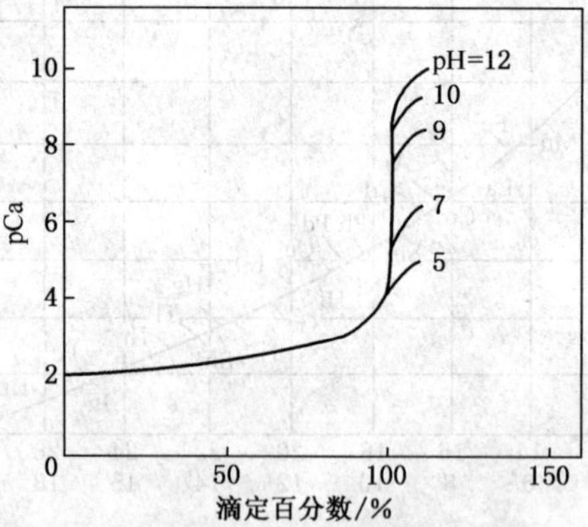

图 4-3　在不同 pH 时，用 0.01000mol/L EDTA 滴定 0.01000mol/L Ca^{2+} 的滴定曲线

由图 4-3 可知，(1)滴定突跃范围的大小，与溶液 pH 有关。这是由于 K'_{MY} 随 pH 的不同而异，pH 越小，$\lg a_{Y(H)}$ 越大，K'_{MY} 越小，配合物越不稳定，滴定突跃越小。(2)滴定曲线突跃的长短还与金属离子的浓度有关。金属离子的起始浓度越小，曲线起点越高，则突跃越短。

用 0.01000mol/L EDTA 标准溶液在 pH=10 时滴定 20.00mL 0.01000mol/L Ca^{2+}，计算化学计量点时溶液的 pCa 值。

解析：pH=10 时 $\lg K'_{CaY}=10.69-0.45=10.24$

化学计量时 $[CaY^{2-}]=0.01000\times\dfrac{20.00}{20.00+20.00}=5.0\times10^{-3}$ mol/L

由于 $[Ca^{2+}]\approx[Y']$，所以

$$K'_{CaY}=10^{10.24}=\frac{[CaY^{2-}]}{[Ca^{2+}][Y']},\ [Ca^{2+}]=\sqrt{\frac{5\times10^{-3}}{10^{10.24}}}=10^{-6.3}\text{mol/L}$$

所以 pCa=6.3

3.2 金属指示剂

3.2.1 金属指示剂的作用原理

金属指示剂也是一些有机配位剂，可与金属离子形成有色配合物，其颜色与游离指示剂的颜色明显不同，以此达到指示滴定终点的目的。因为能够指示出溶液中金属离子浓度的变化情况，故称为金属指示剂。现在以铬黑 T(H_3In)为例说明其作用原理。

铬黑 T(EBT)是一个三元弱酸，本身在 pH=8~11 的溶液中显蓝色，而与 Ca^{2+}、Mg^{2+} 等离子形成的配合物呈红色。滴定前：$Mg^{2+}+HIn^{2-}$(蓝色)$\rightleftharpoons$MgIn(红色)$^-+H^+$。加有指示剂的金属离子溶液在开始滴定前显示配合物的红色，滴定过程中该颜色一直保持到 EDTA 的加入量接近化学计量点。滴定中发生反应：$Mg^{2+}+H_2Y^{2-}\rightleftharpoons MgY^{2-}+2H^+$，未与指示剂配位的金属离子全部形成了 EDTA 配合物。到达化学计量点附近时，开始发生：MgIn(红色)$^-+H_2Y^{2-}\rightleftharpoons MgY^{2-}+HIn^{2-}$(蓝色)$+H^+$，此时加入的 EDTA 将夺走与铬黑 T 配位的金属离子而将铬黑 T 游离出来，溶液显示游离铬黑 T 的蓝色，指示出滴定终点的到达。

需要指出，金属指示剂既是配位剂又是显色剂，本身常是多元弱酸或弱碱，能随溶液 pH 变化而显示不同颜色。例如铬黑 T 是个三元弱酸，第一级离解极容易，第二、三级离解平衡和相应形体的颜色为

$$H_2In^-\text{(红色)}^- \underset{+H}{\overset{-H^+}{\rightleftharpoons}} HIn^{2-}\text{(蓝色)} \underset{+H}{\overset{-H^+}{\longrightarrow}} In^{3-}\text{(橙色)}$$

pH < 6　　　pH = 8 ~ 11　　　pH > 12

显然铬黑 T 在 pH<6 或 pH>12 时，游离指示剂的颜色与指示剂配合物的颜色没有显著的差别。只有在 pH=8~11 时进行滴定，终点颜色变化才显著。因此使用金属指示剂必须注意选用合适的 pH 范围。

3.2.2 金属指示剂必备条件

(1) 指示剂与金属离子应能形成不同于本身颜色的水溶性配合物，而且两者的颜色应有

显著差别，这样才能使滴定终点的颜色变化显著。

(2) 指示剂与金属离子的反应必须灵敏、迅速和可逆。

(3) 金属指示剂应比较稳定，易溶于水，便于贮存和使用。

(4) 金属离子和指示剂生成的配合物既要稳定，又要略小于对应的 EDTA 配合物的稳定性。如果指示剂配合物过于稳定而不能被 EDTA 置换，会使指示剂出现“封闭现象”。为了消除封闭现象，需预先分离产生封闭的离子或加入掩蔽剂进行掩蔽。如果指示剂配合物与 EDTA 的置换反应缓慢而使终点拖长，这种现象称为指示剂的僵化。为了避免僵化现象，可以提高溶液的反应温度或加入有机溶剂，以增加反应的速度。

3.2.3 常用金属指示剂

按照化学组成，可以分成三类：偶氮染料类指示剂、三苯甲烷染料类指示剂、其他结构指示剂。常用的金属指示剂有

(1) 铬黑 T(简称 EBT)

铬黑 T 是一种有机偶氮染料，呈黑褐色，具有金属光泽的固体，适合 $pH=10$ 左右使用。因此，一般在 NH_3-NH_4Cl 缓冲溶液中用 EDTA 直接滴定 Mg^{2+}、Zn^{2+}、Pb^{2+} 和 Hg^{2+} 等离子。铬黑 T 对 Ca^{2+} 不够灵敏，但有 MgY^{2-} 存在时，终点变色明显。因此，测定水中钙、镁含量(总硬)时，常用铬黑 T 作指示剂。

铬黑 T 的水溶液只稳定数日，易变质。这是由于聚合反应的缘故。聚合后的铬黑 T 不能再与金属离子配位显色。当溶液 $pH<6.5$ 时，聚合更为严重，加入三乙醇胺减慢聚合速度。在碱性溶液中，铬黑 T 易被空气中的氧氧化而褪色，加入盐酸羟胺或抗坏血酸可防止氧化。因此，铬黑 T 常与干燥的 NaCl 或 KNO_3 按 1∶100 混合研细使用。

(2) 钙指示剂(NN)

钙指示剂也是一种有机偶氮染料，呈黑紫色的粉末状，其水溶液或乙醇溶液均不稳定，常与干燥的纯 NaCl 或 KNO_3 按 1∶100 混合研匀。在 $pH=12\sim13$ 时与 Ca^{2+} 呈蓝色，可用于钙离子的测定。

(3) 二甲酚橙(XO)

二甲酚橙属三苯甲烷类显色剂。常用的是其钠盐，呈紫色结晶，易溶于水，可配成 0.5%水溶液使用，能稳定半个月左右。它与金属离子形成红紫色的配合物，只能在 $pH<6.3$ 的溶液中使用。

3.3 提高配位滴定选择性的方法

由于 EDTA 具有相当强的配位能力，所以它能与多种金属离子形成配合物，这是它所以能广泛应用的原因。在分析工作中，常会遇到被测溶液中存在多种金属离子，用 EDTA 滴定其中某一离子时，其他的金属离子也会与 EDTA 配位而引起干扰。因此，如何消除这种干扰，就是提高配位滴定选择性方法的问题。通常可采用以下几种方法。

3.3.1 控制溶液的酸度

因为各种金属离子与 EDTA 形成配合物的稳定常数不同，故在滴定时允许的最小 pH 也不同。

如果试液中同时存在两种或两种以上的离子，则可控制溶液的酸度，使其中一种离子能形成稳定配合物，而其他离子不易形成，从而避免离子干扰。

前已述过，用 EDTA 滴定某一金属离子 M 时，要使误差<0.1%，应满足 $\lg c_M K'_{MY} \geq 6$,

倘若试液中还存在干扰离子 N 时，则干扰情况与这两种金属离子的浓度 c 及其与 EDTA 生成配合物的 K'_{MY} 值有关。若被测金属离子的浓度 c_M 及其 K'_{MY} 值越大，而干扰离子的浓度 c_N 及其 K'_{NY} 值越小，则滴定 M 时，N 离子的干扰就越小。要使 N 不干扰 M 的测定，必须同时满足

M 被准确滴定的条件： $\lg c_M K'_{MY} \geqslant 6$

N 不干扰的条件： $\frac{c_M K'_{MY}}{c_N K'_{NY}} \geqslant 5$（或 $\lg c_M K'_{MY} - \lg c_N K'_{NY} \geqslant 5$）

即 $\lg c_N K'_{NY} \leqslant 1$

若 $c_N = 0.01\text{mol/L}$，可推导出 $\lg\alpha_{Y(H)} \leqslant \lg K_{NY} - 3$

$\lg\alpha_{Y(H)}$ 所对应的 pH 即准确滴定 M 而 N 不干扰的最高 pH。也可利用酸效应曲线来确定该酸度，同时也可以据此实现 M、N 的分别滴定。

案例

在含有 Fe^{3+}、Zn^{2+} 的试液中，其离子浓度均为 $1.0 \times 10^{-2}\text{mol/L}$。

(1) 用 EDTA 标准溶液滴定 Fe^{3+} 时，Zn^{2+} 有否干扰？

(2) 滴定 Fe^{3+} 时，溶液的酸度应控制多大范围？

已知 $\lg K_{FeY} = 25.10$，$\lg K_{ZnY} = 16.50$

解析：因为两种离子浓度相同，所以式 $\lg c_M K'_{MY} - \lg c_N K'_{NY} \geqslant 5$ 可简化为 $\lg K'_{MY} - \lg K'_{NY} \geqslant 5$

据此，$\lg K'_{FeY} - \lg K'_{ZnY} = 25.10 - 16.50 = 8.60 > 5$

结果表明，在一定酸度下，用 EDTA 标准溶液滴定 Fe^{3+} 时，Zn^{2+} 不干扰。

查酸效应曲线图，滴定 Fe^{3+} 所允许的最小 pH 约为 1.0，当 pH>1.0 时，Fe^{3+} 与 EDTA 定量配位。但 pH>3.8，Zn^{2+} 也定量配位。要使 Zn^{2+} 完全不配位，应以 $\lg K_{ZnY} + 5 = 16.50 + 5 = 21.50$ 的值，查酸效应曲线图对应的 pH 约为 2.0。因此在 Zn^{2+} 共存下，滴定 Fe^{3+} 的酸度范围约为 1.0~2.0。

3.3.2 掩蔽和解蔽

若被测离子与干扰离子的 $\lg K'$ 值相差不大，或者干扰离子比待测离子与 EDTA 形成更稳定的配合物，此时选择酸度以分别滴定的方法不适用。需要利用掩蔽剂来降低干扰离子的浓度以消除干扰。根据掩蔽反应类型，分为配位掩蔽法、氧化还原掩蔽法、沉淀掩蔽法等。

(1) 配位掩蔽法

利用掩蔽剂与干扰离子形成稳定配合物以消除干扰。这种掩蔽法在化学分析中应用最广泛。例如测定 Al^{3+} 和 Zn^{2+} 共存溶液中的 Zn^{2+} 时，可加入 NH_4F 与干扰离子 Al^{3+} 形成十分稳定的 AlF_6^{3-}，因而消除了 Al^{3+} 的干扰。

选择配位掩蔽剂时应注意以下几点：

① 掩蔽剂与干扰离子生成的配合物应比 EDTA 与干扰离子形成的配合物稳定；

② 掩蔽剂与待测离子不发生配位反应；

③ 掩蔽剂与干扰离子生成的配合物应为无色或浅色；

④ 掩蔽作用与滴定反应的 pH 条件大致相同。

（2）氧化还原掩蔽法

加入一种氧化剂或还原剂改变干扰离子的价态，以消除干扰。例如，Bi^{3+} 和 Fe^{3+} 共存时，测 Bi^{3+} 时 Fe^{3+} 有干扰，可加抗坏血酸将 Fe^{3+} 还原为 Fe^{2+}，因为 $\lg K_{FeY^-}=25.1$，而 $\lg K_{FeY^{2-}}=14.32$，稳定性相差较大，所以 Fe^{2+} 不干扰 Bi^{3+} 的测定。

（3）沉淀掩蔽法

利用掩蔽剂与干扰离子生成沉淀以消除干扰。例如 Ca^{2+} 和 Mg^{2+} 共存时，加入 NaOH 至 pH>12，此时 Mg^{2+} 生成 $Mg(OH)_2$ 沉淀，不干扰 Ca^{2+} 的测定。

在配位滴定中若有沉淀产生是不利的，因为沉淀有吸附作用，或多或少使指示剂颜色转变不明显，既影响滴定准确度又影响终点观察，因此，沉淀掩蔽法不是一种理想的掩蔽方法。

（4）解蔽法

在某种金属离子滴定后，将已被配位掩蔽的另一种离子，用一试剂来破坏它与掩蔽剂的配合物，使其重新释放出来，再进行滴定。例如在 Pb^{2+}、Zn^{2+} 溶液中，因 $K_{PbY^{2-}}$ 值和 $K_{ZnY^{2-}}$ 值相近，很难控制酸度来分别滴定。可在氨性溶液中，用 KCN 掩蔽 Zn^{2+}，以铬黑 T 为指示剂，用 EDTA 滴定 Pb^{2+} 后，加入甲醛，使 $[Zn(CN_4)]^{2-}$ 被破坏。释放出来的 Zn^{2+}，再用 EDTA 继续滴定。

课题 4　水硬度的测定

水的硬度是指水中除碱金属以外的全部金属离子的浓度。由于 Ca^{2+}、Mg^{2+} 含量远比其他金属离子高，所以通常以水中 Ca^{2+}、Mg^{2+} 总量表示水的硬度。水硬度的测定是水的质量控制的重要指标之一。

4.1　硬度分类及表示方法

永久硬度指水中含有钙、镁的氯化物、硫酸盐、硝酸盐，在加热时不析出沉淀。暂时硬度指水中含有钙、镁的碳酸氢盐，加热时析出沉淀失去其硬度。水硬度的测定包括总硬度的测定和钙硬、镁硬的测定。总硬度指水中钙、镁的总量。钙硬度指由钙盐所产生的硬度。镁硬度指由镁盐所产生的硬度。

我国目前采用水硬度的表示方法主要有两种：（1）用德国硬度表示，即把 Ca^{2+}、Mg^{2+} 总量折合成 CaO 计算，以每升水中含 10mgCaO 为 1°；（2）用每升水中所含 $CaCO_3$ 的毫克数来表示（$mgCaCO_3/L$）；或每升水中所含 $CaCO_3$ 的毫摩尔数表示；或每升水中所含 CaO 的毫克数表示。实际中用何种方式表示，应视具体情况而定。水质分类如表 4-3所示。

表 4-3　水质分类表

总硬度	0°～4°	4°～8°	8°～16°	16°～25°	25°～40°	40°～60°	60°以上
水质	很软水	软水	中等硬水	硬水	高硬水	超硬水	特硬水

生活用水的总硬度一般不得超过 25°。天然水中，雨水属于软水，普通地面水硬度不高，但地下水的硬度较高。

4.2　硬度的测定

4.2.1　总硬度测定

在 pH=10 的氨性缓冲溶液中，以铬黑 T 为指示剂，它与水中的 Ca^{2+}、Mg^{2+}形成红色配合物，用 EDTA 标准溶液滴定至终点，溶液由红色变为纯蓝色。

$$总硬度(CaCO_3)/(mg/L)=\frac{c\times V_1\times M_{CaCO_3}}{V_{水}}\times 1000$$

式中　c——EDTA 标准溶液的物质的量浓度，mol/L；

V_1——测定总硬度时消耗的 EDTA 标准溶液的体积，mL；

$V_{水}$——水样体积，mL。

4.2.2　钙硬度的测定

用 NaOH 调节 pH=12，此时 Mg^{2+}形成 $Mg(OH)_2$沉淀不干扰 Ca^{2+}的测定，加入钙指示剂，它与 Ca^{2+}形成红色配合物，用 EDTA 标准溶液滴定至终点，溶液由红色变为蓝色。

$$钙硬度(CaCO_3)/(mg/L)=\frac{c\times V_2\times M_{CaCO_3}}{V_{水}}\times 1000$$

式中　V_2——测定钙硬度时消耗的 EDTA 标准溶液的体积，mL。

4.2.3　镁硬度=总硬度-钙硬度

1. 以下有关 EDTA 的叙述错误的是(　　)。
(A) 酸度高时，EDTA 可形成六元酸
(B) 在任何水溶液中，EDTA 总以六种型体存在
(C) pH 不同时，EDTA 的主要存在型体也不同
(D) EDTA 的几种型体中，只有 Y^{4-}能与金属离子直接配位

2. 下列各种类型的金属离子中，(　　)与 EDTA 配合物的稳定性最大。
(A) 碱金属离子　　(B) 碱土金属离子
(C) 二价及过渡金属离子、稀土元素　　(D) 三价、四价金属离子

3. 下列各种类型的金属离子中，(　　)与 EDTA 的配合物最不稳定。
(A) 碱金属离子　　(B) 碱土金属离子
(C) 二价及过渡金属离子、稀土元素　　(D) 三价、四价金属离子

4. EDTA 与金属离子配位的主要特点有(　　)。
(A) 因生成的配合物稳定性较高，故 EDTA 配位能力与溶液酸度无关
(B) 能与所有金属离子形成稳定配合物
(C) 反应生成具有五个五员环的螯合物
(D) 无论金属离子有无颜色，均生成无色配合物

5. 下列有关条件稳定常数说法错误的是(　　)。
(A) 条件稳定常数表示在一定条件下配合物的实际稳定程度
(B) 条件稳定常数越大，配合物越稳定
(C) 条件稳定常数越大，滴定突跃范围越大
(D) 条件稳定常数与酸度无关

6. 应用 $\lg K'_{MY}$ 可以(   )。

(A) 判断金属离子滴定的可行性

(B) 判断混合金属离子分别滴定的可行性

(C) 进行滴定终点金属离子浓度的计算

(D) 校正绝对稳定常数

7. 在配位反应中，对金属离子 M 的副反应主要是(   )。

(A) 羟基配位效应 (B) 配位效应 (C) 酸效应 (D) 共存离子效应

8. 已知 0.1000mol/L 的 EDTA 溶液，在某酸度下，Y^{4-} 的酸效应系数的对数为 $\lg a=7.24$，则该溶液中 $[Y^{4-}]$ 为(   )。

(A) $10^{-7.24}$mol/L (B) $10^{7.24}$mol/L

(C) $10^{-8.24}$mol/L (D) $10^{-6.24}$mol/L

9. 不能消除指示剂封闭现象的方法是(   )。

(A) 加热 (B) 选择适当的分析方法

(C) 分离出被测离子 (D) 掩蔽干扰离子

10. 配合物 MIn 的稳定性与 MY 的稳定性的关系为(   )，这样，在化学计量点时，指示剂 In 才能被 EDTA 完全置换出来。

(A) $\lg K'_{MY}-\lg K'_{MIn}\geq 1$ (B) $\lg K'_{MY}-\lg K'_{MIn}\geq 2$

(C) $\lg K'_{MY}-\lg K'_{MIn}\geq 8$ (D) $\lg K'_{MY}-\lg K'_{MIn}\geq 10$

11. 以下关于解蔽的方法叙述，正确的是(   )。

(A) 解蔽法就是在某种金属离子滴定后，将已被配位掩蔽的另一种离子，用一试剂来破坏它与掩蔽剂的配合物，使其重新释放出来，再进行滴定

(B) 由于 $K_{PbY^{2-}}$ 值和 $K_{ZnY^{2-}}$ 值相近，所以 Pb^{2+} 和 Zn^{2+} 的混合液不能进行分别测定

(C) 解蔽的方法适用于被配位掩蔽的离子

(D) 解蔽的方法适用于任何被掩蔽的离子

12. 采用直接配位滴定方式，必须满足的条件有(   )。

(A) 配位反应速度快，且满足 $\lg c_M K'_{MY}\geq 6$

(B) 指示剂变色敏锐，无封闭和僵化现象

(C) 在滴定的条件下，被测金属离子不水解沉淀

(D) 溶液中无干扰离子存在

单元五　氧化还原滴定法

课题 1　氧化还原平衡

氧化还原滴定法是以氧化还原反应为基础的滴定分析法。可用于直接或间接测定许多无机物质和有机物质，应用范围十分广泛。但是，氧化还原反应机理比较复杂，有些反应历程也还不够清楚，许多反应速度缓慢，而且有的常伴有副反应的发生。有时介质对反应也有较大的影响。因此，要考虑创造适当的条件，使之符合滴定分析的要求，并控制滴定速度使之与反应速度相适应。

在氧化还原反应中，根据两个电对电位的大小可判断氧化还原反应进行的方向。即两电对中标准电极电位较高的电对的氧化态做氧化剂，电极电位较低的电对的还原态做还原剂。当有两种以上氧化剂(或还原剂)与一种还原剂(或氧化剂)反应时，首先起反应的是两个电位值相差最大的电对。

氧化还原滴定要求氧化还原反应进行得越完全越好，反应进行的完全程度可以用它的平衡常数的大小衡量。平衡常数越大，氧化还原反应进行的越完全。平衡常数可根据能斯特方程式，从有关电对的条件电极电位或标准电极电位求出。

案例　计算在 1mol/L HCl 溶液中，$2Fe^{3+}+Sn^{2+} \rightleftharpoons 2Fe^{2+}+Sn^{4+}$ 反应的平衡常数。两个电对的电位反应分别为

$$Fe^{3+} + e \rightleftharpoons Fe^{2+} \qquad \varphi^{\ominus'}_{Fe^{3+}/Fe^{2+}} = 0.70V$$

$$Sn^{4+} + 2e \rightleftharpoons Sn^{2+} \qquad \varphi^{\ominus'}_{Sn^{4+}/Sn^{2+}} = 0.14V$$

根据能斯特方程式，两个电对的电位分别为

$$\varphi_{Fe^{3+}/Fe^{2+}} = \varphi^{\ominus'}_{Fe^{3+}/Fe^{2+}} + 0.059\lg\frac{c_{Fe^{3+}}}{c_{Fe^{2+}}}$$

$$\varphi_{Sn^{4+}/Sn^{2+}} = \varphi^{\ominus'}_{Sn^{4+}/Sn^{2+}} + \frac{0.059}{2}\lg\frac{c_{Sn^{4+}}}{c_{Sn^{2+}}}$$

反应达平衡时，$\varphi^{\ominus}_{Fe^{3+}/Fe^{2+}}=\varphi^{\ominus}_{Sn^{4+}/Sn^{2+}}$，则

$$\varphi^{\ominus'}_{Fe^{3+}/Fe^{2+}} + 0.059\lg\frac{c_{Fe^{3+}}}{c_{Fe^{2+}}} = \varphi^{\ominus'}_{Sn^{4+}/Sn^{2+}} + \frac{0.059}{2}\lg\frac{c_{Sn^{4+}}}{c_{Sn^{2+}}}$$

等式两边同乘以 n_1 和 n_2 的最小公倍数 n，整理后得

$$\lg K = \lg\frac{c_{Sn^{4+}} \times c^2_{Fe^{2+}}}{c_{Sn^{2+}} \times c^2_{Fe^{3+}}} = \frac{2(\varphi^{\ominus'}_{Fe^{3+}/Fe^{2+}} - \varphi^{\ominus'}_{Sn^{4+}/Sn^{2+}})}{0.059} = \frac{2\times(0.70-0.14)}{0.059} = 19$$

因此，$K \approx 10^{19}$

从平衡常数 K 值可知，上述反应达到平衡时，生成物浓度的乘积约为反应物浓度乘积的 10^{19} 倍，说明此氧化还原反应进行得很完全。

对于一般的氧化还原反应（25℃）$n_2O_{x1}+n_1Red_2=n_2Red_1+n_1O_{x2}$

$$\lg K=\frac{n(\varphi^{\ominus'}_{O_{X1}/Red_1}-\varphi^{\ominus'}_{O_{X2}/Red})}{0.059}$$

两电对的条件电位（或标准电位）值相差越大，氧化还原反应的平衡常数 K 就越大，反应进行越完全。对于 $n_1=n_2=1$ 的反应类型，当 $K=10^6$ 就可满足滴定分析允许误差 0.1%的要求。这时两电对的电位差约为 0.4V，一般认为这样的氧化还原反应能定量的进行，能用于滴定分析中。

1. 平衡常数 K 值的大小是由氧化剂和还原剂两个电对的条件电位（　　）决定的。
2. 对不同类型的氧化还原反应，平衡常数 K 值要求相同吗？

课题 2　氧化还原滴定基本原理

2.1　氧化还原滴定曲线

在氧化还原滴定过程中，随着滴定剂逐滴加入，氧化剂、还原剂的浓度不断发生变化，溶液的电位也随之发生相应的变化，特别是化学计量点附近电位的变化情况更为明显，这种电位的变化情况可用氧化还原滴定曲线来描述。一般以电位为纵坐标，滴定剂的加入量为横坐标。滴定曲线可通过实验方法测得，也可根据能斯特方程式从理论上进行计算。

在 1mol/L H_2SO_4溶液中，用 0.1000mol/L $Ce(SO_4)_2$标准溶液滴定 20.00mL 0.1000mol/LFe^{2+}的滴定曲线。如图 5-1。

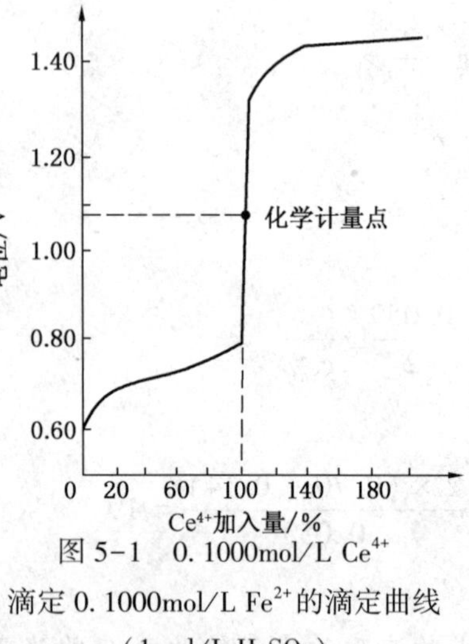

图 5-1　0.1000mol/L Ce^{4+} 滴定 0.1000mol/L Fe^{2+}的滴定曲线（1mol/L H_2SO_4）

由图 5-1 可知，化学计量点附近，滴定剂加入量由不足 0.1%到过量 0.1%，电位由 0.86V 突跃到 1.44V。氧化还原滴定突跃的大小与氧化剂和还原剂两电对的条件电位值之差有关，差值越大，突跃范围越大。一般来说，两个电对的条件电位或标准电位相差大于 0.4V，即可选用在突跃范围内变色的氧化还原指示剂指示终点。

对于 $n_1=n_2=1$ 的氧化还原反应，化学计量点恰好处于滴定突跃的中间，在化学计量点附近滴定曲线是对称的。对于 $n_1\neq n_2$的氧化还原反应，化学计量点不在滴定突跃的中心，而是偏向电子得失较多的电对一方。

2.2　氧化还原滴定指示剂

氧化还原滴定指示剂分为以下三种类型：

(1) 自身指示剂

利用标准溶液或被测组分本身颜色在终点时的变化来指示滴定终点，无需另加指示剂，称为自身指示剂。例如，$KMnO_4$本身呈紫红色，而其还原产物 Mn^{2+}几乎无色，用 MnO_4^-滴定 Fe^{2+}时，达到化学计量点后，稍过量的 MnO_4^-，溶液即呈粉红色而指示终点的到达。MnO_4^-浓度低至 $2\times10^{-6}mol/L$ 就可观察到粉红色。

(2) 氧化还原指示剂

这类指示剂本身具有氧化还原性质，但它的氧化态和还原态的颜色不同，具有可逆性。在滴定过程中，指示剂随之发生氧化还原反应，由于氧化态和还原态浓度比的变化引起溶液颜色的变化，从而指示滴定终点。选择指示剂的原则是指示剂的条件电极电位值应处于电位突跃范围内或与化学计量点的电位值相接近。

(3) 专属指示剂

这种指示剂本身不具有氧化还原性，但能与滴定剂或被滴定物质发生可逆反应生成特殊颜色的物质，从而指示滴定终点。例如，碘量法中，常使用可溶性淀粉作指示剂，它能与 I_2生成深蓝色的吸附化合物，反应灵敏而特效。因此，可利用蓝色的消失或出现来指示终点。

课题 3 重要的氧化还原滴定方法

氧化还原滴定法根据待测物的性质选择合适的滴定剂，并常根据所用滴定剂来分类，如常用的有高锰酸钾法、重铬酸钾法和碘量法等。

3.1 高锰酸钾法

3.1.1 方法概述

高锰酸钾是一种强氧化剂，它的氧化能力和还原产物与溶液的酸度有关。

在酸性溶液中，MnO_4^-被还原为 Mn^{2+}，即

$$MnO_4^- + 8H^+ + 5e \rightleftharpoons Mn^{2+} + 4H_2O \qquad \varphi^{\ominus}_{MnO_4^-/Mn^{2+}} = 1.51V$$

在弱酸性、中性、弱碱性溶液中，MnO_4^-被还原为 MnO_2，即

$$MnO_4^- + 2H_2O + 3e \rightleftharpoons MnO_2 + 4OH^- \qquad \varphi^{\ominus}_{MnO_4^-/MnO_2} = 0.60V$$

在强碱性溶液中，MnO_4^-被还原为 MnO_4^{2-}，即

$$MnO_4^- + e \rightleftharpoons MnO_4{}^{2-} \qquad \varphi^{\ominus}_{MnO_4^-/MnO_4^{2-}} = 0.56V$$

高锰酸钾法多在强酸性溶液中进行。所用强酸是硫酸，不用盐酸或硝酸。因为 Cl^-具有还原性，能与 $KMnO_4$作用。

$$2MnO_4^-+10Cl^-+16H^+ \rightleftharpoons 2Mn^{2+}+5Cl_2+8H_2O$$

硝酸具有氧化性，可能氧化被测组分。

高锰酸钾法应用广泛，在酸性介质中，可直接滴定许多还原性物质，如 $FeSO_4$、H_2O_2、$Na_2C_2O_4$、NO_2-、As(Ⅲ)等；也可通过 MnO_4^-与 $C_2O_4^{2-}$ 的反应间接测定不具有氧化还原性质的物质，如 Ca^{2+}、Th^{4+}等；在中性或弱碱性介质中，可以测定 S^{2-}、SO_3^{2-}、$S_2O_3^{2-}$；在强碱性介质中，可测定某些有机物。

高锰酸钾法的优点是：

(1) 氧化能力强，应用广泛。

(2) $KMnO_4$本身有鲜明的紫红色，在酸性介质中滴定无色或浅色溶液时，一般不需另加指示剂。

高锰酸钾法的缺点是：

(1) 因其氧化能力强，故干扰可能性大，选择性较差。

(2) 固体 $KMnO_4$试剂及其溶液稳定性差，不能用直接法配制标准溶液。

(3) 沸腾的酸性溶液易发生自动分解而逸出氧气。

(4) 蒸馏水和空气中的还原性物质会与之发生缓慢反应。因此 $KMnO_4$溶液的浓度容易改变，需要定期重新标定。

3.1.2 高锰酸钾标准溶液的配制和标定

市售的 $KMnO_4$试剂中常含有少量 MnO_2杂质，蒸馏水中也含有少量还原性物质，它们可使 $KMnO_4$还原，因此 $KMnO_4$标准溶液采用间接法配制。

(1) 配制

先称取稍多于理论量的固体 $KMnO_4$，用水溶解，加热近沸，并保持微沸 1h，冷却后贮于棕色瓶中置于暗处数天，使溶液中的还原性物质尽可能氧化完全，然后用微孔玻璃漏斗过滤，除去析出的 MnO_2。

(2) 标定

标定 $KMnO_4$的基准物很多，如 $Na_2C_2O_4$、$H_2C_2O_4 \rightleftharpoons 2H_2O$、$(NH_4)_2Fe(SO_4)_2 \rightleftharpoons 6H_2O$ 和纯铁丝等。常用 $Na_2C_2O_4$，因为它易于提纯、稳定、没有结晶水，在 105~110℃烘 2h 后，冷却，即可使用。标定反应为

$$2MnO_4^- + 5C_2O_4^{2-} + 16H^+ = 2Mn^{2+} + 10CO_2\uparrow + 8H_2O$$

标定时必须严格控制以下条件：

① 温度为 75~85℃

温度过低，反应速度太慢，温度过高，部分 $H_2C_2O_4$分解，导致标定结果偏高。

$$H_2C_2O_4 = CO_2\uparrow + CO\uparrow + H_2O$$

② 酸度为 0.5~1mol/LH_2SO_4

酸度太低，有部分 MnO_4^-还原为 MnO_2，酸度过高，促使 $C_2O_4^{2-}$分解。

③ 开始时滴定速度要慢

反应中，Mn^{2+}为催化剂，故加入第一滴 $KMnO_4$溶液褪色很慢(Mn^{2+}量很少)，因此开始滴定时要慢些，在褪色之前，不宜加入第二滴。待几滴 $KMnO_4$溶液褪色后(Mn^{2+}量渐增)，滴定速度可稍加快，但不能象流水般加入，否则过多的 $KMnO_4$在热的酸性溶液中会分解。

④ 滴定终点

终点时，稍过量的 $KMnO_4$则使溶液变粉红色，但不持久，这是空气中的还原性气体等杂质与 MnO_4^-缓慢作用的结果，所以经半分钟不褪色即认为终点。

3.2 重铬酸钾法

3.2.1 方法概述

重铬酸钾是一种常用的氧化剂，它具有较强的氧化性。在酸性介质液中，$Cr_2O_7^{2-}$被还原为 Cr^{3+}，即

$$Cr_2O_7^{2-}+14H^++6e=2Cr^{3+}+7H_2O \qquad \varphi^{\ominus}_{Cr_2O_7^{2-}/Cr^{3+}}=1.33V$$

重铬酸钾的氧化能力不如高锰酸钾强，因此，重铬酸钾可以测定的物质不如高锰酸钾法广泛。但与高锰酸钾法相比，它有自己的特点：

（1）$K_2Cr_2O_7$易提纯，也较稳定，在140~150℃干燥后，可作为基准物质直接配制标准溶液。

（2）$K_2Cr_2O_7$标准溶液非常稳定，可以长期保存，使用时无需重新标定。

（3）滴定反应速度较快，可在常温下滴定，也不需要加催化剂。

（4）$K_2Cr_2O_7$的氧化能力没有$KMnO_4$强，室温下不与Cl^-作用，因此，可在HCl溶液中滴定Fe^{2+}。

（5）$Cr_2O_7^{2-}$本身显橙色，但颜色不深，它的还原产物Cr^{3+}是绿色的，对橙色有一定的掩盖作用，所以需用指示剂确定终点。如滴定Fe^{2+}，常用二苯胺磺酸钠为指示剂。

3.2.2　标准溶液的配制

准确称取在140~150℃下烘干至恒重的$K_2Cr_2O_7$基准物质，溶于水后移入容量瓶，稀释至一定体积。则其溶液浓度为

$$c_{K_2Cr_2O_7}=\frac{m_{K_2Cr_2O_7}}{V_{K_2Cr_2O_7}\times M_{K_2Cr_2O_7}}\times 1000\text{mol/L}$$

3.2.3　应用——化学耗氧量（*COD*）的测定

（1）化学耗氧量定义

化学耗氧量（*COD*）是水中有机物和无机还原性物质在一定条件下，被强氧化剂氧化时所消耗氧化剂的量。以氧的mg/L表示。它可以条件性地说明水体被污染的程度，是控制水体污染的重要指标。

（2）两种方法的比较

高锰酸钾法测定化学耗氧量较简便，适用较清洁水样的测定。对于工业废水，水中有许多是$KMnO_4$难以氧化的有机物，所以分析结果误差大。

重铬酸钾法可将大部分有机物氧化，但对直链烃、芳烃及一些杂环化合物则不能氧化，但加入Ag_2SO_4作催化剂，直链化合物可被氧化，而对芳烃及一些杂环化合物（如吡啶类）仍无效果。

（3）重铬酸钾法测定的原理

在硫酸溶液中，加入过量的$K_2Cr_2O_7$，Ag_2SO_4作催化剂，加热回流，将还原性的物质氧化后，剩余的$K_2Cr_2O_7$以试亚铁灵为指示剂，用硫酸亚铁铵标准溶液返滴，溶液由黄色经绿蓝色变为红褐色即为终点。其滴定反应为

$$Cr_2O_7^{2-}+14H^++6Fe^{2+}=\!=\!=2Cr^{3+}+6Fe^{3+}+7H_2O$$

由所消耗的硫酸亚铁铵标准溶液的量及加入水样中的重铬酸钾标准溶液的量，可以计算出水样中还原性物质消耗氧的量，即

$$COD_{Cr}=\frac{(V_0-V_1)\times c_{Fe^{2+}}\times 8.000}{V}\times 1000$$

式中　V_0——滴定空白时消耗硫酸亚铁铵标准溶液的体积，mL；

V_1——滴定水样时消耗硫酸亚铁铵标准溶液的体积，mL；

V——水样的体积，mL；

$c_{Fe^{2+}}$——硫酸亚铁铵标准溶液浓度，mol/L；

8.000——氧$\left(\frac{1}{2}O\right)$摩尔质量，g/mol。

根据化学耗氧量的大小，水污染程度大致分为：

COD<3～4mg/L 为清洁水；*COD*=4～10mg/L 为轻度污染水；*COD*>10mg/L 为严重污染水。

3.3　碘量法

3.3.1　方法概述

碘量法是利用I_2的氧化性和I^-的还原性进行滴定的方法。固体I_2在水中的溶解度很小，且易挥发。通常将I_2溶于 KI 溶液中，以三碘离子I_3^-形式存在。碘的氧化还原半反应为

$$I_3^- + 2e \rightleftharpoons 3I^- \qquad \varphi^{\ominus}_{I_3^-/3I^-} = 0.54V$$

从$\varphi^{\ominus}_{I_3^-/3I^-}$可以看出，$I_2$是较弱的氧化剂，能与较强的还原剂作用；$I^-$是中等强度的还原剂，能与许多氧化剂作用。因此碘量法可以分为直接碘量法和间接碘量法两类。

（1）直接碘量法——碘滴定法

利用碘标准溶液直接滴定一些电位比$\varphi^{\ominus}_{I_3^-/3I^-}$低的还原性物质。滴定是在微酸性、中性或微碱性溶液中进行，不能在碱性溶液中进行滴定，因为碘与碱发生歧化反应：

$$3I_2 + 6OH^- = IO_3^- + 5I^- + 3H_2O$$

直接碘量法可测定SO_2、S^{2-}、SO_3^{2-}、$S_2O_3^{2-}$、AsO_3^{3-}等，比如钢铁中硫的测定、维生素 C 的测定。

（2）间接碘量法——滴定碘法

利用I^-被氧化剂（$K_2Cr_2O_7$、KIO_3、$KBrO_3$）定量氧化析出的I_2，在中性或微酸性溶液中，用$Na_2S_2O_3$标准溶液滴定析出的I_2。

为了减少操作误差，获得准确可靠的结果，应注意间接碘量法的操作条件

① 控制溶液的酸度

$S_2O_3^{2-}$与I_2之间的反应迅速、完全，但必须在中性或弱酸性溶液中进行。如果酸度过高，I^-可被氧化，即

$$4I^- + O_2 + 4H^+ \Longrightarrow 2I_2 + 2H_2O$$

也会促使$S_2O_3^{2-}$分解为

$$S_2O_3^{2-} + 2H^+ \Longrightarrow SO_2 + S + H_2O$$

如果碱度过高，I_2会发生歧化反应，并且$S_2O_3^{2-}$与I_2的反应会有副反应发生。

$$S_2O_3^{2-} + 4I_2 + 10OH^- \Longrightarrow 2SO_4^{2-} + 8I^- + 5H_2O$$

② 防止I_2的挥发和I^-的氧化

防止I_2挥发的方法有：

a. 加入过量的 KI，（一般比理论值大 2～3 倍）。使I_2与过量的 KI 生成易溶于水的I_3^-，降低I_2的挥发。

b. 反应温度不能过高，一般在室温下进行。温度过高促使I_2的挥发、I^-的氧化和$Na_2S_2O_3$的分解，并可降低淀粉指示剂的变色敏锐程度。

c. 在碘量瓶中进行且不能剧烈摇动。

防止I^-被空气中O_2氧化的方法有：

a. 溶液酸度不宜太高，因增高溶液的酸度会加快 O_2 氧化 I^- 的速度；

b. 避免日光照射；

c. 析出 I_2 后，应及时用 $Na_2S_2O_3$ 标准溶液滴定；

d. 开始速度可适当快些，且不应剧烈摇晃，以减少 I^- 与空气接触氧化；

e. 适时适量地加入指示剂。

与直接碘量法相比，间接碘量法的应用较广，这是因为 I^- 是中等强度的还原剂之故。凡可以直接氧化 I^- 的物质都可用间接碘量法测定，例如 ClO_3^-、$Cr_2O_7^{2-}$、IO_3^-、BrO_3^-、NO_2^-、MnO_4^-、Fe^{3+} 等。

(3) 碘量法指示剂

碘量法以淀粉为指示剂，碘与淀粉作用生成蓝色吸附化合物。其显色灵敏度很高，I_2 的浓度为 10^{-5}mol/L 即现蓝色。在使用淀粉指示液指示终点时要注意以下几点：

① 所用的淀粉必须是可溶性直链淀粉。

② I_3^- 与淀粉的蓝色在热溶液中会消失，因此，不能在热溶液中进行滴定。

③ 要注意反应介质的条件。淀粉在弱酸性溶液中灵敏度很高，显蓝色；当 $pH<2$ 时，淀粉会水解成糊精，与 I_2 作用显红色；当 $pH>9$ 时，I_2 转变为 IO^-，与淀粉不显色。

④ 直接碘量法，溶液显蓝色为终点。应在滴定开始时加入。间接碘量法，溶液蓝色消失为终点。应等滴至 I_2 的黄色很浅时再加入淀粉指示剂。(若过早加入，它与 I_2 形成的蓝色配合物会吸留部分 I_2，使终点提前且不明显)。

⑤ 淀粉指示液的用量一般为 2~5mL(5g/L 淀粉指示液)。

3.3.2　标准溶液的配制和标定

碘量法中需要配制和标定 I_2 和 $Na_2S_2O_3$ 两种标准溶液。

(1) $Na_2S_2O_3$ 标准溶液的配制

市售硫代硫酸钠($Na_2S_2O_3 \cdot 5H_2O$)一般含有少量杂质，因此用间接法配制。

$Na_2S_2O_3$ 溶液不稳定易分解，其原因有三：

① 与溶解在水中的 CO_2 反应

$$Na_2S_2O_3+CO_2+H_2O = NaHCO_3+NaHSO_3+S\downarrow$$

② 与空气中的 O_2 反应

$$2Na_2S_2O_3+O_2 = 2Na_2SO_4+2S\downarrow$$

③ 水中微生物对 $Na_2S_2O_3$ 的分解作用

$$Na_2S_2O_3 \xrightleftharpoons{\text{微生物}} Na_2SO_3+S\downarrow$$

基于上述原因，配制 $Na_2S_2O_3$ 标准溶液时应采取以下措施：

① 用煮沸后又冷却的蒸馏水配制，以减少溶于水中的 CO_2 和杀死水中的微生物。

② 配制时加入少量 Na_2CO_3，使其浓度约为 0.02%，溶液呈微碱性，以防止 $Na_2S_2O_3$ 分解及抑制细菌生长。

③ 将配好的溶液贮于棕色瓶中，放置 8~14 天再标定。

(2) $Na_2S_2O_3$ 标准溶液的标定

标定 $Na_2S_2O_3$ 溶液的基准物有：KIO_3、$KBrO_3$、$K_2Cr_2O_7$ 等。以 $K_2Cr_2O_7$ 为例，在酸性溶液中，它与 KI 反应为

$$Cr_2O_7^{2-}+6I^-+14H^+ = 2Cr^{3+}+3I_2+7H_2O$$

反应析出的 I_2，以淀粉为指示剂，用 $Na_2S_2O_3$ 溶液滴定。

$$I_2+2S_2O_3^{2-} = 2I^-+S_4O_6^{2-}$$

标定时应注意：

① 为加快 $Cr_2O_7^{2-}$ 与 I^- 的反应速度，需加入过量 KI，并提高溶液酸度，但酸度过高，I^- 易被空气氧化，因此在滴定前控制 $c_{H^+}=0.4mol/L$ 左右。

② 溶液应在暗处放置 5min，待反应完成后，再用 $Na_2S_2O_3$ 溶液滴定。滴定前，最好用水稀释。一是降低酸度，减少 I^- 被空气氧化；二是降低 Cr^{3+} 浓度，便于终点观察。

③ 淀粉指示剂在接近终点时(溶液呈黄绿色)加入。若加入过早，大量的碘与淀粉结合成蓝色物质，这部分碘不易与 $Na_2S_2O_3$ 反应，使终点提前。

(3) 碘标准溶液的配制

用升华法制得的纯碘，可以用直接法制备标准溶液。一般用市售的 I_2 先配制一种近似浓度的溶液，然后再进行标定。

将一定量 I_2 溶于 40%KI 溶液中，再稀释至一定体积。由于碘溶液见光、遇热或与橡皮等有机物接触，浓度会变化，故贮于棕色瓶中，在暗处保存。

(4) 碘标准溶液的标定

可用基准物 As_2O_3(砒霜，剧毒!)标定 I_2 标准溶液。As_2O_3 难溶于水，易溶于 NaOH，即

$$As_2O_3+6NaOH = 2Na_3AsO_3+3H_2O$$

然后以酚酞为指示剂，用 HCl 中和过量的 NaOH 至中性或微酸性。再加入过量的 $NaHCO_3$，保持溶液 $pH\approx 8$。这时，I_2 就迅速而定量地氧化 As(Ⅲ)。

$$AsO_3^{3-}+I_2+2HCO_3^- = AsO_4^{3-}+2I^-+2CO_2\uparrow+H_2O$$

根据称取的 As_2O_3 质量和滴定时消耗 I_2 溶液的体积就可计算出 I_2 标准溶液的浓度。

1. 下列因素中与电极电位无关的是(　　)。

(A) 浓度　　(B) 温度

(C) 气压　　(D) 摩尔质量

2. 电对的电极电位越高，其氧化型的(　　)。

(A) 氧化能力越强　　(B) 氧化能力越低

(C) 还原能力越强　　(D) 还原能力越低

3. 从一个氧化还原电对可以(　　)。

(A) 说明物质的氧化形和还原形

(B) 可以判断某反应进行的方向进而进行定量分析

(C) 可以构成一个电极

(D) 指明了电子得失的数目

4. 下列关于条件电位说法错误的是(　　)。

(A) 条件电极电位与标准电极电位一样

(B) 条件电极电位是校正了各种外界因素后的实际电极电位

(C) 当离子强度影响较大时，标准电极电位与条件电极电位相差较大

(D) 条件电极电位运用更广泛

5. 已知 $\varphi_{Fe^{3+}/Fe^{2+}}=0.72V$，$\varphi_{Sn^{4+}/Sn^{2+}}=0.14V$，在同一体系中，其反应的还原产物是(　　)。

(A) Fe^{3+}　　(B) Fe^{2+}　　(C) Sn^{4+}　　(D) Sn^{2+}

6. 一定能使电对的电位值升高的外部条件是(　　)。

(A) 加入配位剂与氧化形生成配合物　(B) 加入配位剂与还原形生成配合物

(C) 加入沉淀剂与氧化形生成沉淀　(D) 改变溶液的酸度

7. 溶液中含有A和B两种还原剂，已知$\varphi_A^{\ominus}>\varphi_B^{\ominus}$，当往溶液中加入某一强氧化剂C时，A、B和C之间反应的次序是(　　)。

(A) 先A、C后B、C　(B) 先B、C后A、C

(C) 先A、C后A、B　(D) 先B、C后A、B

8. 标定$KMnO_4$溶液，用到的$Na_2C_2O_4$不纯，那么标出的$KMnO_4$将(　　)。

(A) 偏低　(B) 偏高　(C) 准确　(D) 不能确定

9. 高锰酸钾法一般不能用于(　　)。

(A) 直接滴定　(B) 间接滴定　(C) 返滴定　(D) 置换滴定

10. 用$K_2Cr_2O_7$标定$Na_2S_2O_3$溶液，能提高$K_2Cr_2O_7$和KI反应速度的方法是(　　)。

(A) 增加温度，控制酸度　(B) 升高温度、加催化剂

(C) 加诱导体，加热至沸　(D) 适当增加酸度，增大反应物浓度

11. 以$K_2Cr_2O_7$标定$Na_2S_2O_3$溶液时，滴定前加水稀释是为了(　　)。

(A) 便于滴定操作　(B) 保持溶液的微酸性

(C) 减少Cr^{3+}的绿色对终点的影响　(D) 防止I_2的挥发

12. 以重铬酸钾法测定铁含量时，常加入$H_2SO_4-H_3PO_4$混合酸，其目的是(　　)。

(A) 与$Cr_2O_7^{2-}$生成配合离子

(B) 与Fe^{3+}生成无色配合物

(C) 减小终点误差

(D) 降低Fe^{3+}/Fe^{2+}电对的电压

13. 用碘量法测定S^{2-}，若介质是碱性，由于S^{2-}反应生成(　　)而影响测定结果。

(A) SO_3^{2-}　(B) SO_2　(C) SO_4^{2-}　(D) S

14. 为减小间接碘量法的分析误差，采用下面(　　)方法。

(A) 开始慢摇快滴，终点快摇慢滴　(B) 反应时放置于暗处

(C) 加入催化剂　(D) 在碘量瓶中进行反应和滴定

单元六　沉淀滴定法

课题 1　溶度积原理

沉淀滴定法是以沉淀反应为基础的滴定分析方法。沉淀反应很多，但能应用于沉淀滴定的沉淀反应数量却很少，因为相当多沉淀反应都不完全符合滴定对化学反应的基本要求，如很多沉淀的组成不固定，共沉淀现象严重，沉淀生成的速度较慢以及缺乏适当的指示剂等。所以能用于滴定分析的沉淀反应必须符合下列条件：

(1) 沉淀反应须按一定的反应式定量而快速地进行；

(2) 沉淀物的溶解度必须很小，其组成恒定，沉淀物要纯净；

(3) 有确定滴定终点的合适方法，沉淀的吸附现象不影响终点的观察。

由于上述条件的限制，实际工作中应用最多的是生成难溶性银盐的“银量法”。主要用于测定Cl^-、Br^-、I^-、Ag^+、CN^-、SCN^-等离子及含卤素的有机化合物。

1.1　溶度积

在一定温度下，难溶电解质的饱和溶液中，组成沉淀的各离子浓度的乘积是一个常数，称为难溶电解质的溶度积常数 K_{sp}。

例如将某一难溶电解质 MA 放入水中，组成沉淀的 M^+和 A^-受到水分子的吸引，离开固体表面进入溶液中，这个过程叫溶解。与此同时，已溶解的 M^+和 A^-在溶液中不停运动，受到沉淀表面上带相反电荷的离子的吸引，重新在沉淀表面上析出，这个过程叫沉淀。在一定温度下，当溶解的速度和沉淀的速度达到相等时，未溶解的固体和溶液中离子之间达到了动态平衡，溶液中离子浓度不再改变，形成饱和溶液，此时溶液中 M^+和 A^-浓度的乘积是一个常数，即

$$[M^+][A^-]=K_{sp(MA)}$$

温度改变时，K_{sp}值也随之改变。

对于其他类型沉淀 M_mA_n，其 K_{sp}表示为

$$M_mA_n \rightleftharpoons mM^{n+}+nA^{m-}$$

$$K_{sp(M_mA_n)}=[M^{n+}]^m\times[A^{m-}]^n$$

根据溶度积原理，当 $K_{sp(M_mA_n)}=[M^{n+}]^m\times[A^{m-}]^n$，为饱和溶液；$K_{sp(M_mA_n)}<[M^{n+}]^m\times[A^{m-}]^n$，为过饱和溶液，有沉淀析出；$K_{sp(M_mA_n)}>[M^{n+}]^m\times[A^{m-}]^n$，为未饱和溶液，沉淀将溶解。

1.2　分步沉淀

当溶液中含有多种离子时，在滴加一种共同沉淀剂时，发生沉淀有先后的现象叫分级沉淀或分步沉淀。显然，所需沉淀剂离子浓度小的先沉淀。

案例

在含有浓度均为 0.10mol/L Cl^- 和 CrO_4^{2-} 溶液中，逐滴加入 $AgNO_3$ 溶液，何种离子先沉淀？

解析：从 AgCl 和 Ag_2CrO_4 的溶度积分别计算出它们沉淀时所需的$[Ag^+]$

Cl^-开始沉淀时所需的$[Ag^+]$为

$$[Ag^+]=\frac{K_{sp(AgCl)}}{[Cl^-]}=\frac{1.8\times10^{-10}}{0.10}=1.8\times10^{-9}\text{mol/L}$$

CrO_4^{2-} 开始沉淀时所需的$[Ag^+]$为

$$[Ag^+]=\sqrt{\frac{K_{sp(Ag_2CrO_4)}}{[CrO_4^{2-}]}}=\sqrt{\frac{2.0\times10^{-12}}{0.10}}=4.5\times10^{-6}\text{mol/L}$$

计算结果表明，在Cl^-和 CrO_4^{2-} 浓度相同时，Cl^-开始沉淀所需的$[Ag^+]$浓度小于 CrO_4^{2-} 开始沉淀所需的$[Ag^+]$浓度，故 AgCl 先沉淀。当加入的$[Ag^+]$浓度大于 4.5×10^{-6} mol/L 时，Ag_2CrO_4 将同时沉淀，此时溶液中Cl^-的浓度为

$$[Cl^-]=\frac{K_{sp(AgCl)}}{[Ag^+]}=\frac{1.8\times10^{-10}}{4.5\times10^{-6}}=4.0\times10^{-5}\text{mol/L}$$

可见，当 Ag_2CrO_4 开始沉淀时，Cl^-已几乎沉淀完全了。

1.3 沉淀的转化

从一种难溶化合物转变为另一种难溶化合物的过程叫沉淀的转化。

案例

AgCl 和NH_4SCN 作用就可转化为 AgSCN 沉淀，转化的原因：AgCl 在水溶液中受到极性水分子的作用，必有 Ag^+进入溶液中，当加入NH_4SCN 时，由于 AgSCN 的溶度积（1.0×10^{-12}）小于 AgCl 的溶度积，所以，只要溶液中的 Ag^+与SCN^-浓度的乘积超过 AgSCN 的溶度积，AgSCN 就析出沉淀，由于生成 AgSCN 的沉淀，溶液中$[Ag^+]$就降低，此时溶液对于 AgCl 来说是未饱和，则 AgCl 溶解，于是溶液中的$[Ag^+]$就增加，由于NH_4SCN 的加入，AgSCN 沉淀就不断析出。

课题 2 银量法

银量法根据指示剂的不同，分为莫尔法、佛尔哈德法和法扬司法。

2.1 莫尔法

2.1.1 基本原理

在中性或弱碱性溶液中，以 K_2CrO_4 为指示剂，用$AgNO_3$ 标准溶液直接滴定Cl^-，因为 AgCl 比 Ag_2CrO_4 的溶解度小，根据分步沉淀原理，溶液中先析出 AgCl 沉淀，当 AgCl 定量沉淀后，稍过量的$AgNO_3$ 与 CrO_4^{2-} 生成砖红色 Ag_2CrO_4 沉淀，即为滴定终点。有关反应为：

滴定时：$Ag^+ + Cl^- \longrightarrow AgCl\downarrow$（白色）　　$K_{sp(AgCl)} = 1.8 \times 10^{-10}$

终点时：$2Ag^+ + CrO_4^{2-} \longrightarrow Ag_2CrO_4\downarrow$（砖红色）　　$K_{sp(Ag_2CrO_4)} = 2.0 \times 10^{-12}$

2.1.2 滴定条件

（1）指示剂用量

K_2CrO_4 指示剂用量对于终点指示有较大影响，若用量过多会使终点提前，并且 CrO_4^{2-} 颜色影响终点的观察；用量不够会引起终点推迟。

实验证明，溶液中 K_2CrO_4 浓度为 5×10^{-3} mol/L 时是确定滴定终点的适宜浓度，相当于终点体积 50～100mL 溶液中加入 5% K_2CrO_4 水溶液 2mL。对于 0.1000mol/L $AgNO_3$ 滴定 0.1000mol/L Cl^-时，滴定误差小于 0.1%。但对于较稀溶液的滴定（如 0.01000mol/L），滴定误差可达 0.6%，此时应做指示剂空白试验进行校正。

（2）溶液的酸度

在酸性溶液中，CrO_4^{2-} 有如下反应：$CrO_4^{2-}+H^+ \rightleftharpoons HCrO_4^-$

减低了 CrO_4^{2-} 的浓度，使终点推迟甚至不产生 Ag_2CrO_4 沉淀。

在强碱性溶液中，有褐色 Ag_2O 沉淀析出：$2Ag^+ + 2OH^- = Ag_2O\downarrow + H_2O$

因此，莫尔法要求在中性或弱碱性（pH＝6.5～10.5）溶液中进行，在 pH＝8 附近比较合适，这可以在溶液中加入酚酞，用酸或碱调节到酚酞刚褪色。

（3）滴定时充分摇动

卤化银沉淀易吸附溶液中未反应的卤素离子，而使滴定终点提前，为了防止生成的沉淀对Cl^-和Br^-吸附，滴定时应充分摇动，使被吸附的Cl^-和Br^-释放出来。

（4）干扰情况

莫尔法通常测定氯化物和溴化物，因为 AgI 和 AgSCN 沉淀强烈吸附 I^-和SCN^-，使终点提前出现，而且终点变化也不明显，故莫尔法不适用于测定 I^-和SCN^-。

莫尔法选择性较差，凡能与 CrO_4^{2-} 生成沉淀的阳离子（Ba^{2+}、Pb^{2+}、Hg^{2+}），与 Ag^+生成沉淀的阴离子（PO_4^{2-}、SO_3^{2-}、S^{2-}、$C_2O_4^{2-}$、AsO_4^{3-}），均产生干扰。

2.2 佛尔哈德法

佛尔哈德法是在酸性溶液中，以铁铵矾［$NH_4Fe(SO_4)_2\cdot12H_2O$］为指示剂的银量法。根据滴定方式的不同，可分为直接滴定法和返滴定法。

2.2.1 直接滴定法测定 Ag^+

在HNO_3 溶液中，用 KSCN（或NH_4SCN）标准溶液直接滴定［Ag^+］。在化学计量点时，稍过量的SCN^-与Fe^{3+}生成红色配离子以指示终点。有关反应为：

滴定时：$Ag^+ + SCN^- \longrightarrow AgSCN\downarrow$（白色）

终点时：$Fe^{3+} + SCN^- \longrightarrow FeSCN^{2+}$（红色）

滴定过程要用力摇动，以减少 AgSCN 沉淀对 Ag^+的吸附，以免终点提前出现。

2.2.2 返滴定法测定卤素离子

在被测离子的HNO_3 溶液中，先加入已知过量的$AgNO_3$ 标准溶液，再用铁铵矾作指示剂，用NH_4SCN 标准溶液返滴剩余的 Ag^+。在化学计量点时，稍过量的SCN^-与Fe^{3+}生成红色配离子以指示终点。有关反应为：

滴定前： $\underset{(过量)}{Ag^+} + X^- \longrightarrow AgX\downarrow$（白色）

滴定时： $\underset{(剩余)}{Ag^+} + SCN^- \longrightarrow AgSCN\downarrow$（白色）

终点时： $Fe^{3+} + SCN^- \longrightarrow FeSCN^{2+}$（红色）

用佛尔哈德法测定Cl^-，滴定到临近终点时，经摇动后形成的红色会褪去。这是因为 AgSCN 的溶解度（1×10^{-6}mol/L）比 AgCl 的溶解度（1.3×10^{-5}mol/L）小。在化学计量点时，AgCl 会与SCN^-作用，转化为溶解度更小的 AgSCN 沉淀，即

$$AgCl\downarrow + SCN^- \longrightarrow AgSCN\downarrow + Cl^-$$

此反应的进行会多消耗NH_4SCN，为了避免沉淀的转化，通常采用以下措施：

（1）试液中加入过量的$AgNO_3$后，将溶液煮沸，使 AgCl 凝聚，减小沉淀对 Ag^+的吸附。过滤，并用稀HNO_3 充分洗涤沉淀，然后用NH_4SCN 标准溶液滴定滤液中剩余的 Ag^+。

（2）试液中加入过量的$AgNO_3$后，再加入与水不互溶的硝基苯，在剧烈摇动下它将粘附在 AgCl 沉淀表面，从而阻止了SCN^-使 AgCl 沉淀转化的反应。

测定Br^-、I^-和SCN^-时，由于 AgCl 和 AgBr 沉淀的溶解度都小于 AgSCN 的溶解度，故不发生上述的转化反应。但在测定 I^-时，应先加入过量$AgNO_3$ 标准溶液后，再加铁铵矾指示剂，以防止 I^-对Fe^{3+}的还原作用而造成误差。

2.2.3 滴定条件

（1）指示剂用量

实验证明，$FeSCN^{2+}$浓度达到 6×10^{-6}mol/L，溶液的红色才能被观察到。显然终点出现的早晚，与Fe^{3+}的浓度有关。在实际中，终点时指示剂（Fe^{3+}）的浓度一般以 0.015mol/L 为宜。

（2）溶液酸度

此法必须在硝酸溶液中进行，若在中性或碱性溶液中，Fe^{3+}将水解形成 $Fe(OH)_3$ 沉淀，影响终点的确定，甚至无法进行滴定。

（3）干扰情况

因为滴定在硝酸溶液中进行，所以许多弱酸根的阴离子（SO_3^{2-}、S^{2-}、$C_2O_4^{2-}$、CO_3^{2-} 等）不干扰测定。这样就提高了佛尔哈德法的选择性。但强氧化剂、铜盐、汞盐都能与SCN^-作用，对测定有干扰，应预先除去。

2.3 法扬司法

2.3.1 基本原理

此法是以吸附指示剂确定终点的一种银量法。常用的吸附指示剂是一类有机染料，它的

阴离子在溶液中易被带正电荷的胶状沉淀吸附，吸附后结构发生改变而引起颜色变化，指示滴定终点的到达。

例如用$AgNO_3$标准溶液滴定Cl^-时，常用荧光黄作吸附指示剂，它是一种有机弱酸，用HFL表示，在水溶液中离解为

$$HFL \rightleftharpoons H^+ + FL^-$$

荧光黄阴离子FL^-呈黄绿色。化学计量点前，溶液中存在着未被滴定的剩余的Cl^-，AgCl沉淀吸附Cl^-而形成带负电荷的$AgCl \cdot Cl^-$胶体微粒，荧光黄阴离子不被吸附，故溶液呈黄绿色。当滴定到化学计量点时，稍过量的Ag^+就被AgCl沉淀吸附，而形成带正电荷的$AgCl \cdot Ag^+$胶体微粒，它强烈地吸附FL^-，荧光黄阴离子被吸附后，结构发生了变化而呈粉红色，从而指示滴定终点。

2.3.2　滴定条件

（1）沉淀呈胶体状态

由于吸附指示剂的颜色变化发生在沉淀微粒表面上，因此，应尽可能使沉淀呈胶体状态，以具有较大的表面积。为此，在滴定前加糊精或淀粉溶液等胶体保护剂，防止沉淀凝聚。

（2）溶液的酸度

吸附指示剂大多是有机弱酸，而起指示作用的是它们的阴离子。酸度较大时，指示剂阴离子与H^+结合成不带电的指示剂分子，而不被沉淀吸附，就无法指示终点。

（3）防止强光照射

卤化银易感光变黑，影响终点观察，因此在滴定过程中应避免强光照射。

（4）溶液的浓度

在滴定前将溶液适当稀释，有利于沉淀保持胶体状态，但溶液中被滴定的离子浓度不能太低，否则，生成的沉淀量少，终点不易观察。

（5）吸附指示剂的选择

不同的吸附指示剂，其离子被沉淀吸附的能力不同。滴定时，应选择沉淀对指示剂离子的吸附能力略小于对被测离子的吸附能力，否则，在化学计量点前，指示剂阴离子就取代了被吸附的被测离子，使终点提前。但是，沉淀对指示剂阴离子的吸附能力也不能太小，否则指示剂变色不敏锐，使终点滞后。卤化银沉淀对卤素离子和常用的几种吸附指示剂的吸附能力大小顺序是：

$$I^- > SCN^- > Br^- > \text{曙红} > Cl^- > \text{荧光黄}$$

训练

1. 配制$AgNO_3$标准溶液时，若蒸馏水中含有Cl^-，则标定结果（　　）。

（A）偏大　（B）偏小　（C）无影响　（D）不确定

2. 下列有关莫尔法的说法正确的有（　　）。

（A）必须在中性或弱碱性溶液中进行　（B）在酸性溶液中Ag_2CrO_4易溶解

（C）在碱性溶液中有Ag_2O沉淀　（D）在碱性溶液中Ag_2O溶解

3. 莫尔法测定Cl^-含量时，若溶液的酸度过高，则（　　）。

（A）AgCl沉淀不完全　（B）Ag_2CrO_4沉淀不易生成

（C）形成Ag_2O沉淀　（D）AgCl沉淀吸附Cl^-的作用增强

4. 莫尔法测定 Br^- 时如果滴定时不剧烈摇动将使结果(　　)。

(A) 偏高　　(B) 偏低　　(C) 准确　　(D) 不确定

5. 佛尔哈德法中，直接滴定过程充分振摇其目的在于(　　)。

(A) 防止沉淀吸附　　(B) 释放被吸附的 Ag^+

(C) 防止终点提前　　(D) 加速反应

6. 佛尔哈德法返滴定法测定 Cl^- 时，为了避免由于沉淀的转化所造成的误差，应采取的措施是(　　)。

(A) 滴定前将 AgCl 滤除　　(B) 加入淀粉或糊精

(C) 加入邻苯二甲酸二丁酯　　(D) 加入硝基苯

7. 法扬司法中，滴定时充分摇动的作用是(　　)。

(A) 可以加快滴定速度　　(B) 促使胶体凝聚

(C) 加速吸附的可逆过程　　(D) 使指示剂变色敏锐

单元七 重量分析法

课题1 重量分析法概述

重量分析法是一种经典的分析方法，它的准确度非常高，在历史上起过相当大的作用，现今仍常用它进行仲裁分析或校验其他方法。

1.1 重量分析法的分类

重量分析法是通过称量有关物质的质量来确定被测组分含量的分析方法。通常是先将被测组分与试样的其他组分分离后，称其质量从而算出含量。根据分离方法的不同，可分为沉淀重量法、气化重量法和电解重量法。

(1) 沉淀重量法

利用沉淀反应使被测组分生成难溶化合物沉淀，然后，经过滤、洗涤、烘干或灼烧，使难溶化合物由沉淀形式变为称量形式，最后根据称量形式的质量，求出被测组分的含量。这是重量分析中的主要方法。

(2) 气化重量法

利用加热或其他方法使被测组分从试样中气化逸出，然后根据气体逸出前后试样质量之差，求出被测组分的含量。

有时还可将逸出的被测组分，吸收于适当的吸收剂中，根据吸收剂质量的增值求得含量。

(3) 电解重量法

通过电解，将被测金属离子在电极上析出，然后通过称量析出金属的质量计算其含量。

1.2 重量分析法的要求

用直接称量的方法而不需基准物作比较，可获得较准确的分析结果。一般测定的相对误差不大于0.1%。适用于常量组分的测定，应用范围广泛。重量分析法的最大缺点是操作较繁，费时较长，不适于快速分析，不适于微量组分的测定。

在重量分析中，为获得准确的分析结果，沉淀形和称量形必须满足这些要求：对沉淀形式要求沉淀的溶解度要小、沉淀的纯度要高、沉淀要易于过滤和洗涤、沉淀应易于转化为称量形式。对于沉淀的称量形式，要求化学组成必须与化学式相符、性质要稳定、摩尔质量尽可能大。

根据上述对沉淀形和称量形的要求，选择沉淀剂时应考虑以下几点：(1)选择生成沉淀溶解度小的沉淀剂，即能使待测组分沉淀完全；(2)选用易挥发的沉淀剂，以便在烘干或灼烧时除去过量的沉淀剂；(3)沉淀剂的溶解度要大，以便在洗涤时将过量的沉淀剂洗去；(4)沉淀剂应具有较高的选择性，即沉淀剂只与待测组分生成沉淀，而不与试液中的其他组分作用。

1.3 影响沉淀溶解度的因素

各种难溶化合物的溶解度是不同的，这是由沉淀的本性所决定的。但是，同一难溶物质在不同的外界条件下，其溶解度也有差别。了解影响溶解度的因素，以便控制沉淀反应的条件，使沉淀达到重量分析的要求。

(1) 同离子效应

组成沉淀的离子称为构晶离子，当沉淀反应达到平衡时，如果向溶液中加入适当过量的含有某一构晶离子的溶液，则沉淀的溶解度减小，这种现象称为同离子效应。

案例

计算在下列溶液中 $BaSO_4$ 的溶解度。$K_{sp}=1.1\times10^{-10}$。

(1) 在纯水中

(2) 在 0.010mol/L Na_2SO_4 溶液中

解析：(1) 在水中的溶解度

$$S=[Ba^{2+}]=[SO_4^{2-}]=\sqrt{K_{SP}}=\sqrt{1.1\times10^{-10}}=1.05\times10^{-5}\text{mol/L}$$

(2) 在 0.010mol/L Na_2SO_4 溶液中，溶液中 $[SO_4^{2-}]$ 增至 0.010mol/L，此时 $BaSO_4$ 的溶解度

$$S=\frac{K_{sp}}{c_{Na_2SO_4}}=\frac{1.1\times10^{-10}}{0.010}=1.1\times10^{-8}\text{mol/L}$$

由上例可知，所加的构晶离子浓度越大，溶解度降得越低。但不能片面理解沉淀剂加得越多越好，因为沉淀剂过量太多，可以引起盐效应、配位效应等，使沉淀的溶解度增大。一般情况下，不易挥发的沉淀剂，应过量少些，过量 20%~30% 为宜，易挥发的沉淀剂，应过量多些，过量 50%~100%。

(2) 盐效应

在难溶电解质的饱和溶液中，加入其他易溶的强电解质，使难溶电解质的溶解度比同温度下在纯水中溶解度增大，这种现象称为盐效应。

在重量分析中，为降低沉淀的溶解度应加入过量的沉淀剂。但在产生同离子效应(使溶解度下降)的同时也必然存在着盐效应。盐效应会消弱由同离子引起的溶解度降低的效果。表 7-1 列出 $PbSO_4$ 在 Na_2SO_4 溶液中溶解度变化情况。

表 7-1 $PbSO_4$ 在不同浓度 Na_2SO_4 溶液中的溶解度

Na_2SO_4/(mol/L)	0	0.01	0.02	0.04	0.10	0.20
$PbSO_4$ 溶解度/(mmol/L)	0.15	0.016	0.014	0.013	0.016	0.023

由表 7-1 可知，当 Na_2SO_4 浓度增至 0.04mol/L 时，同离子效应起主要作用；当 Na_2SO_4 浓度大于 0.04mol/L，则盐效应加强，它超过了同离子效应的影响，故 $PbSO_4$ 的溶解度反而增加，这就说明沉淀剂并非越多越好。

产生盐效应的原因是在溶液中加入易溶的强电解质后，由于离子间力的影响，使得 Pb^{2+} 和 SO_4^{2-} 运动困难，它们与 $PbSO_4$ 结晶表面碰撞次数减少，造成了溶解过程超过了它们从溶液中析出沉淀的过程，于是 $PbSO_4$ 溶解度增大。

(3) 配位效应

在溶液中如有配位剂，它与生成沉淀的离子形成配合物，使沉淀的溶解度增大，甚至不生成沉淀，这种现象称为配位效应。例如，Cl^-与 Ag^+作用生成 AgCl 沉淀时，若溶液中含有少量的 NH_3，则此时 AgCl 的溶解度比在纯水中的溶解度大。若氨水的浓度足够大，则不能生成 AgCl 沉淀。

(4) 酸效应

溶液的酸度对沉淀溶解度的影响称为酸效应。酸效应的发生主要是由于溶液中 H^+浓度的大小对弱酸、多元酸或难溶酸离解平衡的影响。因此，酸效应对于不同类型沉淀的影响情况不一样，若沉淀为强酸盐($BaSO_4$、AgCl)，溶液的酸度对沉淀溶解度影响不大；若沉淀为弱酸盐或多元酸盐(CaC_2O_4、$CaCO_3$)，酸度对沉淀溶解度影响大。如 CaC_2O_4沉淀，在酸性较强的溶液中，由于生成了 $HC_2O_4^-$ 或 $H_2C_2O_4$ 而溶解。

(5) 其他影响因素

大多数难溶化合物的溶解度随温度升高而增大，因此，对一些在热溶液中溶解度较大的沉淀，为避免沉淀溶解度加大而造成损失，须冷却后过滤、洗涤，如 $MgNH_4PO_4$。对一些溶解度很小的沉淀，在冷溶液中很难过滤和洗涤，应趁热过滤，并用热的洗涤剂洗涤沉淀，如 $Fe(OH)_3$。

无机物沉淀大部分是离子型晶体，它们在有机溶剂中的溶解度一般比在纯水中小。所以对溶解度较大的沉淀，常在水溶液中加入乙醇、丙酮等有机溶剂，以降低其溶解度。

同一沉淀，颗粒越小，其表面积越大，因此溶解度越大。所以在进行沉淀时，应设法获得大颗粒晶体。

课题 2　沉淀的形成

2.1　沉淀的类型

沉淀按其颗粒的大小，可粗略地分为晶形沉淀和无定形沉淀两大类。晶形沉淀是指具有一定形状的晶体，其内部排列规则有序，颗粒直径约为 0.1~1μm。这类沉淀的特点：结构紧密，具有明显的晶面，沉淀体积小、沾污少、易沉降、易过滤和洗涤。例如 $MgNH_4PO_4$、$BaSO_4$等典型的晶形沉淀。无定形沉淀是指无晶体结构特征的一类沉淀，它由许多聚集在一起的微小颗粒(直径小于 0.02μm)组成。这类沉淀的特点：内部排列不规则、结构疏松，体积庞大，吸附杂质多，不易沉降，无明显的晶面，难于过滤和洗涤。例如 $Fe_2O_3 \cdot nH_2O$ 是典型的无定形沉淀。

在沉淀过程中，生成哪种类型的沉淀，主要取决于沉淀本身的性质和沉淀的条件。

2.2　沉淀的形成过程

在含有待沉淀离子的试液中加入沉淀剂，当溶液中构晶离子浓度的乘积超过溶度积时，就有可能生成沉淀。

在沉淀形成过程中，溶液中的离子以较大的速度互相结合成小晶核，这种作用速度称聚集速度。聚集速度又称形成沉淀的初始速度，与溶液的相对过饱和度成正比。与此同时，构晶离子在静电引力作用下，按一定规则排列于晶格结点上，这种作用速度称为定向速度。当聚集速度大于定向速度时，离子很快聚集起来形成晶核，但却又来不及按一定的顺序排列于晶格内，因此得到无定形沉淀；反之，当聚集速度小于定向速度时，离子聚集成晶核的速度慢，因此晶核的数量就少，相应的溶液中的离子的数量就多，此时就有足够的离子按一定的顺序排列于晶格内，使晶体长大，这时得到晶形沉淀。

2.3 沉淀条件的选择

在重量分析中，为了获得准确的分析结果，要求沉淀完全、纯净、易于过滤和洗涤，并减小沉淀的溶解损失。因此，对于不同类型的沉淀，应当选用不同的沉淀条件。

2.3.1 晶形沉淀的条件

相对过饱和度小，聚集速度就小，有利于晶形沉淀的生成，为此晶形沉淀的条件是：

(1) 在适当稀的溶液中进行沉淀；(2)在热溶液中进行沉淀；(3)在不断搅拌下，慢慢滴加沉淀剂，以降低局部过饱和程度，避免产生大量的小晶粒；(4)陈化。陈化是指沉淀作用完毕后，应放置一段时间，使小晶粒溶解，大晶粒变大，以获得完整、纯净的晶形沉淀的过程。

2.3.2 无定形沉淀的条件

(1) 在较浓的溶液中进行。这样离子的水化程度小，结构较紧密，体积较小，容易过滤和洗涤；(2)在热溶液中进行。以防胶体生成，减少杂质吸附，又使沉淀紧密；(3)溶液中加入适当的强电解质，可防止胶体生成；(4)不陈化。因无定形沉淀放置后，将失去水分而聚集得更加紧密，不易洗去已吸附的杂质，故在沉淀完毕后，趁热过滤。

2.4 沉淀的纯度

当沉淀从溶液中析出时，或多或少都要夹杂着溶液中的其他组分，得不到纯净的沉淀。但重量分析中，要求沉淀中杂质含量少到不影响分析准确度的程度。提高沉淀纯度的方法有：

(1) 选择合适的沉淀程序。当试液中含有几种组分时，首先沉淀低含量组分，再沉淀高含量组分。反之，由于大量沉淀析出，会使部分低含量组分随之沉淀，产生测定误差。

(2) 降低易被吸附杂质离子的浓度。对于易被吸附的杂质离子，可采用适当的掩蔽方法或改变杂质离子价态来降低其浓度。

(3) 选用合适的沉淀条件。沉淀条件包括溶液浓度、温度、试剂的加入次序和速度、陈化与否等，对于不同类型的沉淀，应选用合适的沉淀条件，以减少沉淀吸附的发生。

(4) 选用合适的沉淀剂。无机沉淀剂选择性差，易形成胶状沉淀，吸附杂质多，难于过滤和洗涤。有机沉淀剂选择性高，常能形成结构较好的晶形沉淀，吸附杂质少，易于过滤和洗涤。

(5) 选用合适的洗涤剂。吸附作用是可逆过程。所以洗涤可以使吸附在沉淀表面上的杂质进入洗涤液中，从而提高沉淀的纯度。显然，选用的洗涤剂应是易除去的物质。

(6) 再沉淀。将已得到的沉淀过滤后溶解，再进行第二次沉淀。第二次沉淀时，溶液中杂质的量大为降低，共沉淀或后沉淀现象必然减少。

2.5 称量形的获得

沉淀完毕后，还需经过滤、洗涤、烘干或灼烧，最后得到符合要求的称量形。

过滤是将沉淀与母液分离。常用定量滤纸(也称无灰滤纸)或玻璃砂芯坩埚过滤。对于需要灼烧的沉淀，应根据沉淀的性质选择紧密程度不同的滤纸。一般无定形沉淀如 $Al(OH)_3$等选用疏松的快速滤纸，粗粒的晶形沉淀如 $MgNH_4PO_4 \cdot 6H_2O$ 等选用较紧密的中速滤纸，颗粒较小的晶形沉淀如 $BaSO_4$等选用紧密的慢速滤纸。选用滤纸的大小，应根据沉淀量的多少而定。过滤时，将滤纸放在漏斗中，并低于漏斗口 0.5~1cm，沉淀不应超过滤纸圆锥高度的 1/2，否则洗涤沉淀时将造成困难。

重量分析中过滤应用长颈漏斗，颈长 15~20cm，漏斗锥体角应为 60°，颈的直径一般 3~5mm，过滤时，滤纸紧贴漏斗，这样可使漏斗颈内充满液柱，加快过滤速度，漏斗颈的出口处磨成 45°，并与盛滤液的烧杯壁相接触，以防有用的滤液溅失。为提高过滤速度防止沉淀过早堵塞滤纸孔隙常采用倾泻法过滤，即先将沉淀上部澄清液沿玻璃棒倒入漏斗中，而最后把沉淀转移到漏斗中过滤的方法。

对于只需烘干即可作为称量形的沉淀，应选用玻璃砂芯漏斗(又叫微孔玻璃坩埚)过滤。这种滤器的滤板是用玻璃粉末在高温熔结而成的。这种滤器在使用前，应用强酸(盐酸或硝酸)处理，再用水洗净。将已洗净、烘干且恒重的微孔玻璃漏斗置于干燥器中备用。

洗涤沉淀是为了洗去沉淀表面吸附的杂质和混杂在沉淀中的母液。洗涤时要尽量减小沉淀的溶解损失和避免形成胶体，因此需选用合适的洗涤液，其原则是：对于溶解度很小又不易形成胶体的沉淀，可用蒸馏水洗涤；对于溶解度很小又易形成胶体的沉淀，可用易分解、挥发的稀、热强电解质溶液洗涤；对于溶解度较大的晶形沉淀，可用沉淀剂的稀溶液洗涤，但沉淀剂必须在烘干或灼烧时易挥发或易分解除去。洗涤沉淀时，同体积的洗涤液，采用“少量多次”“尽量沥干”的原则，用适当少的洗涤液分多次洗涤，每次加洗涤液前使前次洗涤液尽量流尽，这样可提高洗涤效果。

沉淀的烘干或灼烧是为了除去沉淀中的水分和挥发性物质，并转化为组成固定的称量形。烘干或灼烧的温度和时间随沉淀的性质而定。灼烧温度一般在 800°以上，常用瓷坩埚盛放沉淀。若需用氢氟酸处理沉淀，应用铂坩埚。灼烧沉淀前，应用滤纸包好沉淀，放入已灼烧至恒重的瓷坩埚中，加热烘干、炭化后，再进行灼烧。沉淀经烘干或灼烧至恒重后，由其质量即可计算测定结果。

课题 3　重量分析中的结果计算

重量分析中，常用换算因数或化学因数(F)来计算分析结果。F 与有关物质的摩尔质量的关系可用下式表示：

$$F = a \times \frac{M_X}{M_b}$$

式中　M_X——被测组分的摩尔质量，g/mol；

M_b——称量形的摩尔质量，g/mol；

a——1mol 称量形相当于被测组分的物质的量，mol。

根据称量形的质量，可求出被测组分的含量。即

$$X\% = \frac{m_b \times F}{m_{试}} \times 100$$

式中　m_b——称量形的质量，g；

$m_{试}$——试样的质量，g。

案例 称取含铁试样 0.5000g，经一系列处理后，其沉淀形为 $Fe(OH)_3 \cdot nH_2O$，称量形为 Fe_2O_3，称得其质量为 0.4990g，求此试样中以 Fe_3O_4 表示的百分含量。已知 $M_{Fe}=55.85$、$M_{Fe_3O_4}=231.5$

解析：因 $3Fe_2O_3 \rightarrow 2Fe_3O_4$，故 1mol Fe_2O_3 相当于 2/3mol Fe_3O_4，$a=2/3$

$$F=\frac{2}{3}\times\frac{M_{Fe_3O_4}}{M_{Fe_2O_3}}=\frac{2}{3}\times\frac{231.5}{159.7}=0.9664$$

$$X_{Fe_3O_4}\%=\frac{0.4990\times0.9664}{0.5000}\times100=96.45$$

训练

1. 要得到无定形沉淀的条件之一是在热溶液中进行，其目的是(　　)。

(A) 防止胶体生成　　(B) 减少杂质吸附

(C) 使沉淀紧密　　(D) 使晶核生成的较少

2. 下列关于沉淀吸附规律不正确的是(　　)。

(A) 离子价数越高越易被吸附

(B) 离子浓度越大越易被吸附

(C) 沉淀的颗粒越大，吸附能力越强

(D) 能与构晶离子生成难溶盐沉淀的离子，优先被吸附

3. 测定 Ba^{2+} 可生成 $BaCO_3$、BaC_2O_4、$BaCrO_4$、$BaSO_4$ 等沉淀，其中选(　　)为沉淀剂最好。已知 $K_{sp}(BaCO_3)=5.1\times10^{-9}$，$K_{sp}(BaC_2O_4)=2.3\times10^{-8}$，$K_{sp}(BaCrO_4)=1.6\times10^{-10}$，$K_{sp}(BaSO_4)=1.1\times10^{-10}$。

(A) $NaCO_3$　　(B) $H_2C_2O_4$　　(C) K_2CrO_4　　(D) H_2SO_4

4. 如果使 Fe^{3+} 生成 $Fe(OH)_3$ 沉淀，选用(　　)作沉淀剂。

(A) NaOH　　(B) 氨水　　(C) KOH　　(D) $Ba(OH)_2$

5. 称取 CaC_2O_4 和 MgC_2O_4 混合样品 0.7534g，在 550℃ 下加热，使它们能转化为 $CaCO_3$、$MgCO_3$ 后，其总质量为 0.5732g，计算样品中 CaC_2O_4 和 MgC_2O_4 的质量分数。已知 $M_{CaCO_3}=100g/mol$，$M_{MgCO_3}=84g/mol$，$M_{CaC_2O_4}=128g/mol$，$M_{MgC_2O4}=112g/mol$。

[illegible] 0.5000 [illegible]

[illegible] Fe_2O_3 [illegible] 0.4990g [illegible]

解析：由 $4Fe_3O_4 + O_2 = 6Fe_2O_3$ [illegible]

$$F = \frac{2}{3} \times \frac{M_{Fe_3O_4}}{M_{Fe_2O_3}} = \frac{2}{3} \times \frac{231.5}{159.7} = 0.9664$$

$$w_{Fe_3O_4} = \frac{0.4990 \times 0.9664}{0.5000} \times 100\% = 96.45\%$$

1. [illegible]

(A) [illegible] (B) [illegible]

(C) [illegible] (D) [illegible]

2. [illegible]

(A) [illegible]

(B) [illegible]

(C) [illegible]

(D) [illegible]

3. [illegible] $BaCO_3$、BaC_2O_4、$BaCrO_4$、$BaSO_4$ [illegible] $K_{sp}(BaCO_3) = 5.1 \times 10^{-9}$，$K_{sp}(BaC_2O_4) = 2.3 \times 10^{-8}$ [illegible] $K_{sp}(BaSO_4) = 1.1 \times 10^{-10}$ [illegible]

(A) [illegible] (B) $H_2C_2O_4$ (C) [illegible] (D) H_2SO_4

4. [illegible]

(A) NaOH (B) [illegible] (C) KOH (D) [illegible]

5. [illegible]

模块四

色谱分析

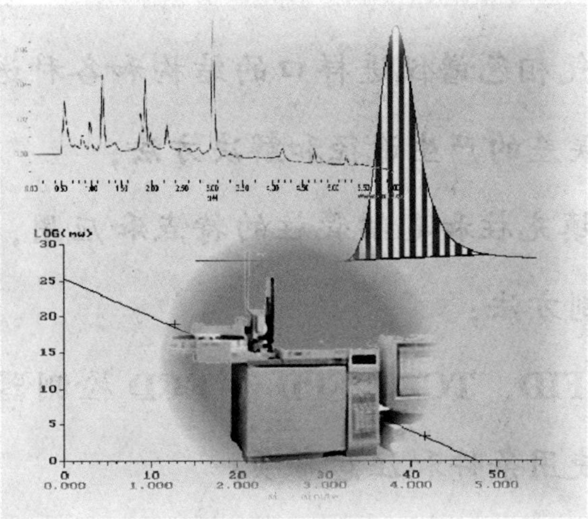

- 单元一 气相色谱基础理论
- 单元二 压力和温度控制系统
- 单元三 进样系统
- 单元四 色谱柱系统
- 单元五 气相色谱检测器
- 单元六 数据处理系统
- 单元七 故障处理

学 习 目 标

1. 了解气相色谱的发展史，掌握色谱塔板理论、速率理论等基础理论公式和应用；

2. 掌握温度和压力控制的方式和目的，掌握程序升温的应用方法；

3. 掌握气相色谱仪进样口的结构和各种进样方式，了解各种进样误差的产生途径和解决方法；

4. 掌握填充柱和毛细管柱的特点和应用，了解预切反吹等气路控制方法；

5. 了解 FID、TCD、FPD 和 ECD 检测器的结构和原理，掌握其使用条件和注意事项；

6. 掌握色谱数据处理机和工作站的数据处理方式，了解各个峰处理参数的意义和设置方法；

7. 掌握外标法、归一化法、内标法和内加法等色谱定量方法的原理和应用条件；

8. 掌握气相色谱仪的日常操作和故障分析方法，能够对色谱简单故障进行判断和维护。

单元一　气相色谱基础理论

课题 1　气相色谱法简介

1.1　气相色谱法的发展过程

(1) 色谱理论发展历程

1903 年，Tswett 发表了吸附色谱分离植物色素的论文，并于 1906 年正式提出色谱法。1931 年，德国 Kuhn 和 Lederer 重复了 Tswett 的实验并分离了 3 种胡萝卜素，并因此获得 1938 年诺贝尔化学奖。1940 年，英国生物化学家 Martin 和 Synge 提出液液分配色谱法(塔板理论，并因此获得 1952 年诺贝尔化学奖)，并预言可采用气体作为流动相。1952 年，Martin 和 James 合作用气体做流动相，建立了气-液分配色谱，也就是今天的气相色谱。1956 年，荷兰 Van Deemter 建立了速率理论。1958 年，Golay 提出了毛细管柱色谱法。

(2) 气相色谱仪器发展历程

1955 年春天，Burrell 公司和 Perkin-Elmer 公司推出了最早的商业用色谱仪。配备主要有 U 型色谱柱和热导池检测器，PE 公司还设置了柱箱。1959 年，F&M 科学公司(65 年被 HP 收购)的新仪器出现程序升温功能，1962 年普及。20 世纪 50 年代末，Hamilton 公司解决了液体样品精确进样量问题。80 年代以来，色谱仪的多样化、高精化、自动化和联用技术日新月异，新型色谱层出不穷。到 2004 年，气相色谱已经有大的换代 5 次，到了第 6 代电子压力控制(EPC)色谱仪，其代表性的色谱仪有安捷伦 6890、岛津 GC-2010 等。

1.2　色谱法的分类和特点

(1) 色谱法的分类

色谱法分类如图 1-1 所示。

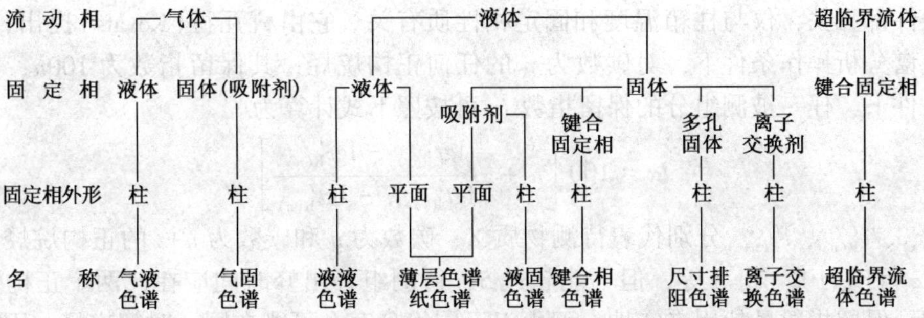

图 1-1　色谱法的分类

(2) 气相色谱法的优点

气相色谱仪是最早被商业化的色谱仪，主要用于低相对分子质量、易挥发组分的分析，如低碳有机物等。气相色谱法主要具有以下优点：

选择性高，色谱对烃类异构体、同位素、旋光异构体均有很好的分离效果；分离效率高，2m 填充柱有几千块塔板，毛细管色谱柱甚至可以达到几十万到几百万块塔板；灵敏度高，高灵敏度检测器可以检测 $10^{-11} \sim 10^{-13}$ g 级别的痕量物质；分析速度快，分析一个样品一般需要几到几十分钟。

(3) 气相色谱法的缺陷

色谱法也有局限性，它不能单独用来给未知物质进行定性，不具备分析未知组分的分析能力，也难以分析无机物和高沸点有机物。事实上，气相色谱的定性工作主要是为每一个色谱峰进行定性。

课题 2 气相色谱术语

2.1 基础术语

基线 正常操作条件下仅有流动相通过检测器系统时产生的响应信号的曲线。

峰高 从峰高最大值到峰底的距离。

峰宽 从峰两侧拐点处做切线，所作切线与峰底两交点之间的距离。

半峰宽 又叫做半高峰宽，指通过峰高中点做平行于峰底的直线，此直线与峰两侧的交点之间的距离。

峰底 从峰的起点到峰的终点之间的连接直线。

死时间 t_m 不被固定相滞留的组分，从进样到出现峰最大值所需要的时间。

保留时间 t_R 组分从进样到出现峰最大值所需的时间。

调整保留时间 t'_R 保留时间与死时间的差。

净保留时间 经压力校正后的调整保留时间。

相对保留值 $\gamma_{i,s}$ 组分调整保留时间(或体积)与标准组分调整保留时间(或体积)的商。

峰面积 峰与峰底之间的面积。

2.2 保留指数

保留指数是色谱用来定性的主要参数之一，在不同的色谱上有良好的重现性，它与大多数色谱条件都无关，仅与柱箱温度和固定相性质有关。它由科瓦特(Kovats)提出，定义为：在任一色谱分析操作条件下，对碳数为 n 的任何正构烷烃，其保留指数为 $100n$；在同样色谱分析条件下，任一被测组分的保留指数 Ix 可按照下式计算为

$$Ix = 100\left[n + z\frac{\lg t'_{R(x)} - \lg t'_{R(n)}}{\lg t'_{R(n+z)} - \lg t'_{R(n)}}\right]$$

其中 $t'_{R(x)}$、$t'_{R(n)}$、$t'_{R(n+z)}$ 分别代表待测物质 X、碳数为 n 和碳数为 $n+z$ 的正构烷烃的调整保留时间。z 可以为 1、2、3 等，但不能超过 5；待测组分出峰时间应在此两个正构烷烃出峰时间中间。保留指数虽然用来定性，但由于不同组分完全可能在同一时间出峰，因此对没有条件的未知组分，不能完全依靠保留指数定性。

2.3 柱性能参数

色谱柱中气相与液相体积之比称为相比。从色谱峰最大值到终点经历的时间与色谱峰起

点到最大值经历的时间之商家叫拖尾因子 γ。当 $\gamma<1$ 时，色谱峰为前伸峰，当 $\gamma>1$ 时，为拖尾峰。

分离度 R：两个相邻色谱峰的分离程度，用两个组分保留值之差与其平均峰宽值的比来表示。

色谱流程图：一般从气源钢瓶开始，到记录仪结束，简单给出色谱仪的流程。依次包括气源和稳压装置、定量管、进样口及气化室、色谱柱、检测器、处理机等。

课题 3 色谱理论

3.1 分离原理

(1) 色谱分离的基本原理

色谱分离的先决条件是具备固定相和流动相。分离内因为固定相对被分离组分的吸附或分配作用存在差异。分离外因为流动相携带被分离组分流动，造成多次吸附/解吸或溶解/挥发过程，放大了所存在的差异。因此色谱分离是一种物理分离，不改变样品组分。

(2) 吸附系数和分配系数

一定条件下，对样品中的某一组分来说，吸附系数 $K_A=\frac{m}{V_M}$。式中，m 为 1mL 吸附剂中该组分的克数；V_M 为 1mL 流动相中该组分的克数。分配系数 $K_P=\frac{c_s}{c_m}$。式中，c_s 为该组分在固定液中的浓度，c_m 为该组分在流动相中的浓度。分配比 $k=\frac{n_s}{n_m}$。式中，n_s 为固定相中组分的物质的量，n_m 为流动相中组分的物质的量。

(3) 保留方程

样品分子在色谱柱中的迁移速度取决于流动相的流速和它在两相间的分配比 k。在流动相中分配比大的溶质迁移的快。设溶质 x 在流动相中的分数是 R，流动相的平均流速是 U，则样品分子在色谱柱中的迁移速度 U_x 可表示为 $U_x=R\times U$

根据吸附系数的定义，可以得到 $R=\frac{1}{1+k}$

3.2 塔板理论

(1) 理论假设

研究塔板理论的目的：从理论上得到描述色谱流出曲线的方程，并通过这一方程各参数来研究影响分离的因素。塔板理论有四个假设前提，它们是：①在柱内一小段长度 H 内，组分可以在两相间迅速达到平衡。这一小段柱长称为理论塔板高度 H；②流动相(如载气)进入色谱柱不是连续进行的，而是脉动式，每次进气为一个塔板体积(ΔV_m)；③所有组分开始时存在于第 0 号塔板上，而且试样沿轴(纵)向扩散可忽略；④分配系数在所有塔板上是常数，与组分在塔板上的量无关。

(2) 流出曲线方程

这四条假设意味着：①色谱柱存在多级塔板，组分通过时在每级塔板两相间达到一次平衡；②理论塔板高度 $H=L/n$。因此，对于同一类柱子，塔板数 n 与色谱柱长度 L 成正比。增加色谱柱长度，塔板数增加，柱效率也就增大。根据这些假设，计算并推导得出色谱流出曲线方程为

$$c=\frac{\sqrt{n}}{\sqrt{2\pi}}\cdot\frac{m}{V_{\mathrm{R}}}\cdot\exp\left[-\frac{n}{2}\left(1-\frac{V}{V_{\mathrm{R}}}\right)^{2}\right]$$

这里，c 表示某一时刻柱子流出口组分的浓度；n 为柱子的塔板数；V_{R} 为组分的保留体积；V 是此时刻的流动相流出体积；m 为组分的进样质量。

(3) 塔板理论的推导结论

利用流出曲线方程，进而可以得出

① 峰高：

$$c_{\max}=\frac{\sqrt{n}}{\sqrt{2\pi}}\times\frac{m}{V_{\mathrm{R}}}$$

因此，峰高与进样量 m 成正比；考虑到对于同种色谱柱，理论塔板数 n 和保留体积都和柱子长度成正比，因此峰高与柱子长度 L 的平方根成反比。

② 理论塔板数和峰宽的关系：

$$n=5.54\left(\frac{t_{\mathrm{R}}}{W_{1/2}}\right)^{2}=16\left(\frac{t_{\mathrm{R}}}{W}\right)^{2}$$

考虑到理论塔板数、保留时间都与柱子长度成正比，因此同类色谱柱上，色谱峰宽与柱子长度的平方根成正比。同时，据此可以通过一个谱图来计算实际色谱柱的理论塔板数 n。

案例

如果相邻两个色谱峰的分离度 $R=1.0$，在不改变其他条件下增加色谱柱的长度，那么当新色谱柱达到原来长度多少倍时，理论上这两个峰可达到完全分离？

分析：当色谱柱长度增加时，色谱峰的保留时间与长度 L 成正比，而色谱峰的宽度和色谱柱的长度的平方根成正比，因此分离度 R 应该与色谱柱长度 L 的平方根成正比。要达到完全分离，理论上分离度应达到 $R=1.5$，因此 R 需要增加 1.5 倍，所以柱子长度应该增加到 1.5 的平方，也就是增加到原长度的 2.25 倍。

3.3 速率理论

速率理论是从动力学出发，根据基本的实验事实研究各种操作条件(如载气的性质和流速、载体颗粒的直径、色谱柱填充的均匀程度等。)对理论塔板高度的影响，从而解释在色谱柱中色谱峰形扩张的原因。通过这些研究，对影响理论塔板高度 H 的各项因素进行合并，并得到了计算不同载气流速下理论塔板高度 H 的公式。

(1) 塔板高度 H 的速率理论公式

根据速率理论，推导出塔板高度与相应因素的计算关系为

$$H=A+\frac{B}{u}+Cu$$

式中 A——涡流扩散系数，指固定相填充不均匀引起的扩散；

B——纵向分子扩散系数，指分子沿色谱柱轴向扩散引起的色谱谱带展宽；

C——传质阻力系数，指组分在流动相和固定相之间传质的阻力；

u——载气流速。

(2) 理论塔板高度与载气流速的关系曲线

根据上述公式，可以推导得到理论塔板高度 *H* 和载气流速 *u* 的关系曲线，如图 1-2。

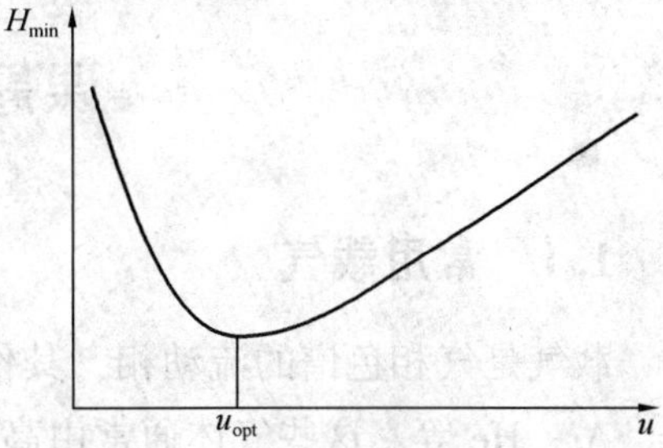

图 1-2 速率理论下理论塔板高度 *H* 和载气流速 *u* 关系曲线

(3) 毛细管柱的速率方程

当采用毛细管色谱柱(开管柱)的时候，涡流扩散可以忽略不计，理论塔板高度 *H* 的速率理论计算公式可以简化为

$$H = \frac{B}{u} + Cu$$

因此毛细管柱的速率曲线类似于填充柱。但对于毛细管柱来说，由于没有涡流扩散项的影响，理论塔板高度更小，载气流速也可以设置得更大一些。

1. 用来测定待测组分保留指数 I 的正构烷烃碳原子数与待测组分相差不得超过(　　)个。

(A)2　　(B)3　　(C)4　　(D)5

2. 根据塔板理论计算，当进样量和理论塔板数固定时，先出峰的组分相对于后出峰的组分，其色谱峰形状(　　)。

(A)高而宽　　(B)高而窄　　(C)低而宽　　(D)低而窄

3. 根据速率理论，色谱柱的固定相填充越均匀，柱子的理论塔板数(　　)。

(A)越大　　(B)不受影响　　(C)越小　　(D)不好判断

4. 较高的色谱载气流速可以减少分析时间，但也会降低柱效率，同时带来(　　)的不利现象。

(A)峰形展宽　　(B)基线噪声严重增大

(C)检测器灵敏度下降　　(D)峰拖尾

5. 对于不同的组分，同一色谱柱在相同的色谱条件下(　　)。

(A)理论塔板数完全相同　　(B)理论塔板数完全不同

(C)理论塔板数可能不相同　　(D)理论塔板数无法进行比较

6. 要达到同样的理论塔板数，内径越大的柱子长度(　　)。

(A)越短　　(B)越长

(C)与内径无关，一样长　　(D)条件不足，不能确定

7. 相对保留值的单位是(　　)。

(A)s　　(B)min　　(C)无单位　　(D)mL

单元二　压力和温度控制系统

课题 1　色 谱 气 源

1.1　常用载气

载气是气相色谱的流动相，其作用是把样品输送到色谱柱和检测器。常用的载气有 H_2、N_2、Ar、He 等。这些气体通常由高压钢瓶提供，初始压力为 10～15MPa。通常规定上述气体高压钢瓶的颜色如表 2-1 所示（依据 GB 7144—1999 制作）。

表 2-1　钢瓶颜色标识表

	H_2	N_2	Ar	He	CO_2	空气	O_2
外壳	淡绿	黑	银灰	银灰	铝白	黑	淡蓝
标字	大红	淡黄	深绿	深绿	黑	白	黑
色环	黄色	白	白	白	黑	白	白

目前，气体发生技术有了突破性的进展，多种气体也可以采用气体发生器供给，其纯度一般要低于高压钢瓶气体。

1.2　气体的净化

为了达到相应的纯度要求，经常需要对来自气源的载气进行进一步的净化处理。常用的净化器填充物有硅胶、分子筛、活性炭、脱氧剂等等。不同的净化器可以净化的杂质见表2-2所示。

表 2-2　气体净化表

填充物	变色硅胶	分子筛	活性炭	脱氧剂
可去除的杂质	水	水和少量烃类	烃类	微量氧

1. 在使用 TCD 作为检测器时，选择载气时应该首先考虑（　　）。

2. 钢瓶氮气等载气出厂压力一般在（　　）MPa 左右，因此使用时要先减压到 0.4～0.8MPa。

课题 2　载 气 控 制

2.1　进行载气和温度控制的目的

GC 仪器的气路控制系统好坏直接影响分析的重现性。尤其是在毛细管色谱中，柱内载气流量一般控制在 1～3mL/min 之间，如果控制不精确就会造成保留时间的不重现。因此，控制好色谱仪的载气和温度的主要目的在于：(1)获得稳定的基线；(2)获得良好的时间重现性；(3)获得良好的峰面积重现性；(4)合理的控制温度和压力，可以获得更好的分离效果和更短的分析时间。

2.2　控制压力的方法

在气相色谱中，用来控制柱前载气稳定的有稳压阀和稳流阀两种。

(1)稳压阀

稳压阀用来控制色谱柱前压力的稳定，采用保持稳定色谱柱前压来保证重现性。即当色谱仪进行程序升温等操作时，始终保持色谱柱前压为一个稳定值。在这个过程中，由于色谱柱气体阻力的变化，可能导致色谱柱内的气体流量有所变化。稳压阀的结构如图 2-1 稳压阀结构图。

通常在没有程序升温等操作的简单色谱仪应用上，都是采用稳定的柱前压来控制载气流量。

(2)稳流阀

稳流阀用来控制色谱柱内流量的稳定，采用保持稳定的色谱柱流量来保证重现性。即当色谱仪进行程序升温等操作时，始终保持色谱柱内载气流量为一个稳定值。在这个过程中，由于色谱柱气体阻力的变化，可能导致色谱柱前压有所变化。稳流阀的结构如图 2-2 稳流阀结构图。

稳压阀或稳流阀都是靠自身反馈来控制柱前载气稳定的。现代色谱采用电子压力控制手段，通过电子反馈系统来保证柱前压载气的稳定性，具有更高的灵活性。

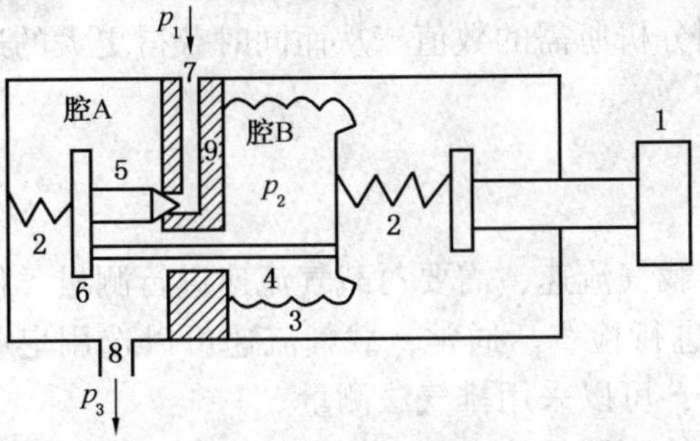

图 2-1　稳压阀结构图

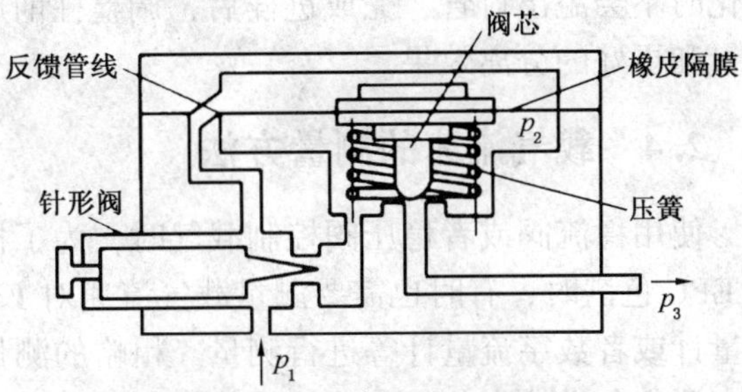

图 2-2　稳流阀结构图

(3)稳流阀和稳压阀控制的异同

稳流阀和稳压阀都是在阀出口压力发生波动时(色谱仪进行了程序升温、阀切换等操作)，通过调节阀门上下游间的控制针阀的开度，达到载气流量或压力稳定的目的。

对于稳压阀来说，当下游载气阻力发生波动时，稳压阀内发生负反馈。当阀门下游载气阻力变大导致稳压阀出口压力变大时，稳压阀内自动调节针形阀开度变小，使得载气流量减小，从而调整出口压力变小，回到接近原来的设定值。

而稳流阀则相反，是正反馈。当阀门下游载气阻力变大导致阀门出口流量减小时，调节针形阀开度加大，阀门出口压力增加，从而导致气体流量增加，补充出口后面由于气体阻力增加而减少的流量，达到稳定流量的目的。

2.3 压力控制方式的选择

在分析过程中，色谱仪控制阀后载气阻力不发生变化时，通常都是采用恒压模式的。事实上，如果分析中载气阻力不发生变化，采用稳压或者稳流也是没有本质区别的。载气阻力变化一般发生在进行程序升温或者阀门切换的时候。

(1) 适合采用恒流模式的情况

当色谱仪采用了填充柱，并且进行程序升温操作时，由于柱后一般没有补充气，当柱阻力随温度变化而变化时，为了保持检测器载气流速的稳定性，一般要采用稳流阀进行恒流控制。当然，当进行阀切换而没有进行气路平衡的色谱系统，采用恒流模式也是比较合适的。

(2) 适合采用恒压模式的情况

当色谱仪采用毛细管色谱柱，进行程序升温时，为了保证分流/不分流进样口的稳定，一般需要保证稳定的柱前压力，这个时候采用稳压阀进行恒压模式比较合适。毛细管柱流量本身比较小，载气配比主要靠补充气控制，因此通过检测器气流变化较小，不会造成检测器的波动。

(3) 现代 EPC 色谱的选择

由于现代 EPC(电子流量控制)色谱仪采用了电子反馈，可以自由的控制压力或流量的数值稳定或变化趋势，因此在进行载气控制的时候更加自由了。

与程序升温相对应，先进色谱仪可以采用程序升压模式来进行分析，可以在不适宜进行程序升温的情况下，同样达到缩短样品分析时间的目的。

同时，在采用进样口恒压模式的同时，可以采用柱流量+补充气流量之和保持稳定的办法，保证检测器流量稳定不变的方案，确保检测器完全不会受到干扰。

甚至可以采用高压进样，在进样的一段时间内提供一个高的柱前压，确保大的样品量在气化时不会溢出衬管，完成进样后，调整柱前压到分析所需的数值，从而同时获得更大的进样量和更好的分离效果。

2.4 载气流速的测量方法

使用稳流阀或者稳压阀控制载气时，为了检查载气流速，需要对载气流速进行测量。使用 EPC 色谱时，有时也需要测量载气流速对 EPC 进行检查。通常，载气流速可以选用皂膜流量计或者数字流量计等进行测量。粗略的测量时，可以采用排气法测量。

测定色谱柱中载气流速的最佳位置是色谱柱与检测器的接口处，测定 FID 空气流速的最佳位置是压力或流量控制阀的出口，测定总流速可以选择在 FID 的出口测量。对于 EPC 色谱仪，可以在 FID 出口通过关闭各路气体只留下一路来分别对各路气体流量进行测定。

精确控制载气流速可以有效提高色谱柱的分离效能，缩短分析时间；合理配比检测器气体流量可以提高灵敏度和稳定性。

思考

1. 测定色谱柱中载气流速的最佳位置是(　　)。

2. 当填充柱色谱仪采用了恒压模式控制时，柱箱温度提高后，柱前压和载气流量会发生什么样的变化？这些变化对分析有利吗？

课题 3 温 度 控 制

3.1 色谱仪控温部位

色谱仪的控温部位主要有阀箱、进样口、柱箱、检测器、辅助温控设施等。

(1) 阀箱控温的意义

由于气体热膨胀系数高，因此定量管的温度直接影响样品进样量。对于采用外标定量的方法，定量管温度波动会带来较大的分析误差，因此必须对阀箱进行温度控制。

(2) 控制柱箱温度的意义和方法

色谱仪柱箱温度可以影响组分在固定液和气相中的分配系数和分子扩散速度等，从而造成分离度、保留时间、色谱峰形等多种影响，因此应严格控温。一个控温良好的色谱仪柱箱内部，上下部温度差值应该小于 3℃。

柱箱温度过低可能造成峰宽加大、峰拖尾和分析时间过长等不良后果；过高则可能带来分离度不够、柱流失加大等不良后果。如果柱箱温度控制失灵，温度无法保持稳定，则会造成组分出峰时间波动，甚至出峰次序发生变化等不良后果。

设定合适的柱箱温度，要考虑样品情况、色谱柱允许使用温度等多方面因素。通常采用恒温分析的色谱仪，柱箱温度应该设定在样品的平均沸点，要低于进样口和检测器的使用温度。同时，为了易于控温，柱箱温度一般至少要比室温高 10~15℃。

3.2 程序升温

在一些特殊的情况下，需要控制变化的柱箱温度，即程序升温。在分析过程中，柱箱温度随着分析时间按照一定程序逐渐上升的分析方法，叫程序升温。程序升温特别适用于分析组分沸点分布比较宽的样品、气固色谱、痕量组分分析等情况。

对于气液色谱，由于温度升高会带来柱流失的加大，则不是十分适合。虽然不很适合，但这种情况下采用程序升温的例子还是有的。

图 2-3 程序升温曲线图给出了 2 个典型的程序升温时间温度曲线。

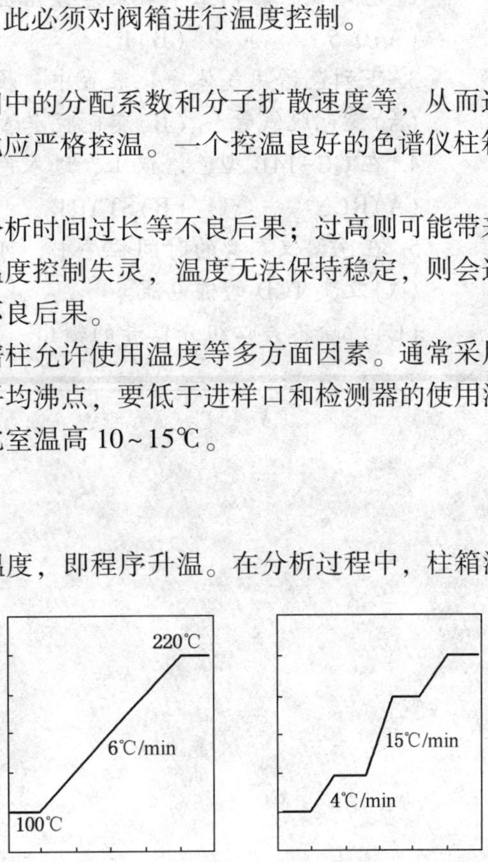

(a)单阶线性程序升温 (b)多阶线性程序升温

图 2-3 程序升温曲线图

程序升温的初始温度通常设置在样品中最易挥发组分的沸点附近，升温速度根据具体情况决定。升温速度越快，色谱峰的峰形越好，但分离度可能会相应降低。在分离效果足够的情况下，程序升温可以明显缩短分析时间，使得停留时间相对较长的组分可以保持良好的峰形。

3.3 运行一个程序升温

当设定好程序升温程序后，按下色谱仪主机的 Start 按钮即可开始运行程序升温。事实上，色谱仪的时间程序不仅可以完成程序升温，还可以同时运行其他需要时间控制的功能，如改变 TCD 的桥电流、切换检测器的灵敏度、控制色谱仪连出的其他设备开关如阀门切换等。

在现代工作站控制的色谱仪上，这一切都可以通过工作站来控制了。

训练

1. 当柱箱温度提高时，通常(　　)。

(A)出峰时间变短，峰宽变窄

(B)出峰时间变短，峰宽变宽

(C)出峰时间变长，峰宽变窄

(D)出峰时间变长，峰宽变宽

2. 色谱仪柱箱内上下部温度差值应该小于(　　)摄氏度。

(A)0.5　　(B)1　　(C)2　　(D)3

3. 下列色谱用气体净化装置中，属于化学反应脱除原理的是(　　)。

(A)变色脱氧管　(B)变色脱水管　(C)变色脱氢管　(D)活性炭脱烃管

4. 在GC-14B型色谱仪上，进入色谱主机程序编辑的按键是(　　)。

(A)RUN　　(B)START　　(C)PROG　　(D)FUNC

5. 在色谱仪本身的时间程序中，可以进行的工作有(　　)。

(A)改变TCD的桥电流　　(B)切换FID检测器的灵敏度

(C)清除不关心组分信号的输出　　(D)控制色谱仪连出的其他设备开关

单元三 进 样 系 统

课题 1 进样方式

1.1 样品的前处理

进样前，可能要对样品进行适当的前处理。

对色谱分析的样品进行前处理的目的是将待测组分转化为可用色谱分析的样品，如去除对仪器有损害的杂质、通过化学反应改变待分析组分的化学结构、浓缩待分析组分等。在样品的处理过程中，转化率或者回收率一般不能做到100%，根据处理方法和结果计算方法不同而有所差异。

现代色谱样品前处理技术应用最广泛的就是固相微萃取技术，主要用于浓缩痕量组分。它具有回收率高、使用方便的特点，但是也有易折断、易产生气泡、样品存在滞留效应等缺点。

1.2 进样方式的分类

样品是通过进样系统被引入色谱柱并达到分离的。样品被引入色谱时通常有气态、液态两种形式，据此进样方式可以分为气相进样和液相进样两种。根据进样使用的设备，可以把进样方式可以分为注射器进样和阀进样两种方式；根据样品引入色谱系统后进入色谱柱的方式，进样方式还可以划分为普通进样、分流进样、浓缩进样等。这些不同的进样方式，组合成为各种实际进样状态。

通常气体样品选择阀进样。特殊情况下也可以采用气密注射器进样，但相对于阀进样来说，气密注射器进样有着较大的进样误差。由于气体密度受温度影响较大，最好对定量管进行恒温，即把定量管放在阀箱或者柱箱内。当对定量管进行控温时，用样品置换定量管完成后应停留几秒再进样，以便让样品温度达到稳定。采用气密注射器进样时，要注意用手挡住推杆，避免较高柱前压顶出注射器推杆。

一般来说，液体样品采用微量注射器进样，样品进样后经过气化后进入色谱柱。使用注射器进样时，应考虑样品间的污染、注射器的使用、气化室温度、针头效应等多方面因素，因此容易出现进样问题。

进样问题最多的是液化气体样品。液化气体样品取样和储存是液化状态，而在进样的常温常压下，样品会处于气体状态。通常液化气体样品是在色谱仪外气化成气体后以气相的形式进入色谱仪。由于样品中不同组分沸点的差异会导致气化效率的不同，因此如何保证气化过程中样品的代表性，成为一个难题。为了解决这个难题，目前采用液相进样阀，直接以液体的方式把液化气体引入色谱系统已经开始被采用。

1.3 阀进样

进样阀有六通进样阀、十通进样反切阀、液相进样阀等。

(1) 六通进样阀

常见的六通阀有平面和拉杆二种，而平面六通阀又分为直通式和旁通式两种，目前最常见的是旁通式平面六通阀。其结构如图 3-1 所示。

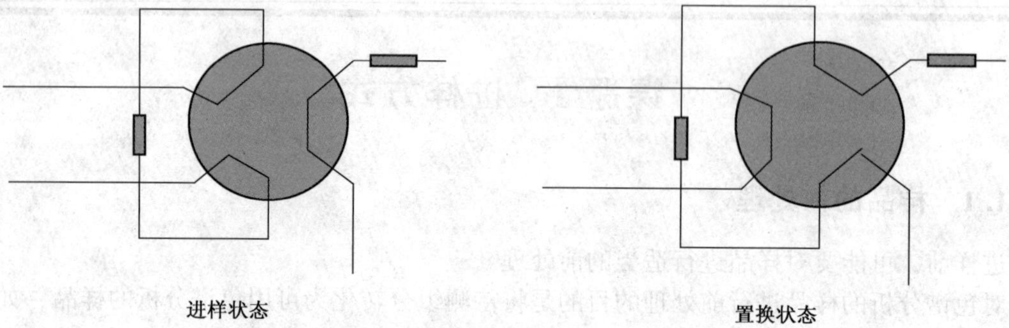

图 3-1　旁通式平面六通阀示意图

事实上六通阀不仅仅被用于进样，但仅在用于进样的时候被称为六通进样阀，主要用于室温下呈气态样品的进样。通常在六通进样阀的入口和出口都安装有可独立开关的阀门，以便于样品在定量管中保存和保证进样压力稳定(对外进行气压平衡)。为了确保进样效果，采用六通进样阀进样时，载气的流速一般不得小于 20mL/min，避免造成样品在定量管中积存导致峰展宽。使用中，还要注意六通阀的材质要和样品匹配，避免样品在阀体发生吸附或分解。

(2) 十通进样反切阀

采用十通进样反切阀的主要目的是在进样的同时用预切柱去除样品中不关心的重组分。当然，不同的连接方式也可以选择性的让某一特定时间段的组分进入主分析色谱柱。其结构和工作原理如图 3-2 所示。

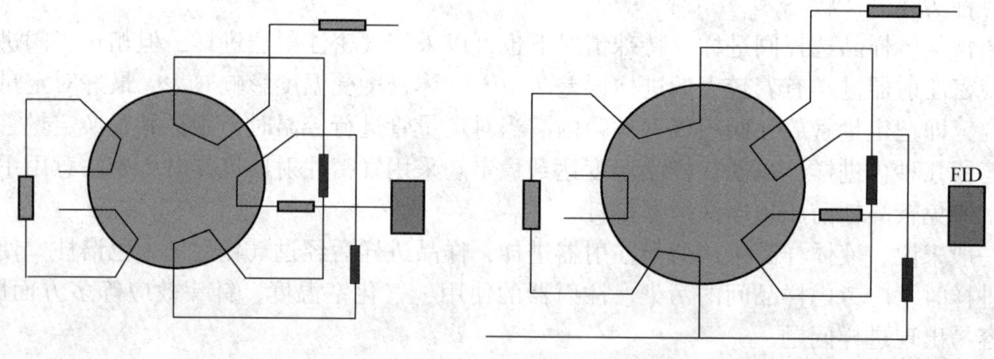

图 3-2　十通进样反切阀气路连接图

(3) 液相进样阀

液相进样法主要用于液化气体样品的进样，与六通进样阀不同的是它只有四个连接口，定量管在阀体内部。由于液体气化时体积要增大上百倍甚至上千倍，所以必须控制十分小的进样体积，相比于气相阀用的定量管，液相阀内部的定量体积要小几个数量级，一般在零点几个微升。为了保证液化气体以液态进入色谱系统，避免在液相阀内存在气泡，液相阀要承受更高的压力。因此为了保证更好的密封性，最高使用温度比六通阀要低，一般只有70℃。液相阀内的定量管体积非常小、气体通路非常窄，因此使用中要注意样品的洁净，避免堵塞液相阀，必要时要为样品加装过滤器。对于难于气化的液体样品，通常不能采用液相阀进样。含有少量高沸点组分的样品。也要注意置换，避免前后样品发生污染。

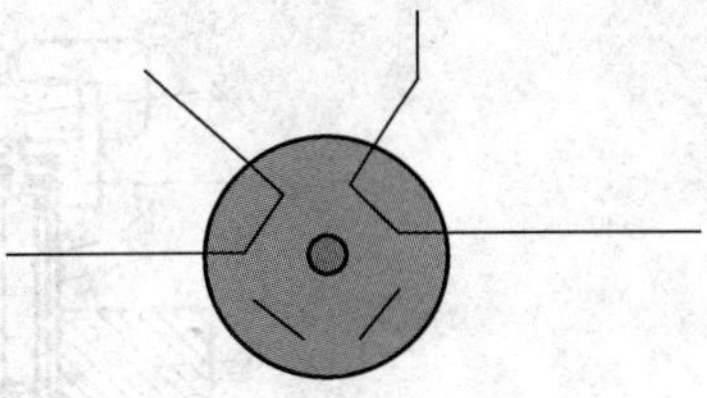

图 3-3 液相进样阀结构图

液相进样阀结构如图 3-3 所示。

1.4 微量注射器

微量注射器又被称为微量进样器，主要用于液体样品和溶液态样品的进样；特殊带开关的密封注射器可以用于液化气体的进样。通过采用大容量的气密注射器也可以完成气体样品的进样。由于液体气化的体积增大，因此液体进样采用的都是微量注射器。正确操作下，微量注射器的进样精度一般在2%左右，能够满足色谱分析的定量要求。

使用微量注射器时，应注意以下问题：

(1) 为了避免产生气泡，置换时要在样品中多推拉针芯几次，要慢拉快推。

(2) 注意注射器推杆行程，不能把针头拔出来。

(3) 使用液相注射器进行定容时，应该针尖向上定容，避免注射器内形成气泡影响定量。

(4) 进样时推针要快。

(5) 用同一注射器进下一个样品时，要注意置换，避免样品交叉感染。

课题 2 汽化和分流

2.1 汽化室

为了让液体样品充分汽化后以气态进入色谱柱，色谱仪都装备有汽化室，汽化室与色谱柱直接相连。采用阀进样方式时，有时会旁通汽化室，以避免产生峰展宽。汽化室的结构如图 3-4 所示。

(1) 隔垫吹扫气路

注射器是透过胶垫来进样的。胶垫本身可能会挥发出少量的有机物，注射器多次透过胶垫，也会在胶垫上留下样品残余。这些杂质，如果进入色谱柱，就会带来基线不稳、出现鬼峰等问题。通过采用隔垫吹扫气路，可以吹走这些杂质。隔垫吹扫气路的流量一般在2~3mL/min左右。在前面用阀进样的情况下，这部分排出的气体会带走少量的样品。

(2) 衬管和石英棉

为了达到更好的汽化效果，气化室内的衬管中部通常加装少量石英棉。由于外界和柱子的温度都要低于汽化室温度，衬管内温度分布并不均匀，石英棉所在位置应是衬管内的温度最高点。采用注射器进样时，应该调整注射器针头长度，使针尖刚好在石英棉内为宜，这样有利于样品汽化并减少歧视。

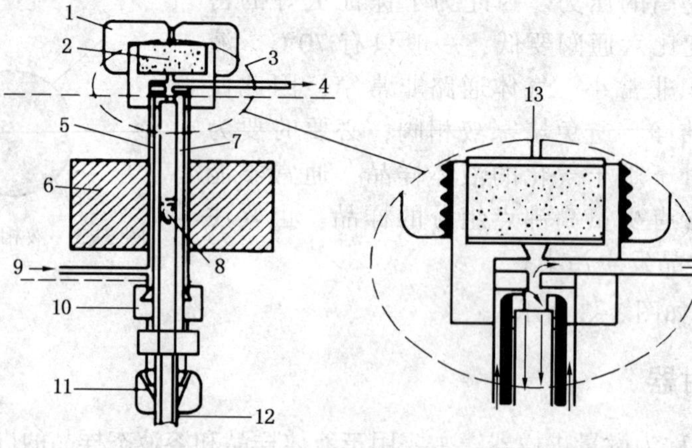

图 3-4 汽化室结构图

1—固定隔垫的螺母；2—隔垫；3—隔垫吹扫装置；4—隔垫吹扫气出口；5—汽化室；
6—加热块；7—玻璃衬管；8—石英玻璃毛；9—载气入口；10—柱连接固定螺母；
11—色谱柱固定螺母；12—色谱柱；13—隔扩建吹扫装置放大图

2.2 分流/不分流进样器

当色谱仪采用了毛细管色谱柱的时候，为了适应毛细管柱的低柱容量，需要大幅度减少进样量。这是无法通过减少定量管体积或微量注射器定量体积来实现的。此时色谱仪要采用分流/不分流进样器。它可以按一定比例将绝大多数样品在进入色谱柱之前弃去，仅让少量样品进入色谱柱并加以分离。

相对于普通汽化室，分流/不分流进样器的最大特点就是在衬管外设置了一个放空气路，如图 3-5 所示。为了达到成比例地分流，还在放空气路上安装了流量调节装置。为了让气体到达分流气路（放空气路），分流/不分流进样器内的衬管和底座与普通汽化室也有所不同。

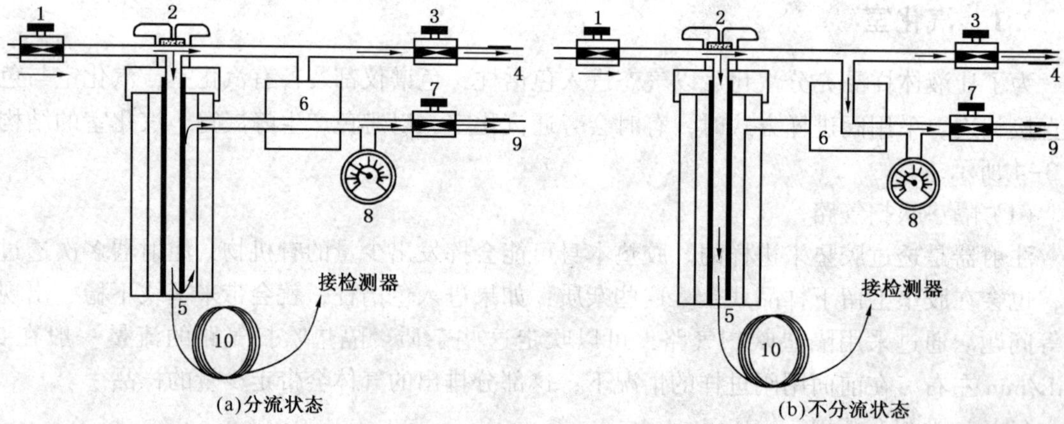

(a)分流状态 (b)不分流状态

图 3-5 分流/不分流进样器

1—总流量控制阀；2—进样口；3—隔垫吹扫气调节阀；4—隔垫吹扫气出口；
5—分流器；6—分流/不分流电磁阀；7—柱前压调整阀；8—柱前压表；9—分流出口；10—色谱柱

（1）衬管

通常，分流/不分流进样器中的衬管体积在1mL左右。为了避免衬管发生过载，液体进样的体积一般控制在2μL以下，最好小于0.5μL。进样时，应尽可能的快，以利于得到良好的初始带宽并防止不均匀汽化。

（2）分流比

通常，分流比是指分流气流量和柱流量的比值，设置区间是20~200倍，调节分流比是通过调节分流气出口阀门开度来完成的。在进行微量组分分析或样品组分沸点差异较大的时候，不宜采用过大的分流比。

（3）针头效应

当采用注射器进样时，推杆按下之后，针头中总是还残留有少量样品。在汽化室的温度作用下，这些样品中的低沸点组分首先汽化，进入系统，造成分析结果中轻组分偏高。因此，推杆按下后拔针太晚，会造成较严重的针头效应。但是，如果按下推杆后马上拔出针头，会造成针头上的高沸点组分来不及汽化而被胶垫吹扫气路带走，同样是不可取的。一般来说，正确的操作应该是按下后停留1~2s后，再拔出针头。

（4）分流歧视

在汽化室，由于样品中组分沸点不同，在相同的分流设置下，不同组分的实际分流比不同，这就是分流歧视。分流歧视产生的主要原因是样品汽化后，对汽化室压力造成冲击而形成的。减小进样量，选用合适形状的衬管，提高汽化室温度，适当降低分流比，确保毛细管色谱柱正对衬管的中心轴都有利于消除分流歧视。

（5）溶剂效应

在不分流进样时，溶液类型的样品由于溶剂量很大，无法被较小流量的载气迅速带入色谱柱，造成溶剂峰展宽，后面的较小的组分峰会被展宽的溶剂峰所掩盖，这种现象，就是溶剂效应。采用瞬间不分流技术或高压进样，可以有效地减小溶剂效应。

合理利用溶剂效应，可以获得更高的灵敏度和定量准确性，这又被称作溶剂聚焦。当样品中有大比例的溶剂组分且汽化室温度、柱箱温度都低于溶剂温度20℃时，溶剂会在色谱柱头形成液膜，对样品组分起到良好的分离作用，这就是溶剂聚焦。

课题3　冷柱头、程序升温进样和顶空进样技术

3.1　冷柱头进样

冷柱头进样是一种特殊的进样装置，它在进样时，对柱头进行冷却，并直接把样品送到柱头上，可以实现多次进样。这样可以避免样品在汽化室发生分解及针头效应、分流歧视等问题，且更有利于溶剂聚焦，带来更好的分析效果。因此，柱效、灵敏度和准确度都有所提高。但由于样品直接进入色谱柱，容易造成柱子过载，同时柱头也容易损坏，专用的注射器也容易损坏。采用冷柱头进样时，载气流速相对于正常进样方式应略微快一些，其结构如图3-6所示。

3.2　程序升温进样

程序升温进样口是将气体或液体样品注入汽化室处于低温的内衬管后，立即按设定的程序升温步骤，迅速提高汽化室的温度，再实现样品的快速汽化。为了达到温度控制的这个目

的，需要给进样口同时配备加热和制冷设备且要采用小热容部件，其结构如图 3-7 所示。

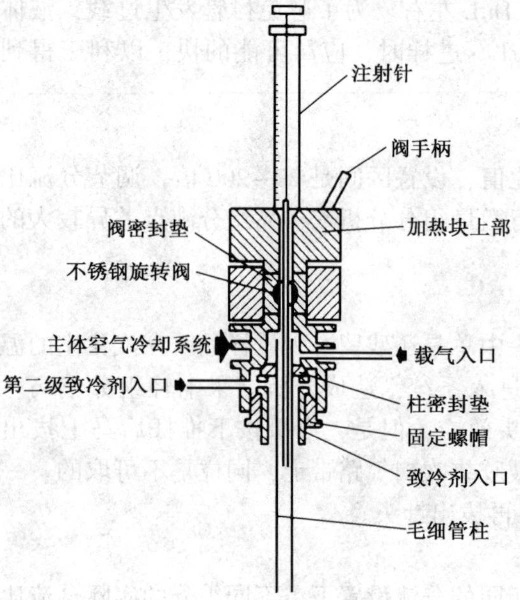

图 3-6　冷柱头进样器结构图

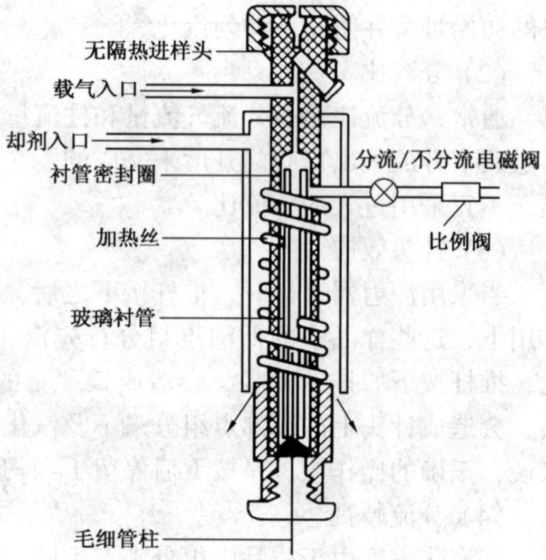

图 3-7　程序升温进样口结构图

程序升温进样口能完成冷柱头进样的功能，也能完成分流功能。

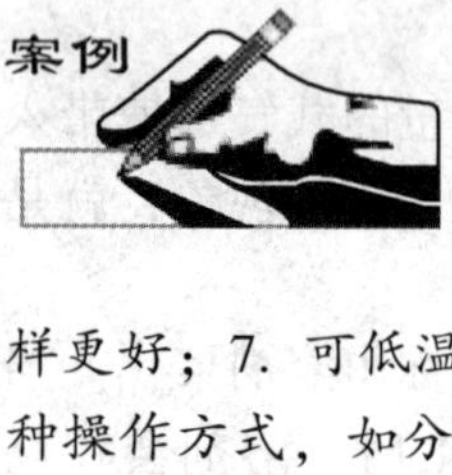

采用程序升温进样方式，有什么优点？

答：1. 消除了注射器针头的样品歧视问题；2. 相对于冷柱头进样，不需要特殊注射器；3. 能够实现大体积进样；4. 减小了分流歧视；5. 能够完成样品浓缩；6. 对色谱柱的保护性较冷柱头进样更好；7. 可低温捕集气体样品，有利于和阀进样、顶空进样联合使用；8. 可实现多种操作方式，如分流、不分流、溶剂消除等等；9. 重现性高。

3.3　顶空进样技术

顶空进样就是取样品基质上方的气相部分进样并以此进行色谱分析。采用顶空进样的最主要的目的是消除样品中基质的干扰，如血液等基质不适合进入色谱系统的样品。

根据对样品的处理方式，可以把顶空进样分为动态顶空进样和静态顶空进样(平衡顶空进样)两种。

采用顶空进样时，基质中的关心组分的挥发情况，对分析结果的影响非常大，成为分析的最主要的误差来源，通常称为基质效应。

采用冷柱头进样时，样品将从(　　)进入色谱系统。

(A)气相进样阀　　(B)液相进样阀

(C)进样口衬管　　(D)色谱柱头

1. 对于组分沸点范围较宽的样品，用微量注射器进样时，应该注意(　　)。

(A)进针、推针、拔针都要快

(B)进针、拔针都要快，推针要略慢

(C)进针、推针都要快，拔针要略慢

(D)进针要快，推针、拔针都要略慢

2. 分流/不分流进样口采用分流进样时，液体样品一般不能超过(　　)μL，最好控制在(　　)以下。

(A)10、2　　(B)5、1　　(C)2、1　　(D)2、0.5

3. 通常分流/不分流进样口的衬管体积为(　　)。

(A)0.2mL　　(B)1mL　　(C)2mL　　(D)5mL

4. 气体阀进样时合适的分流/不分流进样口设定温度为(　　)。

(A)柱箱最高使用温度+30℃　　(B)样品中高含量组分最高沸点+30℃

(C)样品中高含量样品最高沸点　　(D)柱箱最高使用温度+10℃

5. 分流/不分流进样口的常用分流比设置区间是(　　)。

(A)10~80　　(B)20~120　　(C)20~200　　(D)50~300

6. 色谱法分流进样时，采用下面的做法可以有利于减小分流歧视的是(　　)。

(A)加大进样量　　(B)提高进样口温度

(C)提高载气流速　　(D)提高分流比

7. 色谱的溶剂效应一般发生在(　　)。

(A)普通进样口液相进样时

(B)分流/不分流进样口液相分流进样时

(C)分流/不分流进样口液相不分流进样时

(D)普通进样口气相进样时

8. 在隔垫吹扫气路处(　　)会有一部分样品发生损失。

(A)液体样品注射器进样　　(B)气体样品注射器进样

(C)气体样品阀进样　　(D)不可能

9. 冷柱头进样的优点有(　　)。

(A)没有进样歧视　　(B)样品不会分解

(C)更好的溶剂聚焦　　(D)分析精度高

10. 冷柱头进样的缺点有(　　)。

(A)进样体积小　　(B)操作复杂

(C)柱子寿命短　　(D)分析精度差

11. 程序升温进样口，为了达到温度控制的目的，需要(　　)。

(A)仅配备一个快速加热装置

(B)同时配备加热和制冷设备

(C)仅需要制冷设备

(D)同时配备加热和制冷设备且要采用小热容部件

12. 色谱仪的程序升温进样口，(   )。

(A)不能完成冷柱头进样的功能，也不能完成分流功能

(B)不能完成冷柱头进样的功能，但能完成分流功能

(C)能完成冷柱头进样的功能，但不能完成分流功能

(D)能完成冷柱头进样的功能，也能完成分流功能

13. 采用用阀进样可以有效地控制进样误差。一般来说，阀进样的进样精度在(   )以内。

(A)5%　(B)1%　(C)0.5%　(D)0.1%

14. 采用气体进样六通阀进样时，载气的流速一般不得小于(   )。

(A)20mL/min　(B)40mL/min　(C)60mL/min　(D)80mL/min

15. 在含有预切气路的色谱仪中，采用(   )来确定预切时间。

(A)最重组分流出预切柱的时间　(B)最轻组分流出预切柱的时间

(C)关心组分完全流出预切柱的时间　(D)关心组分流出主分析柱的时间

16. 要绘制好一个色谱气路图，最关键的因素是(   )。

(A)正确绘制好各个切换阀的流路　(B)正确绘制检测器各种气体的流路

(C)判明载气在色谱柱中的流动方向　(D)掌握进样口各个气体的分支

单元四 色谱柱系统

根据色谱柱的形状和柱径，色谱柱可以分为填充柱和毛细管柱两种。其中填充柱根据柱径可分为普通填充柱和微填充柱，毛细管柱也可分为宽口径、普通口径和细口径几种。

根据色谱柱分离的原理，色谱柱可以分为气液色谱柱（涂渍柱）和气固色谱柱（吸附柱）两种，而涂渍柱又可分为交联柱和普通柱。

这些不同类型的色谱柱在色谱实际应用中被广为采用，早期主要以普通填充柱为主，上个世纪八十年代，毛细管柱开始被广泛使用。填充柱和毛细柱均极具特色但各有优缺点，为了弥补不足，最近色谱柱在微填充柱和宽口径毛细管柱方面，有了较大的进展。

课题1 填 充 柱

1.1 填充柱的结构

填充柱由惰性的色谱柱和色谱柱填料组成。色谱柱体材质一般是不锈钢，在分析一些特殊组分时，也采用玻璃材质的色谱柱。不同公司色谱仪配备的填充柱长度和口径有所不同，一般来说内径在3mm左右，长度从几十厘米到几米不等。微填充柱内径一般在1mm左右，长度小于1m。填充柱的形状有螺旋形和U形两种。

填充色谱柱的填料分为吸附填料和涂渍填料两种，一般粒度均匀，在几十到二百目之间。填料两端用惰性的石英棉固定，避免使用中流失。根据装填情况，填充柱一般应注意使用的方向性。

涂渍填料由担体和涂渍在担体上的固定液构成。

1.2 色谱载体

载体又称为担体，用于固定和支撑分离组分所必需的固定液。虽然固定液是分离的决定性因素，但载体也并不是无关紧要的。由于载体的结构和表面性质，可以直接影响分离效果。一般对载体的要求有以下几点：(1)表面应该是化学惰性的，没有吸附和催化性质；(2)表面积应该较大，孔径分布均匀；(3)热稳定性好、有一定的机械强度。

气相色谱应用的载体种类很多，总的可以分为硅藻土型和非硅藻土型两大类。硅藻土型载体可分为红色和白色两种。由于硅藻土载体是多孔性物质，表面不是光滑的球面，因此有着较大的比表面积，可以保证固定液能够形成一个面积相当大的涂层。但由于硅藻土表面存在氢键和酸碱活性作用点，因此在分析特定样品时，可能会带来拖尾等不良后果。为了消除这些问题，可以对硅藻土载体进行进一步的处理，主要有酸洗、碱洗、硅烷化、釉化四种不同的方式。

非硅藻土载体种类很多，性质也各异。常用的有氟载体、高分子多孔微球、玻璃球、洗涤剂、素瓷、海沙等。

案例

什么叫担体？选择色谱柱的担体有哪些要求？

答：担体是一种多孔性化学惰性固体，在气相色谱中用来支撑固定液。对担体有如下几点要求：

表面积较大；具有化学惰性和热稳定性；有一定的机械强度；有适当的孔隙结构；能制成均匀的球状颗粒；有很好的浸润性。

1.3　色谱固定液

在气液色谱中，选择合适的固定液是达到良好分离效果的关键。色谱固定液应满足以下要求：沸点高；黏度低；良好的化学稳定性和热稳定性；对要分离的组分的高选择性。目前被应用的固定液多达1000余种，大致可分为非极性、中等极性、强极性、氢键型四类。选择色谱固定液时，首先应遵循“相似性原则”。分析组分比较复杂的样品，应该优先选用中等极性固定液。

在不同担体上，固定液的涂渍量是不同的。合适比例的固定液，对分离效果有很大的影响。如：对于目前常用的硅藻土类载体，涂渍固定液的合适范围一般在担体体积的10%～30%；对于玻璃微珠载体，合适的固定液涂渍比例为担体体积的1%。

1.4　填料粒度

对于不同直径的填充色谱柱，应选用不同粒度的载体。一般来说，合适的填料粒度为色谱柱直径的1/18左右。相对于尺寸较短的同类色谱柱，长尺寸的填充色谱柱的填料应该略大一些以降低阻力；相对于较大粒度的填料，选用较小色谱柱填料粒度可以增加柱效率。对于3mm内径的色谱柱，一般选择粒度在60～100目的填料。

1.5　填充柱的制备

制备一个填充柱，应首先考虑选用的固定液、载体和涂渍量，并确定合适的柱子尺寸和长度。然后对色谱柱管进行预处理，把固定液涂渍到载体上，最后完成色谱柱的装填。装填色谱柱时，应首先将色谱柱弯折成型，在一端填充脱脂棉，并连接到真空泵上，在不断振动色谱柱的情况下，用漏斗缓慢的将载体装入色谱柱。装填中应注意装填均匀、紧密，不能留下空隙。

新制备的色谱柱在投入使用前，应首先进行老化处理，老化时注意与检测器的连接要断开，避免污染检测器。

1.6　吸附色谱柱

吸附色谱柱填料不需要进行固定液的涂渍，它是通过填料对待分离组分不同的吸附作用达到分离的。与载体相似，它也应具有大的比表面积。

常见的吸附色谱固定相有活性炭、氧化铝、硅胶、分子筛、高分子多孔微球等。根据硅铝含量的不同，分子筛类固定相可分为A和X两种类型。国产的GDX类色谱固定相，就属于高分子多孔小球。

案例

制备一颗螺旋形填充色谱柱，应该(　　)。

(A)先装填好色谱担体，然后弯折成型，在涂渍固定液

(B)首先先弯折成型，然后进行处理色谱柱等工作

(C)先进行其他工作，最后弯折成型

(D)什么时候弯折成型都可以

分析：从选择枝上看，本题考察的是弯折成型的时机问题。由于色谱柱一般为不锈钢材质，有时候需要对柱子进行处理。当弯折柱子时，可能会产生新的活性表面，因此应该优先弯折柱子。同时，装填填料后，弯折柱子还可能带来填料紧密度的变化，导致填充不均匀。所以必须先把柱子弯折好之后再进行其他处理。故答案应该选择B。

课题2　毛细管色谱柱

1957年，Golay根据Deemter提出的速率理论，提议采用能够消除涡流扩散系数、内壁涂渍固定液的毛细管柱，并在1958年获得相关专利。但直到专利过期后的20世纪70年代，毛细管柱才得到了应用，并在80年代迅速推广。推广的原因在于解决了进样和检测两方面的难题。

毛细管柱(capillary column)，又称为开管柱或空心柱。它的最大特点在于它的“空心性”，而不是它的“细小性”。尽管色谱学家们曾多次强调采用这类色谱柱时，应使用正确的名称“开管柱”，但人们还是习惯把它称作毛细管柱。

毛细管色谱柱基体的材质分成石英玻璃和不锈钢两种，但商业用毛细管柱基本都是用石英玻璃制作，并在外面涂覆聚酰亚胺薄膜以加强强度和韧性。毛细管柱内径在0.1~0.3mm左右，商业化的毛细管柱主要有0.1mm(超细口径)、0.24mm(细口径)、0.32mm、0.53mm(宽口径)几种，长度一般在几米到几十米。

毛细管柱的分类与填充柱相似，不同之处在于毛细管柱没有填料，而是把固定液或吸附剂直接涂渍或分散在毛细管内壁上。这样的结构带来了毛细管柱的特点：与填充柱相比，毛细管柱阻力小、长度超长、塔板数超高，因此分离能力远远高于填充柱。但过细的口径和小固定液量带来了柱容量小、进样困难这些缺点。

石英毛细管色谱柱的外涂层为聚酰亚胺，它会在高温下分解。因此这种毛细管柱的最高使用温度不超过360℃。

使用毛细管色谱柱时，应注意以下几点：

(1) 切割毛细管色谱柱时，应切成平口，不带毛刺，并避免污染或堵塞柱子开口。

(2) 安装毛细管柱时，进样口和检测器两端的长度要适宜。

(3) 安装毛细管柱时，应先用手拧紧螺栓，再用扳手拧1/4圈，避免挤碎毛细管。

(4) 柱子两头连接应避免出现过急的弯(半径不能小于柱子盘半径的3/4)。

(5) 老化新购入的毛细管色谱柱时，正常的老化时间为可以选择30~120min。老化温度可以选择标称最高使用温度减去30℃或分析时最高操作温度加30℃。不宜过长时间老化或过高温度老化，避免造成固定液流失，损伤色谱柱。

(6) 使用毛细管色谱柱时，严禁在没有载气的情况下加热色谱柱。

（7）暂时不用的毛细管柱，两端应该用废的进样隔垫封闭保存。

案例

老化新购入的毛细管色谱柱时，正常的老化时间为多少？

分析：通常老化一根填充柱需要8~24h，即老化过夜。但毛细管柱不同，在出厂之前都已经进行了老化，因此不需要太长时间的老化。太长时间的老化，会造成毛细管柱发生柱流失，损坏毛细管柱。因此，正确的老化时间是30~120min。另外，由于毛细管柱出厂前已经进行了老化，因此对柱流失不太敏感的检测器，如FID等，应该先连接检测器之后再进行老化。当然，对柱流失和污染非常敏感的检测器，如ECD则应该等毛细管柱老化完成后再连接到系统内。

训练

1. 新型的氟载体是一种性能优异的色谱载体，其最高长时间使用温度为(　　)℃。

(A)350　(B)290　(C)220　(D)180

2. 色谱法分析中经常采用的角鲨烷固定液属于(　　)固定液。

(A)弱极性　(B)中等极性　(C)强极性　(D)氢键型

3. 分子筛类色谱固定相有A或X两种类型，他们的区别主要是(　　)。

(A)孔径不同　(B)极性大小不同　(C)吸水性不同　(D)硅铝含量不同。

4. 较高的色谱载气流速可以减少分析时间，但也会降低柱效率，同时带来(　　)的不利现象。

(A)峰形展宽　(B)基线噪声严重增大

(C)检测器灵敏度下降　(D)峰拖尾

5. 对于目前常用的硅藻土类载体，涂渍固定液的合适范围一般在担体体积的(　　)区间内。

(A)10%~50%　(B)10%~30%　(C)5%~30%　(D)5%~20%

6. 确定了固定相等其他因素后，确定所需的柱子长度主要参考(　　)。

(A)待分析样品的组分多少

(B)待分析组分的分析时间

(C)待分析组分中最难分离的两个组分的分离度

(D)待分析组分最先和最后出峰的两个组分的保留时间

7. 色谱分析中，毛细管柱的主要缺点是(　　)。

(A)色谱柱过长　(B)载气阻力大

(C)最高使用温度低　(D)柱容量小

8. 石英毛细管色谱柱的外涂层为聚酰亚胺，它会在高温下分解。因此，这种毛细管柱的最高使用温度不超过(　　)℃。

(A)240　(B)320　(C)360　(D)400

9. 微填充色谱柱的内径一般为(　　)mm。

(A)0.53　(B)0.76　(C)1.0　(D)2.0

单元五　气相色谱检测器

课题 1　检 测 器 基 础

气相色谱检测器是把载气里被分离的各组分的浓度或质量转换成电信号的装置。检测器是色谱定性、定量的基础，在色谱的发展中占有很重要的地位。

1954 年 Ray 首次提出热导检测器，开创了现代气相色谱的新时代。同年，McWillian 和 Harley 于 1957 年提出氢火焰离子化检测器(FID)。随着痕量分析的需求，又陆续出现了一些高灵敏度、高选择性的检测器。1960 年 Lovelock 提出电子捕获检测器，1966 年出现了 FPD 检测器。20 世纪 80 年代以后，随着对色谱技术需求和色谱技术本身的发展，检测器向体积小，响应快，灵敏度高、选择性好的方向发展，热导检测器和氢火焰离子化检测器的灵敏度、稳定性有了很大的提高。同时出现了傅立叶红外光谱、质谱检测器、原子发射光谱检测器、化学发光检测器等，目前检测器的种类多达数十种。如：

TCD-热导池检测器	PID-光电离检测器
FID-火焰离子化检测器	MSD-质谱检测器
ECD-电子俘获检测器	IRD-红外光谱检测器(FTIR)
FPD-火焰光度检测器	HID-氩电离检测器
PFPD-脉冲火焰光度检测器	AID-改性氩电离检测器
NPD-氮磷检测器	AED-原子发射检测器

1.1　色谱检测器的分类

(1) 按信号基础分类，可以分为浓度型检测器和质量型检测器。

浓度型检测器：检测器响应信号与样品组分在流动相中的浓度成比例。它的特点是对被测组分和载气都有响应。对于浓度型检测器，当降低载气流速时，峰高保持基本稳定，峰宽加大，因此峰面积增大。如 TCD、ECD。

质量型检测器：检测器响应信号与单位时间内样品组分进入检测器的质量成比例。它的特点是只对被测组分响应，对载气无响应。对于质量型检测器，当加大载气流速时，峰高增大，峰宽减小，因此峰面积保持基本稳定。如 FID、FPD。

(2) 按是否通用分类，可分为通用型检测器和选择型检测器。

通用型检测器：是指检测器对从色谱柱流出的每个组分均有响应，且不同类型化合物的相对响应值(RRF)基本相当。如 FID、TCD。

选择型检测器：是指检测器对不同类型化合物的相对响应值相差 10 倍以上。如 ECD、FPD。

(3) 按样品是否被破坏分类，可分为破坏性检测器和非破坏性检测器。

破坏性检测器：被测组分通过检测器时，分子形式被破坏，如氢火焰离子化检测器 FID，火焰光度检测器 FPD、原子发射光谱检测器。

非破坏性检测器：被测组分通过检测器时，分子形式未被破坏，如热导检测器 TCD、电子捕获检测器 ECD、光离子化检测器等。

一般，破坏性检测器为质量型检测器，非破坏性检测器为浓度型检测器。

(4) 按定量原理分类，可分为积分型检测器和微分型检测器。

现代色谱检测器都是微分型检测器。

检测器的性能评价参数主要有噪声和漂移、灵敏度和检测限、相对响应值、线性范围、时间常数等。

一个好的检测器必须具有较高的灵敏度、低的检测限、宽的线性和工作温度范围、一定的稳定性、较小的检测池死体积、快速的响应时间和牢固的整体结构，同时检测器的操作也要力求简单。

1.2 检测器的线性范围

线性范围(linear range)是指检测器灵敏度保持不变时，所允许的最大进样量与最小进样量之比。

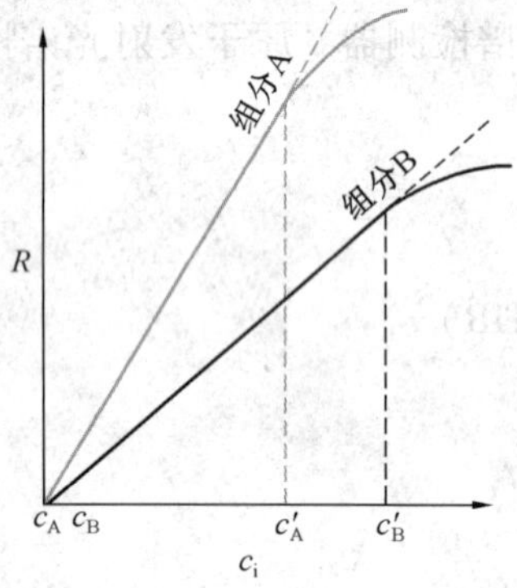

图 5-1 线性范围示意图

不同类型的检测器的响应值 R 和进入检测器的组分浓度 Q (即进样量不变下的样品浓度 c)之间的关系一般可用 $R=CQ^n$ 来表示。其中当 $n=1$ 时，称为线性响应，如图 5-1 线性范围示意图。线性范围，就是图中 A、B 曲线直线部分两个端点浓度之比。

现代色谱检测器通常都是线性响应的，但也有例外，比如 FPD，通常与浓度的平方成正比。

一般来说，样品中组分的响应值应该落在检测器的线性区间内。如果样品进样量过大，某组分的响应值超过了线性范围，那么用外标法测定时会导致测定值偏低。

检测器的动态范围是指检测器对组分发生响应的区间，它通常大于线性空间。

一个检测器的线性空间的下限，就是该检测器的检测限。

1.3 基线噪声和漂移

噪声(noise)，以 N 表示。由各种原因引起的基线波动，称为基线噪声。噪声是测量检测器最小检测限的一个参数，此值越小，仪器性能越好。在检测器中无论是否有组分流出，这种波动均存在。噪声可以分为短期噪声和长期噪声两种，如图 5-2 基线噪声和漂移，图中左边就是两种短期噪声，而中间则是一种长期噪声与短期噪声叠加的结果。

基线随时间单方向的缓慢变化，称为基线漂移(drift)，如图 5-2 右边的图所示。通常漂移的测量是取 0.5h 或 1h 内基线的变动来计算的。

噪声和漂移除与检测器本身的性能有关外，还可能与检测器和数据处理系统的机械噪声，检测器加热、通气、火焰点燃、载气不纯或漏气、柱流失等多种因素有关。

图 5-2 基线噪声和漂移

1.4 灵敏度和检出限

检测器本身的敏感程度可以从两个角度来衡量。灵敏度以 S 表示，是指被测组分在流动相中单位浓度或单位质量被测组分进入检测器的量，即通过检测器被测组分的浓度或质量发生变化时，该被测组分响应值的变化率。检测限以 D 表示，产生两倍噪音时，单位体积的载气或单位时间内进入检测器的被测组分量。测量色谱仪检测器的灵敏度应该在检测器的线性范围内进行。

1.5 相对响应值

相对响应值是衡量一个检测器性能的重要指标。在数值上，它等于该组分相对校正因子的倒数，是某物质灵敏度与标准物质的灵敏度之商。同一种物质在不同检测器上的相对响应值越高，说明该检测器性能越好。相对响应值是衡量一个检测器性能的重要指标，常见物质在通用检测器上的相对响应值都可以查到。根据检测器的类型，可以把相对响应值分成质量相对响应值和摩尔相对响应值两种。目标组分与干扰组分灵敏度的比值称为检测器的选择性，用 SEL 表示。

$$SEL = S_1/S_2$$

式中 S_1——目标组分的灵敏度；

S_2——干扰组分的灵敏度。在石油化工领域，通常以目标组分对碳的相对质量信号计算。

1. 同一种物质在不同检测器上的相对响应值越高，说明(　　)

(A)该检测器性能越好　　(B)该物质的含量越大

(C)该检测器性能越差　　(D)该物质含量越小。

2. 下列检测器中，属于非破坏性检测器的是(　　)；属于浓度型检测器的是(　　)；属于通用性检测器的是(　　)。

(A)FID　　(B)TCD　　(C)ECD　　(D)FPD

色谱法以甲苯为内标物测定某样品中的二氯乙烷含量时，甲苯与样品的配比为 1∶10。进样后测到甲苯和二氯乙烷的峰面积分别为 0.92 和 1.40。如果已知甲苯相对于二氯乙烷的相对响应值为 1.15，那么，原来样品中二氯乙烷的含量为多少？

分析：本题是一道标准的内标法应用。但由于内标法需要知道待测组分和内标物的相对校正因子，而题目只给出了相对响应值，因此主要考察的是相对响应值的概念。根据相对响应值和相对校正因子互为倒数，因此甲苯相对于二氯乙烷的相对校正因子为 $\frac{1}{1.15}$。再考虑本题中用甲苯为内标物，因此二氯乙烷相对于甲苯的相对校正因子应该再进行一次倒数操作，最终得到二氯乙烷相对于甲苯的相对校正因子为 1.15。带入内标法计算公式得到

$$w\% = \frac{1\times1.4\times1.15}{10\times0.92\times100}\times100\% = 17.5\%$$

课题2 热导检测器

热导检测器(thermal conductivity detector, TCD)是利用被测组分和载气的热导系数不同而响应的浓度型检测器。几乎对所有组分均有响应。TCD具有结构简单、通用性好、性能可靠、定量准确、价格低的优点，属非破坏型检测器。

2.1 TCD的结构

如图5-3热导池检测器原理图，热导检测器由热导池和检测电路组成。热导池由热敏元件和池体组成。对于TCD检测器来说：

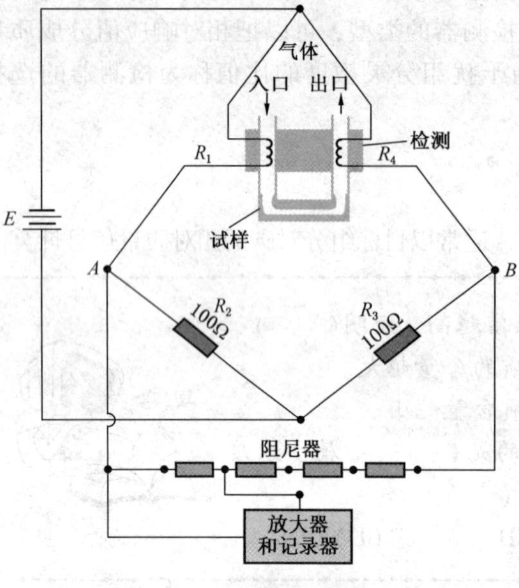

图5-3 热导池检测器原理图

(1) 热敏元件是TCD的感应元件，是热导检测器的核心部件，其阻值随温度变化而改变，可以是热敏电阻或热丝。

(2) 热敏电阻是由Mn、Ni、Co等氧化物半导体制成的直径约为0.1～1.0mm的小珠。热敏电阻阻值较大(5～50kΩ)，温度系数较大，灵敏度比较高，可用于痕量化合物的分析；热敏电阻体积小，热导池腔的体积可小至50μL；热敏电阻对载气的波动不敏感。但热敏电阻热稳定性较差，对温度变化敏感。此外，热敏电阻的TCD响应随温度的增加而迅速下降，为保证热敏电阻的灵敏度，一般在120℃下使用。由于热敏电阻为氧化物，因此不能选用还原性载气。选用热敏电阻有利于减小TCD的体积。

(3) 热丝具备电阻率高、电阻温度系数大，耐氧化和耐腐蚀的特点。早期一般用钨丝作热丝，但钨丝电阻率较低，耐氧化性较差。现在高性能的热导检测器中常用铼钨(Re-W)丝作为热丝，电阻率较高，有利于提高检测灵敏度；同时，拉断力显著提高，高温性能好。

(4) 热导池体为一内部加工成池腔和孔道的金属体，多用不锈钢制成，体积为100～500μL，用于填充柱。用于毛细管柱的池体在100μL以下，现在的微型热导检测器的池体积在3.5μL左右。

TCD检测器的热导池池体结构有直通式、扩散式、半扩散式三种。

2.2 TCD的响应机理

使用时，载气经参考池腔、进样器、色谱柱，从测量池腔排出。R_1、R_2为固定电阻，R_3、R_4为测量臂、参考臂热丝(可变电阻)，通过调节合适的载气流速、桥电流及TCD的温度至一定值稳定后，TCD处于工作状态。当仅有载气通过测量臂和参考臂时，由于气体相同，从热丝向池臂传导的热量相等，热丝温度恒定，阻值不变，电桥处于平衡状态，即 $R_1/R_4=R_2/R_3$。这时，无信号输出。由于气体的流量是恒定的，导热系数的变化就成了热散失速度唯一的影响因素。进样后，由于这时的气体为载气和组分的混合物，导热系数发生了变化影响了散热速率，从热敏元件向池臂传导的热量出现差异，从而导致两臂的热敏元件温度不同，使热敏元件阻值发生变化，电桥平衡被破坏，AB 两点间产生电势差，从而产生了响应信号。

从响应机理推导得出的影响 TCD 检测灵敏度的几个因素关系为

$$\Delta E \propto I^3\left(\frac{\Delta\lambda}{\lambda^3}\right) \propto \Delta T$$

其中，ΔE 为不平衡电压；I 为桥电流；$\Delta\lambda$ 为组分与载气的导热系数之差；λ 为载气的导热系数；ΔT 为热丝与池体温度之差。

据此可以得到影响 TCD 灵敏度的一些因素如下：

(1) 载气的种类。灵敏度与载气和组分的导热系数差成正比。

(2) 热敏元件的电阻率。热敏电阻或热丝的电阻率越大，因此灵敏度越高。

(3) 热导池的结构。对热丝 TCD，池腔半径越大，热丝半径越小，灵敏度越高。

(4) 桥流。增加桥流，可以明显提高检测器的灵敏度。

2.3 检测条件的优化

分析烃类等低导热系数的样品时，虽然 N_2 的导热率小有利于提高灵敏度，但考虑到氢气和氦气与样品的导热率差的因素，还是多选用氢气或氦气作为载气。而且选择 He 或 H_2 作载气时 TCD 的线性范围较宽，易于定量。当然，测量 H_2 和 He 这两种导热系数大的组分时，应尽量选用导热系数小的 N_2 等载气。

同时 TCD 对载气的纯度要求较高，应尽量选用较纯的气体作为载气。

2.4 TCD 使用注意事项

使用 TCD 时，应注意以下事项：

(1) 开机时必须先通气一段时间，再通桥流，以防止热丝被烧断。同时，关闭 TCD 时，也应该继续通载气到冷却后，防止空气吸入氧化热丝。

(2) 由于 TCD 为浓度型检测器，载气流速对灵敏度有一定的影响，因此应注意保持载气流速稳定。使用程序升温操作时，宜采用恒流模式。

(3) 热导检测器的桥电流增加或温度降低，有助于提高检测器的灵敏度，但桥电流大时，热丝易于损坏，温度过低，易造成高沸点组分的冷凝。

(4) 载气要充分净化，保证载气中不含氧气，整个气路系统不能泄漏，否则易造成基线不稳，严重情况可能烧毁热丝。

(5) 不能分析强酸性、强氧化性、化学腐蚀性样品。

(6) 为了保护 TCD 的关键部件热敏元件，应在达到检测要求的情况下，尽量选用较小的桥流。

案例 对于一个初始温度为50℃，终止温度为100℃的程序升温色谱仪，其合适的TCD使用温度为(　　)℃。

(A)45　　(B)60　　(C)110　　(D)150

分析： 为了保护TCD不被样品和色谱柱流失组分污染，应该选用高于终止温度的池体温度，同时，为了增加池体与热丝间的温差，应该选用较低的池体温度。所以应该选用C，110℃。

课题3 氢火焰离子化检测器

氢火焰离子化检测器(flame ionization detector)，简称FID。FID于1958年由澳大利亚的Mc William和Dewar和南非的Harley几乎同时提出。它是最早用于填充柱色谱的检测器之一。FID因为灵敏度高，易与毛细管柱相连，因此在毛细管色谱中被广为应用。

FID是利用氢火焰作电离源，使有机化合物电离，产生微电流而响应的检测器，属破坏性的质量型检测器。它的特点是灵敏度高，比热导检测器的灵敏度高约两个数量级，最小可检度约10^{-10}~10^{-13}g/s；线性范围宽；基线稳定；死体积接近零；结构简单，便于安装和维护；只对有机物有响应，响应信号与碳元素成正比(甲烷和苯例外)；定量简单等优点。

3.1 FID的结构

如图5-4FID结构示意图，在喷嘴位置，从色谱柱流出的气体与柱外侧流入的氢气混合从喷嘴喷出，与从最外侧流入的空气混合，形成氢火焰。电离室主要由收集极和发射极(极化极)构成，其中发射极为正极，在喷嘴处；极化极一般呈圆筒状，围绕在火焰外。极化极和收集极通过高电阻，基流补偿和150~300V的直流电源组成检测电路，检测氢焰中产生的微电流。

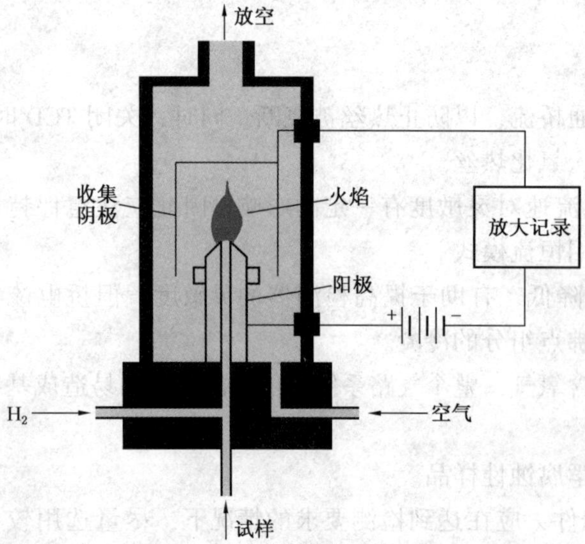

图5-4　FID结构示意图

3.2 工作原理

在FID的氢火焰中，有机物燃烧产生正、负离子和电子。在电场作用下，正离子移向收集极(正极)，负离子和电子移向极化极(负极)，在收集极和极化极间形成微电流。这个电流经放大输出，即为FID信号。当仅有载气从柱后流出时，因载气本身不会电离，只有载气中的有机杂质和流失的固定液产生信号，这就是FID基流，又叫本底电流、背景电流。为了保证良好的基流，FID的收集极和发射极之间的绝缘电阻要达到$10^{14}\Omega$。基流除与检测器的性能有关外，还与载气纯度，载气流速，柱温和固定相耐热性有关。载气纯度越高，载气流速越低，柱温越低，固定相耐热性越好，基流越小。通过进行基流补偿，可将基线调为零。当载气和分离的组分一起从柱后流出时，氢火焰中增加了组分被分离后产生的正、负离子和电子，从而使检测电路中收集的微电流显著增加，即为该组分的信号。FID 只对有机物有响应，对无机物没有响应。但通过甲烷化器，可以把 CO 和 CO_2转化为甲烷，获得 FID 的响应。

3.3 检测条件的优化

尽管 FID 的最大优点之一是灵敏度高，因此即使不优化检测条件，一般也可得到满意的效果。但事实上，为了达到最佳效果，对于不同厂家的 FID，需对检测器进行不同的优化和校正。FID 可优化的参数有：

（1）载气的种类和流速

FID 所用气体有载气、氢气燃气和空气助燃气三路。一般用作载气的有 N_2、Ar、H_2、He 等，使用 N_2、Ar 作载气，有助于有机物的离子化，FID 的灵敏度高，线性范围也宽。而用 H_2、He 作载气，灵敏度会有所降低。

载气、氢气燃气和空气助燃气三者之间的流速和比例要合适，才能得到更稳定的火焰和离子化效率，通常三者的比例为 1∶1∶10。

当逐渐提高 H_2的流速时，FID 的灵敏度逐渐提高到最佳值后开始下降；当提高载气流速时可使色谱峰变得尖锐，但流速太高，会对火焰稳定性有影响，从而引起干扰，甚至吹熄火焰；当逐渐提高空气流速时，灵敏度逐渐增加到最佳值后维持稳定，因此一般设定在 200~400mL/min，在此范围内空气流速变化对信号影响不大。此时，H_2和载气的流速通常为 20~40mL/min。这种条件下，各种气体的流量变化对 FID 的响应影响较小。

（2）毛细管色谱柱的 FID

由于在毛细管色谱中，载气的流速很低，因此需加入一路尾吹气（用氮气）。加入尾吹气的作用有两个：使被分离的组分快速通过检测器，以减小柱外效应和响应时间；使 FID 三气配比处于最佳的工作状态，提高 FID 灵敏度。

在安装色谱柱时，一般从柱末端截去 1~2cm，以确保柱末端无碎石墨粒子，并可提供光滑表面，以减小样品吸附，否则易发生峰变形。同时要确保色谱柱插入检测器的深度适当。

（3）FID 的喷嘴

喷嘴的设计非常重要，一般使用细内径的喷嘴可得到较高的灵敏度，但线性范围降低；而喷嘴的内径过大，会使火焰不稳定，甚至污染喷嘴，噪声增大，尤其使用卤素溶剂时可能引起峰拖尾。对填充柱色谱而言，喷嘴内径在 0.5mm 左右，因为在此内径下，载气和氢气混合后从喷嘴流出的速度与空气从四周向火焰内扩散的速度达最佳配合。对毛细管而言，喷嘴内径以 0.25mm 为宜。

（4）检测器温度

由于 H_2燃烧过程中产生水，因此要求 FID 的最低使用温度为 120℃，通常要求为 150℃，否则某些结构的 FID 会发生水汽凝聚，造成基线上升；严重时会发生信号短路，基线无法调零。随着 FID 检测器温度的提高，响应值和噪声都会略有增大。为了确保组分在 FID 中不会发生冷凝，FID 检测器温度要高于柱箱温度程序的最高温度。

3.4　FID 使用注意事项

(1) 避免氢气泄漏。一定不能让氢气进入柱箱中，以防爆炸。用氢气作载气时，在未接色谱柱和试漏前，切勿通氢气；在拆色谱前，确认已关氢气；老化色谱柱时，将柱出口的氢气引出柱箱外，或改用 N_2 作载气。

(2) 使 FID 处于正常的工作状态。点火前，要求检测器的温度在 120℃ 以上(因仪器厂家而宜)，点火时应先减小或切断空气流量以利于点火，点火成功后恢复空气流量。如点火困难可能是三种气体的比例调节不合适，可适当增大氢气流速或降低尾吹气(N_2)流速，等火焰正常后，再将氢气或尾吹气的流速调至原来的推荐值。

(3) 防止水冷凝。关机时，应先关 H_2 灭火后，方可关 FID 的加热系统降低 FID 温度。以免检测器温度下降后，仍在燃烧的氢火焰产生的水气冷凝于检测器内。

案例

在 FID 的极化极与收集极之间的电流(　　)。

(A)与两极之间的电压成正比

(B)与两极之间的电压成反比

(C)与电路中的输入电阻成正比

(D)与两极间的电压和输入电阻无关

分析：FID 的响应值就是极化极和收集极之间的电流。在适当的电压下，当两极间产生的离子都能够达到极板的情况下，这个电流的值只与火焰中产生的离子数目相关，与两极之间的电压大小无关。因此正确答案应该是 D。

课题 4　电子俘获检测器

电子俘获检测器(ECD)是灵敏度最高的气相色谱检测器，达到 10^{-15}(fg)级，同时又是出现最早的选择性检测器。它仅对那些能俘获电子的化合物有响应，如卤代烃、多环芳烃、含 N、O 和 S 等杂原子的化合物。ECD 具有灵敏度高、选择性好的特点，多用于痕量农药等的分析工作。ECD 是气相电离检测器之一，但不同于 FID，FID 信号是基流的增加，ECD 是在高背景基流下的减小。ECD 的不足之处在于线性范围小，通常只有 $10^2 \sim 10^4$。另外一个不足就是采用了放射电离源，导致易污染、体积大、不安全等一系列问题。为了解决放射源的问题，出现了一些不需要放射源的电离源 ECD，如 PDECD(脉冲放电电子俘获检测器)等，性能相当于 ECD。

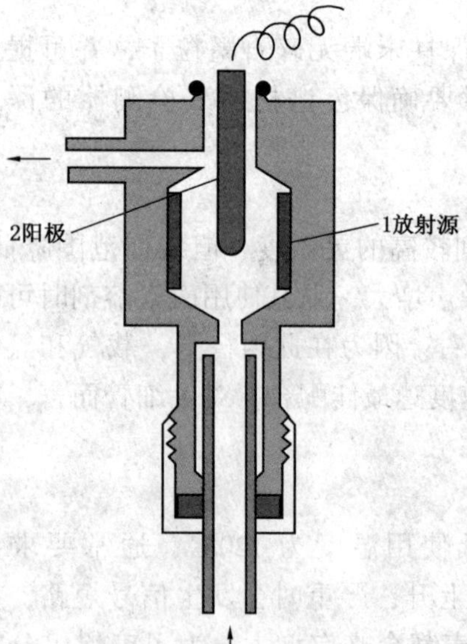

图 5-5　ECD 结构示意图

4.1　ECD 的结构和原理

如图 5-5ECD 结构示意图所示，检测器的池体用作阴极，圆筒内侧装有放射源 1，阳极 2 与阴极之间用陶瓷或聚四氟乙烯绝缘。在阴阳极之间施加恒定或脉冲电压。

原理：以^{63}Ni或^{3}H作放射源，当载气（如N_2）通过检测器时，受放射源发射的β射线的激发与电离，产生一定数量的电子和正离子，在一定强度电场作用下形成一个背景电流（基流）。在此情况下，如载气中含有电负性强的样品，则电负性物质就会捕捉电子，从而使检测室中的基流减小，基流的减小与样品的浓度成正比。

不同的电负性物质捕捉电子的能力是不同的，能力越强，检测灵敏度就越高。脂肪烃和单芳烃能力最小，单或双卤原子和单硝基化合物能力中等，多卤原子、二硝基、二酮类等能力最高。两个或多个较弱的电子捕获官能团共轭后，会形成强电子捕获化合物。对于同一类原子，电子捕获能力也不同，如卤素的捕获能力为I>Br>Cl>F。

4.2　ECD检测条件的选择

（1）载气。N_2、Ar、He、H_2均可作为ECD的载气，但纯的Ar作载气无法电离产生基流，因此要加入5%的甲烷。相对于He和H_2，用氮气和Ar/5%甲烷灵敏度更高，因此更经常采用这两种载气。

为了获得更大的基流和更好的灵敏度，必须保证载气纯度。否则，水，氧，电负性杂质会使检测器灵敏度降低。

对于不同的ECD，需要不同的载气流速。通常，载气流速通过调整柱流速和尾吹气流速来调节。由于ECD为浓度型检测器，对载气流速变化非常敏感，因此一般实际值相对于给定标准值的偏差不能大于4%。

（2）温度。为了保持ECD池体的洁净，色谱柱箱温度应尽量低一些，低的柱流失还可以提高ECD的基流和灵敏度。因此应选择低流失的色谱柱，特别不要选择含多卤原子的色谱柱。通常使用ECD的色谱柱，最高使用温度比其他检测器低50~140℃。

ECD的响应值与温度密切相关，在不同机理下的ECD与温度的变化关系不同，但都要求对ECD严格控温，温度变化值不能大于±0.1~0.3℃，以保持检测器的稳定性。

（3）其他。不同机理下，检测器电压等电源操作参数对ECD的性能影响也比较大，但是一般可以选择在推荐值下工作。

4.3　ECD的操作注意事项

使用低于饱和基流所对应的极化电压。极化电压低，电子能量小，分子捕获电子的可能性大，检测灵敏度高。

检测器温度应高于柱温，但不能太高，否则影响检测器寿命。

使用ECD时，保持ECD长时间灵敏好用的最关键因素是保持系统的洁净，避免发生污染。

检测器出口必须连接几十米长的金属或塑料管道后再与大气相通，以防止氧气反扩散进入检测器，使检测器污染。

ECD容易发生过载，表现为峰高不变，而峰宽加大。这时要减少进样量来避免。

课题5　火焰光度检测器（FPD）

FPD为气相色谱最常用的检测器之一，主要用于石油化工和环境检测领域，具有高灵敏度、高选择性的特点，是仅对硫、磷化合物响应的检测器。

5.1 FPD 的响应机理

在扩散型富氢火焰中，烃类在火焰下部发光，而 S、P 等在火焰上部高温下生成激发态的双原子硫（S2＊），当激发态回到基态时，就会在 320～460nm 得到宽的光谱信号，其最大值波长为 394nm，此光强度与被测组分量成正比。用光电倍增管接受此光信号就可以得到相应的检测信号。

5.2 FPD 结构

FPD 有两种基本的结构，即单焰和双焰检测器。常见的单焰 FPD 主要由喷嘴、过滤片、光电倍增管和电子附件构成，如图5-6所示。最初的 FPD 由 Brody 设计，喷嘴内径约为 1mm，色谱柱直接接到喷嘴下面，氢气与色谱柱流出物混合从喷嘴内侧流入，氢气的流速为 50～150mL/min，空气以 100～150mL/min 从喷嘴外侧加入，形成扩散的氢-空气焰，可提高火焰的稳定性。氢气和空气的流速对检测器的灵敏度和选择性有较大的影响。尤其需严格控制氢气的流速，并针对具体仪器选择。

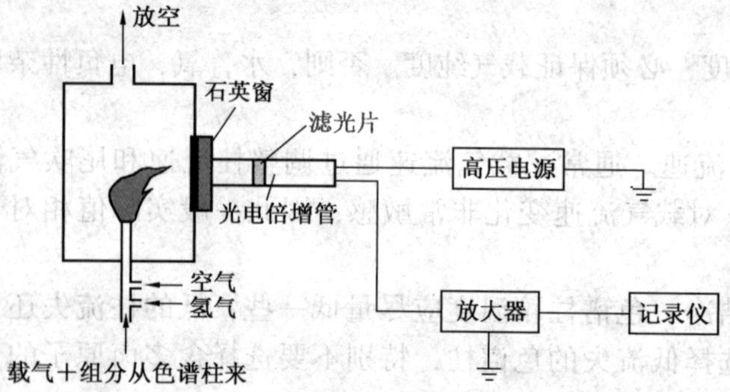

图 5-6 FPD 结构示意图

5.3 FPD 性能特征

（1）硫的非线性响应和动态范围：实验中发现硫化合物的响应与硫的浓度的 n 次方相关。理论上讲，n 为 2。FPD 响应的对数值与硫化合物浓度的对数值有一线性关系。硫化合物的最低检测限在 10^{-12}g/s 左右，检测灵敏度直接与 FPD 的设计、氢气和空气的流速有关。FPD 响应信号的对数值与硫化合物浓度的对数值关系曲线的线性动态范围为 2～3 个数量级。

（2）选择性：FPD 中，含硫化合物对烃类化合物的选择性为～10^3gC/gS。

（3）淬灭现象：如果非硫化合物与硫化合物部分分离或共流出，那么含硫化合物的 FPD 响应降低，这是由于火焰中的 CO_2、CH_4 和其他燃烧产物对激发态 S2＊淬灭所致。尤其是烃类化合物对含硫化合物的淬灭最明显，甚至得不到硫信号。采用双焰 FPD，可明显减小淬灭效应。

5.4 使用 FPD 的注意事项

由于 FPD 为富氢火焰，因此发现点火困难时，应该适当减小氢气流量以利于点火。

使用 FPD 测定硫含量时，应将基线调整到恰好为 0，以保证线性化装置的正确运行。

使用 FPD 时，通电后严禁打开 FPD 帽，并在合适的工作电压下操作。

关闭 FPD 时，应首先关闭 H_2 流量，避免大量的氢气发生泄漏。

案例

使用 FPD 测定硫含量时，为了保证线性化装置的正确运行，应该(　　)。

(A)将基线调整到 0~200 区间内

(B)将基线调整到 0±200 区间内

(C)将基线调整到恰好为 0

(D)将基线调整到任何一个高于 0 的值

分析：FPD 为非线性检测器，因此实际应用中通常要使用线性化装置来转换响应信号与样品含量为线性关系。为了保证转换的正确性，必须调整基线到 0 点，因此应该选择(C)。

训练

1. 现代色谱检测器通常都是线性响应的，但也有例外，比如(　　)。

(A)FID　　(B)TCD　　(C)ECD　　(D)FPD

2. 在色谱检测器的检测限，组分的响应信号等于基线噪声的(　　)倍。

(A)2　　(B)2. 5　　(C)5　　(D)10

2. 选用(　　)作为载气，TCD 检测器可设定到更高的桥流值。

(A)氦　　(B)氮　　(C)氩　　(D)二氧化碳

3. 下面关于 TCD 操作的说法中，错误的是(　　)。

(A)TCD 池体温度对灵敏度没有影响

(B)桥流越大，TCD 的灵敏度越高

(C)开启 TCD 桥流之前，应至少先通 10min 以上的载气

(D)关闭 TCD 时，应等 TCD 温度下降到室温，才能停载气。

4. TCD 检测器的输出信号通常是(　　)。

(A)热敏电阻的阻值　　(B)热敏电阻的电压

(C)惠斯通电桥的不平衡电压　　(D)惠斯通电桥的不平衡电阻

5. 同一物质在不同 TCD 检测器上的相对校正因子(　　)。

(A)仅在载气相同的 TCD 检测器上基本相同

(B)仅在操作条件相似的情况下基本相同

(C)仅在结构相同的 TCD 检测器上基本相同

(D)各种情况下都基本相同

6. 测定氢气中的烃类组分，如果采用 TCD 作为检测器，那么最好选用(　　)作为载气。

(A)氢气　　(B)氮气　　(C)氩气　　(D)二氧化碳

7. 以下关于 TCD 检测器桥流的说法，正确的是(　　)。

(A)对于不同的载气，相同 TCD 的桥流最大允许值是不同的

(B)对于不同的载气，相同 TCD 的桥流最大允许值是相同的

训练

(C)对于不同的TCD池体温度，相同TCD的桥流最大允许值是不同的

(D)对于不同的TCD池体温度，相同TCD的桥流最大允许值是相同的

8. 选用热敏电阻作为热敏元件的TCD检测器，不能使用(　　)作为载气。

(A)氢气　　(B)氦气　　(C)氮气　　(D)氩气

9. 载气(N_2)和氢气的流量比对FID的响应值影响比较大，一般来说，N_2：H_2的比值应该控制在(　　)。

(A)0.5~1　　(B)1~1.5　　(C)1.5~2.0　　(D)8~10

10. 对于FID来说，温度设置不是影响响应值的主要因素。随着温度的提高，(　　)。

(A)响应值和噪声都会有所增大

(B)响应值略有降低，噪声略有增大

(C)响应值略有增大，噪声略有减小

(D)响应值和噪声都略有减小

11. FID的收集极和发射极(极化极)间的极化电压与FID的型号有关，一般在(　　)。

(A)50~100V　　(B)100~200V　　(C)150~300V　　(D)200~500V

12. ECD主要用于检测(　　)。

(A)烃类样品　　(B)无机样品

(C)磷硫化物　　(D)强电子俘获化合物

13. FPD的火焰是(　　)。

(A)扩散型富氢焰　　(B)扩散型富氧焰

(C)聚集型富氢焰　　(D)聚集型富氧焰

14. FPD测定硫的“线性”响应区间大约为(　　)。

(A)10^6~10^7　　(B)10^4~10^5　　(C)10^2~10^3　　(D)10^1~10^2

单元六　数据处理系统

课题1　峰　处　理

1.1　色谱信号的获得

(1) 数据处理的过程

色谱数据处理一般要经过数据采集、峰识别、定性定量三个过程。数据采集是把来自检测器的模拟信号转换为可被数据处理机或工作站处理的数字信号。峰识别是数据处理机或工作站对采集到的数字信号进行处理，检测出色谱峰，并计算相关的保留时间、峰面积等数据。定性定量是根据色谱峰的保留时间、峰高、峰面积等对色谱峰进行定性和定量计算的过程。

(2) 模拟信号

模拟信号是指其幅度随时间而连续变化的信号。正弦信号(例如音叉振动发出声音的信号)是最典型的模拟信号，普通电视里的图像和语音信号，也是模拟信号。之所以称之为模拟信号，是因为它的变化规律与对应的物理量(例如声音)的变化规律是类比的关系，或者说用电信号模拟了该物理量的变化。

来自检测器的信号，都是模拟信号。模拟信号并不适合于后处理。

(3) 数字信号

现代的计算机都是数字计算机，它只能处理“0”和“1”这样的二进制离散数据。用来表示离散数据的信号，通常是仅含高电平低电平的“方波”信号，也称数字信号。数字信号易于进行积分、比较等计算。

处理机本身就是一台微型计算机，处理的信号是数字信号。因此，色谱信号要被处理机或工作站所识别和计算，必须转换为数字信号。

(4) 模数转换器

来自检测器的连续的模拟信号，是通过模数转换器变成数字信号的。模数转换器是有量程的，过高或过低的信号，将被转换为最高值或最低值。模数转换器转换得到的数字信号，是不连续的，数值上它的最小间隔一般是 1μV 或 1pA。

模数转换器通常被集成在数据处理机里。带有工作站的色谱仪，一般自带模数转换器。

(5) 取样频率和取样间隔

模数转换器在进行模数转换时，信号的时间连续性也被打破，成为间断的信号。模数转换器的允许最小时间间隔都是足够满足分析要求的，但过小的时间间隔会带来太多要处理的数据，给数据处理机带来不必要的负担。因此，模数转换的取样频率(或取样间隔)是可以手动设置的。对于 CR-6A 型处理机，最小间隔是 0.2s；最新的色谱仪和工作站，可以设置到 0.01s 或更小。

取样间隔或取样频率的正确设置，对分析结果的影响是巨大的。在处理能力足够的时候，倾向于更小的设置值。

1.2　色谱峰的获得

（1）色谱峰的分类

由于各种因素的影响，色谱峰并不都有着塔板理论得到的符合高斯分布的完美的峰形，有些呈现出拖尾峰、前伸峰等不同的形状。由于分离效果不佳，还会出现两个或多个峰相连的问题，就出现了并列峰、拖尾子峰等。

如图 6-1 所示的是一个岛津 CR-6A 处理机对所处理的谱图上不同峰的分类。S 表示拖尾主峰；T 表示拖尾子峰；V 表示与前一个峰相连的并列峰。对于这些情况，处理机在处理数据的同时给出了其标识。No symbol 表示一个单独的正常峰，处理时不做任何标识。

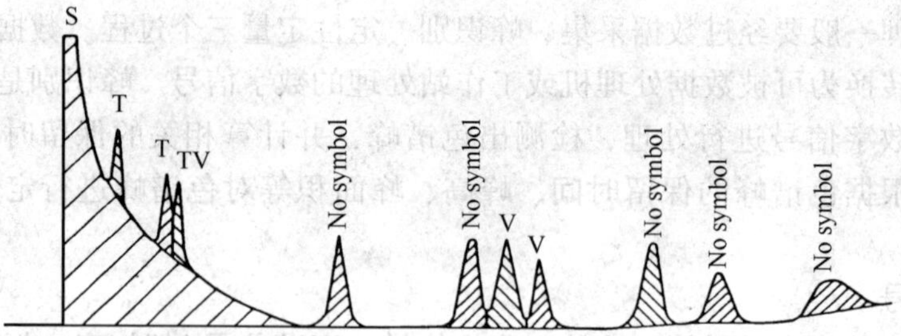

图 6-1　色谱峰示意图

（2）基线噪声和漂移

色谱基线噪声是各种原因引起的基线波动，通常分为短期噪声长期噪声。噪声可能是仪器本身产生的，也可能来自检测器或者处理机的波动，是影响分析精度的一个主要因素。通过良好的数据处理，可以有效地减小短期噪声带来的影响。通常，减小噪声影响的办法有硬件滤波和软件滤波（数字滤波）两种办法。基线波动是基线在较短时间内发生的上下跳动，是一种长期噪声。

在分析中，由于程序升温或其他原因，基线并不总是保持在一个水平，而是随着时间发生缓慢的变化，这就是基线漂移。它有着明显的趋势性，可以通过背景扣除等方法减小影响，一般不影响峰面积计算。

长期噪声和短期噪声、基线漂移是不同的。过大的基线波动，会明显影响分析结果。因此，有时为了把它和短期噪声区别开来，称之为基线波动，而把短期噪声称为噪声。仪器出现过大的噪声和漂移，都是应该消除的故障。

未经过数字处理的基线称为缺省基线，经过数字滤波或者背景扣除等方式处理后的基线称为修正基线。

（3）峰的检出

数据处理机或工作站是依靠基线的变化情况来检出色谱峰的。

判断色谱峰开始的方法，有幅值法、统计门限法、一阶导数法、二阶导数法等。现代数据处理机和工作站基本都是采用了一阶段导数法或者改良的一阶导数法。

当色谱峰开始时，信号从基线开始上升，处理机检查基线信号上升的速度，达到或超过预先设定的值时，就认为色谱峰开始了，这种判断色谱峰起点的方法就是一阶导数法。如图6-2所示，是信号相对于时间的变化率。当信号的变化率 $\tan\theta=0$ 时，说明色谱峰已经到达最大值。

同样，当处理机检查信号的下降速度小于这个设定值时，就认为峰已经结束了。这个设定值，对峰检出来说，是至关重要的，通常称为“灵敏度”。但不同的数据处理机或工作站上，这个设定值可能被命名为不同的术语。例如在 CR-6A 处理机上，它被命名为 Slope，即“斜率”。

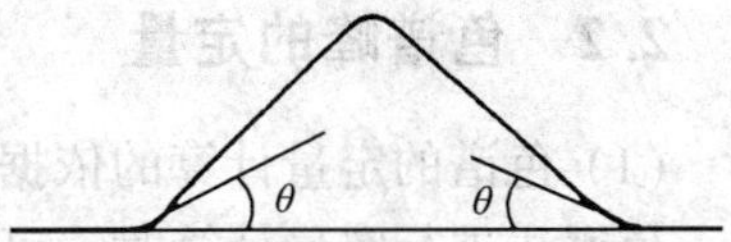

图 6-2　峰检出示意图

(4) 不完全分离峰的分割

在色谱中，不完全分离峰是经常遇到的，特别是在常量分析中。不完全分离峰的处理，并列峰有从峰谷向基线引垂线和从峰谷向峰起点、终点连线等分割方式。同时，如何将拖尾子峰和并列峰区分开，也是一个实际问题。数据处理机一般采用一个独立参数来处理这些问题，例如在 CR-6A 上，被定义为 Drift，即“漂移”。

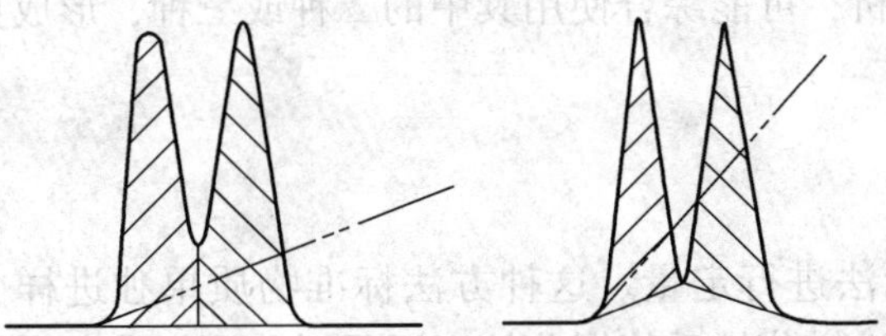
图 6-3　不完全分离峰处理示意图

漂移 Drift 和斜率 Slope 单位是一样的，也是信号和时间的比值。但它们的作用方式是完全不同的。Slope 的目的是寻找峰的起点和终点，而 Drift 是从峰的起点，用这个斜率画一条直线。如果不完全分离峰或拖尾峰的峰谷在此直线上方，则认为是并列峰，采用引垂线的方式分割；如果在下方，则认为峰谷处的基线是由于基线发生了漂移，造成基线上升，因此认为是两个单独的峰，采用从峰谷向起点、终点引垂线的办法来分割。图 6-3给出了这个参数作用方式的一个典型例子。

课题 2　色谱定性和定量

2.1　色谱峰的定性

事实上，色谱法是不用来作纯粹的定性分析的。在同样的色谱条件下，完全有可能有不同的组分具有相同的保留时间。色谱分析的主要工作是在知道样品中可能组分的情况下，进行定量，确认这些组分的实际含量。

这里说的定性，是给色谱峰定性，确认某色谱峰是不是某组分造成的。

通常色谱峰是通过比较标准样品峰和实际样品峰的保留时间来定性的。这里，可以采用相对时间偏差和绝对时间偏差。两种方法来进行比较。

对色谱峰的定性，通常是采用标准物对照法。当实验室没有所有组分的标准物时，也可以采用相对保留值和保留指数等方法来对色谱峰进行定性，或者利用保留值规律进行定性。在一种办法难以定性的时候，可以采用几种办法共同定性，也可以在不同色谱柱上进行分析，通过两根柱子的对比，进行定性。还有一些其他的非纯色谱办法可以用来定性，如色质联用、色红联用等。

案例

在色谱定性时，影响保留值的因素主要有哪些？

答：1. 载气流速。2. 柱子温度。3. 载气和固定液的纯度。4. 载体的吸附性。5. 进样量。6. 死时间的确定方法。7. 保留值的计算方式等。

2.2　色谱峰的定量

（1）色谱的定量计算的依据

色谱法进行定量计算时，可以选择峰高或峰面积来进行。无论选用哪个参数，样品的含量 m 与此参数 X 都必须符合线性关系，即 $m=KX$ 的关系。虽然根据塔板理论的结论，峰高与峰面积都应该满足此关系，但实际上由于峰形展宽等原因，对绝大多数检测器来说，都是峰面积 A 与含量成正比。只有在峰形比较细高而且对称较好的时候，选用峰高计算比较简易。

（2）色谱定量分析方法的分类

根据标准样品在色谱定量过程中的使用情况，色谱定量分析方法可以分为外标法、内标法、归一化法三大类。对于一些特殊样品的分析，可能综合使用其中的二种或三种，形成更复杂的定量方法，如内加法等。

2.3　外标法

当能够精确进样量的时候，通常采用外标法进行定量。这种方法标准物质单独进样分析，从而确定待测组分的校正因子；实际样品进样分析后依据此校正因子对待测组分色谱峰进行计算得出含量。其特点是标准物质和未知样品分开进样，虽然看上去是二次进样，但实际上未知样品只需要一次进样分析就能得到结果。外标法的优点是操作简单，不需要前处理。缺点是要求精确进样，进样量的差异直接导致分析误差的产生。外标法是最常用的定量方法，其计算过程如下：

（1）绝对校正因子 g_i 的计算

$$g_i = m_s / A_i$$

其中，m_s 是标准样品中组分 i 的含量；A_i 标准样品谱图中组分 i 的峰面积。

（2）外标法的计算公式

$$m_i = A_i \times g_i$$

这里 m_i 是未知样品中组分 i 的含量。

2.4　相对校正因子 G_i

相对校正因子是某组分的绝对校正因子与标准物质绝对校正因子的商。即

$$G_i = g_i / g_s$$

其中，g_i 是组分 i 的绝对校正因子；g_s 是标准物质的绝对校正因子。

对同一类型的不同检测器来说，在组分 i 和 s 相同的情况下，相对校正因子是基本一致的。它只和检测器的性能、待测组分的性质、标准物质的性质、载气的性质相关，与操作条件无关。也就是说基本上可是认为相对校正因子 G_i 是一个常数。相对校正因子在好多相关文献上可以查到，在无法找到所有组分标准样品的时候，可以参考使用。但是由于不同检测器的性能有一定的差异，因此相对校正因子最好在使用的色谱上单独测定。

事实上，要测定样品中所有组分的绝对校正因子很复杂，难以找到所有的标准物质并一一进行测定。考虑到相对校正因子很容易获得，通过测定一个标准组分并得到其绝对校正因

子后，可以用文献值推算出其他组分的绝对校正因子，因此相对校正因子具有很高的实际应用价值。

2.5　归一化法

归一化法有时候也被称为百分法(percent)，不需要标准物质帮助来进行定量。它直接通过峰面积或者峰高进行归一化计算从而得到待测组分的含量。其特点是不需要标准物，只需要一次进样即可完成分析。

归一化法兼具内标和外标两种方法的优点，不需要精确控制进样量，也不需要样品的前处理。缺点在于要求样品中所有组分都出峰，并且在检测器的响应程度相同，即各组分的绝对校正因子都相等。归一化法的计算公式为

$$m_i = \frac{A_i}{A_1 + A_2 + \cdots A_n} \times 100\% = \frac{A_i}{\sum_{i=1}^{n} A} \times 100\%$$

当各个组分的绝对校正因子不同时，可以采用带校正因子的面积归一化法来计算。事实上，很多时候样品中各组分的绝对校正因子并不相同。为了消除检测器对不同组分响应程度的差异，通过用校正因子对不同组分峰面积进行修正后，再进行归一化计算。其计算公式为

$$m_i = \frac{A_i g_i}{\sum_{i=1}^{n} A_i g_i} \times 100\%$$

与面积归一化法的区别在于用绝对校正因子修正了每一个组分的面积，然后再进行归一化。注意，由于分子分母同时都有校正因子，因此这里也可以使用统一标准下的相对校正因子，这些数据很容易从文献得到。

当样品中不出峰的部分的总量 X 通过其他方法已经被测定时，可以采用部分归一化来测定剩余组分。计算公式为

$$m_i = \frac{G_i A_i}{\sum_{i=1}^{n} G \times A} \times (100 - X)\%$$

2.6　内标法

选择适宜的物质作为预测组分的参比物，定量加到样品中去，依据欲测定组分和参比物在检测器上的响应值(峰面积或峰高)之比和参比物加入量进行定量分析的方法叫内标法。特点是标准物质和未知样品同时进样，一次进样。内标法的优点在于不需要精确控制进样量，由进样量不同造成的误差不会带到结果中。缺陷在于内标物很难寻找，而且分析操作前需要较多的处理过程，操作复杂，并可能带来误差。

一个合适的内标物应该满足以下要求：能够和待测样品互溶；出峰位置不和样品中的组分重叠；易于做到加入浓度与待测组分浓度接近；谱图上内标物的峰和待测组分的峰接近。

内标法的计算公式推导如下：

$$\omega_i = \frac{W_i}{W} \times 100\% = \frac{W_i}{W_s} \times \frac{W_s}{W} \times 100\%$$

$$= \frac{A_i g_{w_i}}{A_s g_{w_s}} \times \frac{W_s}{W} \times \% = \frac{A_i}{A_s} \times G_{wi/s} \times \frac{W_s}{W} \times 100\%$$

其中，A_i，A_s 分别为待测组分和内标物的峰面积；W_s，W 分别为内标物和样品的质量；$G_{wi/s}$是待测组分对于内标物的相对质量校正因子（此值可自行测定，测定要求不高时也可以由文献中待测组分和内标物组分对苯的相对质量校正因子换算求出）。

2.7　内加法

在无法找到样品中没有的合适的组分作为内标物时，可以采用内加法；在分析溶液类型的样品时，如果无法找到空白溶剂，也可以采用内加法。内加法也经常被称为标准加入法。

内加法需要除了和内标法一样进行一份添加样品的处理和分析外，还需要对原始样品进行分析，并根据两次分析结果计算得到待测组分含量。和内标法一样，内加法对进样量并不敏感，不同之处在于至少需要两次分析。下面我们用一个实际应用的例子来说明内加法是如何工作的。

案例

在分析某混合芳烃样品时，测得样品中苯的面积为 1100，甲苯的面积为 2000，（其他组分面积略）。精确称取 40.00g 该样品，加入 0.40g 甲苯后混合均匀，在同一色谱仪上进混合后样品测到苯的面积为 1200，甲苯的面积为 2400，试计算甲苯的含量。

分析：本题的分析过程是一个典型的内加法操作，其中内加物为甲苯，待测组分为甲苯和苯。

解：由于进样量并不准确，因此两次分析的谱图很难直接进行对比。为了取得可以对比的一致性，我们通过数字计算调整两次分析苯的峰面积相等。此时由于两次分析苯峰面积相等，因此可以断定两次分析待测样品的进样量是相等的。需要注意的是：此时两次分析的总的进样量并不相等，添加后样品比原始样品调整后的进样量中，多了添加的内标物的量。

调整可以用原始样品谱图为依据，也可以用添加后样品谱图为依据。但是通常采用原始样品作为依据以便计算最终结果时比较简单。注意：选用的依据不同，中间计算结果会产生差异，但不会影响最终结果。依据的谱图一旦选定，计算就应该围绕此依据进行。

在以原始样品谱图为依据的情况下，调整添加后样品谱图中甲苯的峰面积如下：

$$2400 \times \frac{1100}{1200} = 2200$$

对比两次分析，甲苯的面积增加为 2200－2000＝200。在两次分析待测样品量相同的情况下，内加物面积的增加来自于内加量。也就是说，由于内加物的加入，导致了内加物峰面积的增加。因此内加物的加入量与峰面积的增加量符合外标法的线性关系。

为此，计算混合样品中内加物的加入量，也就是甲苯相对于原进样量下浓度的增加量值

$$\frac{0.40}{40.00} \times 100\% = 1.0\%$$

据此可以计算得到在以原始样品谱图为依据的条件下甲苯的绝对校正因子

$$g = \frac{1.0\%}{200} = 5.0 \times 10^{-5}$$

此时，可以根据外标法，以原始样品谱图为依据，计算得到甲苯的含量为

$$m = g \times A = 5.0 \times 10^{-5} \times 2000 \times 100\% = 10\%$$

答：此样品中甲苯的含量为10%。

另：通过相对校正因子，容易得到苯的校正因子并计算得到苯的含量。

课题3 数据处理机和工作站应用实例

3.1 CR-6A数据处理机

CR-6A数据处理机是岛津公司生产的一种早期色谱数据处理机，它采用了一阶导数法进行峰处理，可以使用峰面积或峰高进行定量，可以用绝对时间也可以用相对时间定性，峰识别ID表项目齐全，各种定量方式基本都能自动计算，操作简便明了，是数据处理机的典型代表。

CR-6A处理机主要有参数设置、ID表、和时间程序三方面的内容。时间程序是数据处理机在预定时间改变数据处理参数，甚至控制色谱仪工作状态的功能，这里不作介绍。参数设置和ID表具有更大的普遍性，这里加以简单说明：

（1）参数设置

CR-6A数据处理机包括记录参数、峰处理参数和计算参数三部分。

记录参数是控制数据处理机记录谱图的参数，包括Speed、Atten两个参数。Speed控制处理机走纸速度，走纸速度为设定值mm/min；Atten控制处理机记录信号的量程，满量程为2^{Atten}mV。例如Atten=3，意味着满刻度为8mV。由于CR-6A的模数转换器为1.005V，所以Atten最大值为10。

峰处理参数是控制色谱峰识别的相关参数，包括Width（峰宽）、Slope（斜率）、Drift（漂移）、Min. Area（最小峰面积）、T. Dbl（时间加倍点）、Stop. TM（终止分析时间）等。

峰宽（Width）是积分的重要参数，它决定模数转换采样的时间间隔，单位为s。建议峰宽设定为最窄峰峰宽的一半，峰宽小于Width的1/4的峰将不被检出。越小的设置，有着越精确的峰积分面积。对于CR-6A，最小设置为0.2s，即5Hz。当设置为5时，CR-6A可记录4h以上。当设置小于1时，由于CR-6A内存小，可记录大约为1h的数据。

斜率（Slope）也是积分的重要参数，即峰检测灵敏度。在CR-6A中单位为μV/min。通常斜率最小设定值应该是基线波动的2.5倍。实际值需要根据色谱基线及色谱峰高峰宽等情况进行设定。设置过低，会明显造成积分不准和重现性降低，通常表现是把基线波动识别为色谱峰，或者过早开始峰积分，造成基线下面积被积分入峰面积。设置过高，同样会造成积分不准和重现性降低。通常表现为小峰/平缓的峰会被认为是基线而不被识别，或者峰起点过晚或结束过早，造成积分基线过高。基线越好，Slope就可以设定的越小；色谱峰越高，就可以设定的越大。良好的谱图，Slope可以被设定在一个很宽的范围内。

漂移(Drift)表示基线长时间后的可能变化值。在 CR-6A 中单位为 μV/min。设置它的目的是分割不完全分离峰，解决拖尾、基线漂移的问题。通常设置值为 0，此时提供自动分割。

最小峰面积(Min. Area)是允许处理机忽略的最小峰面积。积分后峰面积小于此设定值的将被处理机抛弃，不计算。

时间加倍(T. Dbl)。根据塔板理论，出峰晚的组分，峰宽大，峰高小。每当时间到达时间加倍设定值或者其整数倍时，处理机自动对原有 Width 值加倍，减少数据量；并同时对 Slope 值减半，提高峰检出灵敏度。它的单位是 min。

停止时间(Stop. TM)用来设定处理机停止进行峰处理的时间。当时间到此设定值时，数据处理机停止收集和处理数据，开始进行计算。其单位为 min。

CR-6A 数据处理机的峰处理参数是一阶导数法进行峰识别的典型参数，现代工作站中虽然参数更多更复杂，但这些参数对应的参数都可以找到，并且作用方式基本相同。

计算参数是 CR-6A 处理机进行定性定量计算所必需的参数，包括 Method(方法)、Format(格式)、Window(窗口)、SPL. MT(样品质量)、ISWT(内标物质量)等。其中方法 Method 主要用于设定定量方法，如内标法、外标法、面积归一化法等。格式 Format 主要用于设定谱图格式，如是否打印时间标尺、出峰时间等。窗口 Window 用于设定峰定性采用相对时间差还是绝对时间差。

(2) ID 表

ID 是色谱峰信息表。包括出峰时间、组分名称、峰面积、峰高、校正因子、组分的标准样品资料等信息。ID 表是数据处理机或工作站为谱图各个峰准备的标准资料，是色谱峰进行定量和定性的依据。

我们用一个例子来看一下 ID 表的设定过程。

案例

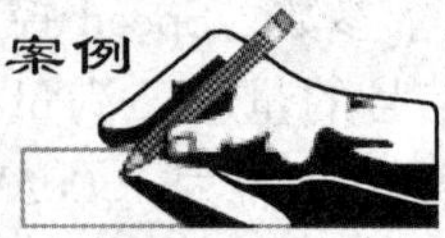

简述在 CR-6A 上新建一个面积归一化法的 ID 表的流程。

答：在 ready 灯亮的情况下，按 ID 键出现：newfile？(Y/N)

键入 Y 和回车，确认新建 ID 表文件，出现：MODE $ (*) =

键入需要的 mode 参数，例如 1，出现：WINDOW(*) =

键入需要的 window 参数，例如 5，进入 ID 表编辑状态。

按照样品中的待测组分逐条输入每个组分的名称、校正因子、保留时间等数据。

在新的一个组分的第一个空格处(TIME 处)键入 END 结束编辑。

最后，调整 Method(方法)参数到面积归一化法。

3.2　ChemStation 工作站

ChemStation 工作站是安捷伦(agilent)公司推出的一款功能强大的分析工作站，不仅可以控制气相色谱仪，还可以控制多种安捷伦公司分析仪器产品。这里将对其气相色谱仪的相关功能作简单介绍，做为一个工作站的代表。其用户界面设计为多个页面，这些页面根据典型的分析任务的不同将软件功能分组。所有软件配置中均包含以下三种标准页面：

① 用于控制和采集仪器数据的“方法和运行控制”页面；

② 用于检查和重新评价已采集的数据的“数据分析”页面；

③ 用于设计特定报告布局的“报告设计器”页面。

除此之外，还有一些其他功能页面和子页面，如用于输出格式控制输出处理页面等。

(1) 方法和运行控制

ChemStation 的方法文件中包含数据采集参数、色谱仪参数、积分和计算参数等分析和数据处理方面的所有参数以及某个给定样品的预运行和后运行的所有参数(如果需要这些参数)。方法通过包含最多四十个字母数字字符的名称来识别。文件名始终带有 . M 扩展名以将其识别为方法。方法以目录的形式进行存储，这些目录包含与方法的组成部分有关的单个文件。每个方法由方法信息、仪器控制信息、数据分析信息、运行时间选项表四个部分组成。

在方法和运行控制页面，可以进行方法文件的控制，如调用、改名、存储等。色谱仪控制参数的设置和修改也是在这个页面完成。ChemStation 工作站具有极强的控制功能，对几乎全部的色谱仪参数都可以直接设定并下传色谱仪去执行，如柱箱温度、载气流速、检测器温度等。

(2) 数据分析

数据分析页面用于设定控制数据处理的参数。CR-6A 数据处理机上的各个参数，几乎都是在这个页面完成设定的。但由于出品的公司不同，虽然功能相同，但一些参数名称并不一致。例如 CR-6A 处理机用于控制采样频率的 Width，在 ChemStation 中直接用每秒取样频率来设定；在 CR-6A 上称为面积归一化法，在 ChemStation 中则被称为百分比法。最小峰面积在这里仍然被称为最小峰面积，而且增加了最小峰高这个控制参数，峰高没有超过最小峰高的色谱峰在进行计算时将被忽略。

工作站的峰面积处理功能很强大，可以用手动积分来直接设定色谱峰的起点和终点或分割不完全分离峰等，但手动积分主观性过强，并不被推荐使用。

虽然工作站提供了更多更强大的峰处理参数，可以对峰面积进行更好的分割和积分，但无论积分过程多么完美，也不能取代采集良好的色谱图。采集良好、分离度高的色谱图，不需要复杂的处理就能得到准确的分析结果。

色谱图的直接数据存储在以 . d 为扩展名的谱图文件中。

(3) 报告设计器

ChemStation 工作站在分析结束后可以自动以各种形式和文件格式输出分析报告。文件格式包括 . xls、. csv、. txt、. dif、. emf 等，报告形式更是多种多样，除了预定的几个标准格式外，还可以自己定义报告格式，创建自己格式的结果输出格式。在报告设计器页面，用户可以自由的定义和修改结果输出的报告形式。

(4) 其他功能

ChemStation 是一款功能非常强大的工作站。为了控制分析数据的准确性，工作站把操作者分为操作人员和管理人员两个级别并给以不同的权限，以操作人员登录对分析文件和参数将因权限不够而无法修改，只能调用不同的方法文件来分析不同的样品。

为了对原始数据进行保护，分析过程中的所有参数(包括仪器控制和数据处理)都将和谱图文件一起被保存，分析结束后对谱图经过再次数据处理的分析结果在分析报告中将被标示。

为了方便进行谱图对比，工作站允许多个谱图进行叠加显示或在一个页面上分别显示。

训练

1. 在 HP Chem 工作站上，面积归一化法被称为(　　)。

(A)归一化法　　(B)百分比法
(C)标准曲线法　　(D)内标法

2. 在工作站上，与积分仪最大的不同在于可以手动积分峰面积。它的功能主要包括(　　)。

(A)手动设定峰的起点和终点　　(B)手动分割不完全分离峰
(C)手动设定基线漂移程度　　(D)手动设定数据采集频率

3. 在 HP Chem 工作站上，报告的输出格式有很多种，其中，以 Excel 表格形式输出应选用(　　)类型的输出文件格式。

(A).d　　(B).xls　　(C).txt　　(D).m

4. 对于 HP Chem 工作站允许用户定义自己的报告输出格式，这项工作应该在(　　)页面中完成。

(A)方法与运行控制　　(B)数据处理
(C)报告设计　　(D)打印控制

5. HP Chem 和 6890N 色谱仪的连接方式是(　　)。

(A)通过 COM 口连接　　(B)通过 PRN 口连接
(C)通过 HPIB 方式连接　　(D)通过 LAN 方式连接

6. 要在 HP Chem 中设置色谱仪 6890N 的地址，应该在(　　)下设置。

(A)方法与运行控制页面　　(B)数据处理页面
(C)报告设计页面　　(D)专门的配置程序

7. 在 HP Chem 工作站的方法中，储存了有关(　　)方面的信息。

(A)数据采集参数　　(B)色谱仪参数
(C)积分和计算参数　　(D)样品谱图

8. 为了数据和方法的安全，HP Chem 工作站把使用人员分为(　　)几个级别。

(A)分析工　　(B)操作人员　　(C)管理人员　　(D)系统维护人员

9. CR-6A 处理机对谱图信号进行技术处理运算，用于判断峰起点的方法是(　　)。

(A)幅值法　　(B)统计门限法　　(C)一阶导数法　　(D)二阶导数法

10. 在 CR-6A 处理机上，判断峰顶的方法是一阶导数(　　)。

(A)等于 0　　(B)由正变负　　(C)由负变正　　(D)达到最大值

11. 处理机对谱图信号进行技术处理运算，用于判断峰起点的方法有(　　)。

(A)幅值法　　(B)统计门限法　　(C)一阶导数法　　(D)二阶导数法

12. CR-6A 处理机的衰减增加 1，意味着谱图的单位纵坐标(　　)。

(A)增大一倍　　(B)增大 10 倍　　(C)减小一倍　　(D)减小 10 倍

13. CR-6A 处理机的走纸速度增加 1 倍，意味着谱图的单位横坐标(　　)。

(A)增大一倍　　(B)增大 10 倍　　(C)减小一倍　　(D)减小 10 倍

14. 处理机采用梯形积分方法时，要获得准确可重复的积分面积，每个峰上至少应取(　　)个数据点。

(A)2　　(B)10　　(C)20　　(D)50

15. CR-6A 处理机的峰处理参数有(　　)。

(A)峰宽　(B)斜率　(C)取样频率　(D)格式

16. 在使用 CR-6A 处理机时，由面积归一化法变更为外标法，应更改(　　)参数和 ID 表。

(A)终止时间　(B)方法　(C)格式　(D)ID 表

17. 在使用 CR-6A 处理机时，在色谱峰顶打印出峰时间，应更改(　　)参数。

(A)终止时间　(B)方法　(C)格式　(D)ID 表

18. 在使用 CR-6A 处理机时，要对谱图中的组分进行分组处理，应更改(　　)参数和 ID 表。

(A)终止时间　(B)方法　(C)格式　(D)ID 表

19. 在使用 CR-6A 处理机时，处理机的数据处理参数包括(　　)等。

(A)终止时间　(B)方法　(C)格式　(D)ID 表

20. 色谱 CR-6A 处理机建立 ID 表时的 mode 参数的用于控制(　　)。

(A)进行定量计算时选择的计算方法

(B)进行峰定性时选择的允许时间偏差计算方式

(C)接受并计算分析结果的终止时间

(D)进行峰定性时所允许的时间偏差大小

21. 色谱 CR-6A 处理机建立 ID 表时的 window 参数用于控制(　　)。

(A)进行定量计算时选择的计算方法

(B)进行峰定性时选择的允许时间偏差计算方式

(C)接受并计算分析结果的终止时间

(D)进行峰定性时所允许的时间偏差大小

22. 在色谱积分仪的 ID 表中，可以包含有(　　)等重要信息。

(A)组分名称　(B)组分校正因子

(C)标准流出时间　(D)峰面积大小

23. 从检测器得到的谱图信号是(　　)。

(A)连续的模拟信号　(B)间断的模拟信号

(C)连续的数字信号　(D)间断的数字信号

24. 在空气组成的色谱分析中，测得所有组分的峰面积分别为：氧气 120、氮气 465、二氧化碳 15，如果各组分绝对校正因子相同，那么氧气的含量应改为(　　)%。

(A)18　(B)20　(C)80　(D)2.5

25. 色谱上内标法的缺点在于(　　)。

(A)难以找到合适的内标物　(B)每个样品都需要 2 次进样

(C)分析时间成倍增长　(D)对进样体积的要求过于严格

26. 色谱上选用标准加入法代替内标法进行定量计算的主要原因是(　　)。

(A)无法找到合适的内标物　(B)每个样品都需要 2 次进样

(C)延长分析时间　(D)无法严格控制进样体积

27. 根据色谱法定性规律，当采用(　　)色谱柱时，同系物按照沸点顺序出峰。

(A)弱极性　(B)中等极性　(C)强极性　(D)氢键型

单元七　故 障 处 理

从色谱仪的常见故障进行原因分析和检修方法见表7-1色谱仪故障和处理表。

表7-1　色谱仪故障和处理表

故障现象	故障原因分析	检　修
1. 没有色谱峰	(1)放大器电源断开	(1)检查放大器开关、保险丝
	(2)FID熄火或TCD无桥流	(2)检查检测器火焰、桥流
	(3)载气停	(3)确认检查气瓶和调节器压力
	(4)信号电缆接触不良	(4)检查信号电缆
	(5)积分仪故障	(5)检查积分仪
	(6)错误进样，样品未进入系统 如微量注射器堵塞 进样器硅橡胶漏	(6)检查进样口状态，重复进样测试 更换注射器 更换硅橡胶
	(7)色谱柱连接松开或漏气	(7)检查色谱柱和柱接头
	(8)检测器故障	(8)检查检测器
2. 保留时间正常而灵敏度下降	(1)灵敏度选择错误	(1)调整灵敏度
	(2)进样不足	(2)增加进样量
	(3)分流比过大	(3)调整分流比
	(4)注射器堵塞或胶垫泄漏	(4)更换注射器或进样胶垫
	(5)色谱系统内载气漏	(5)检漏
	(6)氢气和空气流量选择不当	(6)调整氢气和空气流量
	(7)桥流过小	(7)调整桥流
3. 拖尾峰	(1)进样温度低	(1)重新调节进样器温度
	(2)进样管污染(样品或硅橡胶残留)	(2)老化或清洗进样管
	(3)柱温太低	(3)增加色谱柱温度
	(4)进样技术过低	(4)提高进样技术，做到进针快、出针快
	(5)色谱柱选择不当(样品与柱担体或固定液起反应)	(5)重新选择适当色谱柱
4. 前伸峰	(1)色谱柱超过负荷，样品量太大	(1)降低样品量
	(2)进样温度低	(2)重新调节进样器温度
	(3)样品凝集在系统中	(3)先提高柱温，再选择适当的进样器、色谱柱、检测器的温度
5. 峰分离差	(1)柱温高	(1)降低柱温
	(2)柱过短	(2)选择较长色谱柱
	(3)固定液流失	(3)更换色谱柱或老化色谱柱
	(4)固定液或担体选择不正确	(4)选择适当色谱柱的固定液或担体
	(5)载气流速高	(5)降低载气流速
	(6)进样技术差	(6)提高进样技术

续表

故障现象	故障原因分析	检　修
6. 圆顶峰或平顶峰	(1)超过检测器线性范围	(1)降低样品量或调整检测器量程
	(2)记录衰减不足	(2)调节衰减
	(3)记录装置零点位置过高	(3)检查并调整零点位置
7. 保留时间延长，灵敏度低	(1)载气流速太慢	(1)增加载气流速，如载气流路中有阻塞现象，则设法排除
	(2)进样后载气流量变化	(2)换进样硅橡胶
	(3)进样器硅橡胶漏	(3)换进样器硅橡胶
8. 反峰	(1) 极性开关位置错	(1) 把极性开关放在正确位置上
	(2) 载气不纯	(2) 选择合适的载气
9. 锯齿型基线(有规律正弦波)	(1)柱箱温度控制不灵	(1)检查柱箱温度情况
	(2)检测器温度控制不灵	(2)检查检测器温度情况
	(3)载气调节不当	(3)适当提高载气出口压力
	(4)钢瓶压力过低	(4)检查钢瓶压力情况
	(5)稳流阀膜片疲劳等	(5)换稳流阀
	(6)载气瓶减压阀输出压力变化	(6)调节载气瓶减压阀的压力在另一位置
10. 基线单向漂移	(1)检测器或柱箱温度未稳定	(1)检查检测器、柱箱温度和设定温度，稳定一段时间
	(2)色谱柱污染	(2)老化色谱柱
	(3)色谱柱老化不够	(3)老化色谱柱
	(4)放大器零点漂移	(4)检修放大器
	(5)固定液流失	(5)检查柱箱温度情况，适当老化色谱柱
	(6)载气更换中	(6)尽量选用合格、质量相同的载气
11. 基线突变	(1)局部接触不良	(1)把电源插头安装牢靠，或请专业人士检查内部虚焊等。
	(2)外电场干扰	(2)排除足以影响仪器正常工作的外电场干扰
	(3)氢气、空气流量选择不当(FID)	(3)重新调整氢气、空气流量特别是空气流量
12. 恒温操作时有不规则基线波动	(1)仪器安放位置不好	(1)把仪器安放在无强烈振动、无强空气对流处，并把仪器安放水平，最好把仪器放在水泥台上或垫有橡皮的桌子上
	(2)仪器接地不好	(2)仪器及记录器应良好接地
	(3)柱固定液流失	(3)固定液选择适当，柱子应充分老化，不能把柱温升到固定液使用极限(特别是高灵敏度检测器)
	(4)载气漏	(4)探漏
	(5)检测器污染	(5)清洗检测器
	(6)载气流量选择不当	(6)调节载气稳流阀，使载气流量调节适当，保证载气瓶总压力在5~15MPa
	(7)氢气、空气流量选择不当(FID)	(7)适当调节氢气、空气流量
	(8)放大器本身不稳	(8)检查放大器、修理放大器
	(9)记录器不好	(9)断开记录器信号线，用金属丝把信号线短路，此时记录器不好，则按照记录器说明书的方法修理记录器

续表

故障现象	故障原因分析	检修
13. 出现额外峰(鬼峰)	(1)此峰是前一样品的高组分峰	(1)待前一次样品全部流出后再进样
	(2)当柱温升高时，冷凝在色谱柱中的水分或其他不纯物在出峰	(2)安装或再生净化器，选择适当的操作条件
	(3)空气峰	(3)排除注射器中的空气
	(4)样品分解	(4)降低进样器温度(不用易催化、易分解固定液或担体)
	(5)样品玷污	(5)保证样品干净、无杂质，勿与其他组分混合
	(6)样品与固定液、担体或吸附剂反应	(6)利用其他色谱柱，以免样品及固定相起反应
	(7)色谱柱头玻璃棉玷污或注射器玷污	(7)调换柱头玻璃棉或清洗注射器
	(8)进样硅橡胶污染或低分子组分流出	(8)把硅橡胶在200℃中烘16h再使用
14. 出峰时信号突然回到低于基线(可重复性的)	(1)样品量太大造成FID熄火	(1)降低样品量
	(2)氢气或空气流量太低熄火	(2)重新调节氢气、空气流速
	(3)载气流速太高造成FID熄火	(3)选择合适的载气流速
	(4)火焰喷口污染(或堵塞)	(4)清洗火焰喷口(或疏通火焰喷口)
	(5)氢气或载气用完	(5)检查气源压力
15. 台阶峰不回零(峰平头)	(1)记录器增益	(1)校正记录器增益及阻尼(直到手动记录笔左右移动后仍回原处)
	(2)仪器接地不合适	(2)仪器和记录器需要良好接地
	(3)有极低交流信号反馈到记录器中	(3)根据需要接一只0.25MF/250V的电容，从正或负的输入端与地端相接，正或负的接法根据实验决定(注意：不要使电容接在信号线的正负处)
16. 基线不回零	(1)积分仪零点位置故障	(1)调整积分仪零点
	(2)调零旋钮失灵	(2)检查调零旋钮
	(3)柱流失或污染	(3)减少柱流失，老化柱子
	(4)检测器污染	(4)老化或清洗检测器
	(5)载气不纯	(5)更换载气
17. 色谱峰不规则，有尖毛刺峰	(1)灰尘粒子或外来物质不规则地在火焰中燃烧	(1)保证检测器没有玻璃棉、分子筛及灰尘微粒进入；分子筛过滤器使用前必须活化，并在通氮气流或用真空泵抽气的情况下冷却
	(2)绝缘子漏电或高阻连接继电器受潮漏电	(2)清洗绝缘子或高阻开关等，清洗后烘干，不要用手接触
	(3)放大器故障	(3)修理放大器
18. 在色谱峰相等间隔中有一些短毛刺	(1)水冷凝在氢气管路中(水一般从氢气源来)	(1)从管路中消除水分并换掉活化氢气过滤器中的干燥剂
	(2)漏气	(2)探漏
	(3)流路中有堵塞现象	(3)流路中清除杂质，如是色谱柱中有杂质，则可适当提高柱温
	(4)火焰跳动	(4)调节合适的氢气和空气流量

续表

故障现象	故障原因分析	检　修
19. 基线噪声大	(1)色谱柱污染或色谱柱流失	(1)老化或更换色谱柱
	(2)载气污染	(2)更换载气(注意载气过滤器)
	(3)载气流速太高	(3)重新调节载气流速
	(4)载气漏	(4)探漏
	(5)接地不良	(5)保证仪器接地良好
	(6)积分仪故障	(6)更换积分仪检查
	(7)进样器污染	(7)老化或清洗进样器
	(10)氢气流速太高或太低(FID)	(10)重新调节氢气流速
	(11)空气流速太高或太低(FID)	(11)重新调节空气流速
	(12)空气或氢气污染	(12)更换氢气、空气过滤器
	(13)水冷凝在 FID 中	(13)增加 FID 温度清除水分
	(14)检测器电缆接触不良	(14)更换或修理电缆
	(15)FID 检测器绝缘性能下降	(15)清洗检测器绝缘子
	(16)检测器污染	(16)老化或清洗检测器
20. 程序升温后基线变化	(1)温度上升时，柱流失增加	(1)选用适当的色谱柱或老化色谱柱
	(2)柱流速没校正好	(2)校正柱流速
	(3)色谱柱污染	(3)更换色谱柱
	(4)二根色谱柱固定液量不一样	(4)二根色谱柱固定液涂覆量应相等
21. 升温时有不规则基线变化	(1)柱流失过多	(1)选择适当色谱柱，使用柱温应远低于固定液最高使用温度
	(2)未选择好合适的操作条件	(2)选择合适的操作条件
	(3)柱污染	(3)更换色谱柱
	(4)硅橡胶升温出现鬼峰	(4)硅橡胶使用前放在 200℃烘 16h

训练

1. 气相色谱法载气泄漏最主要发生在(　　)部位。

(A)管路接头　　(B)气路阀件内部

(C)管路弯头　　(D)管路壁

2. 色谱仪气路发生泄漏，可能带来的问题有(　　)。

(A)基线出现正弦波状不稳　　(B)色谱峰面积重现性差

(C)发生恒温下基线漂移　　(D)组分不出峰

3. 色谱仪其他部分工作正常，但发现柱箱不能加热升温，应该首先检查(　　)。

(A)柱箱加热丝　　(B)实验室电源

(C)色谱仪开关　　(D)加热器开关和保险

4. 可能造成柱箱温控不稳定的原因是(　　)。

(A)保险管熔断　　(B)测温铂电阻位置不对

(C)温控可控硅击穿　　(D)柱箱加热丝断了

5. 色谱仪风扇常见的故障有(　　)。

(A)停转　　(B)扇页断裂　　(C)反转　　(D)噪声大

6. TCD 长期使用后，发现无法调零，最可能的原因是(　　)。

(A)热丝熔断　(B)桥流不够　(C)检测器污染　(D)载气不纯

7. FID 长期使用后基线不稳，应该首先采取(　　)来尝试修复。

(A)换新 FID　(B)清洗喷嘴　(C)更换色谱柱　(D)更换载气

8. 色谱仪 FID 无法调零，可能的原因有(　　)。

(A)熄火　(B)发射极和收集极短路

(C)检测器污染　(D)氢气不纯

9. 色谱峰的出峰时间正常，但峰宽明显变大，最可能的原因是(　　)。

(A)检测器污染　(B)柱流失　(C)进样量过大　(D)柱箱温度变低

10. 色谱峰的出峰时间推迟，同时峰宽明显变大，最可能的原因是(　　)。

(A)检测器污染　(B)柱流失　(C)进样量过大　(D)柱箱温度变低

11. 工作时间较长后，色谱峰的出峰时间正常，但峰形慢慢出现拖尾现象，可能的原因有(　　)。

(A)检测器污染　(B)柱流失　(C)进样衬管污染　(D)进样手法问题

12. 色谱仪突然不出峰的可能原因有(　　)。

(A)FID 熄火　(B)TCD 热丝烧断

(C)FID 空气源失压　(D)TCD 加热器失效

13. 色谱基线发现不稳，怀疑是检测器由于被某个样品污染而造成，这时，可能解决问题的临时处理办法是(　　)。

(A)提高检测器温度 30℃，2h 后恢复使用

(B)提高柱箱温度 30℃，2h 后恢复使用

(C)直接提高检测器温度 30℃使用

(D)直接提高柱箱和检测器温度各 30℃使用

14. FID 色谱仪的基线突然剧烈上升，同时波动显著增大，可能的原因是(　　)。

(A)不适当的样品污染了色谱仪　(B)FID 供气钢瓶纯度不够

(C)色谱仪电压不稳　(D)色谱柱流失

15. 重复测定某样品时，发现其中一个谱图的色谱峰明显较小，可能的原因有(　　)。

(A)FID 三气配比发生变化　(B)色谱仪内部发生漏气

(C)进样衬管污染　(D)注射器内有气泡

16. 重复测定某样品时，发现其色谱图中的一个峰逐渐变小，而其他组分峰变化不大，可能的原因有(　　)。

(A)注射器漏　(B)色谱仪内部发生漏气

(C)样品容器有问题　(D)检测器失灵

17. 经过较长时间后，重新标定色谱仪时发现灵敏度有较大降低，可能的原因有(　　)。

(A)FID 三气配比发生变化　(B)色谱仪内部发生漏气

(C)进样衬管污染　(D)进样胶垫长时间没有更换

18. 色谱积分仪峰检出参数设置不对，可能带来的问题是(　　)。

(A)基线不稳　(B)结果重现性差　(C)色谱峰超量程　(D)检测器失灵

19. 如果没发现色谱仪有其他问题，只是定量重复性差，可能的原因有(　　)。

(A)进样技术差　(B)样品制备不均匀

(C)色谱仪气路内有漏气　(D)检测器灵敏度不够

20. 色谱仪保留时间不重复的可能的原因有(　　)。

(A)进样技术差　(B)柱温不稳定

(C)检测器污染　(D)载气流速控制不稳

21. 如果毛细管柱和FID的连接安装不合理，造成毛细管柱位置偏下，中间死体积增大，带来的最直接问题是(　　)。

(A)色谱峰面积降低　(B)FID火焰熄火

(C)色谱峰形变宽　(D)分析重现性差

22. 色谱仪出现大峰后跟一个反峰的可能的原因有(　　)。

(A)TCD载气流速设定不好　(B)载气纯度差

(C)检测器灵敏度设定太高　(D)进样手法有问题

模块五

电化学分析

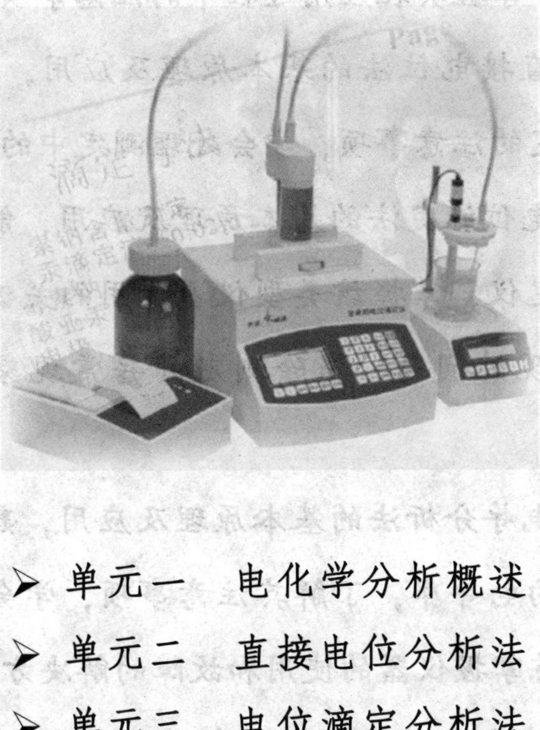

- 单元一　电化学分析概述
- 单元二　直接电位分析法
- 单元三　电位滴定分析法
- 单元四　电导分析法
- 单元五　库仑分析法

学 习 目 标

1. 掌握电化学分析的基础理论，学会应用这些理论解决实际工作中遇到的问题；

2. 掌握电极的基本知识，清楚各种不同类型的电极的特点和应用，掌握其在应用过程中的注意事项和工作原理；

3. 掌握直接电位法的基本原理及应用，熟练应用 pH 计并了解测定的注意事项，学会处理测定中的问题和故障；

4. 掌握电位滴定法的基本原理及应用，能够熟练使用自动电位滴定仪，掌握该类型仪器使用的关键，并能够处理测定中出现的问题，消除测定的异常现象，解决仪器故障；

5. 掌握电导分析法的基本原理及应用，熟练应用电导仪测定溶液的电导率，了解其注意事项，学会处理测定中的问题，熟练掌握仪器的使用和故障的解决方法；

6. 掌握库仑分析法的基本概念，了解方法的基础知识；掌握微库仑分析的基本原理及应用，熟悉滴定池。能够熟练应用微库仑仪测定油品中的痕量杂质，并了解仪器使用的注意事项。学会处理测定中的问题，掌握故障的解决方法。

单元一　电化学分析概述

课题 1　电化学分析法简介

电化学分析法开始于 19 世纪初，是仪器分析法中的一个重要分支，具有准确度高、灵敏度高、选择性好、适应于各级含量组分的测定、仪器设备简单，易于实现自动化等特点。

电化学分析法所要检测的电参量通常是电阻(或电导)、电位(电极电位或电动势)、电流、电量等，或者检测某种电参量在变化过程中的变化情况，或者检测某一组分在电极上析出的固相重量，这样就可以根据检测的电参量与化学量之间的内在联系，对样品进行定量、定性分析。

电化学分析的分类方法有多种多样，且无论采用哪种分类方法，都很难取得一致意见，现将几种经常见到的分类方法介绍如下。

根据分析方式的不同，电化学分析法可分为直接测定分析法、电容量分析法和电解称量分析法。根据电化学分析中所测定电参量的不同，电化学分析法可分为电导分析法、电位分析法、电解分析法、库仑分析法和极谱分析法。

随着科学技术的不断发展和各学科的相互渗透，电化学分析也得到了飞速发展。其在现代分析化学中已经占有了特殊地位，发展成为了独立的学科方向。1981 年全国第一次电分析化学学术会议则标志着我国电化学分析有了自己的特色和创造。

在电化学分析法的发展过程中，如何提高信噪比及分辨率等，始终是发展电化学分析方法的中心问题。而对于电极、仪器的研究和制造则是实现新方法的关键。特别是要结合近代微机技术，注意开发高性能的仪器，使分析过程自动化、智能化和多功能化，以促进电化学分析的新发展。

1. 电参量主要有哪些？这些电参量所代表的真实含义是什么？

2. 您了解哪些电化学分析方法？您是否清楚地知道这些分析方法所属的类型？您了解这些分析方法的特点吗？

课题 2　电化学电池

实现化学能与电能相互转变的装置或体系统称为电化学电池。电化学电池分为原电池和电解池两类。由两根电极插入电解质溶液中组成，把化学能转变成电能的装置称为原电池，电解池则是将电能转变成化学能的装置。

2.1 原电池

由导体构成的两个电极，同时插入电解质溶液中，便基本构成了原电池。但一个电池若要工作，则必须满足以下条件(1)外电路必须用导体导通。(2)电解质溶液中离子之间可以相互迁移。(3)电极与周围的电解质间的固液界面上发生氧化或还原反应。

电化学电池还可以按照另一种特性分为两类：无液接界电池和有液接界电池。

如果将两个电极同时插入同一种电解质溶液中，即两个电极共用同一种电解质溶液的电池，称为无液接界电池。液接界就是两溶液间的液面。

如果两个电极各自插入不同组成的或相同组成不同浓度的分隔开的电解质溶液中，两电解质溶液以隔膜分开或以盐桥相连以满足离子可以相互迁移的条件，此类电池称为有液接界电池。

在实际应用中，通常采用较多的是有液接界电池，因为它有效地避免了两个半电池的各组分直接参与反应从而降低电池效率的现象发生。

无论是原电池还是电解池，凡是发生还原反应的电极都称为阴极；凡发生氧化反应的电极都称为阳极。单个电极上的氧化或还原反应则称为半电池反应。单个半电池反应不能独立进行，只有在另一个半电池反应同时进行时，整个电池才能工作。

2.2 电池的表示符号

电化学电池通常用电池符号来表示。书写电池符号时应注意：

(1) 将发生氧化反应的电极及其溶液列在左边，发生还原反应的电极和溶液列在右边。

(2) 两相之间的界面用竖线(固/液界面或液/液界面)或逗号(固/固界面或固/气界面)表示。

(3) 有时，为了消除液/液接界电位，两溶液之间采用盐桥相连，此时用双竖线表示。

(4) 当电极为气体时，一般用惰性金属电极代替，书写时用逗号将惰性金属与气体分开。

(5) 书写电池符号要求将溶液的浓度和气体的压力一并标出。

如图 1-1 所示铜-锌原电池，锌和硫酸锌溶液组成一个半电池，铜和硫酸铜溶液组成另一个半电池，两种溶液之间采用盐桥相连。试写出该电池的电池符号。

解析：写出该电池的半电池反应式。

阴极：$Cu^{2+}+2e \rightleftharpoons Cu$

阳极：$Zn \rightleftharpoons Zn^{2+}+2e$

则总反应式为 $Zn+Cu^{2+} \rightleftharpoons Cu+Zn^{2+}$

根据总反应式，按照书写电池符号的规则，则该电池的电池符号表示为

$Zn \mid ZnSO_4(x mol/L) \parallel CuSO_4(y mol/L) \mid Cu$

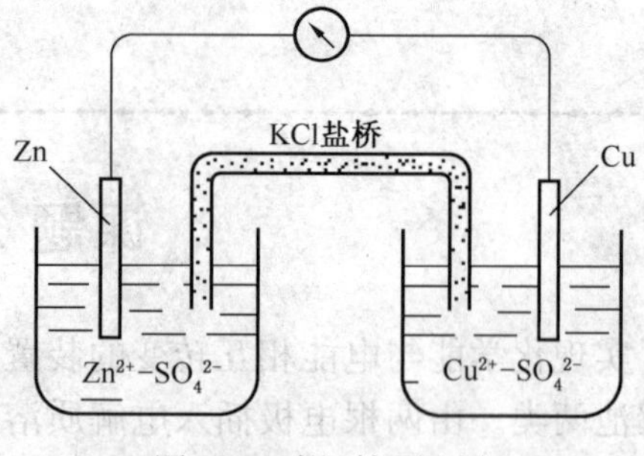

图 1-1 铜-锌原电池

课题 3　电池电动势

3.1　电极电位

标准氢电极：一个大气压的氢与氢离子活度为 1 的酸性溶液构成电极体系，由于氢是气体，不能直接作为电极，所以用一个镀有铂黑的铂电极插入酸性溶液中，高纯度氢气不断冲打到铂片上，使氢气在溶液中达到饱和，这就是标准氢电极(N. H. E)。

电极电位：将电极体系与一个作为标准的参比电极体系(通常是标准氢电极)组成一个原电池，然后测量该电池在某一温度下的电动势，即为该电极在该温度下的电极电位。影响电极电位的因素包括浓度、温度、电子数等。

现在国际上一律采用标准氢电极作为标准参比电极，规定标准氢电极的电位为零。文献上所列电极电位除注明外，都是以标准氢电极作为标准的。标准氢电极的电极反应为

$$2H^{+}+2e \rightleftharpoons H_2(g)$$

当待测电极氧化态的活度和还原态的活度均为 1 时，以标准氢电极作参比，测得的电动势就是待测电极的标准电极电位。用符号 φ° 表示。

通过上面的概念介绍，不难看出，由于对于一个电极而言，当它与标准氢电极组成电化学电池后，该电极才有了一个电极电位，这里面的标准氢电极其实就是一个参照物，称之为参比电极。在实验室中，除了用标准氢电极作参比外，还常采用饱和甘汞电极(S. C. E)。采用两者所表示的电极电位的关系为 $E_{NHE}=E_{SCE}+0.242$。

对于电极电位的理解应把握如下两点：(1)电极电位的数值是相对的；(2)测定的电极电位值必须标明所采用的参比电极。

此外，IUPAC 规定，电子从标准氢电极由外电路流向该电极的，电极电位定为正号；电子由该电极由外电路流向标准氢电极的，电极电位定为负号。当一个电极与标准氢电极构成原电池时，如果电极反应为还原反应，则电极电位为正，正号意味着还原反应能自发进行。如果发生氧化反应，则电极电位为负值，负号表示还原反应不能自发进行。按照这样规定测得的标准电极电位称为还原电极电位。其半电池反应写成还原反应式，例如：

$$Zn^{2+}+2e \rightleftharpoons Zn \quad \varphi^{\circ}=-0.763V$$

$$Ag^{+}+e \rightleftharpoons Ag \quad \varphi^{\circ}=+0.799V$$

这表示，标准银电极与标准氢电极相连接时，银电极为正极，而氢电极为负极，因而 $Ag^{+} \longrightarrow Ag$ 的还原反应能自发进行。相反，当标准锌电极与标准氢电极相连接时，锌电极为负极，而氢电极为正极，因而 $Zn^{2+} \rightarrow Zn$ 的还原反应不能自发进行。

3.2　能斯特方程

在电化学电池中，电极电位和溶液中对应的离子浓度有关，其关系可用能斯特方程表示为：

$$\varphi=\varphi^{\circ}+\frac{0.059}{n}\lg\frac{c_{氧化态}}{c_{还原态}}$$

其中，φ 为电极平衡时的电极电位，V；φ° 为电极的标准电极电位，V；n 为参与电极反应的离子价数；c 表示各种反应组分平衡时的物质的量的浓度。

3.3　电池电动势

化学电池在实际应用过程中，影响其电动势的因素很多，归纳起来大致包括如下几点

(1) 电池电动势与溶液的活度有关。电池的电动势既与标准电动势有关，又与参加反应的各物质的活度有关，其关系的理解可以参照能斯特方程式。

(2) 电池电动势与温度有关。恒压条件下，电动势对温度的偏导数称为电动势的温度系数。温度系数表示在恒压条件下电动势随温度的变化。

电池电动势与温度的关系可表述为：当温度系数等于零时，电池的电动势不随温度改变；当温度系数大于零时，电池的电动势随温度升高而增大；当温度系数小于零时，电池的电动势随温度升高而减小。

(3) 电池电动势与参加电池反应的各种物质的性质有关。如物质的状态，溶解性能，化学性质等都会影响到电池电动势。

(4) 电池电动势还与压力等因素有关。当参与电极反应的物质中有气态物质存在时，压力变化将直接影响到电池的电动势，因为压力的变化将会导致气态物质在体系中存在的实际浓度，从而影响到电池的电动势。

然而，对于已知的具体化学电池而言，其电动势主要是两个半电池电极电位的代数和。所以只要计算出两个半电池的电极电位，就可以计算出电池的电动势。利用能斯特方程计算电极电位和电池电动势时，需要遵循以下规则：

(1) 先写出电池的表达式，将发生氧化反应的电极(电池的负极)写在左边，发生还原反应的电极(电池的正极)写在右边。

(2) 不论正负电极上实际发生的是氧化反应还是还原反应，一律采用还原电极电位。

(3) 电池的电动势 $E=E_{阴}-E_{阳}=E_{+}-E_{-}$。

(4) 如果计算出的电动势为负值，表示实际测定时左边的电极是正极，右边是负极，与书写的电池表达式恰好相反。

案例

计算下述电池的电动势。其中，$T=298\text{K}$，电极的标准电极电位为：$E^0_{H^+/H}=0.000\text{V}$，$E^0_{Cu^{2+}/Cu}=0.337\text{V}$。

$$\text{Cu}\mid \text{Cu}^{2+}(0.10\text{mol/L})\parallel \text{H}^+(0.01\text{mol/L})\mid \text{H}_2(0.9\text{atm}),\ \text{Pt}$$

解析：不管实验测量时哪支电极的是电池正极，先将左边的铜电极作为负极，右边的氢电极作为正极。

左边，氧化反应：$Cu \rightleftharpoons Cu^{2+}+2e$，右边，还原反应：$2H^+ +2e \rightleftharpoons H_2$

电池反应：$Cu+2H^+ \rightleftharpoons Cu^{2+}+H_2$

则
$$E_{阴}=E^0_{H^+/H}-\frac{0.0591}{2}\times\lg(P_{H_2}/(C_{H^+})^2)=-0.117\text{V}$$

$$E_{阳}=E^0_{Cu^{2+}/Cu}+\frac{0.0591}{2}\times\lg(C_{Cu}/C_{Cu^{2+}})=0.307\text{V}$$

$$E=E_{阴}-E_{阳}=-0.117-0.307=-0.424\text{V}$$

电池的电动势为负值，所以，电池的表达式与原表达式恰好相反，应为

$$\text{Pt},\ \text{H}_2(0.9\text{atm})\mid \text{H}^+(0.01\text{mol/L})\parallel \text{Cu}^{2+}(0.10\text{mol/L})\mid \text{Cu}$$

1. 您如何理解能斯特方程中的各参量的意义？方程式中 n 的取值如何最终确定？

2. 电池电动势与温度的关系如何？您是否理解其中所含的实际意义？您如何理解与实际工作中一些现象的联系？

课题 4　法拉第定律

4.1　法拉第电解定律

法拉第定律是电化学中最普遍而严格的定量规律，是由米切尔·法拉第(Michael Faraday)于一百多年前发现的，所以被称为法拉第定律。法拉第定律阐述的是流过电解池的电量和化学反应物质的量之间的关系，即

$$m = \frac{MIt}{nF}$$

其中，m 为化学反应物的质量，g；M 为析出物质的摩尔质量，g/mol；Q 为通过电解池的电量，C；F 为法拉第常数(96487C / mol)；I 为电解电流，A；t 为电解时间，s；n 为电极反应的得失电子数。

4.2　电流效率

在实际工作中发现，很多情况下，发生电化学变化的一定物质的量都小于根据法拉第定律计算出的量。例如：当 1 法拉第的电量通过酸化的硫酸锌溶液时，理论上阴极应该沉积 1 电化当量的锌，但实际上却只有 0.6 电化当量。这些表观上的偏差主要来自其他平行反应和次级反应的存在。上例中，阴极除了发生锌的沉积外，同时有氢生成。

为了考虑平行反应和次级反应的影响，提出了电流效率这个概念：电流效率是通过电解池完成所要求的电极反应的电流分数。

$$B = \frac{q_i}{\Sigma q_i} \times 100\%$$

其中，q_i 为消耗于给定反应的电量；Σq_i 为通过的总电量。

电流效率也可以定义为转化物质的量 m_a 与全部电量都用于完成指定反应时应该反应的物质的量 m_c 之比。

$$B = \frac{m_a}{m_c} \times 100\%$$

4.3　法拉第定律和电极反应的速度

与定义化学反应速度一样，电化学反应速度 v 被定义为单位时间内电解产生的生成物物质的量，即 $v = \frac{I}{nF}$。可以看出，电化学反应速度与电流强度成正比，在实际工作中，为了便于比较，常采用电流密度 i 来表征电极反应的速度。即 $v' = \frac{i}{nF}$

训练

1. 电化学分析法的检测手段不包含(　　)。

(A)电参量　　(B)电参量变化

(C)电化学反应　　(D)电极析出的固相重量

2. 下列分析方法属于电解分析的是(　　)。

(A)恒电流电重量分析法　　(B)离子选择性电极分析法

(C)汞阴极电解分离法　　(D)控制阴极电位电重量分析法

3. 实现电化学分析新方法的关键是(　　)。

(A)电极、仪器的研究制造　　(B)结合微机技术

(C)开发高性能仪器　　(D)分析过程自动化

4. 下列物质中，不属于化学电池必须构成的是(　　)。

(A)电极　　(B)导线　　(C)电流计　　(D)电解质溶液

5. 对于离子浓度和离子活度的关系，理解正确的是(　　)。

(A)离子活度通常小于离子浓度

(B)离子活度通常大于离子浓度

(C)溶液无限稀时，活度接近浓度

(D)实际应用中，能斯特方程中的离子活度由离子浓度替代

6. 下列关于电极电位的叙述中，错误的有(　　)。

(A)电极电位是可以直接测量的

(B)电极电位是相对值

(C)电极电位的数值与选择的参考电极有关

(D)用甘汞电极测定的电极电位比同条件下用标准氢电极测定的结果在数值上低

7. 对于只有固体和液体参加的电池反应，不影响电池电动势的是(　　)。

(A)温度　　(B)溶液浓度　　(C)大气压强　　(D)反应物质的性质

8. 对于能斯特方程式理解正确的是(　　)。

(A)R是气体常数　　(B)T是绝对温度　　(C)n是电子数　　(D)α是活度

9. 电化当量是指(　　)。

(A)$Q=1$时的K值　　(B)$I=1$时的K值　　(C)$K=1$　　(D)$t=1$时的K值

10. 法拉第定律的数学表达式中，用W代表析出物质的克数：M为析出物质的相对分子质量或相对原子质量；n是电极反应中电子转移数$F=96487$C，t为电解时间(s)，那么电流的单位应为(　　)。

(A)mA　　(B)μA　　(C)A　　(D)V

11. 化验员王某在测定电化学电池的电流效率时，得到了如下结果，肯定错误的数据是(　　)。

(A)50%　　(B)116%　　(C)100%　　(D)85%

12. 根据下列半电池反应，写出电池符号。

(1) 正极：$AgCl+e \rightleftharpoons Ag+Cl^-$

负极：$1/2H_2 \rightleftharpoons H^+ +e$

(2) 正极：$Hg_2SO_4+2e \rightleftharpoons 2Hg+SO_4^{2-}$

负极：$Cd(Hg)+SO_4^{2-}+8/3H_2O \rightleftharpoons CdSO_4 \cdot 8/3H_2O+2e$

单元二　直接电位分析法

课题 1　电　极

电位分析中的电极包括指示电极和参比电极两种。指示待测离子浓度，电位随待测离子浓度变化而变化的电极称为指示电极；不受待测离子浓度变化影响，具有恒定电位值的电极称为参比电极。其中，指示电极又可分为金属基指示电极和离子选择性电极。

1.1　金属基指示电极

金属基指示电极的电位能随着待测离子的活度变化而变化，可以指示待测金属离子的活度或浓度的变化关系。金属基指示电极主要有

(1) 惰性金属电极：惰性金属电极又称为零电极，是将惰性金属插入含有可溶性氧化态和还原态物质的溶液中而构成。包括铂电极和金电极。如 Pt 与 Fe^{3+} 和 Fe^{2+} 组成的电极 Pt | Fe^{3+}，Fe^{2+}。在电极的构成中，金属铂并不参加电极反应，在这里仅起到传导电子的作用，没有离子穿越相界面，所以称为零电极。

(2) 金属-金属离子电极：金属-金属离子电极是将一种金属浸入含有该金属离子的溶液中构成的，称为第一类电极。实际工作中，用作指示电极的金属并不多，主要就是银和汞。银电极是将纯金属 Ag 浸入到含有 Ag^+ 的溶液中形成的电极，常用作沉淀法的电位滴定的指示电极。

(3) 金属-金属难溶盐电极：这类电极一般是在一种金属的表面涂上它的难溶盐或是把金属浸入此难溶盐的阴离子溶液中构成，主要包括银-难溶银盐电极和汞-难溶汞盐电极，如银-氯化银电极。

(4) Hg-HgY^{2-} 电极：金属与两种具有共同阴离子的难溶盐(或难离解的络离子)以及含有第二种难溶盐(或难离解的络离子)的阳离子处于平衡时所组成的电极，称为第三类电极。如 EDTA 与 Hg 和另一种金属离子形成的电极 Hg | HgY^{2-}，MY^{n-4}，M^{n+}。

1.2　离子选择性电极

离子选择性电极也是一种指示电极，它的电位对溶液中所给定的离子活度的对数呈线性关系。离子选择性电极又称膜电极，是具有选择性的、对某一离子(或电活性物质)可产生能斯特响应的并由敏感膜构成的一类电极，常用符号“ISE”表示。目前的电位分析法中，离子选择性电极的使用占了主导地位。

1.2.1　离子选择性电极的分类

离子选择性电极自 20 世纪 60 年代以来发展很快，出现了很多类型，按照 IUPAC 建议分类如下：

- 离子选择性电极
  - 原电极
    - 晶体膜电极
      - 均相膜电极
      - 非均相膜电极
    - 非晶体膜电极
      - 刚性基质电极
      - 流动载体电极
        - 带正电荷载体电极
        - 带负电荷载体电极
        - 中性载体电极
  - 敏化电极
    - 气敏电极
    - 酶电极

1.2.2 离子选择性电极的性能指标

(1) 选择性系数

离子选择性电极的电位对给定的某种离子具有能斯特响应，但当有干扰离子存在时，电极除对待测离子有响应外，对共存的干扰离子也会有不同程度的响应，产生干扰。干扰离子的干扰程度一般用选择性系数($K_{i,j}$)表示，其中，i 代表待测离子，j 代表干扰离子。

选择性系数是衡量离子选择性电极选择性能好坏的性能指标。定义为：当其他条件相同时，能产生相同电位的待测离子活度 α_i 和干扰离子活度 α_j 的比值，α_i/α_j。例如，选择性系数 $K_{i,j}$ 为 10^{-3}，表示当干扰离子活度等于被测离子活度 10^3 倍时，干扰离子所提供的膜电位才等于被测离子所提供的膜电位。显然，选择性系数越小越好，$K_{i,j}$ 越小表示电极选择性能越高。

$K_{i,j}$ 是实验数据，不是常数，随溶液离子活度和测量方法的不同而不同。$K_{i,j}$ 是电池的性能指标，不能用来校正。

(2) 检测下限与线性范围

离子选择性电极的检测下限又称检测限度，表明离子选择性电极能够检测待测离子的最低浓度。常以摩尔浓度为单位。同时，离子选择性电极还有检测上限，即电极与待测离子的活度的对数值呈线性关系所允许的该离子的最大活度。不同离子选择性电极的检测上限各不相同，但一般在 1mol/L 左右。

离子选择性电极的检测下限和检测上限之间的范围称为离子选择性电极的线性范围，或称为能斯特响应。线性范围表明某个离子选择性电极所适用的待测离子浓度的范围，所以在实际使用过程中，必须控制待测离子浓度处在该电极的线性范围内。

(3) 校正曲线的斜率和转换系数

线性范围内使用离子选择性电极，当待测离子的浓度变化为一个数量级时，所引起的电极电位变化的数值称为该电极对所给定离子的斜率，即校正曲线的斜率。斜率一般用 S 表示，单位为 mV/px，可简化为 mV。

在实际测定中，实测斜率与理论斜率之间有一定的偏离，这种偏离用转换系数表示：实测斜率 S' 占理论斜率 S_t 的百分比。

$$K_{i,r} = \frac{S'}{S_t}$$

转换系数越大，表明电极的性能越好。如氯离子选择性电极的转换系数为 93.0%~94.7%，斜率为 55~56mV，是较好的选择性电极。

转换系数低于 90%的电极是不适宜作直接电位法测定的，但可以作为电位滴定的指示电极，不过，测量精度较差。

(4) 响应时间

离子选择性电极的响应时间是从两电极刚接触溶液时算起，直到电池电动势达到平衡的某一瞬间所需要的时间。响应时间表明测定过程所需要的时间，在实际应用上具有重要意义。

影响电极响应时间的因素很多，主要包括电极结构和敏感膜的性质、待测离子的浓度、溶液的搅拌情况、温度、共存离子和电极敏感膜的光洁度和厚度。例如：温度升高，可以缩短响应时间，这是因为温度升高可以使离子交换速度加快，可以降低膜内阻，加速电荷在膜内的传导，同时可以使待测离子达到电极表面的速度加快。

(5) 稳定性、重现性、内阻

电极的稳定性是指电极的稳定程度，指在一个组成恒定温度不变的溶液中，插入电极组成工作电池，其电池的电动势随时间变化而有秩序改变的程度。常用漂移表示。电位的漂移常以 24h 电位的变动 mV 数来表示。漂移越小表示电极越稳定。一般情况下，电极的电位漂移应小于 2mV。

重现性表示电极重现性能的好坏。将电极从 10^{-3}mol/L 溶液中转移到 10^{-2}mol/L 溶液中，重复三次，分别测量电极电位，用测量所得电位数值的偏差来表示。电极的偏差越小表示重现性越好。

重现性和稳定性是两个不同的概念，重现性反应电极的滞后现象，即电极从一种浓度溶液中转移到另外一种浓度溶液中，再放回原溶液时两次测得电位值不同的现象。

电极的内阻是指电极自身所具有的电阻值。内阻是敏感膜的内阻、内参比溶液和内参比电极的电阻之和，但决定于敏感膜的电阻。每支电极都有固定的内阻值，不同类型的电极的内阻各不相同，而且相差悬殊。

(6) 不对称电位和空白电位

当电极的内参比液与待测溶液浓度相同，且参比电极与内参比电极相同时，电池电动势从理论上讲应该为零，但实际上，电池电动势是一个约为数毫伏且随时间缓慢变化的电位，这个电位称为电极的不对称电位。不对称电位由电极敏感膜两边结构上的差异造成，并且与使用时间有关。实际工作中，可用标准缓冲溶液来校正电极，消除不对称电位。

空白电位是指电极浸在纯水中时电极所具有的电位数值。不同的离子选择性电极具有不同数值的空白电位数值，可能为正值也可能为负值。使用电极时，必须把电极用去离子水洗至空白电位。

(7) 温度效应和等电位点

温度变化对离子选择性电极电位的影响称为温度效应。温度对离子选择性电极电位的影响是复杂的，由于温度的变化可以引起校正曲线斜率和斜距的变化。对于特定的电极而言，存在一点，电极电位在该点不受温度的影响，不存在温度效应，此点称为等电位点。与此点对应的被测离子浓度称为等电位浓度。实际工作中，应尽量保证电极在等电位浓度或其附近范围内使用。

1. 如何进行电极的分类？

2. 离子选择性电极的性能指标有哪些？您是如何具体把握的？通过学习，您对工作中接触的电极是否有了更深的理解？

1.2.3 影响离子选择性电极准确度的因素

影响离子选择性电极测定准确度的因素是多方面的，现讨论一些比较重要的因素。

(1) 溶液的离子强度

由于活度系数是溶液中离子强度的函数，因此，测定中必须保持定量分析中各试液(包括待测液和标准溶液)之间离子强度一致。可采用下面两种方法。

恒定离子背景法。当分析试液中，除待测离子外，还含有一种含量高而且基本恒定的其他离子时，这样试液本身离子强度恒定。如果采用标准曲线法进行分析，只需要用同样组成的标样做标准液，或用同样组成的化合物“打底”，使标液与试液的离子强度一致。

总离子强度调节缓冲剂法。在标准溶液中都加入一种以惰性盐为成分的“离子强度调节剂”，使标液和试液的离子强度保持在一个共同的水平上。在某些情况下，还要同时配合加入 pH 缓冲剂、消除干扰的掩蔽络合剂等。总离子强度调节剂的作用是保持一定的离子强度，保持一定的 pH，消除其他离子干扰，使液接电位稳定。

(2) 溶液的 pH

溶液 pH 对离子选择性电极定量分析的影响主要表现在两个方面。

pH 影响待测离子在溶液中的存在状态。如溶液中同时存在氟离子和氢离子时，两种离子可以以多种不同的形式存在，当溶液的 pH 降低时，形成氢氟根离子使氟离子活度降低。随着 pH 的降低，测量电池的电动势向正值方向增加。

溶液的 pH 影响电极的敏感膜。例如氟离子电极，当 pH=4~8 时，电极可正常工作，当 pH>8 时，单晶膜则可以和溶液中的氢氧根离子发生作用。

为消除 pH 对测定的影响，可采用加缓冲溶液的办法。

(3) 温度

温度将影响电极的响应斜率、标准电极电位(曲线截距)和溶液的性能(离子强度)，还影响参比电极电位、液接电位等。温度还将影响离子选择性电极的其他性能，如影响电活性物质的溶解度，它关系到检出下限和测量误差。温度变化还可能引起溶液中化学平衡的移动，以致溶液中游离的待测离子浓度发生明显的变化。例如，在有氢离子参加的化学平衡中测定氟离子、pH 时，该现象较为明显。

通常 pH 计和离子计中都有温度补偿装置，它可以校正电极的斜率，但难以校正由于温度变化而引起的其他方面的误差。因此测定中要控制溶液的温度来消除影响，而且整个测定过程中应保持温度恒定。通常应使标液和试液在相同的温度下进行测定。尤其是在大批样品测定时，经常插入标液核对电极斜率和标准电位的变化是必要的。

(4) 电动势的测量误差

电动势与被测离子价数的关系：从 $E=K\pm\dfrac{0.059}{n}\lg c_i$ 可以看出，当被测离子浓度改变 10 倍时，对于 1 价离子，E 改变 59mV；对于 2 价离子，E 改变约 30mV；对于 3 价离子改变约 20mV。如果测电动势的误差为±1mV，对于是 1 价离子所引起的浓度测量误差为±4%，对于 2 价离子为±8%，对于 3 价离子为±12%，因此电动势测量必须准确。由于高价离子的测定误差较大，可把高价离子转化为低价离子测定。

被测离子的浓度范围：电极测量的浓度范围与电极类型有关。由于电动势与被测离子浓度的对数呈线性关系，因此，不论是高浓度还是在低浓度，浓度变化引起的电动势变化为定值。例如：一价离子浓度改变 10 倍，电动势改变 59mV，在高浓度由 1mol/L 降到 0.1mol/L

与低浓度由 10^{-3}mol/L 降到 10^{-4}mol/L 所引起的电动势变化都是 59mV。电动势的测量，测量误差对于同一仪器接近常数(一般 0.01~0.1mV，因仪器而定)，即高低浓度测量相对误差是一样的，这与天平称量中绝对误差相同有根本性差异。故用电位测定高浓度试液绝对误差大，对低浓度试液绝对误差小。因此，直接电位法常用于低浓度离子的测定，但是浓度下限受离子选择性电极测量下限的制约。

(5) 干扰离子

干扰离子对待测离子的影响。干扰离子除了不同程度的影响溶液的离子强度，因而影响待测离子的活度外，还能与待测离子形成配合物或发生氧化还原反应，导致游离的待测离子的数量减少，这种情况比较常见。例如，氟离子电极对铝离子无直接响应，但是由于铝离子在溶液中可与氟离子形成稳定的络离子，从而使与氟电极响应的氟离子活度下降，造成测定结果的负误差。与之情况类似的还包括三价铁离子。

干扰离子对电极的影响。干扰离子对电极的影响可分为两类：一类是电极对共存的干扰离子有响应。例如，测定卤素离子时，溶液中既使共存微量的硫离子，对测定的干扰也会相当严重。因此，进行该类测定前，往往加入铋离子、铅离子等重金属离子，沉淀消除溶液中的硫离子。另一类是干扰离子直接和电极膜发生作用。例如，应用氟离子电极进行测定时，如果溶液中存在相当量的柠檬酸根离子，由于柠檬酸根与电极膜的作用，将造成试液中游离的氟离子增加，造成测定过程中产生测定正误差。

消除干扰离子，比较方便的方法是加入掩蔽剂。此外，还可以通过加入氧化、还原剂，调节 pH 等来消除干扰离子。在干扰离子对测定影响较为严重，且采用加入试剂无法消除干扰的情况下，应进行预先分离干扰离子，从而降低干扰。

(6) 搅拌速度

离子选择性电极的响应时间通常很快，只需要几秒钟。但是，如果测定溶液的浓度比较小，则响应时间将会增长。如果溶液的浓度接近电极检测的下限，则测定时间将会很长，甚至可以达到 1h。因此，在烧杯中进行测量时，通常要搅拌溶液，加速离子的扩散以促进短时间达到平衡，从而缩短响应时间。

搅拌速度的变化可导致电噪声水平和液接电位的改变，又由于烧杯大小、溶液体积、电极浸入深度、搅拌棒的形状等因素，因此，选择适当的搅拌速度是很重要的。

在实际工作中，搅拌速度应根据实际情况加以选定，过高或过低的搅拌速度都会造成电位读数的不稳定。

由于测定时，需要同时测定标准溶液和待测溶液，所以在过程中，应注意保持整个过程中搅拌速度恒定，即标准溶液和待测试液在相同的搅拌速度下进行测定，从而最大程度上减小测定过程中所产生的误差。

1.3 参比电极

参比电极电位恒定且不受待测离子影响，常用的参比电极包括甘汞电极、银-氯化银电极和前面提到的标准氢电极，现简单介绍甘汞电极和银-氯化银电极。

1.3.1 甘汞电极

甘汞电极构造如图 2-1 所示，内部有一根铂丝，插入汞与甘汞的糊状物内，外玻璃管中为饱和氯化钾溶液。当温度一定时，其电极电位取决于溶液中 Cl^- 的浓度。只要 Cl^- 的浓度一定，电极电位的数值就是基本恒定的。使用甘汞电极时应注意以下几点：

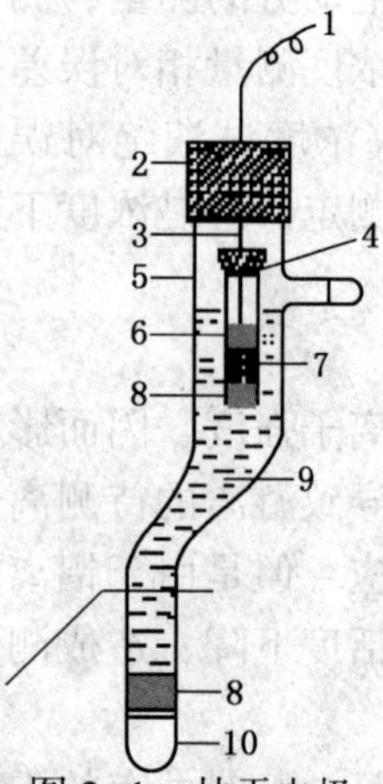

图 2-1　甘汞电极
1—导线；2—绝缘体；3—铂丝；4—胶塞；5—玻璃管；6—Hg；7—$Hg-Hg_2Cl_2$；8—KCl 溶液；9—多孔物质；10—橡皮帽

(1)使用前将侧管口上的橡皮塞取下，使管内溶液与大气相通。

(2)电极内 KCl 溶液应保持足够的高度和浓度，必要时应及时添加；电极表面如果有 KCl 晶体或溶液，应除去；长期使用后，应更新 KCl 饱和水溶液。

(3)电极内不能有气泡，气泡能引起断路或读数不稳定。

(4)电极垂直于溶液，内参比液面高于待测溶液液面 2cm 左右，使 KCl 溶液借重力保持一定液流。

(5)不能长时间将电极浸泡在所测溶液中，测定后，应及时取出，洗净，塞好侧管，将电极浸在饱和氯化钾溶液中或贮存。

(6)间隔一定时间再使用时，应检查电极电阻，电阻一般不大于 10000Ω。

(7)待测溶液含有有害物质如 Ag^+、S^{2-} 及高氯酸时，应加盐桥作液体接界。

1.3.2　银-氯化银电极

由银丝镀上一层 AgCl，浸在一定浓度的 KCl 溶液中，即构成银-氯化银电极。

银-氯化银电极的电极符号为

$$Ag,\ AgCl(S)\mid KCl(溶液)$$

电极反应为

$$AgCl(S)+e \rightleftharpoons Ag+Cl^-$$

与甘汞电极相同，当温度一定(25℃)时，其电极电位取决于溶液中氯离子的浓度。

银-氯化银电极通常在 pH 玻璃电极和其他各种离子选择性电极中作内参比电极。在高达 275℃的温度下，银-氯化银电极仍能使用。

课题 2　直接电位分析法

电位分析法根据其原理分为直接电位法和电位滴定法，直接电位法又可分为直接测定法和标准加入法。直接电位法利用标准溶液直接进行测定，可分为比较法、工作曲线法和离子计法。标准加入法又称增量法，可用于组成比较复杂的样品分析。

2.1　直接电位法的定义及工作原理

应用离子选择性电极作为电化学传感器，和适当的参比电极组合，构成化学电池，通过简单的电位测量，直接测定溶液中离子含量，这种分析方法称为直接电位分析法。方法是由指示电极的电位数值，根据电极电位与待测物质的活(浓)度的函数关系来计算待测物质的含量的。

直接电位法的基本原理是用一个或多个标准溶液与待测试液在相同的测试条件下测定其电位值，然后再根据标准溶液的浓度和所测得的电位值来求出待测试液中离子的浓度。

2.2　直接电位法的定量方法

直接电位法的定量方法包括标准比较法、标准曲线法、标准加入法、格兰作图法和零点电位法。这里仅介绍我们常用的标准比较法、标准曲线法和标准加入法。

(1) 标准比较法

标准比较法(浓度直读法)又称为计算法，可分为单标准比较法和双标准比较法。

单标准比较法是选择与被测离子浓度相近的标准溶液，在相同的条件下分别测定电极电位，利用公式 $c_x = c_s \cdot 10^{\pm \Delta E/S}$ 进行计算。式中对阳离子取正号，对阴离子取负号，S 为电极斜率，由试验测得。

双标准比较法则是由两个标准溶液得到电极的斜率，利用电极电位与离子浓度的函数关系来得到被测离子的浓度。应用过程中，分别测定两个标准溶液和试样溶液的电位值，首先由两个标准溶液测定的电位值和浓度计算得到电极的斜率，然后根据测定的试液的电位值计算得到待测试液的浓度。为了减小测定误差，测定中应尽量选择与待测试液组成相近的标准溶液，并使两个标准溶液的浓度成倍数关系。

(2) 标准曲线法

标准曲线法是离子选择性电极最常用的一种分析方法。用待测离子的纯物质配制一系列已知浓度的标准溶液，测定各溶液的电动势，绘制 $E-\lg C$ 标准曲线。相同条件下测定试液电动势，即可从标准曲线上查出其浓度。

对于离子选择性电极所使用的标准曲线，不如光度法的稳定，这主要是由于受温度、搅拌等因素的影响所致。这些影响通常表现为标准曲线的平移。因此，在实际工作中，选定1-2个标准，确定曲线平移的位置，即可应用。

值得注意的是，标准曲线法所应用的标准曲线不一定是通过原点的直线，测定的电位值也不一定都是正值。

(3) 标准加入法

标准加入法是先测得试液电动势，然后加入已知浓度和体积的标准溶液，再次测定电动势，根据公式计算试液浓度的一种分析方法。方法应用中一般要求标液浓度比试液浓度约大 100 倍，加入体积比试液约小 100 倍。此时

设试液浓度为 c_X，体积为 V_X，测得电动势为 E_1，假设被测离子是阳离子，当考虑离子强度的影响时，$\alpha_i = \gamma_i c_i$，则 $E_1 = K' + \frac{0.059}{n}\lg \gamma_i c_x$

然后，在试液中准确加入一定体积(V_S)浓度为 c_S 的待测离子的标准溶液测得电动势为 E_2，$E_2 = K' + \frac{0.059}{n}\lg r_2 (c_x + \Delta c)$，其中 Δc 是加入标准溶液后试样浓度增量 $\Delta c = \frac{V_s \cdot c_s}{V_x + V_s}$。

由于标液浓度比试液浓度约大 100 倍，加入体积比试液约小 100 倍，则 $\gamma_1 = \gamma_2$，有

$$E_2 - E_1 = \Delta E = \frac{0.059}{n}\lg \frac{\gamma_2 (c_x + \Delta c)}{\gamma_1 c_x} = \frac{0.059}{n}\lg \left(1 + \frac{\Delta c}{c_x}\right)$$

令 $S = \frac{0.059}{n}$ 则 $\Delta E = S\lg\left(1 + \frac{\Delta c}{c_x}\right)$，因此 $c_x = \Delta c / (10^{\Delta E/S} - 1)$

2.3　溶液 pH

pH 的概念是 1909 年提出的，用以表示溶液中氢离子的浓度：$pH = -\lg[H^+]$。尽管后来研究表明，影响化学反应的是离子活度，但在一般精度要求下，pH 仍理解为 $pH = -\lg[H^+]$。

氢离子指示电极除玻璃电极外，还有氢电极、氢醌电极、锑电极等，实际应用中，多采用玻璃电极。玻璃电极是最早使用的离子选择性电极，为球形玻璃膜电极，玻璃泡为电极的核心部分。它是以玻璃材料作为敏感膜的电极。它的玻璃膜对溶液中 H^+ 有选择性响应，因此可用来测定溶液中 H^+ 浓度，即溶液的 pH。

玻璃电极是一个用特种玻璃吹制成球状的膜电极，厚度约 0.2mm。球的内部插入一根镀有 AgCl 的银丝。银丝浸在 0.1mol/L 盐酸中，构成内参比电极。详见图 2-2。普通玻璃电极可测 pH=0~10，若用含锂的玻璃制成的电极则可测至 pH=14。

玻璃电极的优点有：(1)测定结果准确，在正常的测定范围内，测定误差为±0.01pH；(2)测定 pH 时，不受氧化剂和还原剂的影响；(3)可用于有色、浑浊、胶态溶液的 pH 测定。

玻璃电极的缺点是：(1)容易破碎；(2)玻璃电极性质不太稳定，须不时以标准缓冲溶液加以校正；(3)长期使用或储存中会老化，电极使用期一般为 1 年。

如图 2-3 复合式 pH 玻璃电极所示。

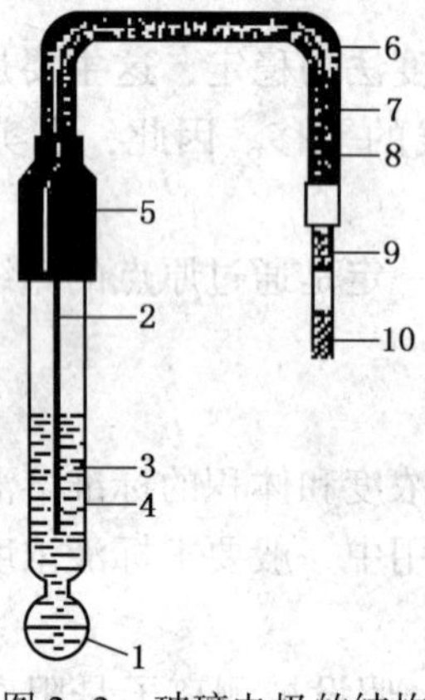

图 2-2 玻璃电极的结构

1—玻璃膜；2—内参比电极；3—内参比缓冲溶液；4—高绝缘玻璃管；5—电极套；6—绝缘套；7—网状金属屏；8—导线；9—屏蔽接头；10—内芯接头

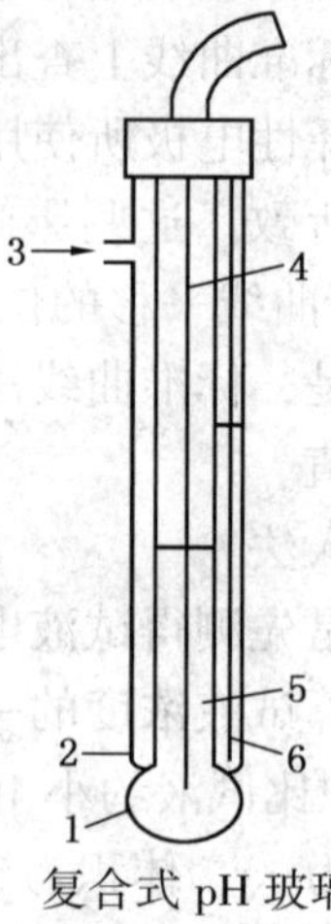

图 2-3 复合式 pH 玻璃电极

1—玻璃敏感膜；2—陶瓷塞；3—充填侧口；4—内参比电极；5—内参比溶液；6—甘汞电极

使用 pH 玻璃电极时应注意：(1)使用前必须将敏感部分在蒸馏水中浸泡 24h 以上，使电极活化后方可使用；(2)使用温度在 5~50℃之间；(3)暂停使用时，浸在蒸馏水中，长期不用时干放为宜。

2.4 pH 的测定

pH 测定装置如图 2-4 所示。

溶液 pH 的测定，是直接电位法的典型代表。电位法测定溶液的 pH 值，是以 pH 玻璃电极作指示电极，饱和甘汞电极作为参比电极，浸入测定溶液中组成工作电池，然后利用电池电动势与溶液 pH 的线性关系，用酸度计测量电池的电动势，从而测定溶液的 pH。

测定溶液 pH 的仪器称为酸度计，可分为电位计式和直读式。酸度计一般由电极和电计两部分组成。电极与试液组成工作电池，电池的电动势用电计测量。整个工作电池是由内参比电极(Ag-AgCl 电极)、内部缓冲溶液(H^+浓度为0.1mol/L)、玻璃膜、试液和外参比电极(甘汞电极)等组成的。

电池符号为：

(−) Ag | AgCl | HCl(0.1mol / L) | 玻璃膜 | 试液 ‖ KCl(饱和) | Hg_2Cl_2 | Hg^+(+)

实际测 pH 时，将酸度计的“温度”给定，先用已知 pH 的标准缓冲溶液校正仪器，再测定试液的 pH 即可。

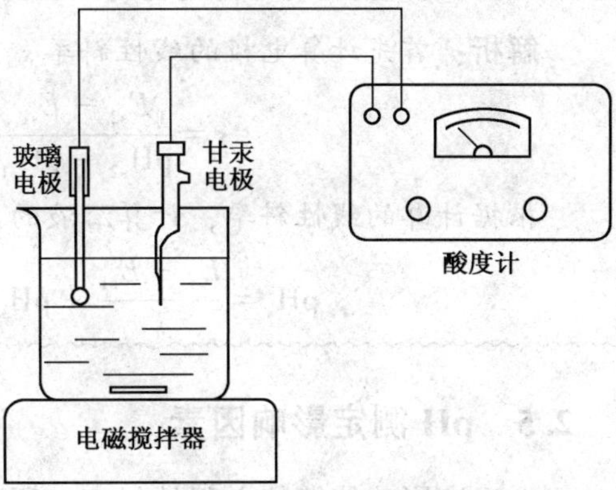

图 2-4　测定 pH 装置

校正仪器所用缓冲溶液的 pH 与待测溶液 pH 的相差不宜太大，最好在 3 个 pH 单位以内。标准缓冲溶液与被测试液之间满足如下关系：

$$pH_x = pH_s + \frac{E_x - E_s}{0.059}$$

可以看出，298K 时，溶液的 pH 每变化一个单位，电池的电动势将改变约 59mV。

常用标准缓冲溶液的 pH 见表 2-1。

表 2-1　我国标准局颁发的 pH 标准缓冲溶液的 pH

温度/K	0.05mol/L 四草酸氢钾	25℃时饱和酒石酸氢钾	0.05mol/L 邻苯二甲酸氢钾	0.025mol/L 磷酸二氢钾 0.025mol/L 磷酸氢二钠	0.01mol/L 硼砂	25℃饱和 $Ca(OH)_2$
273	1.668		4.006	6.981	9.458	13.416
278	1.669		3.999	6.949	9.391	13.210
283	1.671		3.996	6.921	9.330	13.011
288	1.673		3.996	6.898	9.276	12.820
293	1.676		3.998	6.879	9.226	12.637
298	1.680	3.559	4.003	6.864	9.182	12.460
303	1.684	3.551	4.010	6.852	9.142	12.292
308	1.688	3.547	4.019	6.844	9.105	12.130
313	1.694	3.547	4.029	6.838	9.072	11.975
323	1.706	3.555	4.055	6.833	9.015	11.697
333	1.721	3.573	4.087	6.837	8.968	11.426

案例

用 pH 玻璃电极测定溶液的 pH，测得 pH=4.0 的缓冲溶液的电池电动势为 0.12V，pH=7.0 的缓冲溶液的电池电动势为 0.48V，测得试液的电池电动势为 0.30V，试计算试液的 pH。

解析：此例题是两点校正法最好的理论解释，实际上是根据两个标准溶液来计算出电极的线性斜率，然后利用斜率来计算出待测溶液的 pH。

解析：首先计算电极的线性斜率 s。

$$s=\frac{E_{s2}-E_{s1}}{pH_{s2}-pH_{s1}}=\frac{0.48-0.12}{7.0-4.0}=0.12$$

根据计算的线性斜率，计算溶液的 pH

$$pH_x=\frac{E_x-E_{s1}}{s}+pH_{s1}=\frac{0.30-0.12}{0.12}+4.0=5.5$$

2.5　pH 测定影响因素

（1）温度影响能斯特方程的斜率，所以测定 pH 时要进行温度补偿。测定样品时最好与定位时的温度一致。在能斯特方程中，RT/nF 称为能斯特斜率，它与温度有关。对于 $n=1$ 的离子，25℃时斜率为 0.059V。温度升高斜率增加，温度降低斜率减小。

（2）玻璃电极由于玻璃膜的组成及厚度不均匀，存在着不对称电位。为消除不对称电位对测定的影响，要用 pH 标准缓冲溶液进行定位。校正仪器所用缓冲溶液的 pH 与待测溶液 pH 的相差最好在 3 个 pH 单位以内。

（3）标准缓冲溶液是测定 pH 的基准，因此配制的标准缓冲溶液必须准确无误。标准缓冲溶液在不同温度下的 pH 可参见表 2-1。实际工作中，可根据实际情况，参照该表选择实际的标准物质来配制标准缓冲溶液。配制缓冲溶液应选用去离子水，所用的器皿必须洁净无污染，称量必须精确，从而保证标准缓冲溶液的 pH 与理论值一致。

（4）玻璃电极有一定的适用性。普通钠玻璃电极只适用于 pH=1~9 范围内的溶液，测定 pH>10 或钠离子浓度高的溶液，结果偏低，此误差称为碱差或钠差。普通钠玻璃电极在 pH<1 的酸性溶液中也有误差，结果偏高，称为酸差。

（5）离子强度的影响。溶液的离子强度影响离子的活度系数，因而也影响 H^+ 的有效浓度。测定离子强度较大的样品时，应使用同样离子强度的标准缓冲溶液进行定位，采用这样的测定方法可以减少测定误差。

（6）电位平衡时间的影响。电位平衡时间是衡量电位计性能的一个重要指标，平衡时间越短，测定速度越快，测定越精确。

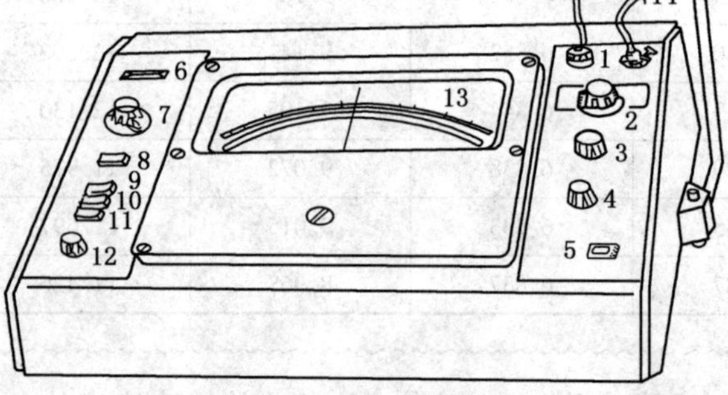

图 2-5　PHS-2 型酸度计

1—电极接头与插孔；2—分档开关；3—校正调节器；4—定位调节器；5—读数开关；6—指示灯；7—温度补偿调节器；8—电源按键；9—pH 按键；10—+mV 按键；11—-mV 按键；12—零点调节器；13—指示表；14—接玻璃电极；15—接甘汞电极

2.6　pH 计的结构

国产 PHS-2 型酸度计是一款典型的 pH 计，其结构如图 2-5 所示。

它的主要功能按钮作用如下

定位调节器　其作用是抵消待测离子活度为零时的电极电位，即用以抵消 E-pH曲线在纵坐标上的截距。

校正调节器　又称斜率调节器，此调节按钮主要是用来调节电极系数，使仪器能更准确地测量溶液的 pH。

温度补偿调节器　用来补偿溶液温

度对斜率所引起的偏差的装置，使用时，事先用温度计测定溶液的温度，然后将调节器调节至所测溶液的温度数值即可。

零点调节器　仪器接通电源后，如果显示不为零，则调节此调节器使仪器显示为零，然后再锁紧电位器。

2.7　pH 测定仪常见故障

仪器类型不同，pH 测定仪常见故障的表现形式和处理方式也不尽相同，PHS-2 型酸度计常见故障及处理方法见表 2-2。

表 2-2　PHS-2 型酸度计常见故障及处理方法列表

故障现象	可能原因	处理方法
通电后指针和零点调节器失灵	电计部分电压不正常或接触不良	检查电源电压；检查零件有无失效；检查开关，有关接触点是否保持良好
按下读数开关后，指针强烈甩动	分档或其他调剂器位置不适当；电极未全进入溶液内	检查分档开关及有关调节器所处位置是否正确，调节分档开关，使指针在刻度范围内；检查电极是否按要求浸入溶液内
指针大幅度跳动或偏向一边	电极断路，电极插头接触不良	检查电极引出线有无断路，脱焊或松动；电极插头与插口接触是否牢靠；换新电极
指针不稳定	各部分接触不良；电极陶瓷芯堵塞；预热不够	检查电极各部(特别是引出线有无断路，脱焊或松动；陶瓷芯是否堵塞；预热足够时间
指针达到平衡缓慢	电极老化；未拔去参比电极上的橡皮塞；溶液各部分不均匀	检查玻璃电极是否老化，使用前活化时间是否足够；拔去参比电极上的橡皮塞；摇动溶液，使之各部分均匀
测量重现性不好(即测量不准确)	溶液不均匀；测量前电极未用待测液冲洗；仪器内绝缘电阻失效	测前应用待测液冲洗电极 2~3 次。测时溶液摇匀，指针稳定后读数；检查仪器各有关零件绝缘电阻是否符合要求
标定时，定位调节器调不到该溶液 pH	电极间不对称电位差得很大；缓冲溶液的 pH 不正确	调换新电极；重新配制标准缓冲液

训练

1. pH 的概念是在(　　)年提出来的。

(A)1900　　(B)1890　　(C)1909　　(D)1809

2. 氢电极电位与 pH 之间成直线关系的条件是(　　)。

(A)压强恒定　　(B)温度恒定

(C)浓度恒定　　(D)体积恒定

3. 电位法测定溶液 pH，以(　　)为指示电极。

(A)pH 玻璃电极　　(B)饱和甘汞电极　　(C)银电极　　(D)银-氯化银电极

4. pH 计的设计原理是(　　)。

(A)氢电极电位与 pH 在一定温度下具有直线关系

(B)电池电动势与 pH 有线性关系

(C)pH 标度法

(D)pH 玻璃电极对氢离子有选择性响应

5. 玻璃电极在长期的使用中会老化，其一般使用期为(　　)年。

(A)三　　(B)二　　(C)一　　(D)半

6. 用氨水清洗玻璃电极上沾有的油污，氨水浓度可选择(　　)。

(A)3%　　(B)8%　　(C)12%　　(D)15%

7. 已知 $K_{Br^-, Cl^-}=6\times10^{-3}$。通过计算误差说明方案设计在 pCl = 1 的溶液体系中测定活度约为 10^{-3}mol/L 的溴离子是否可行。

8. 将氯离子选择电极与甘汞电极插入 10^{-4}mol/L 的 Cl^-溶液中测得 $E_s=0.170$V，测得未知 Cl^-溶液 $E_x=0.229$V。求试液中 Cl^-浓度。

单元三　电位滴定分析法

电位滴定法是基于指示电极的电位突跃来确定滴定终点的一种滴定分析法。它与容量分析的不同之处在于用指示电极电位变化代替指示剂颜色变化来确定滴定终点。可以应用于混浊、有色溶液或容量分析法找不到合适指示剂指示终点的样品测定。

课题 1　电位滴定分析法简介

1.1　电位滴定分析法的分类

电位滴定根据指示电极的响应对象可分为直接滴定法、返滴定法和置换滴定法三种。

(1) 直接滴定法

如果被测定的离子或滴定剂有较灵敏的指示电极与之响应，就可以用该电极作为滴定的指示电极。如用 EDTA 滴定溶液中的 Cu^{2+}、Ca^{2+}、Cd^{2+}时，就可用相应的选择性电极作为指示电极。而用滴定法测量 SO_4^{2-} 时，由于 SO_4^{2-} 没有特定的选择性电极，这时就只能用具有相应选择性电极的离子来作为滴定剂。

(2) 返滴定法

如果被测物质及滴定剂均无合适的指示电极，则可加入过量的滴定剂，待其与被测物质反应完全后，再用有合适指示电极的另外一种滴定剂回滴过量的滴定剂，这就是返滴定法。如测定 PO_4^{3-} 时，先加入过量的 $La(NO_3)_3$，待 PO_4^{3-} 完全与 $La(NO_3)_3$ 反应生成 $LaPO_4$ 沉淀后，再用标准 F^-溶液回滴过量加入的 $La(NO_3)_3$。

(3) 置换滴定法

在选择性电极不能直接指示某些离子的 pH 时，可在试液中加入另外一种稳定常数小于被测离子的络离子，并用加入的这种离子的选择性电极作为指示电极进行电位滴定，这种滴定方式称为置换滴定法。如用 EDTA 测定 Co^{2+}、Ni^{2+}等离子时，可在试液中加入一定量的 Cu-EDTA 络离子，然后用铜离子选择性电极为指示电极进行滴定。

1.2　电位滴定的基本原理

电位滴定过程中，在被测液中放入参比电极和指示电极组成工作电池。随标准溶液的加入，由于发生化学反应，被测离子的浓度不断发生变化，因而指示电极的电位发生变化。在化学计量点附近离子浓度发生突跃，引起指示电极电位发生突跃。因此测量工作电池电动势的变化，可确定滴定终点。根据滴定终点时消耗标准溶液的体积和浓度可以计算出待测物质的含量。

由上述电位滴定原理不难发现，电位滴定法与直接电位法相比，不同之处在于电位滴定法是以测量电位变化为基础的，其终点的确定正确与否，决定了电位滴定分析的成败，所以，电位滴定分析中，终点的确定很重要。

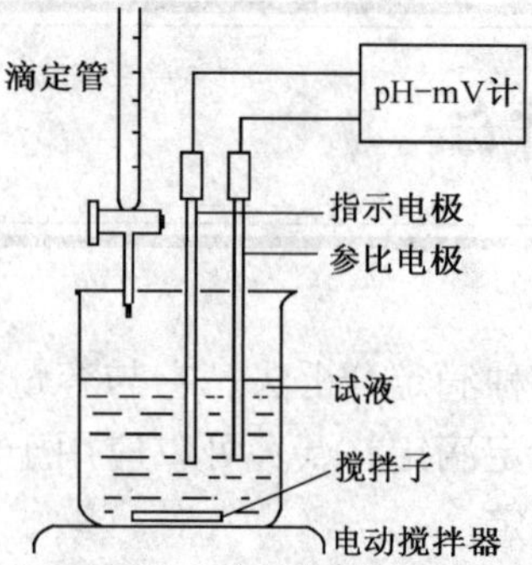

图 3-1 电位滴定仪器

电位滴定装置见图 3-1。

电位滴定法测定的是电位的相对变化，与直接电位法相比，离子活度系数、液体接界电位及仪器校正情况等，对电位滴定的影响很小甚至没有影响，因而减小了误差。

电位滴定法应用范围很广。但是如果希望通过电位滴定法来进行物质含量测定，应满足如下条件：(1)反应必须快速；(2)反应方向必须定向；(3)反应必须符合化学计量关系；(4)反应必须完全；(5)产生离子与电极有响应。

1.3 电位滴定终点的确定

影响电位滴定准确度的因素之一是终点与化学计量点是否一致。为使终点更加接近化学计量点，滴定开始时，滴定剂加入速度可以快些；但在接近终点时，滴定剂就应缓慢加入。

电位滴定法终点的确定方法常用作图法和二级微商计算法两种。其中作图法包括 E-V 曲线法、$\Delta E/\Delta V$-V 曲线法和 $\Delta^2 E/\Delta V^2$-V 曲线法。

1.3.1 作图法

(1) E-V 曲线法

通过滴定试验数据，绘制 E-V 曲线，作两条与横坐标成 45°角的 E-V 曲线的平行切线，并在两条切线间做一与两切线等距离的平行线，该线与曲线的交点即为拐点，从拐点画一条垂线与体积轴相交，交点就是终点时滴定剂的体积，如图 3-2(a)所示。

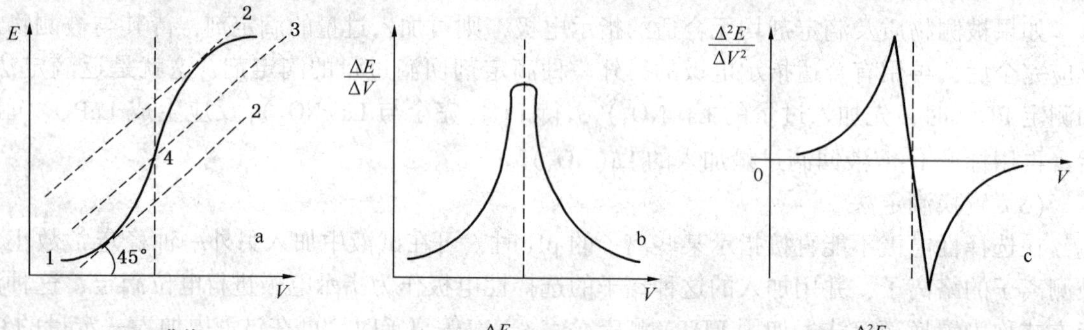

(a)E-V曲线 (b) $\frac{\Delta E}{\Delta V}$-$V$曲线 (c) $\frac{\Delta^2 E}{\Delta V^2}$-$V$曲线

图 3-2 滴定终点数据处理图

1—滴定曲线；2—平行线；3—平行等分线；4—转折点

(2) $\Delta E/\Delta V$-V 曲线法

对于平衡常数小的滴定反应，终点附近曲线不是很陡，确定终点较困难，则以 $\Delta E/\Delta V$ 为纵坐标，以滴定剂体积为横坐标作图，称为一次微商曲线。此曲线呈现一个高峰，曲线最高点所对应的体积毫升数为滴定终点时滴定剂的体积，如图 3-2(b)所示。

应用一次微商曲线确定滴定终点比较准确，但应用比较麻烦，所以在精度允许的情况下，也经常使用 E-V 曲线法。

(3) $\Delta^2 E/\Delta V^2$-V 曲线法

即二次微商曲线。以 $\Delta^2 E/\Delta V^2$ 对 V 作图，$\Delta^2 E/\Delta V^2=0$ 处所对应的体积即为滴定的终点

体积，如图3-2(c)所示。通过分析不难看出，应用的二次微商曲线实际上是计算$\Delta E/\Delta V$-V曲线的斜率，由于一次微商曲线峰顶的斜率$\Delta^2 E/\Delta V^2=0$，所以，$\Delta^2 E/\Delta V^2=0$处所对应的滴定剂的体积，就是滴定终点时滴定剂的体积。

1.3.2 二级微商计算法

用作图法确定终点既费时又不准确，因而可以用比较准确的数学计算法代替作图法。二级微商计算法的原理是：在二级微商值出现相反符号所对应的两个体积间，必然有$\Delta^2 E/\Delta V^2=0$的一点，该点所对应的体积就是滴定终点的体积。带有自动终点判断的自动电位滴定仪就是应用这个方法计算并得到终点的。

课题2 电位滴定分析法的应用

2.1 电位滴定法的应用分类

2.1.1 酸碱滴定

酸碱滴定法常用pH玻璃电极为指示电极，饱和甘汞电极作参比电极。在被测溶液有颜色或浑浊的情况下无法用指示剂指示滴定终点的情况下，用该方法很方便。对离解常数小于10^{-8}的酸或碱，在水溶液中不能进行准确滴定，只有在非水溶液中才能准确进行。但非水滴定往往没有合适的指示剂或指示剂变色不明显，此时采用电位滴定法很适当。

2.1.2 氧化还原滴定法

氧化还原滴定法较常用的指示电极为惰性金属电极，如铂电极、金电极、汞电极等，其中最常用的是铂电极。在强氧化滴定体系中，铂电极可能被氧化生成氧化膜使电极响应迟钝，这时可以采用机械方法或化学方法除去。容量分析中的氧化还原滴定一般都可以用电位法确定终点。例如，可用$KMnO_4$标准溶液滴定I^-、Fe^{2+}、Sn^{2+}等。

在电位滴定法中，通常以滴定曲线中突跃最大的部分作为滴定终点。如果两种反应物的反应系数相同，则滴定曲线以化学计量点为对称，如果两种反应物的反应系数不相等，则滴定曲线不对称，化学计量点电位偏向较大电对的一方。

氧化还原滴定曲线的突越范围与平衡常数、溶液的pH、电极反应的可逆性、滴定剂及被测物的浓度等因素有关。

2.1.3 沉淀滴定法

沉淀滴定法所使用的指示电极有金属电极、离子选择性电极和惰性电极等，使用最广泛的是银电极。如用硝酸银标准溶液滴定Cl^-、Br^-、I^-、SCN^-、S^{2-}等离子。

利用沉淀滴定法进行滴定时，实际滴定曲线往往偏离理论滴定曲线，这主要是由于生成的沉淀吸附了部分被测离子所致。

如果被测试液中有两种以上能与滴定剂产生沉淀的离子存在，只要两种难溶盐的溶度积的比大于10^6，就可以采用连续滴定法测定离子含量。

在沉淀滴定法中常采用如下措施减小误差

(1) 加入适量的中性电解质以减小吸附程度，且需缓慢加入滴定剂并不断搅拌以避免共沉淀现象的发生。

(2) 在被测试液中加入一种介电常数较小的有机溶剂来降低难溶盐的溶解度，使滴定终点的突越范围增大。

(3) 在被测试液中加入一种具有选择性的络合剂，解蔽被测物质或滴定剂，从而增大突越范围，使化学计量点更容易判断。

2.1.4　配位滴定法

在配位滴定法，所使用的指示电极通常为金属电极或离子选择性电极，在这些电极中，最有实用价值的就是汞电极。进行测定时，只需将汞电极插入含有微量 Hg^{2+}-EDTA(1×10^{-6} mol/L) 和被测离子的溶液中即可。

例如，用汞电极作为指示电极，应用配位滴定法，可以用 EDTA 滴定多种金属离子。使用中，汞电极的使用 pH 范围应为 2～11。当 pH<2 时，Hg^{2-} 不稳定；当 pH>11 时，生成 HgO 沉淀，破坏所要求的电极。

配位滴定的准确度常受酸效应及干扰离子配位效应的影响，并且这些影响因素是极其复杂的。在实际工作中，常常在具体试验条件下测定电位滴定曲线，根据该条件下的终点电位值进行自动电位滴定。

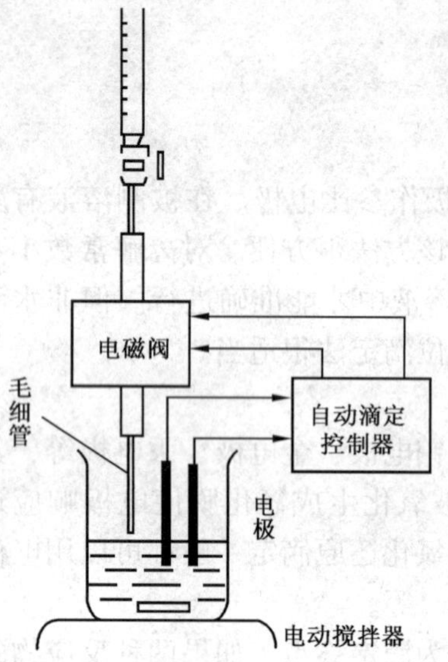

图 3-3　自动电位滴定装置示意图

2.2　自动电位滴定法

人工操作获得一条完整的滴定曲线及精准地确定终点是繁琐而费时的，所以常采用自动电位滴定仪来解决上述问题。对批量样品的分析尤其能显示其优越性能。

目前生产的滴定仪主要有两种类型。一种是滴定至预定终点电位时，滴定自动停止型；另一种是保持滴定剂的加入速度恒定，在记录仪上记录其完整的滴定曲线，以所得曲线确定终点时滴定剂的体积。

(1) 自动控制滴定终点型

自动控制滴定终点型自动电位滴定的原理如图 3-3 所示。

滴定前，将仪器上的滴定终点给定调到 $E_{终}$。从滴定开始到化学计量点之前，指示电极与参比电极间的电位差 E 与 $E_{终}$ 不相等，这个差值使作用于仪器的电子控制系统的电磁阀自动打开，滴定剂不断流入试液中。当达到化学计量点时，$E=E_{终}$，因无差值信号输出，控制系统使电磁阀自动关闭，滴定剂停止加入，读取滴定剂消耗体积数，算出待测组分含量。

(2) 曲线记录滴定仪

该类仪器把滴定曲线记录在记录纸上。滴定进行到超过等当点，然后根据所记录的滴定曲线求得滴定结果。其构造原理如图 3-4 所示。

在滴定装置部分，滴定剂是由机械推动进入反应器的。滴定管活塞的移动与记录仪图纸马达同步并保持速度恒定。滴定池中盛有样品溶液，装有两支电极和一支搅拌棒，有时为了除去被测溶液中的可溶性气体，还装有一根惰性气体通入管，此时滴定池应加盖。

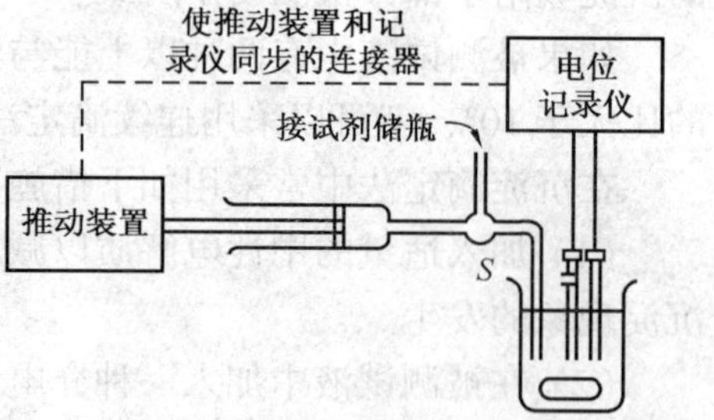

图 3-4　曲线记录滴定仪原理图

如果推动滴定剂的活塞与记录仪不同步，就应设法将滴定起点及终点准确地标注在记录纸上，为了达到这一目的，通常先开动记录仪，待记录图纸电机达到恒速时再开始滴定，此时应在图纸上准确标出滴定起点的位置。

2.3 自动电位滴定仪常见故障

在自动电位滴定仪组成部件中，自动滴定管、自动阀和搅拌器是三个主要部件。这些主要部件的差异，以及检测方式和控制电路等的变化，使不同的电位滴定仪的异常现象表现形式也存在差异。下面以 COMTITE-550 型自动电位滴定仪为例，介绍电位滴定仪使用过程中一些常见的异常现象及处理方法，见表 3-1。

表 3-1 COMTITE-550 型自动电位滴定仪常见故障列表

故障现象	可能原因	处理方法
数据丢失	备用电池没电	重新充电或更换电池
方法不连接	方法太多；方法设定错误；pH 测定未连接在最后的条件文件；文件间设定不一致	将方法文件减少到 3 个以内；修改方法设定中的错误；将 pH 测定方式连接为最后的条件文件；保持文件间的设定一致
不能正常开机	电源未接通；指示系统损坏；保险丝损坏；仪器内部电路故障	接通仪器电源；更换或维护指示系统；更换保险丝；维护仪器电路或更换必要器件
电极故障	电极接触不良；电极断路；电极短路	重新安装电极；检验并重新连接电极导线；检查电极，必要时更换
排液故障	排液导管堵塞；排液开关失灵；仪器故障	疏通排液导管至清洁；维护或更换排液开关；维护仪器
滴定终点检测不到	终点设定不合理；样品含量过高；电极故障	重新设定滴定终点；减少样品用量；维护或更换电极
不滴定	自动滴定管损坏；管路堵塞；滴定管选择错误；启动键失灵	维护或更换自动滴定管；疏通管路；重新设定滴定管号；维护启动键
测定结果重复性差	搅拌速度过快；进样重复性差；称量误差；测定环境变化大	降低搅拌速度；尽量保证进样量一致；尽量减小称量误差；保持测定环境稳定

课题 3 死停终点法

死停终点法又称永停终点法，是电位滴定法的一个特例。它是将 2 支相同的铂电极插入被测溶液中，在两个电极间外加一个小量电压(10~100mV)，观察滴定过程中电解电流的变化以确定终点，这种方法称为永停终点法。

3.1 工作原理

当溶液中存在氧化还原电对时，插入一支铂电极，它的电极电位服从能斯特方程，但当溶液中插入两支相同的铂电极时，由于电极电位相同，电池电动势等于零。这时若在两个电极间外加一个很小的电压，接正端的铂电极发生氧化反应，接负端的铂电极发生还原反应，此时溶液中有电流流过。这种外加很小电压引起电解反应的电对称为可逆电对。反之，在此小电压下不能发生电解反应的电对称为不可逆电对。在化学计量点前，溶液中存在可逆电对，所以有电流流过溶液，滴定终点到达时，溶液中存在不可逆电对，所以电流立即变为零，电流计指针偏回零。此后，继续滴定，电流永远为零。反之亦然。

如 I_2/I^- 的溶液中，插入两支相同的铂电极，并在两极间加一个很小的直流电压，两电极上就发生氧化还原反应，即

正极 $$2I^- \rightleftharpoons I_2+2e\text{（氧化反应）}$$

负极 $$I_2+2e \rightleftharpoons 2I^-\text{（还原反应）}$$

根据两电对电极反应是否可逆，终点的判断有三种情况：

(1)滴定剂为不可逆电对，被测物为可逆电对。如硫代硫酸钠标准溶液滴定碘。在化学计量点前，溶液中存在 I_2/I^- 可逆电对，两极有电流通过，随着 $Na_2S_2O_3$ 的不断加入，I_2 不断减少，电流逐渐降低。当达到化学计量点时，$Na_2S_2O_3$ 稍过量半滴，溶液中只有不可逆电对 $S_4O_6^{2-}/S_2O_3^{2-}$ 及 I^-，此时不能发生电解反应电流突然停止，表示达到滴定终点。滴定曲线如图 3-5(a)所示。

(2) 滴定剂为可逆电对，被测物质为不可逆电对。如用碘标准溶液滴定硫代硫酸钠溶液，化学计量点前溶液中只有不可逆电对，电流为零。达到化学计量点后，溶液中有可逆电对 I_2/I^-，电流突然增加，如图 3-5(b)所示。

(3)滴定剂和被测物质均为可逆电对，如用铈标准溶液滴定 Fe^{2+} 滴定反应为

$$Ce^{4+}+Fe^{2+} \rightleftharpoons Ce^{3+}+Fe^{3+}$$

Fe^{3+}/Fe^{2+}、Ce^{4+}/Ce^{3+} 均为可逆电对，在化学计量点前后均有电流通过，电流最小值为滴定终点，如图 3-5(c)所示。

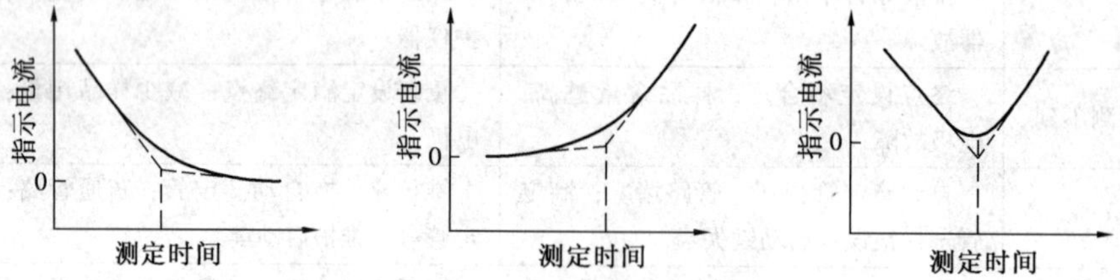

(a)用硫代硫酸钠滴定碘　(b)用碘滴定硫代硫酸钠　(c)用 Ce^{4+} 滴定 Fe^{2+}

图 3-5　死停终点法的三种滴定曲线

3.2　应用实例-卡尔费休法测定微量水

自 1935 年卡尔·费休提出用 I_2-SO_2 试剂测定水分以来，卡尔·费休法测微量水已被广泛应用。该方法比较准确，并可用于有色或浑浊液体中水分的测定。

卡氏试剂由碘、二氧化硫、吡啶和甲醇组成，碘以碘吡啶（$C_5H_5N \cdot I_2$）、二氧化硫以亚硫酸吡啶（$C_5H_5N \cdot SO_2$）的形式存在于溶液中。

应用卡氏试剂测定微量水的基本依据是碘氧化二氧化硫时需要水的定量参加，即

$$I_2+SO_2+2H_2O \rightleftharpoons 2HI+H_2SO_4$$

此反应是可逆的，加入吡啶可中和上述反应生成的酸(HI)，使反应向右进行，即

$$H_2O+I_2+SO_2+3C_5H_5N \longrightarrow 2C_5H_5N \cdot HI+C_5H_5N \cdot SO_3$$

反应成的硫酸吡啶不稳定，并可能发生副反应，即

$$C_5H_5H \cdot SO_3+H_2O \longrightarrow C_5H_5N\begin{matrix} \diagup H \\ \diagdown SO_4H \end{matrix}$$

加入甲醇可防止副反应发生，硫酸吡啶很容易和甲醇反应生成稳定的甲基硫酸氢吡啶，其反应为

$$C_5H_5N \cdot SO_3 + CH_3OH \longrightarrow C_5H_5N \cdot HSO_4CH_3$$

滴定的总反应式为

$$H_2O + I_2 + 3C_5H_5N + CH_3OH + SO_2 = 2C_5H_5N \cdot HI + C_5H_5NH \cdot OSO_2OCH_3$$

卡尔·费休试剂用纯水标定或用带有稳定结晶水的化合物(如酒石酸钠二水合物 $Na_2C_4H_2O_6 \cdot 2H_2O$)为基准物标定其浓度。

用卡尔·费休试剂滴定时，化学计量点前试液中存在水分，无可逆电对存在，因而电流为零。化学计量点后，试液中形成可逆电对，电流突然增大，指示到达终点。

卡尔·费休法测定微量水，所用仪器类型已经有很多种，如图 3-6 所示为一般卡尔·费休滴定装置。

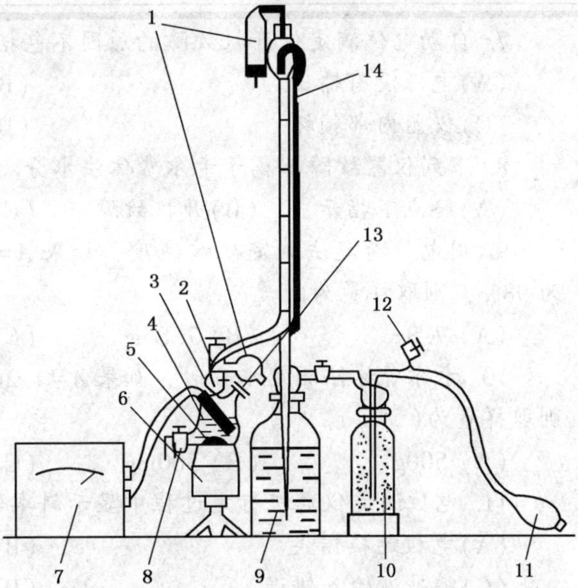

图 3-6 一般卡尔·费休滴定装置

1—填充干燥剂的保护管；2—球磨玻璃接头；3—铂电极；4—滴定容器；5—外套玻璃；6—电磁搅拌器；7—终点电量测量装置；8—排泄嘴；9—试剂瓶；10—干燥瓶；11—双连橡皮球；12—螺旋夹；13—进样口；14—自动滴定管

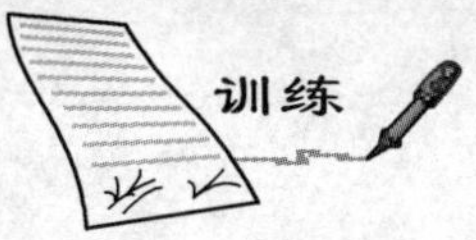

1. 电位滴定仪是根据(　　)来确定滴定终点的。

(A)指示剂颜色变化　　(B)电极电位

(C)电位突跃　　(D)电位大小

2. 自动电位滴定仪包括(　　)。

(A)自动控制滴定终点型滴定仪和曲线记录滴定仪

(B)自动直接控制滴定终点型滴定仪和自动间接控制终点型滴定仪

(C)时间曲线记录滴定仪和体积曲线记录滴定仪

(D)自动控制滴定终点型滴定仪、时间曲线记录滴定仪和体积曲线记录滴定仪

3. 卡尔·费休法测定水分是根据(　　)时需要定量的水参加来测定样品中的水分的。

(A) SO_2 氧化 I_2　　(B) I_2 氧化 SO_2　　(C) I_2 氧化甲醇　　(D) SO_2 氧化甲醇

4. 卡尔费休法水分测定仪测定水分时，终点到达时(　　)。

(A)电流为零　　(B)电流突然减小

(C)电流为某设定值　　(D)电流突然增大

5. 自动电位滴定仪开机故障，不当的处理是(　　)。

(A)检查电源输出　　(B)检查仪器电路

(C)改变仪器安装地点　　(D)检查仪器保险丝

6. 电位滴定仪电极标定过程中显示斜率错误，不正确的处理是(　　)。

(A)检查电极　　(B)检查缓冲液输入　　(C)检查电源电压

7. 自动电位滴定仪开机故障的原因不包括( )。

(A)电源没有输出　(B)仪器放置地点不合理

(C)仪器内部损坏　(D)仪器保险丝损坏

8. 下列仪器故障不属于卡尔费休法水分测定仪的故障的是( )。

(A)终点不指示　(B)开机故障　(C)玻璃电极损坏　(D)铂电极损坏

9. 用电位滴定法测定硫酸纯度，如果$A=15.2mL$，$F=2$，$C=1.028mol/L$，纯度为98%，则取样量为( )。

(A) 7.8g　(B) 7.8mg　(C) 0.78g　(D) 0.78mg

10. 卡尔费休法测定水分时，如果$A=1.2mL$，$F=200mg/mL$，样品含量为4.8%，则取样量为( )。

(A) 500g　(B) 500mg　(C) 5g　(D) 5mg

11. 电位滴定仪电极标定过程中显示斜率错误的原因包括( )。

(A)电极连接错误　(B)电极损坏

(C)缓冲液输入错误　(D)电压波动

12. 电位滴定仪是由许多部件组成的，包括( )。

(A)终点检测器　(B)控制电路　(C)自动阀　(D)计量装置

单元四　电导分析法

课题 1　电导分析法简介

1.1　电导分析法的基本概念

电导分析法主要应用于电解质溶液中。溶液电导率的物理意义为：当横截面积为 $1m^2$，长度为 1m 时，正立方体液柱所具有的电导。电导的单位为西，符号为 S，电导率的单位为西 · 米$^{-1}$，符号为 $S \cdot m^{-1}$。

电解质溶液的电导率不仅与电解质的本性、溶剂的性质和温度有关，而且与溶液的浓度有关。因为在不同浓度下，单位体积溶液内所含正负离子的数目不同。

为了比较不同电解质溶液的导电能力，引入摩尔电导率概念：两块平行的大面积电极相距为 1 米时，它们之间有 1 摩尔电解质溶液，此时该体系所具有的电导，称为该溶液的摩尔电导率。摩尔电导率随浓度的增大而下降，这是因为弱电解质在溶液中主要以分子形式存在，离解产生的离子数量很少，浓度增大，电离度迅速降低，摩尔电导率迅速下降。

当溶液无限稀时，测定溶液的摩尔电导率，此电导率为该电解质的极限摩尔电导率。极限摩尔电导率不再随浓度变化而变化，可以作为各种电解质在水溶液中导电能力的特征常数。

以测定溶液中的电导为基础的测定物质含量的分析方法称为电导分析法。包含直接电导法和电导滴定法。直接电导法是指直接根据溶液电导的大小确定待测物质的含量。如水质纯度的监测、土壤中可溶性盐分的测定等。

电导滴定法是指根据滴定过程中溶液电导的变化以确定滴定的终点，然后根据到达终点时所消耗溶液的体积、浓度，计算出待测物质的含量。电导滴定常用于比较稀的溶液，为了防止稀释效应，一般要求滴定剂的浓度高于被测样品 10~20 倍。

1.2　电导仪的组成

电导仪是用来测量溶液电导的仪器。电导法测量仪器通常由电导池（包括电导电极和溶液）、测量电源、测量电路、放大器、线性检波器（包括温度补偿器）、指示器和直流电源等部分所组成。具体组成如图 4-1 所示。

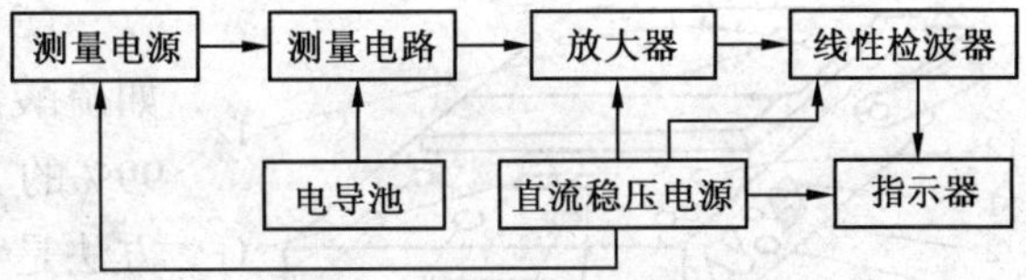

图 4-1　电导仪的组成框图

1.3　测定原理

在电解质的溶液中，带电的离子在电场的作用下产生移动，因此，具有导电作用。其导电能力的强弱称为电导 S。因为电导是电阻的倒数，因此，测量电导大小的方法，可用一支电极插入溶液中，测出二极间的电阻 R，根据欧姆定律，温度一定时，这个电阻值与电极的

间距 $L(\mathrm{cm})$ 成正比，与电极的截面积 $A(\mathrm{cm^2})$ 成反比。即 $R=\rho\dfrac{L}{A}$，对于一支电极而言，电极面积 A 与间距 L 都是固定不变的，故 L/A 是个常数，以 θ 表示。则 $S=\dfrac{1}{R}=\dfrac{1}{\rho\theta}$。其中 $1/\rho$ 称电导率，以 κ 表示。所以有

$$\kappa=\theta S$$

1.4　温度的影响及温度校正

1.4.1　温度影响

温度对电导率测定的影响主要表现在：

(1) 温度变化后溶液的胀缩会影响浓度的变化。

(2) 温度的变化，会使离子活度增加而影响到离解度的变化。如溶液中存在胶粒，温度变化，会使胶粒与离子、离子与离子之间的相互吸引发生变化。

(3) 无限稀释时，温度的变化会使溶液黏度变化而引起离子电导的变化。

(4) 离子电导随温度的变化，对大多数离子而言，温度增加一度，电导增加约 2%。但对于各种离子电导的温度系数是不相同的。同时在不同的温度范围内，温度系数也不相同，温度升高时，系数降低。但在一定温度范围内，温度系数的差异并不大。

1.4.2　温度的校正

(1) 在测定电导时，必须同时测定样品溶液中的温度，以便将测定结果校正到 25℃ 时的电导值。对水溶液测量时，可按 $G_{25℃}=\dfrac{1}{R[1+\beta_1(t-25)]}$加以校正，然后根据预先测得的电导池常数，算出 25℃ 时的电导率值 $\sigma_{25℃}=G_{25℃}\times K$

(2) 在一些具有温度自动补偿的电导仪中，常常利用热敏电阻进行温度自动补偿。其原则是首先知道电导电极在被测体系中的温度系数的平均值。选用互换性较好的半导体热敏电阻，使它与温度系数很小的电阻并联和串联后，得到热敏电阻电路的温度系数与被测体系中的温度系数的平均值相同，并且具有线性变化。这种半导体热敏电阻电路接入电导仪电路中就能达到温度补偿的目的，即当被测溶液的电导率随温度而改变时，仪器的显示值能基本保持不变，并代表室温 25℃ 时的电导率。

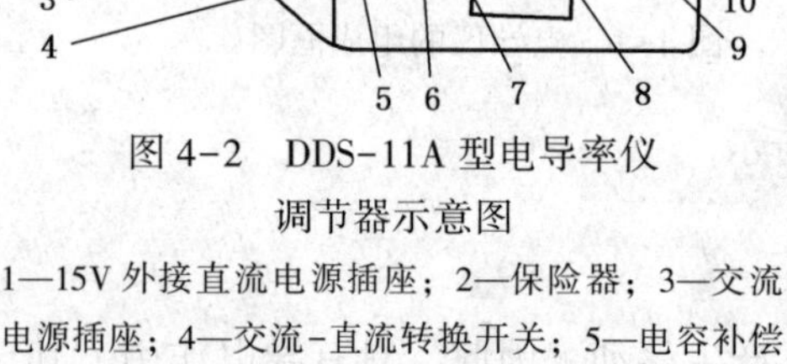

图 4-2　DDS-11A 型电导率仪调节器示意图

1—15V 外接直流电源插座；2—保险器；3—交流电源插座；4—交流-直流转换开关；5—电容补偿调节器；6—高频-低频按键开关；7—电极常数调节器；8—量程选择开关；9—校正调节器；10—电极插口；11—校正/测量按键开关；12—指示表

(3) 在一些工业流程中用电导仪作为浓度计，如硫酸浓度计等，由于测量范围较窄，例如 95%～99% 的 H_2SO_4 的测量范围，往往采用的温度补偿的方法是利用参比电导池作为补偿元件。因为工作电导池与参比电导池同样浸没在硫酸溶液中，故感受到同样的温度变化，温度系数一样，加之二者都在测量电桥的相对桥臂上，因而可以消除样品温度变化所造成的影响，从而达到温度补偿的目的

1.5　电导仪的常见故障处理

随着科技进步，自动化程度的不断加强，电导率仪的性能日益增强，仪器型号不断增加。现以

DDS-11A 型电导率仪为例进行说明。

在了解仪器常见故障和处理之前，我们先了解仪器的构成。DDS-11A 型电导率仪的结构如图 4-2 所示。

该仪器结构相对简单，常见的一些故障及处理方式见表 4-1。

表 4-1　DDS-11A 型电导率仪常见故障列表

故障现象	可能原因	处理方法
开机后仪器没有显示	电源未接通；仪器保险丝损坏；仪器内部电路故障	检查仪器电源；检查仪器的保险丝；检查仪器内部电路
测定过程中读数超过范围	溶液电导率过大；量程选择错误；电极故障	检查溶液；增大仪器量程；检查电极，必要时更换
测量过程中重复性不好	溶液不均匀；电极清洗不够充分；仪器稳定性变差	将溶液进行充分摇匀；充分冲洗电极；重新检定仪器，必要时更换
测量过程中指针不稳定	仪器连接存在接触不良；仪器预热时间不够；电极故障	检查仪器连接；充分进行仪器预热；检查电极
指针大幅波动	电极接触不良；电极故障	检查电极接口是否接触良好；检查电极是否良好

训练

1. 下列关于电导率的理解，错误的是(　　)。

(A) 电阻率的倒数称为电导率

(B) 电阻的倒数称为电导率

(C) 电导率表示面积为 $1m^2$、长度为 1m 的正立方体液柱所具有的电导

(D) 电导率的单位为西/米

2. 下列因素可以影响电导率的是(　　)。

(A) 形状　　(B) 大小　　(C) 材料　　(D) 长度

3. 直接电导法是通过直接测量溶液的(　　)来确定溶液中导电离子的总量。

(A) 电压　　(B) 电导　　(C) 电导率　　(D) 电流

4. 下列电导测量仪器中，属于电桥平衡式测量电路的电导仪的是(　　)。

(A) 27 型电导仪　　(B) DDS-11A 型电导率仪

(C) SY-2 型袖珍数字式电导仪　　(D) SY-3 型袖珍数字式电导、温度计

5. 在电导测定所用的铂电极上镀铂黑所用的氯化铂浓度约为(　　)%。

(A) 1　　(B) 2　　(C) 3　　(D) 4

6. 在电导测定所用的铂电极上第二次镀铂黑时，应通电流(　　)min。

(A) 2　　(B) 5　　(C) 8　　(D) 10

7. 测定电导率时设备不校准，不当的处理方式是(　　)。

(A) 检查参考温度　　(B) 清洗电导池

(C) 进行设备维修　　(D) 检查校准程序

8. 常见的电导仪测量电路包括(　　)。

(A) 电桥平衡电路　　(B) 欧姆计式电路

(C) 线形分压测量电路　　(D) 终点检测电路

单元五　库仑分析法

课题 1　库仑分析法的基本概念

1.1　库仑分析法的定义和分类

以测量通过电解池的电量(库仑数)为基础的分析方法称为库仑分析法。传统的库仑分析法分为控制电位库仑分析法和恒电流库仑滴定法两大类。但随着电子技术及库仑分析本身的发展，又出现了许多新的库仑分析技术，如恒电流电位极限库仑法等。特别是微库仑法，该方法的出现，大大提高了库仑分析的准确度和灵敏度。

- 库仑分析
  - 控制电位库仑分析
    - 初级库仑分析
    - 次级库仑分析
  - 恒电流库仑滴定分析——次级库仑分析
  - 其他库仑分析——微库仑分析等

控制电位库仑分析法是指控制电极的电位进行电解，在电解过程中电位恒定，电流逐渐减小，当电流趋近于零时即为终点。在电解电路中间串接一个测量电量的电子积分库仑计或气体库仑计，根据电量可算出被测物的含量。

恒电流库仑分析法是指控制恒定的电流通过电解池，在电极上产生一种滴定剂，与溶液中被测物反应，可用指示剂指示终点，根据通过电解池的恒电流和时间，计算出被测物的含量，此法又称为库仑滴定法。

1.2　库仑分析的特点和应用

库仑分析法具有准确、灵敏、快速、易于实现自动化等优点，因此，经过几十年的发展，不仅已成为一种重要的电化学分析方法，而且也是研究各种物理化学过程的重要手段。

库仑分析的用途比较广泛。由于准确度很高，所以常被人们用于试剂纯度的测定。例如，采用高纯度的金属银作为发生阳极，电解产生银离子以测定毫克量的氯、溴、碘离子，其标准偏差仅为 0.005%~0.009%。

由于库仑分析灵敏度高，CHRITIAN 等人以恒电流库仑滴定法，使用灵敏的安培法指示终点，测定了毫微克量的铬。BISHOP 等人则利用示差电解电位法指示终点，以恒电流库仑滴定法测定了 10^{-11} mol/L 的氯化物和 10^{-8} mol/L 的溴化物。

库仑分析法在自动检测方面已得到广泛应用，还被广泛应用于原子能、冶金、石油化工、医药、食品等各个领域的分析。

1.3　控制电位库仑分析法

1.3.1　控制电位的选择

各种金属离子都有自己的分解电压，当外加电压超过某种离子的分解电压时，这种离子就开始在电极上发生反应。没有超过分解电压的离子则仍然留在溶液中。因此，当一些离子共存时，只要他们的分解电压相差足够大，就可以用控制电位库仑法将他们分离测定。

实际工作当中，为了加快电解的速度，通常工作电极的电位要控制比分解电压大一些的数值，但一般不超过0.2V。确定控制电位的方法是测定特定反应的电流-电极电位曲线，但曲线的测定条件必须与实际分析的条件相一致。根据电流-电极电位曲线，可以确定反应的分解电压，从而可以选择最合适的控制电位。为了尽可能减小溶液组成变化，在测量每一个电位值的电流时，电解池的电路接通的时间要尽可能的短。

一种金属，当它与某些别的金属共沉积时，电位与单独存在时的沉积电位也可能不同。当两种金属形成固态溶液时，每种金属的电动势反而降低了。所以，沉积合金所需要的电位比单独沉积两者的电位要小。

金属的沉积电位与工作电极金属的属性也有关系。最普通的例子是一些能够溶于汞的金属在汞阴极上的沉积。由于汞齐中金属的活度比固态金属的小，因此还原所需要的自由能就小了，这样沉积电位也就相应的比纯固态金属的小。

1.3.2 电解电流与电解时间的关系

在工作电极电位恒定的情况下，电解电流是随着电解时间的延长而衰减的。理论上讲，电解电流应该降到零。但实际情况下，由于各种因素形成的背景电流的存在，电解电流最后只能衰减到一个很小的恒定值，当电流衰减到这个值的时候，就表示电解已经完成。

在实际应用过程中，增大电极的面积，加快搅拌速度，提高试验的温度都能缩短电解时间。因为搅拌得充分可以使扩散层厚度保持在一个很小的数值。另外温度升高也可以减小溶液层的厚度，因为溶液黏度是温度的函数，温度升高时溶液的黏度会减小，扩散系数也会增加。

完成电解所需要的时间与反应物质的量是无关的。电解过程中，电解电流随着电解进行的时间成指数下降，同时，由于支持电解质本身通常存在一个很小的背景电流，因此电解过程的电流不会降到零。但是由于瞬时电流与初始电流的比值与电解时溶液中剩余的浓度与起始浓度之比值是相应变化的，因此可以根据测定的要求从瞬时电流与起始电流的比值来确定控制电位库仑分析的终点。例如，当我们希望测定误差不超过0.1%时，那么就要电解到电流衰减到起始电流的0.1%为止。在实际应用中，一般电解到支持电解质本身单独存在时的电流数值就可以认为反应已经完全。

1.3.3 电流效率

所谓电流效率，就是指某一种物质在电极上发生电解反应时，该物质所消耗的电量与通过电解池的总电量之比值。

案例 用0.2A电流通过电解池，该电解池由两个铂电极组成，电解液为硝酸铜和稀硝酸溶液。如果通电时间为12min，在阴极上沉积出0.035g铜，阳极上产生8.30mL氧(标准状态)，试计算电解铜和电解氧的电流效率。

解析：首先计算通过电解池的总电量为 $Q_T = It = 0.2 \times 12 \times 60 = 144.0$(℃)

析出铜实际消耗的电量为 $0.035/63.6 \times 2 \times 96487 = 106.2$(℃)

电解铜的电流效率为 $\eta = \frac{Q_s}{Q_T} = \frac{106.2}{144.0} = 73.8\%$

析出氧实际消耗的电量为 $8.30/22400\times4\times96487=143.0(\text{C})$

电解氧的电流效率为 $\eta=\dfrac{143.0}{144.0}=99.3\%$

影响电流效率的因素很多，在控制电位库仑分析中，背景电流是与电流效率有关的最重要的问题。当然，在恒电流库仑滴定中，也有背景电流的问题，但是由于恒电流库仑滴定的溶液中含有浓度很大的发生电解质，因此这个问题通常影响比较小。

所谓背景电流，就是除了被测物质在电极上发生反应所产生的电流之外，由于其他原因所引起的一些电流。这些电流与被测物质的浓度无关，但影响被测物质电极反应的电流效率，从而直接影响库仑分析的准确度。

背景电流的成分及其产生的原因很复杂，一般包括充电电流、杂质法拉第电流、连续法拉第电流、动力电流和感应电流。

(1) 充电电流又称为电容电流。在控制电位库仑分析开始测定之前，如果工作电极的电位与测定时的电位不同，则有一部分电流消耗于界面电容的充电，这个电流就叫做充电电流。实际工作中，可以在被测物质加入之前，将工作电极的电位控制在测定所需要的电位进行一段时间的预电解，然后在不断电的情况下加入被测物质进行测定，可以降低充电电流的影响。

(2) 杂质法拉第电流是由于测定溶液中或电解表面存在的某些杂质，在电解过程中发生电极反应所引起的。如果这个电流是由电极表面的杂质所引起的，如电极表面的氧化膜在测定中产生还原反应，就需要将电极进行预处理。如果是由试剂或溶剂中的杂质产生的法拉第电流，则必须将这些杂质除去或采用更纯的试剂。

溶液中的溶解氧是最常见的杂质法拉第电流的来源之一，当工作电极所用的电压达到足够负的数值时，就会发生氧的还原反应。为此，在控制电位库仑分析中，常采用惰性气体，通过电解池以除去溶液中的氧，有时也可用亚硫酸钠来消除。

由样品本身所包含的杂质引起的法拉第电流，不能用上述方法来消除，这种情况下，就只能把这些杂质转变为无干扰的状态，必要时需要化学分离。

(3) 连续法拉第电流来源于测定溶液中某些大量组分在工作电极上发生的缓慢的、不可逆的氧化或还原反应。连续法拉第电流通常是溶剂引起的，在整个电解过程中基本上是恒定的。在控制电位库仑分析中，一般可以用与测定样品时相同的电位和持续时间来进行空白试验，从而对这个电流进行校正。有时候也可以将被测物质预先电解到某种状态，然后在合适的电位下，进行反电解，在后一个过程中测定含量。

(4) 动力电流主要是来源于某些反应产物由于某种原因恢复到原来的状态，而后又在电极上发生反应所产生的电流。如在氰化物溶液中测定锰，二价锰离子在电极上还原成一价锰离子，而一价锰离子又缓慢氧化成二价，并且在电极上再一次发生还原反应。

(5) 感应电流主要是由于电极表面在某些情况下氧化或还原反应进行不正常所引起。这种现象一般是由主要的电化学反应诱导发生的。例如，当镍离子在汞阴极上沉积时，氢离子还原的超电压大为降低，因而使水还原的速度比没有镍离子同时还原的时候要快很多。

1.4 恒电流库仑滴定

1.4.1 电流效率和滴定效率

在恒电流库仑滴定中，所谓的电流效率就是指电生滴定剂的电流效率。如果在一个滴定过程中既有发生电解质参加电极反应，又有被测物质直接在电极上同时发生反应，则这个滴定过程的效率称为滴定效率。

电流效率和滴定效率是两个不同的概念，不能混为一谈。

案例

某恒电流库仑滴定反应中，有80%的被测物质没有经过滴定剂而直接在电极上发生了反应，如果反应的电流效率为90%，则滴定反应的滴定效率为多少？

解析：该滴定反应中有两条不同的反应途径——电生中间体和被测物质的直接反应，电流效率指电生中间体的电流效率，滴定效率则是整个滴定反应的效率。被测物质直接在电极上反应，也就是全部是有用的电流，其所占的部分全部对滴定效率做贡献。

滴定效率=直接在电极上反应的部分+电生中间体部分×电流效率

=80%+(1-80%)×90%=98%

恒电流库仑滴定中，被测物质直接参加电极反应的数量取决于该物质的极限扩散电流与所用的恒电流之间的相对值。由于被测物质的极限扩散电流是直接与其浓度成正比的，因此被测物质在电极上直接反应所产生的电流在滴定开始时最大。随着滴定进行逐渐下降，最后在等当点降到零。例如，一个被测物质的最初浓度的极限电流是10mA，所用的恒电流为20mA，则在滴定开始时，有50%的电流是由被测物质在电极上反应所产生的。当滴定完成90%时，被测物质的极限电流只有最初的10%，即1mA。这时候只有5%的电流是由直接电极反应所产生的。因此，从整个滴定过程来看，被测物质直接在电极上反应的数量是25%。

关于恒电流库仑滴定法的电流效率和滴定效率，我们还应掌握其测定方法，下面分别进行简单介绍：

(1) 电流效率的测定

在含有支持电解质和发生电解质的溶剂中，加入已知量的被测物质之前，先用恒电流电解产生一定量的库仑剂，其数量要相当于将要加入的被测物质数量的95%，然后再加入被测物质。这时，已电解的滴定剂与被测物质作用。如果电生滴定剂的电流效率是100%，那么溶液中应剩余5%的被测物质，因此，继续电解产生滴定剂直到终点到达为止。将第二次电解产生滴定剂的总时间与加入标准物质按法拉第定律计算出来的理论时间进行比较，在发生电流恒定的情况下，如果电解滴定剂实际消耗的时间与理论计算的时间一致，则表明电生滴定剂的电流效率是100%，若实际消耗时间长，则表明电流效率低于100%。

(2) 滴定效率的测定

在含有发生电解质的溶液中，事先加入已知量的标准物质，然后用恒电流电解产生库仑滴定剂，进行直接滴定。将实际消耗的时间与理论计算得到的时间相比较，就可以确定体系的滴定效率。

1.4.2 恒电流值的选择

恒电流值的选择首先与被测物质的含量、滴定体系、干扰离子的情况、工作电极面积以及要求测量的精度有关。电流增大，电解时间减小，但不能保证电流效率和滴定效率，为了保证 100%，则电流不能超过发生电解质在工作电极上产生的极限扩散电流。

在一些情况下，由于可能的副反应存在，电解电流要比发生电解质的极限扩散电流小很多，尤其是在测定低含量样品时，电解电流应该更小。

恒电流值的选择还与终点判断方式和终点判断电路的灵敏度有关。一般来说，电解电流越小，终点判断越困难，因而对终点判断方式越考究，对终点判断电路灵敏度要求越高。当测定物质的绝对量很小时，尽管从理论上分析可以用小电解电流来实现分析，但由于终点判断的困难，也常影响到分析的有效进行。

1.4.3 电生滴定剂的产生方式

恒电流库仑滴定法是通过电解产生的某种滴定剂与被测物质进行计量的化学反应来完成的，因此在恒电流库仑滴定的电解液中，除了一般的支持电解质外，还需要加入某种足够量的发生电解质。库仑滴定剂就是由这种发生电解质在发生电极上电解产生的。如果没有这种发生电解质，恒电流库仑滴定就无法完成。因为，在恒电流条件下，要保证被测物质直接在发生电极上进行定量的反应是很困难的。

控制电流库仑分析法的滴定剂由电极产生，且在瞬间与被测物质反应消耗掉，所以克服了容量分析法中标准溶液的制备、标定以及储存所引起的误差。电生滴定剂的种类很多，产生方式主要有以下几种。

（1）在恒电流库仑滴定中，电生滴定剂的电极反应与被测物质的化学反应可以在同一个体系中进行，这时候的库仑滴定装置的电解系统和终点指示系统可以放在同一个电解池中，这就是所谓的内部电生试剂恒电流库仑滴定法。

多数情况下，恒电流库仑滴定法采用内部电生滴定剂。

（2）当发生电解质在发生电极上产生滴定剂的反应和滴定剂与被测物质的反应不能在同一个介质中进行，或者分析溶液中某些组分会与发生电解质同时在发生电极上起反应时，需要将滴定系统和发生试剂系统分开，让发生电解质在恒电流下流过发生池，产生滴定剂后再流入滴定池中进行滴定，这就是外部发生试剂库仑滴定法。

对于外部电生滴定剂的恒电流库仑滴定来说，电生滴定剂的电流效率要求更加严格。因为在滴定溶液内部电生滴定剂时，由于某些被测物质能够直接在电极上发生反应，因而即使电生滴定剂的电流效率稍低，但仍然有可能获得较高的滴定效率。但在外部发生试剂的情况下，就不存在这个有利因素了。

（3）当被测物质与滴定剂的反应速度缓慢，或因其他原因直接滴定不太理想，这时采用电解产生两种滴定剂，其中一种是过量的，另一种是反滴定剂，从而获得准确结果，这就是所谓的双中间体库仑滴定法。

这种方法需要电解产生两种库仑滴定剂。两种滴定剂都可以在同一个发生电极上产生，只是先后次序和电极的极性不同。例如，在测定苯胺时，先在硫酸铜、盐酸和溴化钾的混合溶液中，以发生电极为阳极，电解产生过量的溴与苯胺作用，然后再以发生电极为阴极电解产生亚铜离子对过量的溴进行反滴定。

思考

1. 控制电位库仑分析法和恒电流库仑分析法的区别和联系有哪些?

2. 在恒电流库仑分析中，如何确定滴定效率？您是否清楚滴定效率和电流效率的区别和联系？

课题 2 微库仑分析

2.1 微库仑分析法简介

微库仑法是近些年才发展起来的一种库仑滴定的发展技术，首次应用可追溯到 1957 年用银离子滴定汽油中的硫醇。1960 年，微库仑技术作为色谱鉴定器用来测定食物中有机氯农药的残留量，该技术才逐渐被人们所重视。由于方法特有的选择性、灵敏度及精确度，其应用范围已经日趋广泛。

微库仑滴定法是利用电生中间体来滴定被测物质的，但发生电流根据被测物质的含量由指示系统电信号的变化自动调节，是一种库仑分析技术，由于方法灵敏，常用于微量物质的测定，因而人们习惯的把它称为微库仑法。

微库仑分析是动态库仑法。在测定过程中，其电位和电流都不是恒定的，而是根据被测物浓度变化，应用电子技术进行自动调节，其准确度、灵敏度和自动化程度更高，更适合作微量分析。

2.2 微库仑滴定原理

微库仑分析之所以具有较高的灵敏度和较快的响应时间，是由根据零平衡原理设计的库仑放大器与适宜的电解池和电解液组成相互结合而实现的。一般微库仑滴定仪的工作原理如图 5-1 所示。

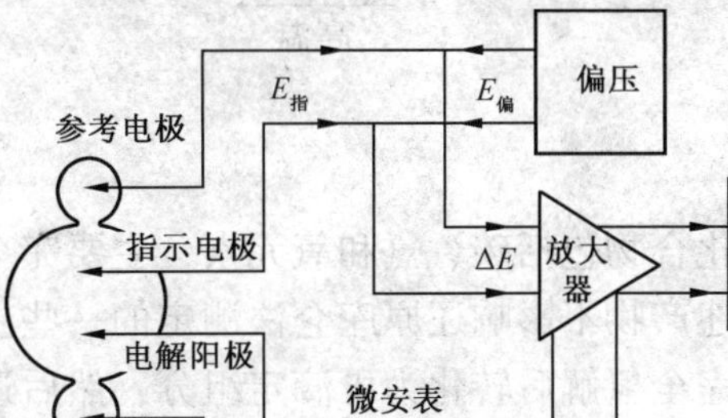

图 5-1 微库仑仪工作原理图

仪器主要由电解池(或称滴定池)和库仑放大器两部分组成。电解池内装有两对电极，一对是指示电极和参比电极，指示电极的电位由电解液中滴定剂浓度所决定；另一对是工作电极或称电解电极。工作电极是电解产生滴定剂的电极。放大器与滴定池组成一个闭环自动控制系统。指示电极与参比电极间产生一个电位信号，此信号与外加偏压反向串联后输入放大器。当两电位值相等时，因方向相反，互相抵消，放大器输入信号为零，输出信号也为零，工作电极对之间没有电流通过，微库仑仪处于平衡状态。当被测物进入滴定池，并与滴定剂反应后，滴定剂浓度发生变化，指示电极的电位随之发生变化，因而与外加偏压有了差异，库仑放大器便有了输入信号。此信号经放大器放大后将电压加到工作电极对上，就有电流流过滴定池，工作电极上发生电解，产生滴定剂。这个过程持续进行，直至被测物反应完全，滴定剂浓度恢复到初始状态，电解过程自动停止，微库仑仪恢复平衡状态。利用电子技术，通过电流对时间的积分，得出电解所耗电量，根据电量即可求出被测物的量。

2.3 库仑分析法分类

微库仑分析按照反应类型可分为氧化微库仑法和还原微库仑法。

(1) 氧化微库仑法

石油产品及有机化合物与氧气混合燃烧，当有过量氧气存在时，其主要反应产物如下：

组成		反应产物
C、H、O		CO_2、H_2O
S	$\xrightarrow[\text{高温燃烧}]{\text{氧气}}$	SO_2、SO_3
N		NO、NO_2
X(不包括 F)		HX、HXO、X_2
P		P_2O_5

在完全燃烧状态下，如果分析试验仅包括碳、氢和氧的化合物，主要产物就只有二氧化碳和水，两种物质都不影响在库仑池内进行的滴定反应。这样，样品中的被测组分在裂解管中反应转化为可滴定组分，由载气带入滴定池与滴定剂发生反应，致使滴定剂浓度发生变化。经过电极测量后得到被测物含量。

(2) 还原微库仑法

石油产品及有机化合物在过量氢存在下，通过高温的催化剂层，其中包含的氧、硫、氮、卤素和磷等其他元素可生成如下主要产物：

组成		反应产物
C、H、O		CH_4、H_2O
S	$\xrightarrow[\text{高温}]{\text{催化剂}}$	H_2S
N		HCN、NH_3
X		HX
P		PH_3

如果化合物包括碳、氢和氧元素，主要完全氢解的产物就只有水、甲烷和一些较高的同系物，上述产物不影响还原库仑法测定的一些主要应用。这样，样品中的被测组分在裂解管中反应，完全氢解后转化为可滴定组分，然后进行含量的测定。

2.4 影响微库仑分析灵敏度的参量

(1) 偏压

在测定低含量样品时，要求仪器的灵敏度高，以选择较高的偏压为宜。因为，较高的偏压意味着较低的平衡电流，而较低的平衡电流又相应较窄的半峰宽和较高的峰电流。反之，测定高含量样品时，应选择较低的偏压。

(2) 增益

微库仑计增益增大同样可以达到增高峰电流和降低半峰宽的目的。然而，增大增益没有增加偏压来得显著，而且增大增益的同时也增大了仪器的电子噪声。所以，测定低含量样品时，最好采用增加偏压的方式来提高灵敏度。

(3) 溶液容积

电解池内电解质溶液的容积同样影响分析的灵敏度。一般来说，增大电解质溶液的容积会降低测定的灵敏度，但是，对于给定的滴定池而言，其允许的变动范围不大，因此对灵敏度的影响不是很大。

(4) 电解池内阻

发生电极和辅助电极之间的内阻的作用有如增益的倒数。但内阻不能象增益那样随意变动，在给定的电解池和电解液组成固定以后，内阻实际上也是固定的。电解池内阻的影响在一定范围内可以用变动增益来补偿，实在太大(如兆欧以上)，则只好作废。

2.5 影响电流效率的因素

库仑分析要取得准确结果的关键是保证电极反应的电流效率为100%。电流效率为100%，说明电解过程中所消耗的电量全部用于被测离子的反应，而无干扰离子消耗电量。影响电流效率的主要因素有：

(1) 溶剂

由于电解反应多在水溶液中进行，所以要选择适当的电解电压并控制溶液的pH，避免水发生电解反应消耗电量。

(2) 共存元素

有些元素可与待测离子同时在电极上起反应，对这样的元素必须预电解除去或作空白校正。例如，溶液中溶解的O_2，可以在阴极上还原消耗电量，即$O_2+4H^++4e \longrightarrow 2H_2O$，这种干扰一般可利用通氮气除去。

(3) 电极反应产物

电解过程中，两电极上都有不同的产物，这些产物之间有时会相互起反应，影响库仑滴定或控制电位库仑分析，即影响电解中的电流效率。此外，如果电极产物在滴定体系中的溶解度较小，还有可能在电极表面上发生沉积，从而影响反应的正常进行。

2.6 库仑分析法应用

微库仑滴定法近年来已应用于石油和化工领域中微量水、硫、氯、氮等组分的测定。

2.6.1 氧化微库仑法测定石油产品中总硫含量

(1) 测定原理

试样注入裂解管内，与氧气混合燃烧，使样品中的硫燃烧生成二氧化硫，由载气带入滴定池并与池中滴定剂反应，即

$$SO_2+I_3^-+H_2O = SO_3+3I^-+2H^+$$

I_3^-浓度降低，指示电极对的输出信号变化，输入到库仑放大器，由放大器输出相应的电压到电解电极上，在阳极发生氧化反应，即

$$3I^- \longrightarrow I_3^-+2e$$

SO_2消耗的I_3^-由电生的I_3^-补充，使I_3^-浓度恢复到初始值。根据电解消耗的电量，可以求出样品的硫含量。

样品中的硫氧化燃烧生成SO_2的转化率不是100%，因为生成SO_2的同时还生成SO_3，而SO_3是不能被I_3^-滴定的。所以实际测定时应用标样校准。

(2) 影响氧化微库仑法测定总硫含量转化率的因素

利用氧化微库仑法测定石油产品中总硫含量时，转化率除了受到前面所提到的偏压、增益等因素的影响外，还与燃烧管的形状、加热炉区的温度、氧气分压、滴定池工作状态等因素的影响有关。现主要介绍温度和氧分压对转化率的影响。

在氧化微库仑法测定硫含量时，我们总希望硫化物能够100%转化为二氧化硫，但事实上，随着燃烧条件的不同，总有不同比例的三氧化硫形成，从而引起二氧化硫收率的变化。温度、氧分压等的变化就将对转化率的变化产生影响。

在反应过程中，二氧化硫可转化为三氧化硫，即

$$SO_2+\frac{1}{2}O_2 \rightleftharpoons SO_3$$

其热力学平衡常数为

$$K_p=\frac{P_{SO_2}\cdot P_{O_2}^{\frac{1}{2}}}{P_{SO_3}}$$

则推导后的二氧化硫转化率表达式为

$$R_{SO_2}=\frac{100}{1+P_{O_2}^{\frac{1}{2}}\cdot e^{-10.745+11370\frac{1}{T}}}\%$$

可以看出，转化温度越高，氧气分压越低，二氧化硫的回收率越高。但是，过低的氧分压具有一定的危险性，因为它有可能导致因为氧的不足而造成的燃烧不完全，从而影响到测定结果。所以，在实际应用中，宁可使用较高的氧分压得到低于100%的二氧化硫转化率，也要保证有机物的完全燃烧，以避免可能引起的干扰。

一般情况下，氧气为一大气压，温度为1412℃时，二氧化硫的收率可达到98%，在900℃时则下降到75%。在实用中考虑到石英管的使用寿命和噻吩类硫化物低于800℃时分解困难等因素，一般限制在1000~900℃，多数情况下选择850~900℃进行燃烧，此时二氧化硫的回收率在80%以上，其结果与理论值是一致的。

由于燃烧过程中，样品中的有机物参与反应，在燃烧管的喷嘴处形成一高温燃烧区，造成氧化转化温度比表观炉温要高很多。所以，实际应用氧化微库仑法测定石油产品中硫含量时，炉温设定要比上述温度低些。

2.6.2 微库仑法测定微量水

(1) 微库仑法测定微量水的工作原理

卡尔·费休法是测定水的经典方法，多年来被广泛应用于气体、固体和液体样品的含水量分析。但由于操作较为困难，目前逐渐被电量滴定法所替代。

在电量测定的卡尔·费休滴定仪中，水和卡尔·费休试剂定量地发生如下反应：

$$I_2+SO_2+H_2O \longrightarrow 2HI+SO_3$$

当样品进入滴定池后，阳极按照上述反应产生碘。碘的产生与电量成正比，原理上服从法拉第电解定律。

$$2I^- -2e \longrightarrow I_2$$

可以看出，这是1mol碘与1mol水的定量反应，1mg的水就对应10.71个库仑单位。根

据这个原理，可以测定出样品中的水分含量。

（2）影响测定的试验条件

影响电量滴定法测定微量水的试验条件包括湿度、温度和光照等。其中，湿度对于测定的影响主要体现在由于空气中水分的存在，常会造成水分的吸附现象，容易造成测定结果的偏高。尤其是在湿度很大、气压很低的情况下，这种影响尤为明显。温度在特定的试验室内对于测定的影响不是十分明显。光照的影响主要表现在对试剂组成的影响，在直接光照下，可能会引发试剂的变质，从而使测定无法进行。

1. 利用氧化微库仑法测定硫含量，影响转化率的因素有哪些？

2. 裂解温度对氧化微库仑法测定硫含量的转化率有什么样的影响？

3. 溶剂的性质如何影响库仑分析？

课题 3 库仑分析仪

3.1 氧化微库仑仪

氧化微库仑仪主要由进样、裂解、滴定和数据处理几部分组成，滴定系统原理如图5-2所示。

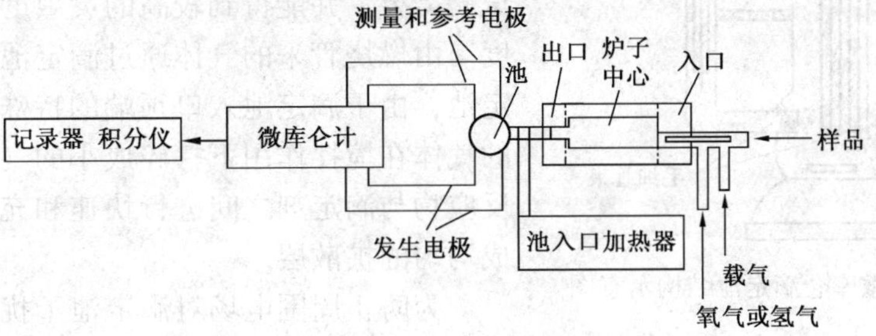

图 5-2 氧化微库仑仪滴定系统原理

（1）裂解管和裂解炉

裂解管的作用是将样品中的有机测定物质转变为能与电解液中滴定离子发生作用的物质。裂解管一般由石英制成。样品用注射器通过硅橡胶堵头注入裂解管入口处汽化。载气通过靠近进样口处的螺旋管经过预热后，进入汽化室与样品气混和，再通过喷嘴部分进入燃烧室，与另一侧管中供给的氧气发生燃烧。燃烧生成的物质进入滴定池。目前常用的氧化法石英裂解管如图 5-3 所示。

由于设计有较大的汽化室，这样就保证了样品可完全汽化，又可以使样品得到足够的稀释，可以较快的流速通过喷嘴与氧气充分混合燃烧得到较高的回收率。

由于使用的分析方法不同，对炉子形状和温度范围要求的差异较大。为了实现样品的裂解，应有与石英管相匹配的裂解炉，所使用的裂解炉有立式和卧式之分，加热炉分区一般为两段或三段。

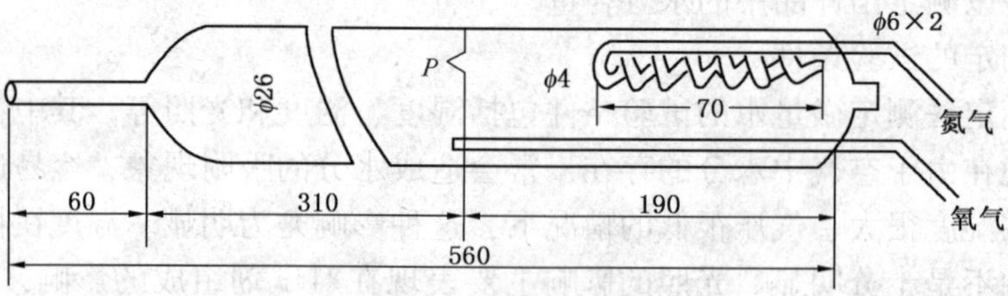

图 5-3 氧化法石英裂解管

(2) 微库仑放大器

微库仑放大器和滴定池、合适的电解系统组成一个"零平衡"式闭环负反馈系统。样品气化后进入滴定池，与电解液中的滴定离子发生反应，滴定离子浓度的变化由指示电极对进行指示，由电解电极对电生滴定剂进行滴定。同时，微库仑放大器还可将指示电极所反映的被测离子浓度变化的电信号放大，以便记录测量电量。

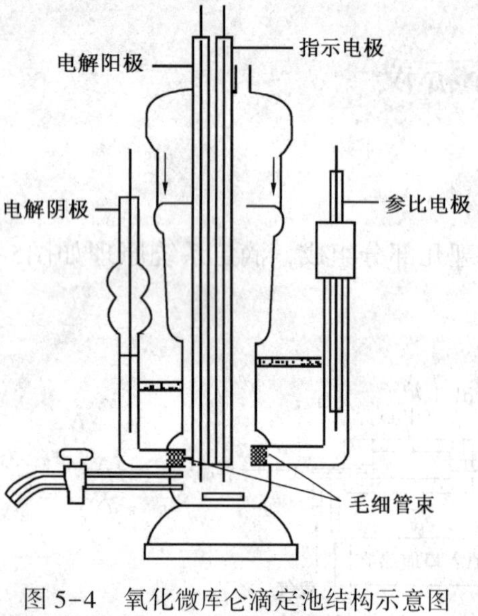

图 5-4 氧化微库仑滴定池结构示意图

(3) 滴定池

滴定池是微库仑仪的核心部分，起着将裂解管生成的组分引入滴定池，并和电解液中的滴定剂发生反应的作用，图 5-4 所示，滴定池一般用硬质玻璃烧制。为减小反应池体积，一般将参比电极和电解阴极装在侧臂，通过微孔毛细管与反应室相通。指示电极和电解阳极装在池头。这样设计的滴定池，反应室内一般可装 10～12mL 电解液，可满足试验需要，并能得到较高的灵敏度和较快的响应速度。由燃烧管来的气体通过滴定池毛细管口进入滴定池，由于滴定池入口顶端的特殊构造，可将进入的气体在搅拌作用下打碎成小的气泡，搅拌棒可使反应物与滴定剂之间进行快速和充分的接触，并形成均匀的扩散层。

为防止周围电场对滴定池干扰，滴定池常有金属屏蔽并接地。滴定池对温度敏感，在操作时应避免炉温和周围环境温度的骤然改变。

目前使用的微库仑仪滴定池的基本结构大致相同。但由于分析对象不同，因而采用的电生滴定剂就不同，导致电极种类、电解液的组成及电极反应各不相同，典型的滴定池有碘滴定池、银滴定池和酸滴定池三种。

① 碘滴定池主要用于测定硫和其他能与碘反应的物质。测硫含量时，一般是在氧气中燃烧，使样品中的硫转化为 SO_2(也有少量三氧化硫)，由载气带入滴定池，与滴定剂发生反应，即

$$SO_2+I_3^-+2H_2O \longrightarrow SO_4^{2-}+3I^-+4H^+$$

碘滴定池的发生电极、辅助电极均为铂电极。发生电极反应为

$$3I^- \longrightarrow I_3^-+2e$$

碘滴定池的指示电极为铂电极，参比电极为铂-饱和碘电极。

测定硫含量时，偏压一般为 140～170mV。

测定硫含量的电解液为 0.05% 碘化钾和 0.04% 醋酸水溶液，若试样中含有较多的氮和

氯，可加入 0.06%迭氮化钠。

② 银滴定池主要用于石化原料及产品中的卤素含量的测定。测定氯含量时，滴定反应为

$$Ag^{+}+Cl^{-}\longrightarrow AgCl\downarrow$$

银滴定池的发生电极是银电极，辅助电极为铂电极。发生电极反应为

$$Ag\longrightarrow Ag^{+}+e$$

银滴定池指示电极为银电极，参比电极为银-饱和醋酸银电极。

测定氯含量时，偏压一般为 250mV 左右，电解液为 70%醋酸水溶液。

银滴定池对光反应灵敏，应采取避光措施。

③ 酸滴定池主要用于氨和氮的测定。测定氮含量时，滴定反应为

$$NH_4OH+H^{+}\longrightarrow NH_4^{+}+H_2O$$

酸滴定池的发生电极和辅助电极均为铂电极，发生电极反应为

$$2H_2O\longrightarrow 4H^{+}+4e+O_2$$

测定氮含量时，偏压一般为 100mV 左右，电解液为 0.04%硫酸钠水溶液。

(4) 进样器

对于液体样品常使用微量注射器进样。可以根据样品需要选择不同长度的针头将样品直接送入滴定池或裂解管高温部分。进样器一般为 1~10μL。对于小于 1μL 的样品推荐使用没有死空间的 1μL 和 0.5μL 注射器。这种注射器样品保留在针头内，可保证样品完全注射到裂解管内。但是在整个使用过程中看不到样品，有气泡也不能被发现，特别是对于一些不稳定样品容易在针头上结焦而影响测定结果。

对于气体样品或液化石油气可用压力注射器进样。控制进样速度不宜太快，并要保持较高的氧分压以保证样品燃烧完全，防止在管壁上形成积炭。

对于固体和高沸点黏稠液体可用样品进样舟进样。

为得到较好的重复性，微库仑仪一般都配备可调速的电动自动进样器，它可以保证样品被匀速注射到裂解管内。

(5) 记录仪和积分仪

微库仑放大器的输出信号可用记录仪记录下来。记录电流一时间曲线，曲线下面积为电量，可用积分仪积分并以数字显示结果。

3.2 氧化微库仑仪的使用

3.2.1 滴定池与搅拌器

用新鲜电解液冲洗已清洗干净的滴定池池体、侧臂，特别是参比电极侧臂。排除侧臂中的气泡，并调整池体中液面高度在电极上方 5~8mm。调整电极位置，使指示电极正对着参比电极侧臂的多孔板，并与气体入口毛细管方向平行。在进行试验时，一定要注意随时添加电解液，并定期从参比臂中放出几滴电解液，使滴定池操作稳定。

不经常使用的电解池，在测定使用前应空转一段时间，使指示电极和电解液稳定，否则测定结果重复性不好。

铂电极应保持清洁。有油渍时，可用热的稀硝酸或用铬酸钾饱和的浓硫酸浸泡，然后依次用自来水、蒸馏水、丙酮或乙醇清洗。不能在王水或高锰酸钾、铬酸盐、二氧化锰等氧化剂与盐酸的混合液中浸泡，否则铂电极会受到化学腐蚀。

不能在高浓度氯化物溶液中使用铂电极作阳极电解，因为阳极析出的氯气会氧化铂电极。

将滴定池安放在电磁搅拌器箱内。箱壳应很好接地，以防干扰。使用时应关上箱门，以免光效应与热效应影响测定。

电磁搅拌速度控制着样品到达指示电极的时间及在电极上停留的时间，应根据实际情况加以调整，一旦调好，就不要随意变动。进行连续测定时，最好让搅拌器连续运转，以保持搅拌稳定。

停机时，应先关加热电源再关气流，以防电解液在入口毛细管处溢出。

3.2.2 气路系统和温控系统

仪器检查正常后，即可通气，试验分析完毕，最好等仪器温度降到一定温度后再关闭。试验过程中，应根据分析的具体条件来具体调节气体流速，使转化率达到要求范围。调节气体流速，主要是为了调节氧分压，调节方式应根据实际情况确定。

仪器升温应注意，如果仪器为水冷却，则裂解炉升温时要先给上冷却水，如果是风冷，则必须要打开风扇开关，然后再进行升温。

3.2.3 积分仪及记录仪

根据基线平稳的程度和峰的形状来正确选择积分仪的参数。一般说来，基线平稳，阈值可选低些；峰形陡，阈值可选高些。数字滤波值可用来滤除出峰前的假峰。它可根据系统中可能出现的假峰面积来定，如果数字滤波值选取得太小，假峰面积可能超过这一数值，这时它将被作为真峰面积，但若数字滤波值太大，则有可能将信号峰滤掉，在微量分析时特别应予注意。

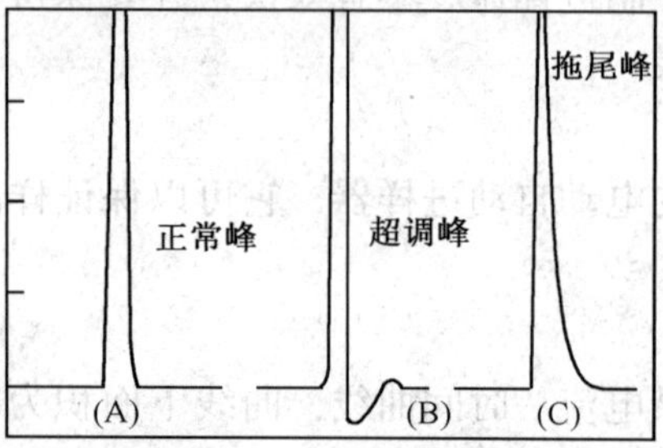

图 5-5 库仑滴定峰的形状

积分电阻越大，则输入积分仪的信号越大，计算偏差就越小。但积分电阻不能大到使积分信号超过积分仪的量程。积分电阻一般可根据记录电阻和记录到的峰高来确定，尽量使积分仪的最大输入值在 50~100mV 之间。

记录仪记录的库仑滴定峰一般有三种形状，如图 5-5所示。图中(A)为正常峰形。(B)为超调峰(负峰)。若出现超调峰，可能有两种情况：若样品中含待测元素较高，这时可逐渐减少增益或偏压；若样品中待测元素含量较低，这时可增大氮气流速或降低氧气流速。(C)为拖尾峰，处理方法为：逐渐增大增益或以每次 2~5mV 的幅度增大偏压，直到得到满意的峰形为止。

3.3 氧化微库仑仪的使用注意事项

3.3.1 气路系统

在库仑分析中，一般用氮气作载气，氧气为反应气。在实验前，应先检查系统有无泄漏，任何连接部位都不允许漏气。

由于裂解管的特殊构造，要求气路连接一定要正确，即氮气管路连接螺旋管，否则容易烧坏针头、造成积炭等不良后果。

3.3.2 自动进样器

自动进样器的进样速度一定要调节好，太慢容易引起峰形托尾等，太快则容易造成燃烧不充分而污染裂解管等后果，使用时一定要调节好。

自动进样器的位置摆放也很关键，应调整到刚好能使进样针内的样品完全进入燃烧管内，而又不产生剧烈碰撞为宜。

3.3.3 滴定池

(1) 电极的安装一定要正确，侧臂应无气泡，两个铂片位置要平行。

(2) 电解液液面保持在铂片上方 5mm 的位置。

(3) 当关机或系统出现故障时，首先断开滴定池气源，防止电解液倒流引起裂解管污染或破裂。

(4) 在测定过程中每 3~4h 从参考臂放出几滴电解液，并重新添加电解液。

(5) 实验完毕，用新鲜电解液充分洗涤池体和电极，然后加入新鲜电解液，使电极保持在新鲜电解液中。

(6) 平时要检查毛细管孔是否堵塞。毛细管出现堵塞时不要用细丝通，要用很尖的滴管向毛细孔中滴加氢氟酸，积炭便很快从毛细管入口冒出，然后迅速用大量蒸馏水冲洗，最后用电解液冲洗。在处理过程中，要保证氢氟酸不进入参比电极室。

3.3.4 电解液

(1) 电解液要经常配制，保持新鲜。因为电解液搁置时间太长，溶液中的碘浓度会增高，导致滴定池的平衡电压降低，测定低浓度样品时会因灵敏度太低而无法检出。

(2) 测定对电解液的纯度要求很高，电解液应储存于棕色瓶中，放在阴暗凉爽处。在测量时，若平衡电压过低，表示在电解液中游离碘浓度太高，可能是由于电解液用的碘化钾被污染或太陈旧，或者是冰醋酸和水以及容器被氧化剂污染，此时应该清洗电解液瓶子，或者更换有关化学试剂和去离子水，重新配制电解液。

(3) 试剂均使用优级纯。用两次蒸馏水或去离子水。如条件限制，可在使用前把蒸馏水煮沸冷却后配制电解液。

1. 在介绍的氧化微库仑法燃烧管设计中，将燃烧管设计为两段的作用是什么？

2. 如何进行电极安装？在安装电极时应注意哪些问题？

3. 您是否进行过微库仑分析？在测定硫含量时，您在电解液的使用方面曾经遇到过哪些问题？您是如何解决的？

3.4 库仑仪滴定池的设计要求

3.4.1 控制电位库仑仪滴定池的设计要求

(1) 根据反应物浓度及电解速度尽可能快的要求，恰当的选择有关参数，如工作电极面积、反应室体积等。电解池要便于搅拌，以加快传质过程。

电解速度不但决定了分析时间的长短，而且与准确度和精密度也有密切关系。一般来说，若将电解时间缩短一半，准确度就可以提高 10 倍。这是因为，电解速度越快，背景电流在总电流中所占的比例就越小，副反应和积分漂移的影响也越小。同时，缩短分析时间还可以减少被测物质因扩散而进入辅助电极区所引起的消耗。

在设计滴定池时，有关参数应作综合考虑。因为片面的追求某一目标，往往会产生很多负面作用。比如，不能以单纯加大工作电极面积的方法来增大电解电流，因为随着工作面积的增大，由于电极表面效应和双电层充电引起的背景电流也会增大。

（2）电解池中工作电极和辅助电极要有合理的几何形状，它们之间的位置要放置得当。实际制作中，应力求使电解过程中工作电极的各部分处在等位面上。

辅助电极和工作电极一般通过多孔陶瓷或离子交换膜相互隔离，以防止工作电极上的电解产物和辅助电极上的电解产物在另一个电极上再发生反应或引起干扰。

要根据分析的要求，合理地把电解池分成两个室或三个室，使电极之间不发生干扰。只有在辅助电极上不会发生工作电极的逆反应时，才可以把工作电极和辅助电极放置在同一个室内。如果参比电极的盐桥溶液不影响测定，也可以放在同一室内。多数控制电位库仑分析中，工作电极室和辅助电极室都是分开的。

（3）选择合适的电极材料。材料的选择应根据电极反应的性质、电解质的种类和是否引起干扰反应。当然，有时也要考虑电极制作的方便和成本的高低。

在多数电解池中，工作电极选用铂或汞，根据分析要求也可选用金或银。电解池的辅助电极则大多采用铂或石墨等惰性材料制成。为了减少电极的极化和不影响电解池的传质，辅助电极的面积要尽可能大一些，并注意与工作电极间进行必要的传质隔离而保持电的通路。

（4）电解池要便于搅拌及排除电解过程中产生的对电极工作有影响的气泡，要便于装配和清洗。为了加快传质过程，可以采用加热搅拌的方式。

3.4.2　恒电流库仑仪电解池设计要求

（1）根据被测物质含量范围及所要求的滴定电流，合理地选择工作电极的面积。因为工作电极一般由贵金属制成，面积过大，耗材过多，就会增加造价；但如果电极面积过小，又会使电解电流的密度过大，致使电极上发生副反应，减低滴定效率。

在实际设计过程中，根据理论数据，结合试验合理地确定工作电极的最大允许滴定电流密度是滴定池设计的先决条件，然后再根据被测物的最高含量和分析时间，确定工作电极面积的大小。为了节约，增大有效面积，通常采用细丝编成网状的工作电极。

（2）工作电极和辅助电极要有合理的几何形状和合适的相对位置。一方面要使工作电极和辅助电极之间的电阻尽可能小，以减小流过最大滴定电流时两电极之间的电压降。另一方面，电极的形状和位置还要有利于传质过程。只有这样，才能有效提高滴定池的灵敏度。

（3）为防止阴极产物在阳极上氧化或阳极产物在阴极上还原，电解电极对的阳极和阴极之间一般用多孔陶瓷或离子交换膜隔开。这种设计可以保持电的通路，同时又不致于发生极间传质干扰。当然，由于增大了电阻，还是带来了不利的影响。

（4）要便于清洗、进样，便于排放、补充、更新电解液。电极要便于处理和活化，当光线有影响时，要注意加避光护套，或用深色材料制作池体。

3.4.3　微库仑仪滴定池设计要求

微库仑滴定池都是四电极系统。滴定池设计得好，对放大器的要求就没有那么苛刻，因为滴定池和放大器之间存在匹配问题。这种匹配体现在：

（1）放大器对指示电极的电位要能及时接受并加以放大。放大器要有足够的输入阻抗，并能滤除引入信号时产生的噪声。同时，放大器对信号的接受不允许有滞后现象，否则会有碍于噪声的滤除和滴定效率的提高。

（2）放大器的输出信号在滴定池的工作电极和辅助电极间产生适度的电解电流。电流过大，电极上的电流密度太大，可能产生副反应；电流过小，会使分析时间太长，基线漂移产生的分析误差会增大，甚至会使积分器无法计算电量。

(3) 滴定池的体积主要与被测物质的含量、取样量有关。后者越大，滴定池的体积也就越大，以满足分析测定的实际需要。

(4) 进行痕量分析时，滴定池结构的合理、电极材料、发生电解质和支持电解质的选择等因素十分重要。

3.5 氧化库仑仪故障处理

氧化微库仑仪常见故障及现象分析、处理方法以 RPA-200 型微库仑滴定仪为例进行说明，具体内容如表 5-1 所示。

表 5-1 RPA-200 型氧化微库仑滴定仪常见故障及处理方法

故障现象	可能原因	处理方法
基线有噪音	偏压太高；增益太高；电解液少；滴定池侧臂有气泡；搅拌速度太快，搅拌子碰壁；滴定池池帽接触不好；地线接触不好；氯滴定池受光线照射；偏压升降次数较多；电解液受污染	适当降低偏压；适当降低增益；适当加入几滴电解液；重新用电解液冲洗滴定池，赶走气泡；重现调整搅拌速度，调整滴定池位置；重新清洗或重焊；接好地线；注意滴定池避光；更换电解液；更换电解液，检查气路和石英管
形成拖尾峰	偏压太低；加热带不热；增益太低；进样速度太慢；滴定池池口有积炭；系统漏气；池盖电极被污染；出口段温度偏低；反应气和载气比例不当；样品有吸附现象	适当提高偏压；接通加热带或提高加热带电压；适当提高增益；适当提高进样速度；清洗滴定池入口；对系统进行排漏；重新清洗电极或重镀；适当提高出口段温度；调节气体比例；清洗石英管或滴定池
形成超调峰	偏压太高；增益太高；搅拌速度太慢；电压波动太大；池帽失效；参比电极失效；载气流量太大；测量电极反应迟钝；采样电阻太大；进样量太大	适当降低偏压；适当减小增益；适当提高搅拌速度；使用稳压器；更换池帽；重镀或更换参比电极；降低载气流量；活化测量电极；适当降低采样电阻；适当减小样品的进样量
形成双峰	出口段温度太低；加热带接触不好或电压偏低；环境温度过低；进样速度不均匀；样品有干扰；测量电极迟钝；超调峰过大	适当提高出口段温度；重新连接加热带或增加加热带电压；要保持环境温度稳定；用进样器使进样匀速；设法消除样品干扰；重新活化测量电极；调整偏压或增益
转化率偏低	偏压不适宜；增益偏低；采样电阻偏低；氧气流量太高或载气流量太低；裂解系统漏气；进样量少；炉区加热温度偏低；石英管吸附严重；裂解管或电解池积炭；注射器针头未插到高温区；燃烧不完全	将偏压调整到适当的位置；适当增加增益；重新选择采样电阻；降低氧气流量或提高载气流量；检查可能漏气的地方；校正进样量；把炉区温度调整到正常水平；清洗石英管或重换；烧去积炭或用铬酸清洗；调整进样位置，使针头全部插进；如炉温正常，则减少进样量，否则提高炉温
转化率偏高	进样量不准；硅胶垫被污染；标准样品受到污染；增益太高；载气不纯；滴定池被污染；电解液太少	校正进样量；更换硅胶垫；重新配制标准样品；适当降低增益；更换载气；清洗滴定池；适当加入几滴电解液
结果不重复	样品不均匀；进样针或系统漏气；未加加热带；炉温波动；参比电极失效；参考电极有气泡；搅拌器停转；硅胶垫漏气；电源不稳定；电解液太少	测定前将样品充分混合均匀；系统检查测定中可能存在的漏气位置；接通加热带；使炉温维持稳定；重镀或更换参比电极；赶走参考电极气泡；启动搅拌器；更换硅胶垫；使用稳压器；适当增加电解液

训练

1. 利用微库仑装置测定水样中的硫化氢含量，如果电解恒电流为 20mA，到达终点的时间为 153s，则硫化氢含量为(　　)。

(A) 7.2mg/mL　　(B) 7.2mg/L

(C) 14.4mg/mL　　(D) 14.4mg/L

2. 利用微库仑仪测定样品时，样品进入滴定池将使(　　)的电位发生变化。

(A)指示电极　　(B)参比电极　　(C)电解阳极　　(D)电解阴极

3. 设计恒电位滴定池时，一定要考虑的因素是电解速度，因为电解时间缩短一半，准确度就可以提高(　　)倍。

(A) 5　　(B) 10　　(C) 15　　(D) 20

4. 在裂解管的设计过程中，总是希望(　　)。

(A)较大的容量、较小的喷嘴　　(B)较大的容量、较大的喷嘴

(C)较小的容量、较小的喷嘴　　(D)较小的容量、较大的喷嘴

5. 微库仑分析中形成超调峰，不当的处理是(　　)。

(A)使用稳压器　　(B)更换池帽　　(C)活化测量电极　　(D)调整气体比例

6. 微库仑分析中，对于加热带不热形成的拖尾峰，正确的处理是(　　)。

(A)接通加热带　　(B)提高加热带电压

(C)将加热带重新缠绕　　(D)更换加热带

7. 微库仑分析法测定硫含量的操作规程应包括(　　)。

(A)仪器校正　　(B)标样分析　　(C)溶液配制　　(D)结果计算

8. 恒电流库仑分析中，恒电流值如何选择?

9. 氧化微库仑法测定硫含量时，通过参数调整，使积分值从 8000μV·s 提高到了 9600μV·s，若初始转化率为 80%，试计算调整后的转化率。

10. 标样浓度 25μg/μL，进样量 8μL，积分仪积分值 9800，积分电阻 1kΩ，求转化率。在相同条件下分析样品，积分仪积分值为 8400，如果样品密度为 0.8000mg/μL，试求硫的含量为多少?

模块六

光学分析

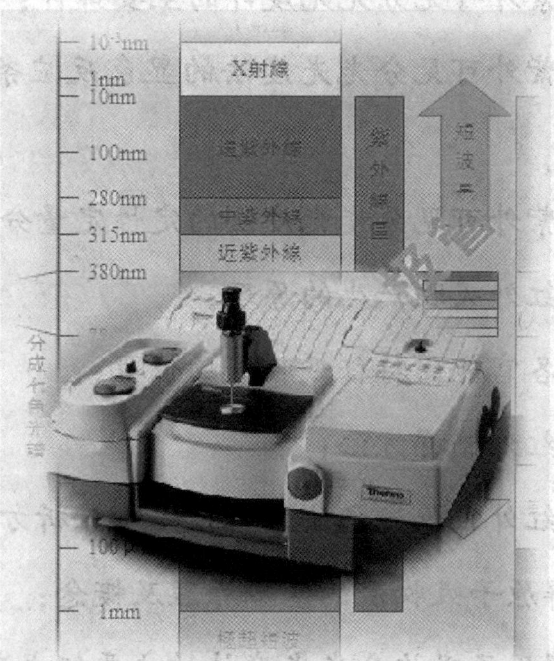

- 单元一　光学分析法
- 单元二　紫外可见分光光度法
- 单元三　红外吸收光谱法
- 单元四　原子吸收光谱法

学 习 目 标

1. 了解光学分析法的分类及分子吸收光谱产生的原理；

2. 掌握光吸收基本定律及其偏离因素；

3. 了解紫外可见分光光度计的主要部件；

4. 掌握紫外可见分光光度法的显色反应条件和测量条件的选择；

5. 掌握紫外可见分光光度法的定性定量分析方法；

6. 了解红外吸收产生的原理；

7. 了解各官能团特征吸收峰的位置；

8. 掌握红外制样方法；

9. 掌握红外吸收光谱法的定性定量分析方法；

10. 了解原子吸收法的基本原理及概念；

11. 了解原子吸收分光光度计的主要组成部件；

12. 掌握原子吸收法的定量分析方法。

单元一　光学分析法

课题1　光学分析法简介

光学分析法是基于电磁波作用于待测物质后产生的辐射信号或所引起的变化而建立的分析方法。光学分析法可分为光谱法及非光谱法两大类。

光谱法是以光的发射、吸收、散射和荧光为基础建立起来的方法。光谱法又可分为分子光谱和原子光谱。分子光谱是由分子的电子能级、振动和转动能级的变化产生的，表现形式为带光谱，如紫外-可见分光光度法、红外光谱法等。原子光谱是由原子外层或内层电子能级的变化产生的，它的表现形式为线光谱，如原子发射光谱法、原子吸收光谱法和原子荧光光谱法等。根据物质与电磁辐射相互作用的机理是吸收还是发射等，光谱法又可分为发射光谱法、吸收光谱法和散射光谱法。

非光谱法不是以光的波长为特征信号，而是通过测量光的某些其他性质，如折射、散射、干涉、衍射和偏振等变化建立起来的分析方法。它不涉及物质内部能级的跃迁，电磁辐射只改变传播方向、速率或某些物理性质。常用的非光谱法如折射法、偏振法、光散射法、干涉法、衍射法和旋光法等。

- 光学分析法
  - 光谱法：
    - 分子光谱：紫外可见分光光度法、红外光谱法、分子荧光、分子磷光、核磁共振、顺磁共振等
    - 原子光谱：原子吸收、原子发射、原子荧光、X射线荧光等
  - 非光谱法：折射法、偏振法、干涉法、旋光法等

1. 光谱法中分子光谱包括那些方法？原子光谱又包括那些方法？
2. 发射光谱法包括那些方法？吸收光谱法又包括那些方法？

1.1　光的性质

光是一种电磁波，是以极高速度传播的光量子流（在真空中传播速率为 2.9979×10^8 m/s，约为 3.0×10^8m/s）。电磁波包括无线电波、微波、红外光、可见光、紫外光、X射线和γ射线等。它既具有波动性，又具有粒子性。

电磁波的反射、衍射、折射和散射等现象表现了它具有波动性，可以用波的参数如波长（λ）、波数（σ）、频率（ν）、周期（T）、传播速率（c）等来描述。

对于光电效应、黑体辐射等现象，不能用光的波动性进行解释，需要把辐射看作微粒（光子）才能得到满意的答案，Planck 认为辐射能是由一颗一颗不连续的粒子流传播的，这种粒子叫光子。光子具有能量，其能量 $E=h\nu=hc/\lambda$，其中 h 为普朗克常数，其值为 6.626×

10^{-34}J · s。即光子的能量与它的频率成正比，与波长成反比，而与光强度无关。

电磁波随着 λ 增加，波动性变得较明显；而随着 λ 减小，粒子性表现的较明显。

光子的能量单位常用电子伏(eV)表示，即一个电子通过电位差为 1 伏(V)的电场时所获的能量。$1eV=1.602\times10^{-19}J$，或 $1J=6.241\times10^{18}eV$。

求波长为 200nm 单色光的频率和能量。

解析：$\nu=\dfrac{c}{\lambda}=\dfrac{2.998\times10^{8}}{200\times10^{-9}}=1.5\times10^{15}(Hz)$

$E=h\nu=6.626\times10^{-34}\times1.5\times10^{15}\times6.241\times10^{18}=6.2(eV)$

1.2 电磁波谱

将各种电磁辐射按照波长或频率的大小顺序排列起来称为电磁波谱，其参数见表 1-1，电磁波谱图如下：

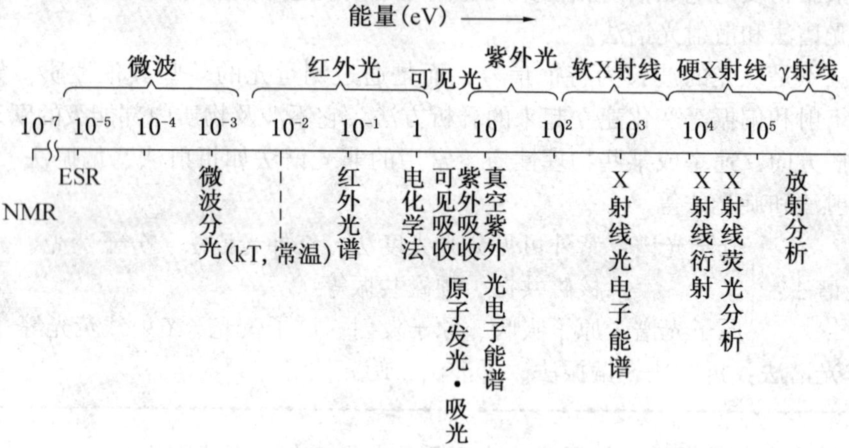

表 1-1 电磁波谱的有关参数

波长范围	能量/eV	电磁波	跃迁类型
<0.005nm	$>2.5\times10^{5}$	γ 射线区	核能级
0.005~10nm	$2.5\times10^{5}\sim1.2\times10^{2}$	X 射线区	K，L 层电子能级
10~200nm	$1.2\times10^{2}\sim6.2$	真空紫外光区	K，L 层电子能级
200~380nm	6.2~3.1	近紫外光区	外层电子能级
380~780nm	3.1~1.6	可见光区	外层电子能级
0.78~2.5μm	1.6~0.5	近红外光区	分子振动能级
2.5~25μm	$0.5\sim5\times10^{-2}$	中红外光区	分子振动能级
25~1000μm	$5\times10^{-2}\sim1.2\times10^{-3}$	远红外光区	分子转动能级
1~300mm	$1.2\times10^{-3}\sim4.1\times10^{-6}$	微波区	分子转动能级
>300mm	$<4.1\times10^{-6}$	无线电波区	电子和核的自旋

训练

1. 分子吸收光谱是指(　　)光谱分析。

(A)紫外与可见光　(B)原子吸收　(C)红外光谱　(D)原子发射光谱

2. 人眼能感觉到的光称为可见光，其波长范围是(　　)

(A)360~800nm　(B)330~800nm　(C)380~780nm　(D)200~1000nm

3. 电磁波的(　　)现象表现了电磁波具有波动性。

(A)反射　(B)衍射　(C)折射　(D)散射

4. 电磁波的(　　)现象表现了电磁波具有粒子性。

(A)衍射　(B)光电效应　(C)干涉　(D)黑体辐射

5. 光子的能量与波长的关系是(　　)。

(A)反比　(B)正比　(C)正相关　(D)无关

6. 光子具有能量，其能量与(　　)成正比。

(A)波长　(B)频率　(C)速度　(D)波数

7. *X* 射线区是(　　)能级跃迁。

(A) K层电子　(B) L层电子　(C)外层电子　(D) M层电子

8. 可见吸收光谱是由分子中(　　)的跃迁产生的。

(A)分子转动能级　(B)分子振动能级

(C)外层电子能级　(D)K，L层电子能级

单元二　紫外可见分光光度法

课题 1　概　　述

基于物质对光的选择性吸收而建立起来的分析方法称吸光光度法，它包括比色法和分光光度法。而紫外-可见分光光度法是研究物质在紫外、可见光区的分子吸收光谱的分析方法。它属于分子光谱法的一种，是利用某些物质的分子吸收 200~800nm 光谱区的辐射来进行分析测定的方法。这种分子吸收光谱产生于价电子和分子轨道上的电子在电子能级间的跃迁，广泛用于无机和有机物质的定性、定量测定。

1.1　物质对光的选择性吸收与物质颜色的关系

物质呈现的颜色与光有着密切的关系。一束白光通过三棱镜，可分解为红、橙、黄、绿、青、蓝、紫七种色光，这种现象称光的色散。

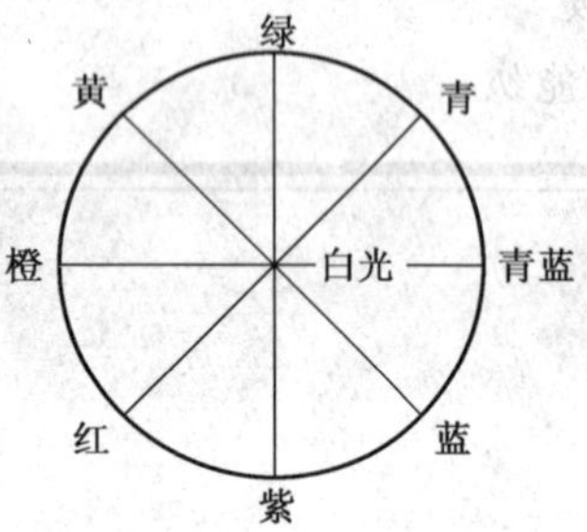

图 2-1　光的互补色

实验证明，不仅这七种色光可以混合组成白光，图 2-1 中处于直线关系的两种单色光按一定强度比例混合，也可组成白光。这两种单色光就称为互补色，如绿色光和紫色光是互补色，蓝色光和黄色光是互补色等等。

物质呈现不同的颜色正是由于物质分子选择性地吸收了某一波长范围的光而造成的。透明体的颜色由透过光的波长所决定，不透明体的颜色由反射光的波长所决定，透过光和反射光都是不为物体所吸收的光。如果物质对各种波长的光完全吸收，则呈现黑色；若完全反射，则呈现白色；若完全透过，则呈现无色。如果物质对可见光区某种波长的光选择性地吸收，则该物质呈现被吸收波长光的互补光的颜色。例如，硫酸铜溶液因吸收了白光中的黄色而呈蓝色，重铬酸钾溶液吸收了蓝光而呈黄色，高锰酸钾溶液吸收了绿光而呈紫色等。

1.2　分光光度法的发展过程

分光光度法在发展过程中先后经过了目视比色法，光电比色法和分光光度法三个阶段。

目视比色法是一种用眼睛辨别颜色深浅，以确定待测组分含量的方法。一般采用标准系列法。即在一套等体积的比色管中配制一系列浓度不同的标准溶液，并按同样的方法配制待测溶液，待显色反应达平衡后，从管口垂直向下观察，比较待测溶液与标准系列中哪一个标准溶液颜色相同，便表明二者浓度相等。如果待测试液的颜色介于某相邻两标准溶液之间，则待测试样的含量取两标准溶液含量的平均值。目视比色法无需特殊仪器、操作方便、测定的灵敏度较高，即使不符合朗伯-比尔定律，仍可用目视比色法测定。缺点是准确度较差，相对误差约为 5%~20%。

光电比色法是使用光电比色计测量溶液吸光度并计算待测组分含量。光电比色计一般采用钨灯光源和滤光片，只适用于可见光谱区且只能得到一定波长范围的复合光，而不是单色光束。由于存在的这些局限性，使它在测量的准确度、灵敏度和应用范围上都不如紫外-可见分光光度计，所以逐渐为分光光度法所代替。

分光光度法是应用分光光度计，通过测定被测物质在特定波长处或一定波长范围内光的吸光度，对该物质进行定性、定量分析的方法。它包括紫外分光光度法、可见光分光光度法、红外分光光度法等。紫外及可见分光光度法具有灵敏度高、准确度较高、适用范围广、仪器设备简单等特点。

1. 物质为什么会有颜色？什么情况下为无色，什么情况下为白色，什么情况下为黑色？

2. 目视比色法，光电比色法和分光光度法有哪些不同？

1.3　吸收曲线及常用术语

（1）吸收曲线

任何一种溶液，对不同波长的光的吸收程度不同。溶液对各种单色光的吸收程度用吸光度 A 来描述。以波长 λ（单位 nm）为横坐标，以测得的吸光度 A 为纵坐标，可得一条曲线，我们称之为吸收曲线。吸收曲线清楚地描述了溶液对不同波长的光的吸收情况。吸收曲线如图 2-2 所示。

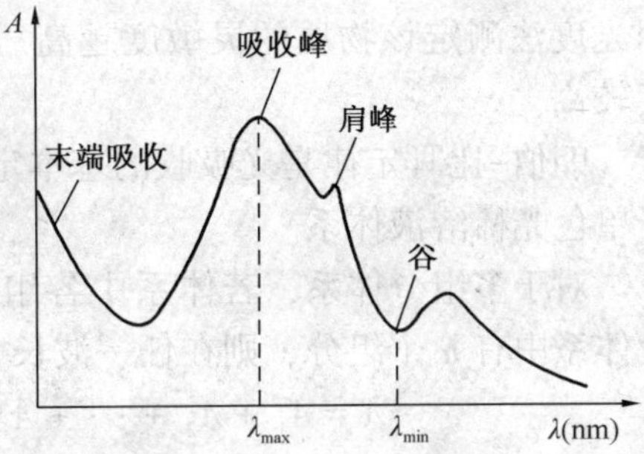

图 2-2　吸收曲线示意图

（2）吸收曲线相关术语

吸收峰：吸收曲线上吸光度值比两边都大的地方。

最大吸收峰：吸收峰中最高的峰。

λ_{max}：最大吸收峰所对应的波长。

谷：曲线上峰与峰之间的最低部位。

最低谷：谷中最低的谷。

λ_{min}：最低峰谷所对应的波长。

肩峰：介于峰与谷之间，形状像肩的弱吸收峰。

末端吸收：在吸收光谱短波长端所呈现的强吸收而不呈峰形的部分。

课题 2　朗伯-比耳定律

2.1　透光率和吸光度

当一束平行光通过均匀的液体介质时，光的一部分被吸收，一部分透过溶液，还有一部分被器皿反射。设入射光强度为 I_0，透过光强度为 I_t，则透过光强度与入射光强度的比值称为透光率，用 T 来表示，计算式为 $T=I_t/I_0$，T 常用百分比（$T\%$）表示。溶液的透光率越大，表示它对光的吸收越小；反之，透光率越小，表示它对光的吸收越大。常用吸光度 A 来表示物质对光的吸收程度，其定义为吸光度 $A=-\lg T$，即透光率的负对数。

案例

有一浓度 c(g/L)的溶液，吸收了入射光线的20%，在同样条件下，浓度为 $2c$(g/L)的溶液，其百分透光率是多少？

解析：$I_t=I_o-I_a=100\%-20\%=80\%$

$$A=\lg(I_o/I_t)=\lg(100/80)=0.0969$$

当浓度为 $2c$ 时，$A=0.0969\times2=0.1938$；$T=10^{-A}=10^{-0.1938}=64\%$

2.2 朗伯-比耳定律

1760年朗伯(Lambert)提出溶液的浓度一定时，溶液对光的吸收程度与液层厚度成正比；1852年比耳(Beer)又提出光的吸收程度与吸光物质浓度成正比。二者的结合称之为朗伯-比耳定律，其数学表达式为 $A=\varepsilon bc$。式中 A 为吸光度；b 为液层厚度(单位cm)；c 为物质的量浓度(单位 $mol\cdot L^{-1}$)；ε 为摩尔吸光系数(单位 $L\cdot mol^{-1}\cdot cm^{-1}$)。

在温度和波长等条件一定时，摩尔吸光系数 ε 仅与吸光物质本身的性质有关。因此，ε 可作为物质定性鉴定的参数。同一物质在不同波长下的 ε 是不同的，在最大吸收波长 λ_{max} 处的摩尔吸光系数常以 ε_{max} 表示。ε_{max} 表明了该吸光物质最大限度的吸光能力，也反映了光度法测定该物质可能达到的最大灵敏度。ε_{max} 值越大，表明该物质的吸光能力越强，用光度法测定该物质的灵敏度越高。一般 ε_{max} 的值为 $10^4\sim10^5 L\cdot mol^{-1}\cdot cm^{-1}$ 时表明灵敏度较高。

朗伯-比耳定律是光吸收的基本定律，也是分光光度分析法的依据和基础。该定律适用于单色光稀溶液体系。

对于多组分体系，若体系中各组分间无相互作用，则各组分 i 的吸光度 A_i 有加和性。设体系中有 n 个组分，则在任一波长 λ 处的总吸光度 A 为：

$$A=A_1+A_2+\cdots+A_i+\cdots=\varepsilon_1bc_1+\varepsilon_2bc_2+\cdots+\varepsilon_ibc_i+\cdots$$

2.3 偏离朗伯-比耳定律的原因

在实际工作中，尤其当溶液浓度较高时，标准曲线往往偏离直线，这种现象称为对朗伯-比耳定律的偏离(如图2-3所示)。偏离朗伯-比耳定律的原因有如下几点：

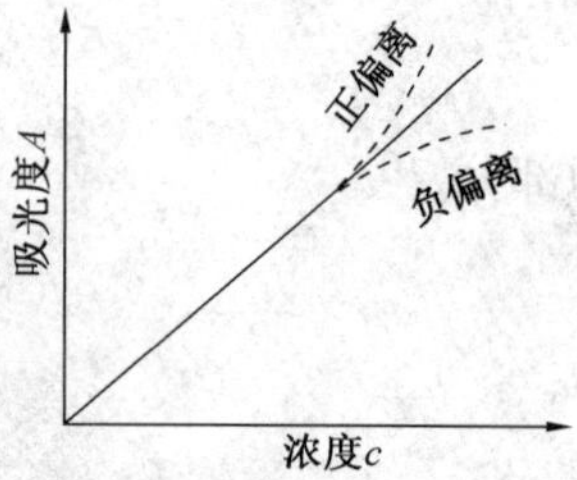

图2-3 标准曲线及对朗伯-比耳定律的偏离

(1) 非单色光引起的偏离

朗伯-比耳定律的前提条件之一是入射光为单色光，但即使是现代高精度分光光度计也难以获得真正的纯单色光。大多数分光光度计只能获得近乎单色光的狭窄光带，它仍然是具有一定波长范围的复合光，而复合光可导致对朗伯-比耳定律的正或负偏离。

为了克服非单色光引起的偏离，首先应选择较好的单色器。此外还应将入射波长选定在待测物质的最大吸收波长 λ_{max} 处，这不仅是因为在 λ_{max} 处能获得最大灵敏度，还因为在 λ_{max} 附近的一段范围内吸收曲线较平坦，即在 λ_{max} 附近各波长光下吸光物质的摩尔吸光系数 ε 大体相等。图2-4(a)为吸收曲线与选用谱带之间关系，图2-4(b)为标准曲线。若选用吸光度随波长变化不大的谱带M的复合光作入射光，则吸光度变化较小，即 ε 的变化较小，引起的偏离也较小，A 与 c 基本成直线关系。若选用谱带 N 的复合光测量，则 ε 的变化较大，A 随波长的变化较明显，因此出现较大偏离，A 与 c 不成直线关系。

（2）溶液浓度的影响

按照朗伯-比耳定律的假定，所有的吸光质点之间不发生相互作用。但实验证明只有在稀溶液（$c\times10^{-2}$ mol · L^{-1}）时才基本符合。当溶液浓度较大时，吸光质点间可能发生缔合等相互作用，直接影响了它对光的吸收。因此，朗伯-比耳定律只适用于稀溶液。

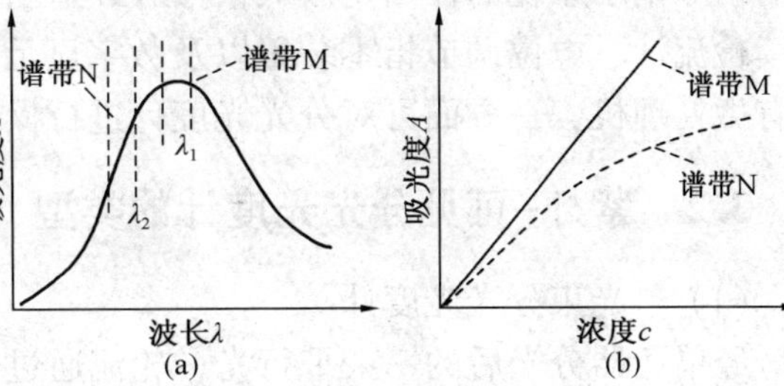

图 2-4 非单色光的影响

（3）化学反应的影响

另外，溶液中存在着解离、缔合、互变异构、配合物的形成等化学平衡，化学平衡与浓度、pH 等其他条件密切相关。不同条件可导致吸光质点浓度变化，吸光性质发生变化而偏离朗伯-比耳定律。消除方法为控制反应条件。例如，在铬酸盐或重铬酸盐溶液中存在下列平衡：$2CrO_4^{2-}+2H^+ \rightleftharpoons Cr_2O_7^{2-}+H_2O$。$CrO_4{}^{2-}$、$Cr_2O_7^{2-}$ 的颜色不同，吸光性质也不同。用光度法测定 CrO_4^{2-} 或 $Cr_2O_7^{2-}$ 含量时，溶液浓度及酸度的改变都会导致平衡移动而发生对朗伯-比耳定律的偏离，为此应加入强碱或强酸作缓冲溶液以控制酸度。

（4）非平行光和光散射的影响

当入射光是非平行光时，所有光通过介质的光的光程不同，引起小的偏离。另外，当溶液中含有悬浮物或胶粒等散射质点时，入射光通过溶液时就会有一部分光因散射而损失掉，使透过光强度减小，测得的吸光度增大，从而引起偏离吸收定律。

课题 3 紫外-可见分光光度计

3.1 基本结构

紫外-可见分光光度计的基本结构由五个部分组成：即光源、单色器、吸收池、检测器和信号指示系统。

对光源的基本要求是能够提供足够强度和稳定的连续光谱。分光光度计中常用的光源有热辐射光源和气体放电光源两类。热辐射光源用于可见光区，如钨丝灯和卤钨灯，钨灯和碘钨灯可使用的范围在 340～2500nm；气体放电光源用于紫外光区，如氢灯和氘灯，可在 160～375nm范围内产生连续光源。

单色器是能从光源辐射的复合光中分出单色光的光学装置，其主要功能：产生光谱纯度高的波长，且波长在紫外可见区域内任意可调。单色器一般由入射狭缝、准光器（透镜或凹面反射镜使入射光成平行光）、色散元件、聚焦元件和出射狭缝等几部分组成。其核心部分是起分光作用的色散元件，主要有棱镜和光栅两种。

吸收池用于盛放分析试样，一般有石英和玻璃材料两种。石英池适用于可见光区及紫外光区，玻璃吸收池只能用于可见光区。为减少光的损失，吸收池的光学面必须完全垂直于光束方向。在高精度的分析测定中，吸收池要挑选配对。

检测器用于检测光信号。常用的检测器有光电池、光电管和光电倍增管等。

信号指示系统的作用是放大信号并以适当方式指示或记录下来。常用的信号指示装置有直读检流计、电位调节指零装置以及数字显示或自动记录装置等。很多型号的分光光度计装配有微处理机，一方面可对分光光度计进行操作控制，另一方面可进行数据处理。

3.2 紫外-可见分光光度计的类型

(1) 单光束分光光度计

经单色器分光后的一束平行光，轮流通过参比溶液和样品溶液，以进行吸光度的测定。这种简易型分光光度计结构简单，操作方便，维修容易，适用于常规分析，如图 2-5 所示。

(2) 双光束分光光度计

经单色器分光后经反射镜分解为强度相等的两束光，一束通过参比池，一束通过样品池。光度计能自动比较两束光的强度，此比值即为试样的透射比，经对数变换将它转换成吸光度并作为波长的函数记录下来，如图 2-6 所示。

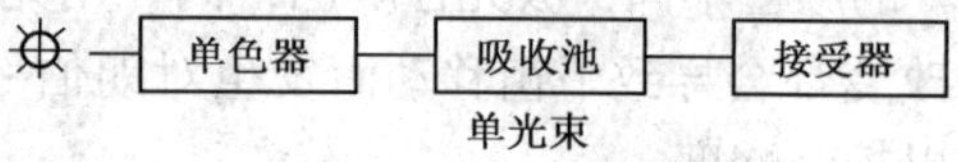

图 2-5 单光束结构示意图

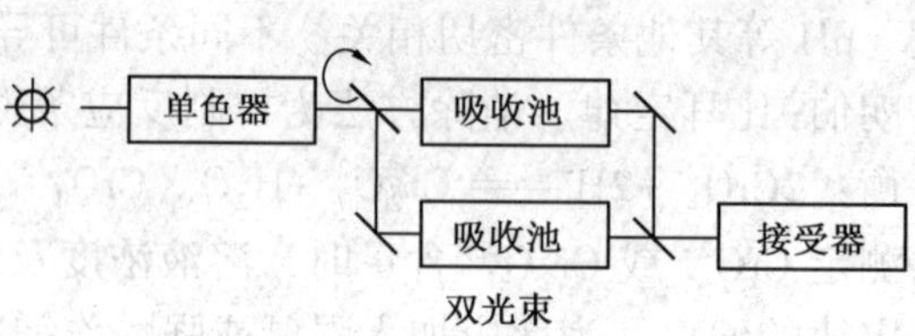

图 2-6 双光束结构示意图

双光束分光光度计一般都能自动记录吸收光谱曲线。由于两束光同时分别通过参比池和样品池，还能自动消除光源强度变化所引起的误差。

(3) 双波长分光光度计

由同一光源发出的光被分成两束，分别经过两个单色器，得到两束不同波长的单色光；利用切光器使两束光以一定的频率交替照射同一吸收池，然后经过光电倍增管和电子控制系统，最后由显示器显示出两个波长处的吸光度差值 ΔA。对于分析多组分混合物、混浊试样，以及存在背景干扰或共存组分吸收干扰的情况，利用双波长分光光度法往往能提高方法的灵敏度和选择性如图 2-7 所示。

3.3 常用分光光度计

(1) 721 型可见分光光度计(如图 2-8 所示)

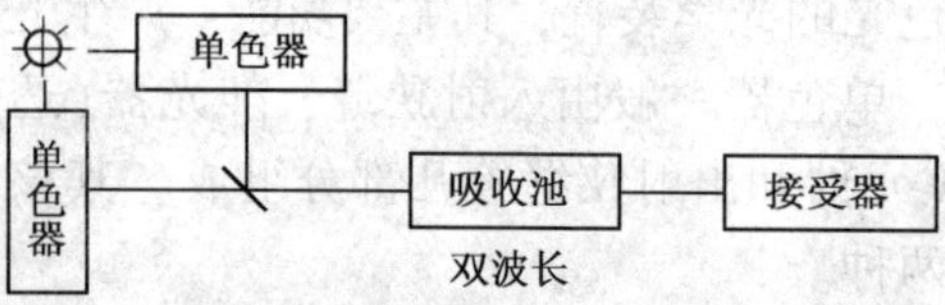

图 2-7 双波光束结构示意图

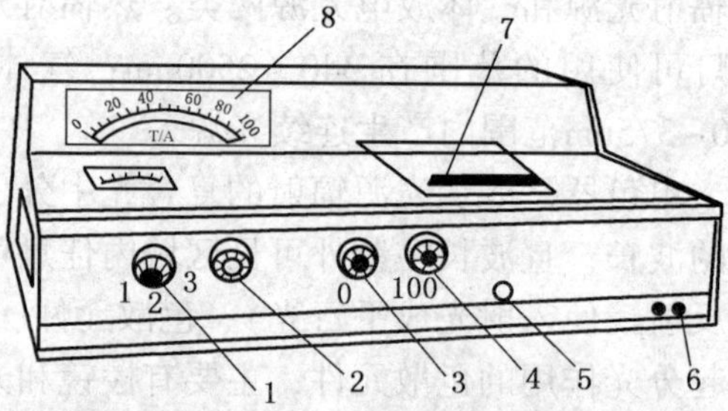

图 2-8 721 型分光光度计

1—灵敏度档；2—波长调节器；3—调“0”电位器；
4—光亮调节器；5—比色皿座架拉杆；6—电源开关；
7—比色皿暗箱；8—读数表头

案例

721 分光光度计的操作步骤

1. 预热仪器。为使测定稳定，将电源开关打开，使仪器预热 20min，为了防止光电管疲劳，不要连续光照。预热仪器和不测定时应将比色皿暗箱盖打开，使光路切断。

2. 选定波长。根据实验要求，转动波长调节器，使指针指示所需要的单色光波长。

3. 固定灵敏度档。旋动灵敏度档，使其固定于某一档，在实验过程中不再变动。一般测量固定在“1”档。

4. 调节“0”点。轻轻旋动调“0”电位器，使读数表头指针恰好位于透光度为“0”处(此时，比色皿暗箱盖是打开的，光路被切断，光电管不受光照)。

5. 调“0”和调“100%”。比色皿中装入参比溶液近 4/5，放入比色皿座架的第一格内，其他格内放入样品或标样，把比色皿暗箱盖子轻轻盖上，用参比溶液重复调“0”和“100%”，至仪器稳定。

6. 测定。轻轻拉动比色皿座架拉杆，使样品或标样溶液进入光路，此时表头指针所示为该溶液的吸光度 A。读数后，打开比色皿暗箱盖。

7. 关机。实验完毕，整理仪器，切断电源。将比色皿取出洗净，并将比色皿座架及暗箱用软纸擦净。

(2) 岛津 UV1700 紫外可见分光光度计(如图 2-9 所示)

图 2-9　岛津 UV1700 紫外可见分光光度计

3.4　分光光度计使用注意事项

(1) 分光光度计是一种高阻仪器，所以怕潮湿，环境湿度一般控制在 45%～65%，环境温度一般控制在 15～28℃之间。

(2) 预热仪器。为使测定稳定，测定前将电源开关打开，使仪器预热 20min。为了防止光电管疲劳，不要连续光照。预热仪器和不测定时应将比色皿暗箱盖打开，使光路切断。

(3) 把样品置入比色池时应注意仔细小心，不要让溶液溅入样品室内，以防腐蚀。倘若不小心将溶液溅入样品室内，请速用软布将样品室擦干。

(4) 仪器中所有的镜面千万不能用手或软硬物体去接触，一旦留下痕迹，造成镜面污染，会产生严重的杂光及降低有效能量，以至造成人为故障甚至报废。

(5) 光源 D2 灯和 WI 灯有一定的使用寿命，如果使用时间超过了规定时间或者仪器出现测量结果不稳定、基线噪音和漂移大等现象时必须更换相应的光源。

(6) 仪器不能长久搁置不用，这样反而降低寿命，若一段时间不用，建议每周开机1～2次，定期更换仪器的硅胶，保证仪器的正常使用和测量数据稳定可靠。

3.5　比色皿的使用

3.5.1　比色皿的选择

(1) 要根据所使用的波长来选择比色皿。常用的比色皿有石英比色皿和普通硅酸盐玻璃比色皿两种，低于350nm的光谱区（紫外区）工作的必须使用石英或熔融二氧化硅制成透光面的石英比色皿，石英比色皿既可用于紫外区又可用于可见光区。而普通硅酸盐玻璃制成透光面的比色皿，只能用于350~2000nm的可见光及近红外光谱区。

（2）选择配对良好的比色皿，根据国家检定规程的要求比色皿间的偏差不得超过0.5%，所以比色皿在使用之前，要对比色皿进行透光测定，把偏差小于0.5%的比色皿配对使用。

（3）选择合适厚度的比色皿。常用比色皿厚度有1、2、3、5、10cm等，在实际分析工作中，通常根据溶液浓度的不同，选用液槽厚度不同的比色皿，使溶液的吸光度控制在0.2~0.7之间。

（4）对有挥发性的样品，选择带盖比色皿。

3.5.2 比色皿的使用方法

（1）拿比色皿时，手指只能捏住比色皿的毛玻璃面，不要碰比色皿的透光面，以免沾污。

（2）不得将光学面与硬物或脏物接触。

（3）测定有色溶液吸光度时，一定要用有色溶液润洗比色皿内壁几次，以免改变有色溶液的浓度。另外，在测定一系列溶液的吸光度时，通常都按由稀到浓的顺序测定，以减小测量误差。

（4）盛装溶液时，高度为比色皿的4/5处即可。

（5）比色皿外壁的水用擦镜纸或细软的吸水纸吸干，以保护透光面。

（6）凡含有腐蚀玻璃的物质的溶液，不得长期盛放在比色皿中。

（7）不能将比色皿放在火焰或电炉上进行加热或干燥箱内烘烤。

3.5.3 比色皿的清洗

（1）每次做完实验时，应立即洗净比色皿。清洗比色皿时，一般先用水冲洗，再用蒸馏水洗净。如比色皿被有机物沾污，可用盐酸-乙醇混合洗涤液（1∶2）浸泡片刻，再用水冲洗。不能用碱溶液或铬酸洗液等氧化性强的洗涤液洗比色皿，以免损坏。

（2）不能用毛刷清洗比色皿，以免损伤它的透光面。

课题4 显色和分析条件的选择

为使分析方法有较高的灵敏度和准确度，选择最佳的测定条件是很重要的。这些条件包括仪器的测量条件、试样反应条件等。

4.1 仪器测量条件的选择

4.1.1 入射光波长的选择

（1）一般选用待测物质的最大吸收波长作为测量波长。

（2）但当在最大吸收波长处有干扰时，则应根据“吸收最大，干扰最小”的原则来选择波长。

如图2-10所示，1-亚硝基-2-萘酚-3，6磺酸显色剂及其钴配合物在420nm处均有最大吸收，如在此波长测定钴，则未反应的显色剂会发生干扰而降低测定的准确度。因此，必须选择在500nm处测定，在此波长下显色剂无吸收，而钴配合物则有一吸收平台。用此波长测定，灵敏度虽有所下降，但可以消除干扰，提高测定的准确度和选择性。有时为测定高浓度组分，也选用灵敏度稍低的吸收波长作为入射波长，保证标准曲线有足够的线性范围。

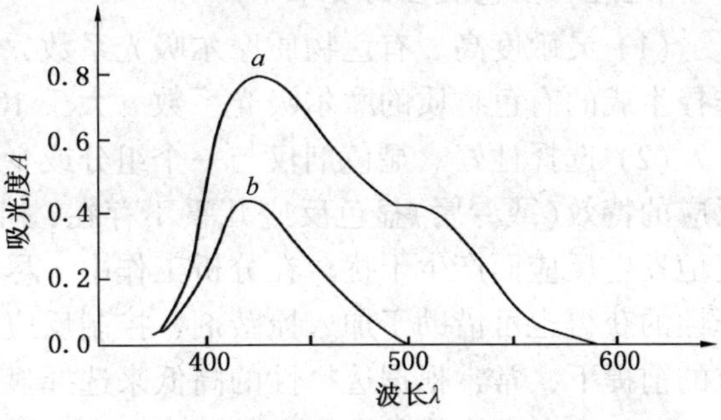

图 2-10 吸收曲线

a—钴配合物的吸收曲线；b—1-亚硝基-2-萘酚-3，6 磺酸显色剂的吸收曲线

4.1.2 狭缝宽度的选择

在定量分析中，狭缝宽度直接影响测定的灵敏度和工作曲线的线性范围。狭缝的宽度太大，灵敏度下降，工作曲线的线性范围变窄；狭缝的宽度太小，入射光强度太弱，也不利于测定。一般在不减少吸光度的最大狭缝宽度，就是应该选取的合适的狭缝宽度。

4.1.3 吸光度读数范围的选择

对于给定的分光光度计，其透光度读数误差 ΔT 是一定的(一般为±0.2%~±2%)。但由于透光度与吸光度的非线性关系，因此在不同的吸光度读数范围内，读数误差所产生的浓度误差是不同的。

在实际工作中，可通过调节待测溶液的浓度和选择合适厚度的吸收池等方法使测定值落在适宜的吸光度范围内。

4.2 反应条件的选择

4.2.1 显色反应

大多数物质本身在可见光区没有吸收或虽有吸收但摩尔吸光系数很小，因此不能直接用光度法测定。这时就需要借助适当试剂，与之反应使其转化为摩尔吸光系数较大的有色物质后再进行测定。在分光分析中将试样中的待测组分转变成有色化合物的反应叫显色反应，所用试剂称为显色剂。显色反应可分为氧化还原反应和配位反应，其中配位反应是最常用的显色反应。

无机显色剂与金属离子形成的配合物在稳定性、灵敏度和选择性方面较差，一般较少使用。目前仍有一定实用价值的无机显色剂仅有硫氰酸盐、钼酸铵、过氧化氢等几种。

更实用的是有机显色剂，它能与金属离子形成稳定配合物，具有较高的灵敏度和选择性。有机显色剂及其产物的颜色与其分子结构有密切关系。分子中若含有一个或一个以上某些不饱和基团(共轭体系)的有机化合物，往往是有颜色的，这些基团称为发色团(或生色团)，如偶氮基(—N ═N—)、醌基(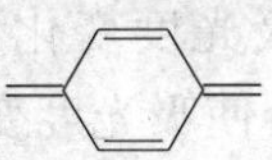)、亚硝基(—N ═O)、硫碳基($>$C═S)等。另外，有些含孤对电子的基团，如$—NH_2$、$—NR_2$、—OR、—OH、—SH、—Cl、—Br等，虽本身没有颜色，但它们的存在却会影响有机试剂及其与金属离子的反应产物的颜色，这些基团称为助色团。有机显色剂一般含有多个生色团和助色团，当金属离子与有机试剂形成配合物时，由于助色团的影响，通常会发生电荷转移跃迁和配合物内电子跃迁，使产物的最大吸收波长红移，颜色加深，产生很强的紫外-可见吸收光谱。

有机显色剂的种类繁多，常用的有邻二氮菲、双硫腙等。

4.2.2 显色反应的要求

(1) 灵敏度高。有色物质摩尔吸光系数 ε 大小是显色反应灵敏度高低的重要标志，应当选择生成的有色物质的摩尔吸光系数 ε 大于 $10^4 L \cdot mol^{-1} \cdot cm^{-1}$的显色反应。

(2) 选择性好。显色剂仅与一个组分或少数几个组分发生显色反应。仅与某一组分发生反应的特效(或专属)显色反应几乎不存在，往往所用的显色剂会与试样中共存组分不同程度地发生反应而产生干扰。在分析工作中，尽量选用干扰少或干扰易除去的显色反应。高选择性的获得也可借助于加入掩蔽剂、控制反应条件等措施。一般来讲，在满足测定灵敏度要求的前提下，常常根据选择性的高低来选择显色剂。

(3) 有色配合物的离解常数要小。有色配合物的离解常数愈小，则配合物愈稳定。

(4) 生成的有色化合物组成恒定，化学性质稳定。

(5) 显色剂在测定波长处无明显吸收。这样试剂空白较小，可以提高测定的准确度。如果显色剂有颜色，要求有色化合物和显色剂之间颜色差别要大，以减小试剂空白。通常把显色剂与有色化合物两者最大吸收波长之差 $\Delta\lambda_{max}$ 称为“对比度”，一般要求对比度 $\Delta\lambda_{max}$ 在 60nm 以上。

(6) 显色反应的条件要易于控制。如果条件难以控制，会造成测定结果平行性差。

4.2.3 显色反应条件的选择

显色反应往往会受显色剂的用量、体系的酸度、显色反应温度、显色反应时间等因素影响。合适的显色反应条件一般是通过实验来确定的。

(1) 显色剂用量

为保证显色反应进行完全，需加入过量显色剂，但也不能过量太多，因为过量显色剂的存在有时会导致副反应发生，从而影响测定。确定显色剂用量的具体方法是：保持其他条件不变仅改变显色剂用量，分别测定其吸光度，以显色剂浓度为横坐标，以吸光度为纵坐标，绘制 A-c_R 曲线，可得图 2-11 所示的几种情况。

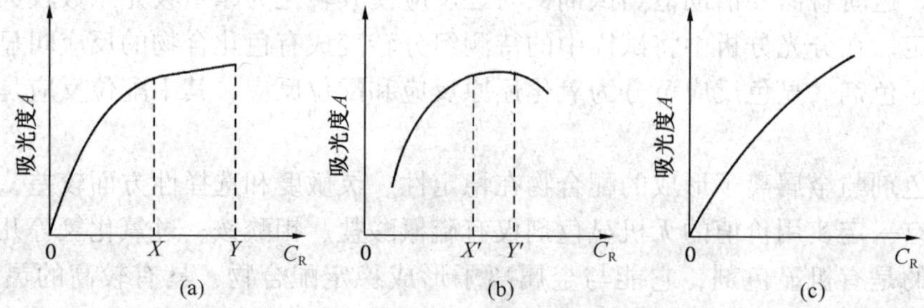

图 2-11 吸光度与显色剂用量关系曲线

图中(a)是显色剂用量达到一定量后吸光度变化不大，显色剂用量可选范围(图中 XY 段)较宽；(b)与(a)不同的是显色剂过多会使吸光度变小，只能选择吸光度大且平坦的范围($X'Y'$段)；(c)的吸光度随显色剂用量的增加而增大，这可能是由于生成颜色不同的多级配合物造成的，这种情况下必须非常严格地控制显色剂的用量。

(2) 反应体系的酸度

酸度对显色反应的影响是多方面的。许多显色剂本身就是有机弱酸(碱)，酸度变化会影响它们的离解平衡和显色反应能否进行完全；另外酸度降低可能会使金属离子形成各种形式的羟基配合物乃至沉淀；某些逐级配合物的组成可能随酸度而改变，如 Fe^{3+} 与磺基水杨酸的显色反应，当 pH 为 2~3 时，生成组成为 1∶1 的紫红色配合物；当 pH 为 4~7 时，生成组成为 1∶2 的橙红色配合物；当 pH 为 8~10 时，生成组成为 1∶3 的黄色配合物。

一般确定适宜酸度的具体方法是在相同实验条件下，分别测定不同 pH 条件下显色溶液的吸光度。通常可以得到如图 2-12 所示的吸光度与 pH 的关系曲线。

适宜酸度可在吸光度较大且恒定的平坦区域所对应的 pH 范围中选择。控制溶液酸度的有效办法是加入适宜的 pH 缓冲溶液，但同时应考虑由此可能引起的干扰。

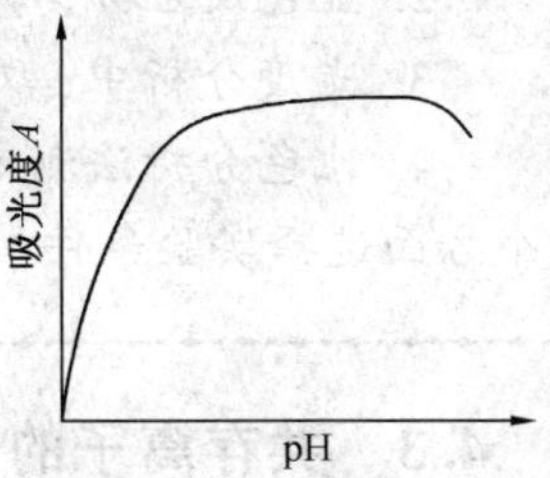

图 2-12 吸光度与 pH 的关系

(3) 显色反应的温度

多数显色反应在室温下即可很快进行，但有些显色反应需在较高温度下才能较快完成。这种情况下需注意升高温度带来的有色化合物热分解问题。适宜的温度也是通过实验确定的。

(4) 显色反应的时间

时间对显色反应的影响需从以下两方面综合考虑。一方面要保证足够的时间使显色反应进行完全，对于反应速率较小的显色反应，显色时间需长些。另一方面测定工作必须在有色配合物的稳定时间内完成。适宜的显色时间同样需通过实验做出吸光度-时间曲线来确定。

(5) 溶剂

由于溶质与溶剂分子的相互作用对可见吸收光谱有影响，因此在选择显色反应条件的同时需选择合适的溶剂。一般尽量采用水相测定。如果水相测定不能满足测定要求(如灵敏度差、干扰无法消除等)，则应考虑使用有机溶剂。如$[Co(NCS)_4]^{2-}$在水溶液中大部分解离，加入等体积的丙酮后，因水的介电常数减小而降低了配合物的解离度，溶液显示配合物的天蓝色，可用于钴的测定。对于大多数不溶于水的有机物的测定，常使用脂肪烃、甲醇、乙醇和乙醚等有机溶剂。

(6) 参比溶液的选择

在吸光度测定中，将发生反射、吸收和透射等作用，由于溶液的某种不均匀性所引起的散射以及溶剂、试剂(如显色剂、缓冲溶液、掩蔽剂等)对光的吸收，会导致透过光强度的减弱，为使光强度减弱仅与溶液中待测物质的浓度有关，单波长分光光度计采用参比溶液进行校正。即在相同的吸收池中装入参比溶液，调节仪器使吸光度为零(称工作零点)，待测溶液的吸光度 $A=\lg\frac{I_0}{I_t}\approx\lg\frac{I_{参比}}{I_{试液}}$，实质是以通过参比皿的光强度为入射光强度，这样测得的吸光度才能真实地反映待测物质对光的吸收。参比溶液的选择如下：

① 溶剂作参比　若仅待测组分与显色剂的反应产物在测定波长处有吸收，而被测试液、显色剂及其他试剂均无吸收，则可用纯溶剂作参比溶液。

② 试剂参比　若显色剂或其他试剂在测定波长处略有吸收，而试液本身无吸收，则可用"试剂空白"(不加被测试样的试剂溶液)作参比溶液。

③ 试液参比　若待测试液本身在测定波长处有吸收，而显色剂等无吸收，可用"试样空白"(不加显色剂的被测试液)作参比溶液。

④ 其他参比　若显色剂、试液中其他组分在测定波长处有吸收，则可在试液中加入适当掩蔽剂将待测组分掩蔽后再加显色剂作为参比溶液。

1. 在光度测定中，使用参比溶液的作用是________。

2. 显色反应分为两类：________和________。

3. 光度分析中，对显色反应的要求有哪些？

4. 比色分析法测定物质含量时，当显色反应确定之后，应从哪几个方面选择实验条件？

4.3　共存离子的干扰及消除

4.3.1　干扰

当溶液中的其他成分影响被测组分吸光度值时构成干扰。干扰离子的影响有以下几种类型：

（1）与试剂生成有色配合物。如用钼蓝法测定硅时，磷也能生成磷钼蓝，使测定结果偏高。

（2）干扰离子本身有颜色。

（3）与试剂反应，生成的配合物虽然无色，但要消耗大量显色剂，使被测离子的显色反应不完全。

（4）与被测离子结合成离解度小的另一种化合物。使被测离子与显色剂不反应。

4.3.2　消除干扰的方法

干扰消除的方法分为两类，一类是不分离情况下消除干扰，另一类是分离杂质消除干扰。应尽可能采用第一类方法。消除干扰的一般方法如下：

（1）控制酸度提高反应的选择性，保证主反应进行完全，以避免干扰。

（2）加入掩蔽剂。如光度法测定 Ti^{4+}，可加入 H_3PO_4 作掩蔽剂，使共存的 Fe^{3+}（黄色）生成无色的 $[Fe(PO_4)_2]^{3-}$，消除干扰。掩蔽剂的选择原则是：掩蔽剂不与待测组分反应；掩蔽剂本身及掩蔽剂与干扰组分的反应产物不干扰待测组分的测定。

（3）选择适当的参比溶液消除干扰离子的影响。

（4）选择合适的波长消除干扰离子的影响。

（5）利用氧化还原反应，改变干扰离子的价态，使干扰离子不与显色剂反应。如用铬天青 S 光度法测定 Al^{3+}，加抗坏血酸作掩蔽剂将 Fe^{3+} 还原为 Fe^{2+}，从而消除 Fe^{3+} 的干扰。

（6）分离干扰离子。在不能掩蔽的情况下，一般可采用沉淀、有机溶剂萃取、离子交换和蒸馏挥发等分离方法除去干扰离子，其中以有机溶剂萃取在分光光度法中应用最多。

（7）利用双波长法，导数光谱法等新技术来消除干扰。

课题 5　紫外–可见光谱法的应用

紫外–可见分光光度法是一种广泛应用的定量分析方法，也是对物质进行定性分析和结构分析的一种手段，同时还可以测定某些化合物的物理化学参数，例如摩尔质量、配合物的配合比和稳定常数，以及酸、碱的离解常数等。

5.1　定量分析

紫外–可见分光光度法定量分析的依据是朗伯–比耳定律，即在一定波长处被测物质的吸光度与它的浓度呈线性关系。因此，通过测定溶液对一定波长入射光的吸光度，即可求出该物质在溶液中的浓度或含量。下面是几种常用的测定方法。

5.1.1 单组分定量方法

单组分定量方法有标准曲线法和标准对照法。

（1）标准曲线法

对于单一组分的测定，标准曲线法是实际工作中用的最多的一种定量方法。具体做法是：

配制一系列不同含量的待测成分标准溶液，以不含被测组分的空白溶液为参比，在相同条件下测定标准溶液的吸光度，以标准溶液浓度为横坐标，吸光度为纵坐标，绘制标准曲线。在相同条件下测定未知试样的吸光度，从标准曲线上找到与之对应的未知试样的浓度。

标准曲线方程表示为 $y=a+bx$

可根据直线的回归方程求出标准曲线的斜率 b，截距 a 及相关系数 r。

$$a=\frac{\sum_{i=1}^{n}y_i-b\sum_{i=1}^{n}x_i}{n};\quad b=\frac{\sum_{i=1}^{n}(x_i-\bar{x})(y_i-\bar{y})}{\sum_{i=1}^{n}(x_i-\bar{x})^2};\quad r=b\sqrt{\frac{\sum_{i=1}^{n}(x_i-\bar{x})^2}{\sum_{i=1}^{n}(y_i-\bar{y})^2}}$$

分光光度法要求标准曲线的相关系数 $r>0.999$；当条件有变动时，如仪器经过维修，更换光源及更换试剂等都要重新制作标准曲线。

案例 氢氧化钠中铁标准曲线制作时，用移液管分别移取 0.0、2.0、4.0、6.0、8.0、10.0ml 的 0.001mg/mL 的铁标准溶液于 100mL 容量瓶中，添加试剂显色后，以空白样作参比在 510nm 测定吸光度分别为 0.181、0.365、0.537、0.715、0.902，求该标准曲线的截距 a，斜率 b 和相关系数 r。

解析：$\bar{x}=\frac{2+4+6+8+10}{5}=6$；$\bar{y}=\frac{0.181+0.365+0.537+0.715+0.902}{5}=0.54$

$$\sum_{i=1}^{n}x_i^2=220;\quad \sum_{i=1}^{n}x_iy_i=19.784$$

$$b=\frac{\sum_{i=1}^{n}(x_i-\bar{x})(y_i-\bar{y})}{\sum_{i=1}^{n}(x_i-\bar{x})^2}=\frac{\sum_{i=1}^{n}x_iy_i-n\overline{xy}}{\sum_{i=1}^{n}x_i^2-n\bar{x}^2}=\frac{19.784-5\times 6\times 0.54}{220-5\times 6^2}=0.0896$$

$$a=\frac{\sum_{i=1}^{n}y_i-b\sum_{i=1}^{n}x_i}{n}=\bar{y}-b\bar{x}=0.54-0.0896\times 6=0.0024$$

$$r=b\sqrt{\frac{\sum_{i=1}^{n}(x_i-\bar{x})^2}{\sum_{i=1}^{n}(y_i-\bar{y})^2}}=0.0896\times 11.1597=0.9999$$

（2）标准对照法

在相同条件下测定试样溶液和某一浓度的标准溶液的吸光度 $A_{样}$ 和 $A_{标}$，由标准溶液的浓度可计算出试样中被测物的浓度 $c_{样}$，即

$$c_{样} = c_{标}\frac{A_{样}}{A_{标}}$$

这种方法比较简单，但只有在测定的浓度范围内溶液完全遵守朗伯-比耳定律，并且要求标样浓度与待测样品浓度相接近，才能得到较为准确的结果。

案例　测定纯碱样品中微量 Fe，称取 2.00g 试样，用邻菲啰啉分光光度法测定，已知 Fe 标准溶液质量浓度为 0.010mg/mL，比色时加入 4mL 标准溶液，测得吸光度为 0.125，测定样品时吸光度为 0.114，求纯碱中 Fe 含量的质量分数？

解析：由于邻菲啰啉-Fe 配合物的浓度与吸光度成直线关系，即符合比耳定律。

故 $A_1/A_2=\varepsilon_1 c_1 L_1/(\varepsilon_2 c_2 L_2)$

因为 $\varepsilon_1=\varepsilon_2$；$L_1=L_2$

所以 $A_1/A_2=c_1/c_2$

所以 $0.125/0.114=4\times0.010/c$

当标准比色液和样品比色液体积相同时，m 可代替 c

所以 $m=0.114\times0.040/0.125=0.0365\text{mg}$

$0.0365/(2.00\times1000)\times100\%=0.0018\%$

答：纯碱中 Fe 含量的质量分数为 0.0018%。

5.1.2　多组分定量方法

常用的多组分定量方法有解联立方程法、双波长法、示差法和导数法。

（1）解联立方程法

根据吸光度具有加和性的特点，在多个波长下测定吸光度并利用解联立方程方法求出组分 A 和 B 的浓度。

当要求测量溶液中有两种组分（及以上组分）时，且组分间吸收光谱重叠，若待测组分为 x 和 y，其吸收曲线如图 2-13 所示，

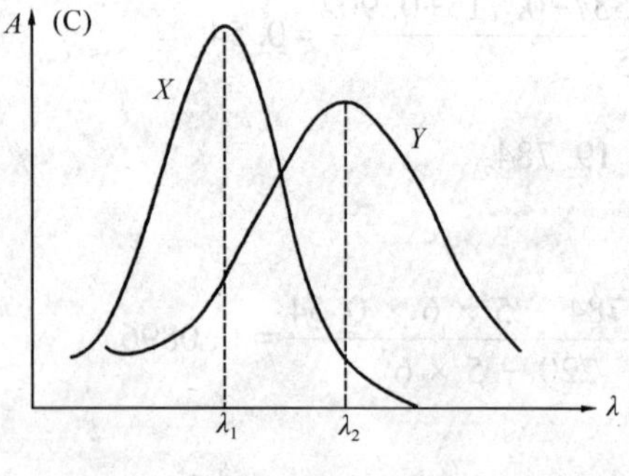

图 2-13　x 和 y 两组分吸收光谱重叠

选定两个组分吸光度差值较大的波长 λ_1 和 λ_2，测定各自吸光度 A_1 和 A_2，根据朗伯-比尔定律，可得到联立方程，即

$$\begin{cases}A_1 = \varepsilon_{x1}c_x + \varepsilon_{y1}c_y \\ A_2 = \varepsilon_{x2}c_x + \varepsilon_{y2}c_y\end{cases}$$

式中　c_x，c_y——x 和 y 的浓度；

ε_{x1}，ε_{y1}——x 和 y 在波长 λ_1 的摩尔吸光系数。

ε_{x2}，ε_{y2}——x 和 y 在波长 λ_2 的摩尔吸光系数。

则通过解此联立方程就可以求出待测组分的浓度。

案例

一种含有 $Cr_2O_7^{2-}$ 和 MnO_4^- 的混合溶液，在分光光度计中用 1cm 比色皿进行测定，在 440nm 和 545nm 测定吸光度分别为 0.385 和 0.653；同时测定仅含有 8.33×10^4mol/L $Cr_2O_7^{2-}$ 溶液在 440nm 和 545nm 处的吸光度分别为 0.308 和 0.009，又测定仅含有 3.77×10^4mol/L MnO_4^- 溶液在 440nm 和 545nm 处的吸光度分别为 0.035 和 0.886，求混合液中 $Cr_2O_7^{2-}$，MnO_4^- 的物质的量浓度。

解析：第一步求摩尔吸光系数。

$$\varepsilon_{440}^{Cr_2O_7^{2-}}=\frac{0.308}{8.33\times10^4}=0.037\text{L/(mol·cm)}$$

$$\varepsilon_{545}^{Cr_2O_7^{2-}}=\frac{0.009}{8.33\times10^4}=10.8\text{L/(mol·cm)}$$

$$\varepsilon_{440}^{MnO_4^-}=\frac{0.035}{3.77\times10^4}=92.8\text{L/(mol·cm)}$$

$$\varepsilon_{545}^{MnO_4^-}=\frac{0.886}{3.77\times10^4}=0.235\text{L/(mol·cm)}$$

第二步建立联立方程。

$$\begin{cases}A_{440}=\varepsilon_{440}^{CrO_7^{2-}}c_{Cr_2O_7^{2-}}+\varepsilon_{440}^{MnO_4^-}c_{MnO_4^-}\\A_{545}=\varepsilon_{545}^{Cr_2O_7^{2-}}c_{Cr_2O_7^{2-}}+\varepsilon_{545}^{MnO_4^-}c_{MnO_4^-}\end{cases}$$

即 $$\begin{cases}0.385=0.037c_{Cr_2O_7^{2-}}+92.8c_{MnO_4^-}\\0.653=10.8c_{Cr_2O_7^{2-}}+0.235c_{MnO_4^-}\end{cases}$$

得 $$\frac{0.385-370c_{Cr_2O_7^{2-}}}{92.8}=\frac{0.635-10.8c_{Cr_2O_7^{2-}}}{2350}$$

$$c_{Cr_2O_7^{2-}}=9.72\times10^4\text{mol/L}$$

$$c_{MnO_4^-}=\frac{0.385-370c_{Cr_2O_7^{2-}}}{92.8}=2.7\times10^4\text{mol/L}$$

答：混合液中 $Cr_2O_7^{2-}$ 的物质的量浓度为 9.72×10^4mol/L，MnO_4^- 的物质的量浓度为 2.7×10^4mol/L。

（2）双波长法

当吸收光谱相互重叠的两种组分共存时，利用双波长法可对单个组分进行测定或同时对两个组分进行测定。在其光谱中选择两波长，在选定的波长处，干扰组分有相同的吸收；被测组分与干扰组分的吸收有足够大的差别。则两波长处吸光度的差值与被测组分的浓度成正比，即

$$\Delta A=A_{\lambda_1}-A_{\lambda_2}=A_{测量波长}-A_{参比波长}=(\varepsilon_{\lambda_1}-\varepsilon_{\lambda_2})bc$$

$$A_{\lambda_1}^{A+B}=A_{\lambda_1}^{A}+A_{\lambda_1}^{B}=\varepsilon_{\lambda_1}^{A}bc_A+\varepsilon_{\lambda_1}^{B}bc_B$$

$$A_{\lambda_2}^{A+B}=A_{\lambda_2}^{A}+A_{\lambda_2}^{B}=\varepsilon_{\lambda_2}^{A}bc_A+\varepsilon_{\lambda_2}^{B}bc_B$$

因为 $$\Delta A=A_{\lambda_1}^{A+B}-A_{\lambda_2}^{A+B}$$

所以 $$\Delta A=A_{\lambda_1}^{A+B}-A_{\lambda_2}^{A+B}=(\varepsilon_{\lambda_1}^{A}-\varepsilon_{\lambda_2}^{A})bc_A$$

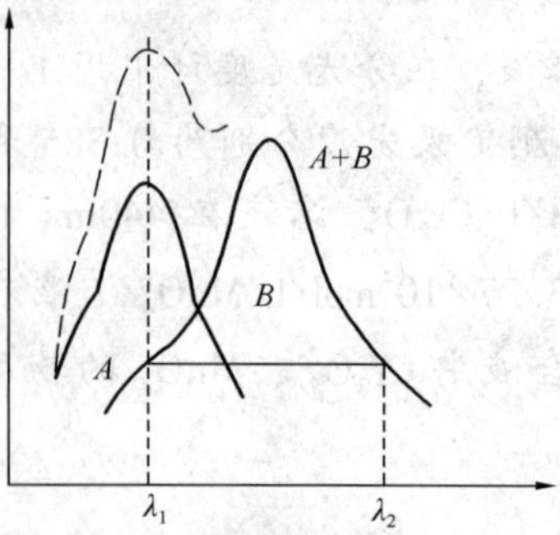

图 2-14 双波长测定示意图

可见，双波法中吸光度的差值与干扰组分无关。此法不需空白溶液作参比；但需要两个单色器获得两束单色光（λ_1 和 λ_2）；以参比波长 λ_1 处的吸光度 A 作为参比，来消除干扰。在分析浑浊或背景吸收较大的复杂试样时显示出很大的优越性。灵敏度、选择性、测量精密度等方面都比单波长法有所提高，如图 2-14 所示。

（3）示差法

当待测组分含量较高时，可采用示差法进行测定。即提高入射光强度，采用浓度稍低于待测溶液浓度的标准溶液作参比溶液。

如果待测溶液浓度为 c_x，标准溶液浓度为 c_s（$c_s<c_x$）。则根据朗伯-比耳定律，有

$$A_x = \varepsilon bc_x$$

$$A_s = \varepsilon bc_s$$

$$\Delta A = A_x - A_s = \varepsilon b(c_x - c_s) = \varepsilon b\Delta c$$

示差法测得的吸光度为待测溶液与标准溶液的吸光度之差 ΔA。ΔA 与 Δc 成直线关系。由标准曲线上查得相应的 Δc 值，则待测溶液浓度 $c_x=c_s+\Delta c$

示差法标尺扩展原理如图 2-15 所示。

普通法：c_s 的 $T=10\%$；c_x 的 $T=5\%$

示差法：c_s 做参比，调 $T=100\%$

则：c_x 的 $T=50\%$；标尺扩展 10 倍

示差法通过提高测量的准确度提高了方法的准确度。

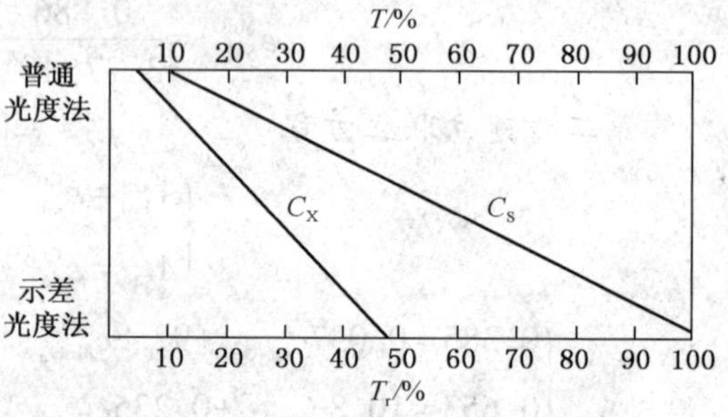

图 2-15 示差法标尺扩展原理

案例 用一般分光光度法测 $c(Zn^{2+}) = 0.001mol/L$ 的锌标准溶液和含 Zn 的试样溶液，分别测得 Zn 的吸光度 $A_{标} = 0.700$ 和 $A_{样} = 1.000$，两溶液的透光率相差多少？如果用 $c(Zn^{2+}) = 0.001mol/L$ 的标准溶液作参比溶液，试样溶液的吸光度是多少？示差分光光度法与一般分光光度法相比较读数标尺放大了多少倍？

解析：根据公式 $A=2-\lg T$；当 $A_{标}=0.700$ 时，$T=0.20=20\%$；当 $A_{样}=1.000$ 时，$T=0.10=10\%$

则两种溶液的透光率之差为 $20\%-10\%=10\%$

若将标准溶液的透光率 20%，作为 100%计（即以 0.001mol/L 锌标准溶液调零）

则试液的透光率 10%就变为 $T=1.0\times0.1/0.20=0.50=50\%$；则 $A=2-\lg50=0.301$

因 $A=0.700$ 时 $T=20\%$，将它作为 $T=100\%$，所以示差法将读数标尺放大了 $100/20=5$ 倍

答：两种溶液的透光率相差 10%，示差法将读数标尺扩大了 5 倍。

(4) 导数法

导数法在多组分同时测定、浑浊样品分析和消除背景干扰等方面，显示了很大的优越性。它是利用吸光度的各阶导数值与待测组分的浓度成线性关系，借此进行定量分析。

如右图 2-16 为物质的吸收光谱(零阶导数光谱)和它的 1~4阶导数光谱图。由图可见：随着导数阶数增加，吸收峰的尖锐程度增大，带宽减小，因此有利于重叠峰的分离、有利于肩峰的测定、并能准确地确定宽吸收带上的最大吸收波长。此外应该明确的是导数光谱的分辨率随导数阶数的增加而增加，信噪比随着导数阶数的增加而减小。

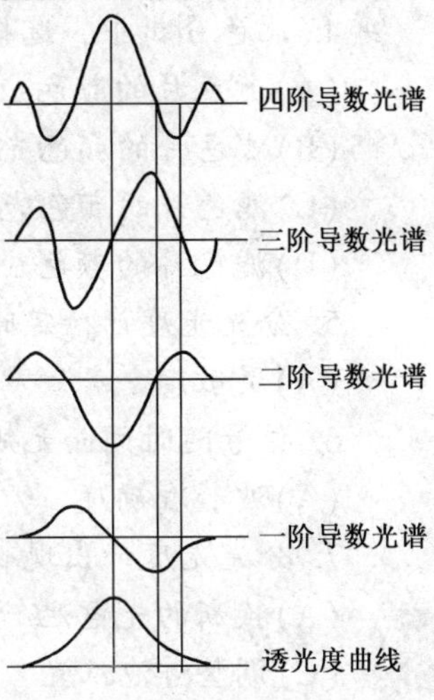

图 2-16 导数光谱

5.2 定性分析

紫外-可见吸收光谱定性分析，就是利用光谱吸收峰的数目、峰位置、吸收的强度和峰形等特征来进行物质的鉴定。

紫外-可见分光光度法在无机元素的定性分析应用方面是比较少的，无机元素的定性分析主要用原子发射光谱法或化学分析法。有机化合物的定性分析鉴定及结构分析方面，由于紫外-可见光谱较为简单，光谱信息少，特征性不强，而且不少简单官能团在近紫外及可见光区没有吸收或吸收很弱，因此，这种方法的应用有较大的局限性。但是它适用于不饱和有机化合物，尤其是共轭体系的鉴定，以此推断未知物的骨架结构。此外，它可配合红外光谱法、核磁共振波谱法和质谱法等常用的结构分析法进行定量鉴定和结构分析，不失为一种有用的辅助方法。

一般有两种定性分析方法，即比较吸收光谱曲线法和用经验规则计算它们最大吸收波长，然后再与实测值进行比较的方法。

比较吸收光谱曲线法就是在相同的测量条件下，测定和比较未知物与已知标准物的吸收光谱曲线，如果两者的光谱完全一致，则可以初步认为它们是同一化合物。

仅靠紫外-可见光谱来确定一个未知物的结构是不够的，还要参照伍德沃德(Woodward)经验规则和斯科特(Scott)经验规则以及其他方法的配合。当用其他物理或化学方法推测未知化合物有几种可能结构时，可用伍德沃德和斯科特经验规则计算它们的最大吸收波长，然后再与实测值进行比较，以确认物质的结构。

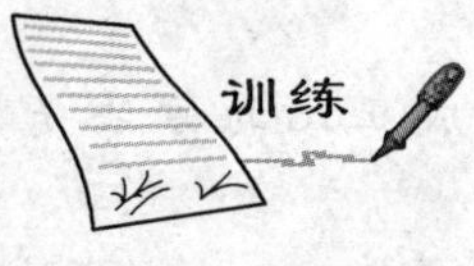

1. 摩尔吸光系数的大小与(　　)有关。

(A)液层厚度　(B)入射光的波长

(C)溶液浓度　(D)比色皿材质

2. 朗伯-比耳定律适用性的要求包括(　　)。

(A)单色光　(B)低浓度　(C)复合光　(D)高浓度

3. 某物质的摩尔吸光系数 ε 很大，则表明(　　)。

(A)该物质的溶液的浓度很大

(B)光通过该物质溶液的光程长

(C)该物质对某波长的光吸收能力很强

(D)测定该物质的灵敏度高

4. 比色分析中，选择滤色片的原则是(　　)。
(A)滤色片的颜色应与待测试液的颜色相同
(B)滤色片的颜色光波长为试液不吸收的光波
(C)滤色片的颜色光波长为试液吸收最大的光波长
(D)滤色片的颜色应与待测试液的颜色互补
5. 分光光度计检定暗电流和光电流的稳定度时记录的是(　　)示值。
(A)灵敏度　(B)吸光度　(C)透射比　(D)波长准确度
6. 信号随时间而无规则变化的情况是指(　　)。
(A)波长准确度　(B)漂移　(C)基线平直度　(D)噪声
7. 分光光度计出现百分透光率调不到100%，常考虑的方法是(　　)。
(A)换新的光电池　(B)调换灯泡
(C)调整灯泡位置　(D)换比色皿
8. 乙二醇紫外透光率分析所用比色皿不许用(　　)清洗。
(A)盐酸-乙醇液　(B)丙酮　(C)水　(D)洗涤液
9. 根据光度学分类，紫外可见分光光度计可分为(　　)。
(A)单波长分光光度计　(B)单光束分光光度计
(C)双光束分光光度计　(D)双波长分光光度计
10. 显色剂用量对显色反应是有影响的，正确的说法是(　　)。
(A)加入过量的显色剂是必要的　(B)显色剂过多有时会有副反应
(C)没必要加入过量的显色剂　(D)显色剂过多不会改变有色配合物的配位比
11. 溶液的酸度对光度测定有显著影响，它影响(　　)。
(A)待测组分的吸收光谱　(B)显色剂的形态
(C)待测组分的化合状态　(D)显色化合物的组成
12. 有机溶剂常(　　)有色化合物的离解度。
(A)降低　(B)提高　(C)加倍提高　(D)加倍降低
13. 在分光光度法分析中，(　　)是最主要的显色反应。
(A)氧化反应　(B)配位反应　(C)还原反应　(D)分解反应
14. 双波长分光光度法以(　　)做参比。
(A)样品溶液本身　(B)蒸馏水
(C)空白溶液　(D)试剂
15. 吸光度值与试液浓度减去参比溶液浓度所得的差值成正比的方法是指(　　)。
(A)示差分光光度法　(B)双波长分光光度法
(C)导数分光光度法　(D)计量学分光光度法
16. 以下属示差分光光度操作法的是(　　)。
(A)归一化法　(B)高吸光度法　(C)低吸光度法　(D)最高精密法
17. 分光光度法的定量方法有(　　)。
(A)示差分光光度　(B)双波长分光光度
(C)计量学分光光度　(D)导数分光光度

18. 双波长分光光度法中，两波长处测得(　　)与溶液中待测物的浓度成正比。

(A)吸光度　　(B)吸光度差值　　(C)透过率　　(D)透过率差值

19. 采用双波长分光光度法可以在一定范围内解决(　　)很难找到合适的参比溶液的问题。

(A)混浊样品　　(B)吸光度很小

(C)透过率很小　　(D)背景吸收大的样品

20. 导数分光光度法的标准溶液和样品使用(　　)的波长。

(A)相同　　(B)不同

(C)相同或不同均可　　(D)相差较大

单元三　红外吸收光谱法

课题1　基　本　原　理

分子除了吸收紫外光引起价电子的跃迁以外，还可以吸收红外辐射能引起振动能级和转动能级的跃迁，得到分子的振动-转动光谱，这种光谱称为红外吸收光谱。它也是一种分子吸收光谱。记录红外光的百分透射比与波数或波长关系的曲线，就得到红外光谱图。红外光谱法不仅能进行定量分析，而且根据分子的特征吸收可以鉴定化合物和分子结构，进行定性分析。

(1) 红外光区的划分

红外光谱在可见光区和微波光区之间，波长范围约为0.78~1000μm，根据仪器技术和应用不同，习惯上将红外光区分为三个区：近红外光区(0.78~2.5μm)；中红外光区(2.5~25μm)；远红外光区(25~1000μm)；其中研究最为广泛的是中红外光区。

(2) 红外吸收光谱图

红外光谱是用连续改变波长的红外光照射样品，当某一波长的红外光能量恰好与化学键振动所需的能量相同时，就会产生吸收形成吸收峰。用波长(λ)或波长的倒数——波数(cm^{-1})为横坐标，用透光率(T)为纵坐标做图，就得到了红外吸收光谱(IR)。因对光的吸收越强，透光率越小，故红外光谱中的吸收峰表现“谷”。这与前面所述的紫外光谱表现形式不同。目前IR光谱中横坐标大多数以波数(cm^{-1})表示。分子振动所需能量对应的波长在中红外区，因此波数范围在400~4000cm^{-1}。如图3-1为已烯的红外光谱图。

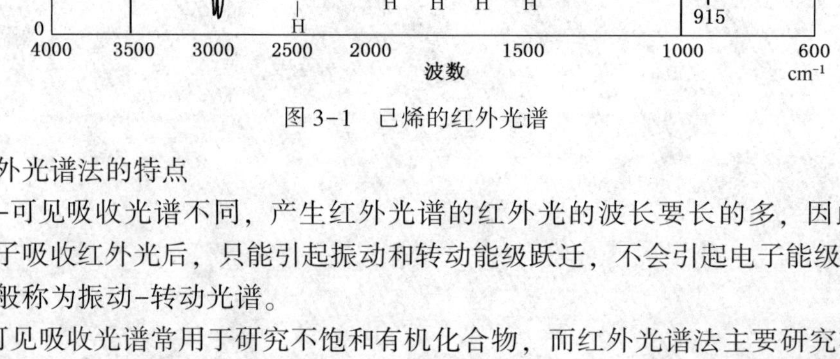

图3-1　已烯的红外光谱

(3) 红外光谱法的特点

与紫外-可见吸收光谱不同，产生红外光谱的红外光的波长要长的多，因此光子能量低。物质分子吸收红外光后，只能引起振动和转动能级跃迁，不会引起电子能级跃迁。所以红外光谱一般称为振动-转动光谱。

紫外-可见吸收光谱常用于研究不饱和有机化合物，而红外光谱法主要研究在振动中伴随有偶极矩变化的化合物。因此除了单原子分子和同核分子，如Ne、He、O_2和H_2等之外，几乎所有的有机化合物在红外区均有吸收。

红外光谱具有特征性，根据谱带的波数位置、波峰的数目及其强度，反映了分子结构上的特点，可以用来鉴定未知物的分子结构组成或确定其化学基团，而吸收谱带的吸收强度与分子组成或其化学基团的含量有关，可进行定量分析和纯度鉴定。

红外光谱分析对气体、液体、固体样品都可测定，具有用量少、分析速度快、不破坏试样等特点，使红外光谱法成为现代分析化学和结构化学的不可缺少的工具。但对于复杂化合物的结构测定，还需配合紫外光谱、质谱等其他方法，才能得到满意的结果。

红外光谱不适合分析含水样品，因为水中的羟基峰对测定有干扰，在定量分析时误差大，灵敏度低，故很少用，而且在图谱解析方面主要靠经验。

课题 2　红外光谱仪

红外光谱仪按结构不同可分为两类：色散型红外光谱仪和傅里叶变换红外光谱仪。

2.1　色散型红外光谱仪

色散型红外光谱仪必须有红外光源，能透过红外光的透光材料制成的样品池，能使红外光色散的棱镜或光栅，能接受红外光的检测器以及信号的放大和记录装置。下面介绍一下常见的光栅型双光束红外分光光度计，如图 3-2 所示。

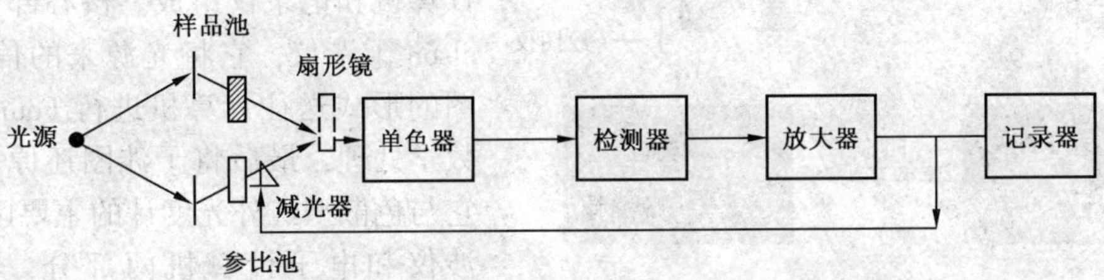

图 3-2　双光束红外分光光度计示意图

自光源发出的光束被对称的分为两束，一为样品光束透过样品，另一为参比光束。经半圆形镜调制后进入单色器，两光束交替地落到检测器上。当两光束强度有差别时，则在检测器上产生与光强差成正比的交流讯号电压。此讯号的电压经放大、检波、变频、功率放大等，然后推动平衡电机，带动位于参比光束中的减光器，使之向减小光强方向移动，直至两光束强度相等，在检测器上没有交流讯号输出，平衡电机处于平衡状态。由平衡电机带动记录笔就可描绘出物质的情况。把这个两光束强度相等的方法叫做光学零位法或双光束零位平衡原理。由于这种仪器尚有些缺点，后改进用电学平衡原理设计的双光束仪器，其消光补偿是直接使参比讯号与样品讯号分别正比于两光束的强度，这样，到达检测器的光通量大，提高了测量的精度和灵敏度。

红外光谱仪中所用的光源通常是一种惰性固体，用电加热使之发射高强度的连续红外辐射。常用的是 Nernst 灯或硅碳棒。Nernst 灯是用氧化锆、氧化钇和氧化钍烧结而成的中空棒或实心棒，工作温度约为 1700℃，在此高温下导电并发射红外线。但在室温下是非导体，因此在工作之前要预热。硅碳棒是由碳化硅烧结而成，工作温度在 1200～1500℃左右。

吸收池又称样品池或样品室。它是一个可插入固体盐片、薄膜或液体样品池的样品槽。

对不同的分析样品(气体、液体和固体)应选用相应的吸收池。因玻璃、石英等材料不能透过红外光，所以红外吸收池要用可透过红外光的 NaCl、KBr 和 CsI 等材料制成窗片。

单色器位于吸收池和检测器之间，其作用是把通过吸收池进入入射狭缝的复合光分解成单色光再照射到检测器上。单色器由色散元件、准直镜和狭缝构成。常用的色散元件是衍射光栅。但由于衍射光栅存在次级光谱的干扰，因此，需要将光栅和用来分离次级光谱的滤光器结合起来使用。

检测器的作用是把照射到它上面的红外光转变成电信号，由于射向检测器的红外光很弱，因此作为检测器应具备以下条件：具有灵敏的红外光接受面积、热容量低、热灵敏度高、响应快、因热波动产生的噪声小、对红外光的吸收没有选择性。常用的红外检测器有高真空热电偶、热释电检测器等。

红外光谱仪一般都有记录仪自动记录谱图。现代的仪器都配有计算机，以控制仪器的操作、谱图中各种参数、谱图的检索等。

2.2　傅里叶（Fourier）变换红外光谱仪

随着光学、电子学尤其是计算机技术的迅速发展，新型的以干涉调频分光的傅里叶变换红外光谱仪问世。Fourier 变换红外光谱仪没有色散元件，主要由光源(硅碳棒、高压汞灯)、Michelson 干涉仪、检测器、计算机和记录仪组成。核心部分为 Michelson 干涉仪，它将光源来的信号以干涉图的形式送往计算机进行 Fourier 变换的数学处理，最后将干涉图还原成光谱图。它与色散型红外光度计的主要区别在于干涉仪和电子计算机两部分，如图 3－3 所示。

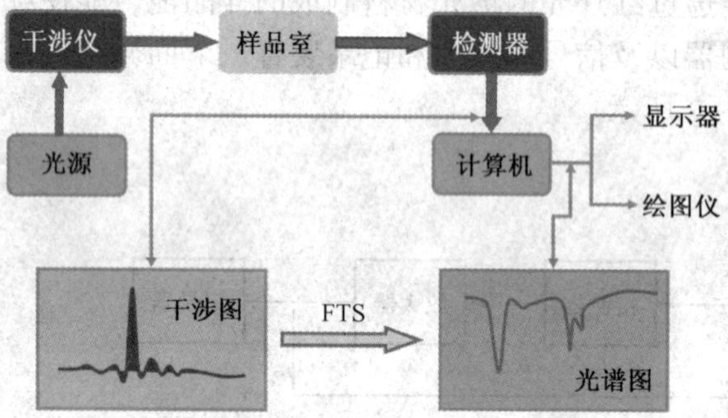

图 3-3　Fourier 变换红外光谱仪工作原理示意图

干涉仪的基本功能是产生两束相干光束，并使之以可控制的光程差相互干涉，给出干涉图。再送往计算机进行傅立叶变换的数学处理，最后再还原成光谱图。傅立叶变换红外光谱仪具有高分辨率，高灵敏度，单次扫描时间短，光谱范围宽等优点。它可与气相色谱联用，发挥色谱分离及红外定性鉴定样品的优点于一体。

2.3　样品制备

红外光谱的试样可以是液体、固体或气体，一般应要求：

(1) 试样应该是纯度大于 98% 的纯物质，以避免杂质对试样的干扰。多组分试样应在测定前尽量预先用分馏、萃取、重结晶等方法进行分离提纯，否则各组分光谱相互重叠，难于判断。

(2) 试样中不应含有游离水。水本身有红外吸收，会严重干扰样品的红外吸收谱，而且会侵蚀吸收池的盐窗。

(3) 试样的浓度和测试厚度应选择适当，使光谱图中的大多数吸收峰的透射比处于 5%～90% 范围，以获得吸收峰形清晰的吸收谱图。

要获得一张高质量红外光谱图，除了仪器本身的因素外，还必须有合适的样品制备方法。

气态样品可在玻璃气槽内进行测定，它的两端粘有红外透光的 NaCl 或 KBr 窗片。由于气态样品中分子密度稀疏，所以使用玻璃样品槽的光路要长，通常首先将气槽抽真空，再注入一定压力的气态样品。为消除水蒸汽对谱图的干扰，使用后的气体池，应用干燥的氮气吹洗以保持干燥。

分析液态样品可使用固定式、可拆式或可变厚度的样品池。常用的方法有液体池法和液膜法。对沸点较低，挥发性较大的试样，可注入封闭液体池中，液层厚度一般为 0.01 ~ 1mm。对沸点较高的试样，可直接滴在两片盐片之间，形成液膜。对于一些吸收很强的液体，当用调整厚度的方法仍然得不到满意的谱图时，可用适当的溶剂配成稀溶液进行测定。一些固体也可以溶液的形式进行测定。常用的红外光谱溶剂应在所测光谱区内本身没有强烈的吸收，不侵蚀盐窗，对试样没有强烈的溶剂化效应。

固态样品可用压片法、糊状法和薄膜法制备。压片法是将 1 ~ 2mg 试样与 200mg 纯 KBr 研细均匀，置于模具中，用 5 ~ 10MPa 压力在油压机上压成透明薄片，即可用于测定。试样和 KBr 都应经干燥处理，研磨到粒度小于 2μm，以免散射光影响。糊状法是取 1 ~ 3mg固体样品置于玛瑙研钵内，与液体石蜡或全氟代烃混合，调成糊状，再用刮刀将糊状物均匀涂在盐片上进行测定。薄膜法主要用于高分子化合物的测定。可将它们直接加热熔融制或压制成膜。也可将试样溶解在低沸点的易挥发溶剂中，涂在盐片上，待溶剂挥发后成膜测定。

当样品量特别少或样品面积特别小时，可采用光束聚光器，并配有微量液体池、微量固体池和微量气体池，采用全反射系统或用带有卤化碱透镜的反射系统进行测量。

1. 固体试样制备常用的方法有哪三种？
2. 红外光谱法对试样的要求有哪些？

2.4 定性分析

2.4.1 已知物的鉴定

将试样的谱图与标准的谱图进行对照，或者与文献上的谱图进行对照。如果两张谱图各吸收峰的位置和形状完全相同，峰的相对强度一样，就可以认为样品是该种标准物。如果两张谱图不一样，或峰位不一致，则说明两者不为同一化合物，或样品有杂质。如用计算机谱图检索，则采用相似度来判别。使用文献上的谱图应当注意试样的物态、结晶状态、溶剂、测定条件以及所用仪器类型均应与标准谱图相同。

2.4.2 未知物结构的测定

测定未知物的结构，是红外光谱法定性分析的一个重要用途。如果未知物不是新化合物，可以通过两种方式利用标准谱图进行查对：

(1) 查阅标准谱图的谱带索引，寻找试样光谱吸收带相同的标准谱图；

(2) 进行光谱解析，判断试样的可能结构，然后再由化学分类索引查找标准谱图对照核实。

在对光谱图进行解析之前，应收集样品的有关资料和数据。了解试样的来源、以估计其可能是哪类化合物；测定试样的物理常数，如熔点、沸点、溶解度、折光率等，作为定性分析的旁证；根据元素分析及相对摩尔质量的测定，求出化学式并计算化合物的不饱和度。

谱图解析一般先从基团频率区的最强谱带开始，推测未知物可能含有的基团，判断不可能含有的基团。再从指纹区的谱带进一步验证，找出可能含有基团的相关峰，用一组相关峰确认一个基团的存在。对于简单化合物，确认几个基团之后，便可初步确定分子结构，然后查对标准谱图核实。

(3) 几种标准谱图：萨特勒(Sadtler)标准红外光谱集；Aldrich 红外谱图库；Sigma Fourier 红外光谱图库。

2.5 定量分析

红外光谱定量分析是通过对特征吸收谱带强度的测量，来求出组分含量。其理论依据是朗伯-比耳定律。可用标准曲线法、求解联立方程法等方法进行定量分析。

由于红外光谱的谱带较多，选择的余地大，所以能方便地对单一组分和多组分进行定量分析。此外，该法不受样品状态的限制，能定量测定气体、液体和固体样品。因此，红外光谱定量分析应用广泛。但其定量灵敏度较低，尚不适用于微量组分的测定。

2.5.1 吸光度的测定

一点法不考虑背景吸收，直接从谱图中分析波数处读取谱图纵坐标的透光率，再由公式 $\lg 1/T=A$ 计算吸光度。实际上这种背景可以忽略的情况较少，因此多用基线法。

基线法通过谱带两翼透光率最大点作光谱吸收的切线，作为该谱线的基线，则分析波数处的垂线与基线的交点，与最高吸收峰顶点的距离为峰高，其吸光度 $A=\lg(I_0/I_t)$。

2.5.2 定量分析方法

(1) 标准曲线法

用样品中所含各组分的纯物质，配制成一系列不同浓度的标准溶液，测定各自分析波数的吸光度，以浓度为横坐标，吸光度为纵坐标绘制成标准曲线。进行未知样品分析时，只要用同一液槽测出样品溶液的红外光谱，根据各组分分析波数处的吸光度值和标准曲线可求出组分的浓度。

采用标准曲线法的关键是选择合适的溶剂和分析波数：溶剂应在分析波数处无吸收或吸收很小；分析波数应无干扰，并有较好的峰形和一定的强度。

由于标准曲线是实际绘制的，因此即使被测组分不服从伯朗-比耳定律，只要浓度是在所测的标准曲线范围内，就可得到比较满意的结果。

(2) 内标工作曲线法

当用 KBr 压片法糊状法液膜法进行测定时，光通路的厚度不易确定，此时用内标工作曲线法(简称内标法)测定。内标法要求选取的标准化合物的特征吸收峰应与样品的吸收峰互不干扰。

(3) 求解联立方程法

当被测样品的组分比较多，各组分有干扰，选择分析波数困难时，可采用求解联立方程法。根据伯朗-比耳定律和吸光度的加合性，列出联立方程求出各组分的浓度。

训练

1. 红外吸收光谱呈现(　　)。

(A)原子光谱　(B)带状光谱

(C)线状光谱　(D)内层电子跃迁光

2. 红外吸收法的测量原理符合(　　)。

(A)反射定律　(B)折射定律　(C)衍射定律　(D)朗伯-比耳定律

3. 在红外吸收光谱的三个区域中，远红外光谱是由分子(　　)能级跃迁产生的光谱。

(A)转动　(B)振动　(C)外层电子　(D)内层电子

4. 对熔点低、熔融后不分解的物质，可用(　　)法制样。

(A)薄膜　(B)糊状　(C)压片　(D)加热

5. 由于气态样品中分子密度稀疏，所以样品槽的光路要(　　)。

(A)长　(B)短　(C)弯曲　(D)有空气

6. 分析液态样品，可采用(　　)样品池。

(A)固定式　(B)可拆式　(C)不透光式　(D)加热式

7. 对官能团进行定性分析的基础是(　　)。

(A)谱峰位置　(B)谱带形状　(C)谱带强度　(D)谱峰个数

8. 红外光谱定性分析要考虑(　　)。

(A)谱图的大小　(B)样品来源及性质

(C)计算不饱和度　(D)确定特征官能团

9. (　　)是对官能团进行定量分析的基础。

(A)谱峰位置　(B)谱带形状　(C)谱带强度　(D)谱峰个数

10. 红外定量分析方法有(　　)法。

(A)示差　(B)工作曲线　(C)内标　(D)双波长

11. 傅里叶变换红外吸收光谱仪(　　)。

(A)使用光栅　(B)不使用干涉仪

(C)不使用色散元件　(D)使用色散元件

12. 红外吸收光谱仪的单色器位于(　　)。

(A)吸收池前　(B)吸收池和检测器间

(C)检测器后　(D)光源和吸收池间

13. 常用的红外吸收光谱仪的检测器是(　　)。

(A)真空热电偶　(B)空心阴极灯　(C)氘灯　(D)干涉仪

14. 红外辐射光源是能发射高强度(　　)红外光的炽热物体。

(A)连续　(B)非连续　(C)偶尔连续　(D)锐线

15. 红外辐射光源常用(　　)。

(A)能斯特灯　(B)硅碳棒　(C)空心阴极灯　(D)氘灯

16. 对高聚物多用(　　)法制样后再进行红外吸收光谱测定。

(A)薄膜　(B)糊状　(C)压片　(D)混合

17. 红外吸收池有(　　)池。

(A)固体　(B)液体　(C)气体　(D)气液混合

单元四　原子吸收光谱法

课题 1　基　本　原　理

原子吸收光谱法是依据待测样品蒸气相中的被测元素的基态原子，对光源发出的被测元素的特征辐射光的共振吸收，通过测量辐射光的减弱程度，从而求出样品中被测元素的含量。它的主要功能是测定各种无机和有机样品中金属和非金属含量。

原子吸收现象早在 1802 年就被人们发现，但是原子吸收光谱作为一种实用的分析方法是在 1955 年以后。这一年澳大利亚的 WalshA 等人先后发表论文，建议将原子吸收光谱法作为分析方法，奠定了原子吸收光谱法的基础。随着原子吸收光谱商品仪器的出现，到了 20 世纪 60 年代中期，原子吸收光谱法得到迅速发展与广泛应用。

原子吸收光谱法与紫外-可见吸收光谱法、红外吸收光谱法有相似之处，都属于吸收光谱分析，但它们所测定的吸光物质处于不同的状态。在紫外-可见吸收光谱和红外吸收光谱法中，吸光物质是分子；而在原子吸收光谱法中，吸光物质是处于基态的原子蒸气。此外，在紫外-可见吸收光谱中观察到的是分子中价电子由基态向激发态跃迁产生的电子带状光谱；在红外吸收光谱中观察到的是由分子的振动或转动产生的分子带状光谱；而在原子吸收光谱中观察到的是原子由基态向激发态跃迁产生的原子线状光谱。

现在由于计算机技术、化学计量学的发展和多种新型元器件的出现，使原子吸收光谱仪的准确度和自动化程度大大提高。用微机控制的原子吸收光谱仪，简化了操作程序，节约了分析时间。现在已研制出气相色谱-原子吸收光谱(GC-AAS)的联用仪器，进一步拓展了原子吸收光谱法的应用领域。之前一些老型仪器不能同时进行多元素分析，但近年来多元素同时测定技术取得了显著进展，已有多元素同时测定仪器面世，预计不久的将来会取得更重要的进展。

原子吸收光谱法和分光光度法有何异同点？

1.1　原子吸收光谱的产生

通常情况下，原子处于能量最低状态(最稳定态)，称为基态($E_0=0$)。当有辐射通过自由原子蒸气，且入射辐射的频率等于原子中的电子由基态跃迁到较高能态，即激发态(一般情况下都是第一激发态)所需要的能量频率时，原子就要从辐射场中吸收能量，产生共振吸收，电子由基态跃迁到激发态，同时伴随着原子吸收光谱的产生。处于激发态的电子很不稳定，一般在极短的时间(10^{-8}~10^{-7}s)便跃回基态(或较低的激发态)，此时，原子以电磁波的形式放出能量，于时就得到了发射光谱。

根据 $$\Delta E = E_n - E_0 = hv = \frac{hc}{\lambda}$$

可导出原子吸收光谱所吸收光辐射的波长为

$$\lambda = \frac{hc}{\Delta E}$$

式中 h——普朗克常数；

c——光速；

ΔE——两能级间能量差。

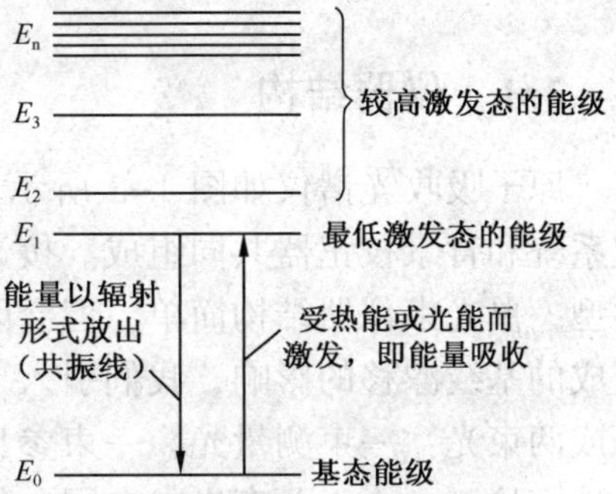

图 4-1 原子光谱的发射和吸收示意图

如图 4-1 所示，原子外层电子由第一激发态直接跃迁至基态所辐射的谱线称为共振发射线；原子外层电子从基态跃迁至第一激发态所吸收的一定波长的谱线称为共振吸收线；共振发射线和共振吸收线都简称为共振线。因为不同元素的原子结构和外层电子排布各不相同，所以“共振线”也就不同，各有特征，又称“特征谱线”，选作“分析线”。

1.2 原子吸收光谱与原子结构

由于原子能级是量子化的，因此原子对辐射的吸收都是有选择性的。由于各元素的原子结构和外层电子的排布不同，电子从基态跃迁至第一激发态时吸收的能量不同，因而各元素的共振吸收线具有不同的特征。原子吸收光谱通常位于光谱的紫外区和可见区。

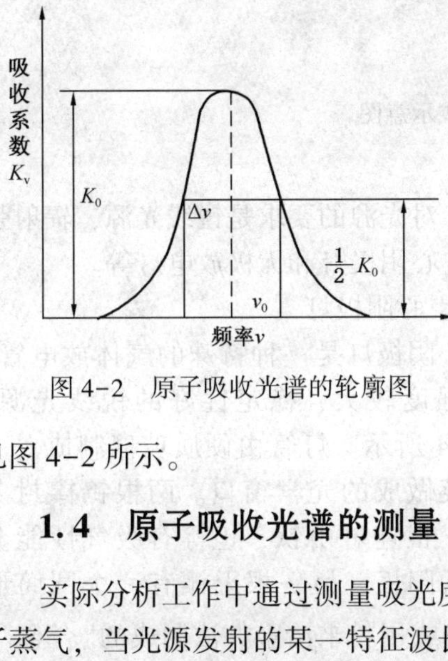

图 4-2 原子吸收光谱的轮廓图

1.3 原子吸收光谱的轮廓

原子吸收光谱线并不是严格几何意义上的线，而是占据着有限的相当窄的频率或波长范围，即有一定的宽度。谱线轮廓是谱线强度随频率(或波长)的变化曲线。一般习惯用吸收系数 K_v 随频率的变化来描述，见图 4-2 所示。

1.4 原子吸收光谱的测量

实际分析工作中通过测量吸光度来求出试样中被测元素的含量。试样经原子化后变为原子蒸气，当光源发射的某一特征波长的辐射光通过原子蒸气时，被原子中的外层电子选择性地吸收，使透过原子蒸气的入射辐射光强度减弱，其减弱程度与蒸气相中该元素的原子浓度成正比。当实验条件一定时，蒸气相中的原子浓度与试样中该元素的含量(浓度)成正比。因此，入射光减弱的程度与试样中该元素的含量(浓度)成正比，其定量关系式为

$$A = \lg \frac{I_0}{I_t} = KcL$$

在固定的原子吸收光谱仪上，L 是一定值的情况下，上式可写成 $A = K'c$。也就是说，在一定实验条件下，当使用锐线光源时，吸光度 A 与单位体积原子蒸气中待测元素浓度成正

比，仍遵循朗伯比耳定律。此式即为原子吸收光谱法进行定量分析的依据。

课题 2 原子吸收光谱仪

2.1 仪器结构

原子吸收光谱仪如图 4-3 所示，由光源、原子化系统、分光系统、检测系统、数据处理系统和背景校正器共同组成。按光路区分原子吸收光谱仪，又可分为单光束和双光束两种类型。单光束仪器结构简单，但会因光源发射光不稳定而引起基线漂移。为克服光源不稳定造成的基线漂移的影响，我们引入了双光束型光谱仪。它发射出的光源经过调制后被切光器分成两束光：一束测量光，一束参比光(不经过原子化器)。两束光交替地进入单色器，然后进行检测。由于两束光来自同一光源，所以可以通过参比光束的作用，克服光源不稳定造成的基线漂移的影响。但会引起光能量的严重损失，近年来已有较大的改进。

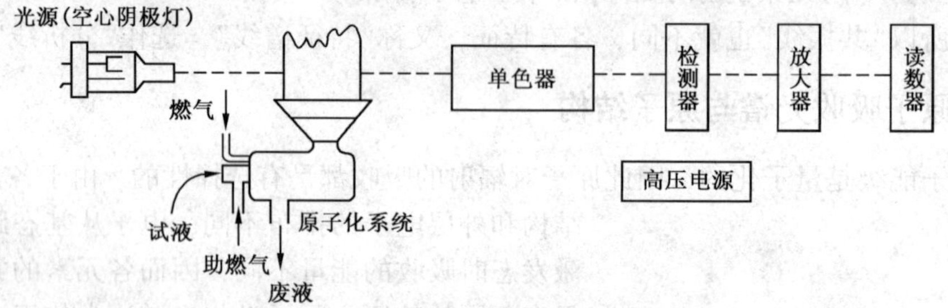

图 4-3 原子吸收分光光度计组成示意图

(1) 光源

光源的作用是发射被测元素的特征谱线——共振线。对光源的要求是锐线光源，辐射强度大，稳定性高，背景小等。目前应用最广泛的光源是空心阴极灯和无极放电灯等。

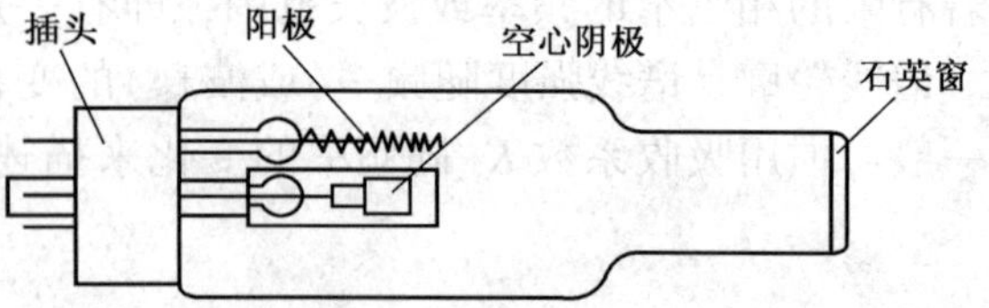

图 4-4 空心阴极灯

① 空心阴极灯

空心阴极灯是一种特殊的气体放电管，能发射强度较大、稳定性好的锐线光源，如图 4-4 所示。灯管由硬质玻璃制成，一端有石英做成的光学窗口。两根钨棒封入管内，一根连着由钛、钽等有吸气性能金属制成的阳极，另一根上镶有一个圆筒形的空心阴极，在空心圆筒内熔入被测元素的纯金属、合金或用粉末冶金方法制成的“合金”，它们能发射出被测元素的特征光谱。管内还充有低压的惰性气体(氖或氩)。

当正负电极上被施加适当电压(一般为 300~500V)时，便开始放电。这时，电子从空心阴极射向阳极，并与周围惰性气体碰撞使其电离成为阳离子。带正电荷的惰性气体离子在电场作用下轰击阴极内壁，使阴极内壁的待测元素的原子溅射出来，在阴极腔内形成待测元素的原子蒸气云。蒸气云中的待测元素的原子再与电子、惰性气体原子、离子发生碰撞而被激发，从而辐射出特征频率的锐线光源。为了保证光源仅发射频率范围很窄的锐线，要求阴极材料具有很高的纯度。通常单元素的空心阴极灯只能用于一种元素的测定。

评价一个灯的质量主要看其发光强度、发光稳定性、测定的灵敏度与线性及灯的使用寿命。

空心阴极灯的发光强度与工作电流有关。灯电流过小，放电不稳定；灯电流过大，溅射作用增强，原子蒸气密度增大，谱线变宽，甚至引起自吸，导致测定灵敏度降低，灯寿命缩短。因此，在实际工作中应选择合适的工作电流。灯的工作电流可采用额定电流的40%～60%。灯在长期不用时，应定期点燃。在其寿命接近终结时发光明显不稳定，或发光部位不对，灵敏度大幅下降。灯若损坏漏气时，则会不亮。

② 高强度空心阴极灯

普通空心阴极灯的原子溅射效率高，而光谱激发效率并不高，只有一部分原子被激发发光。高强度空心阴极灯是在普通阴极灯内增加一对涂有电子敏化材料的辅助电极，以分别控制原子溅射和光谱激发过程。它可以使溅射出的原子再次被激发，这样可以提高光谱的激发效率，提高谱线强度。

③ 无极放电灯

大多数元素的空心阴极灯具有较好的性能，是当前最常用的光源。但对于砷、硒、碲、镉、锡等易挥发、低熔点的元素，它们易溅射，难激发，其性能不能令人满意，而无极放电灯对这些元素具有优良的性能。

如图4-5所示将数毫克的被测元素卤化物封在一个真空石英管内，管内充有氩气。石英管被牢固地放在一个高频发生器线圈内，灯内没有电极，由高频电场作用激发出被测元素的原子发射光谱。由于它是低压放电，称为无极放电灯。

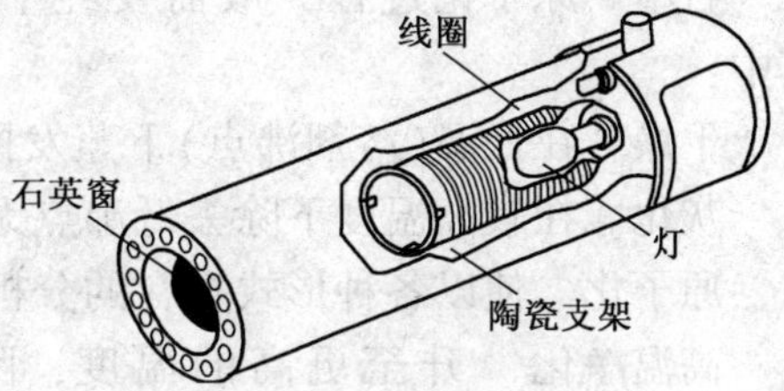

图4-5 无极放电灯

(2) 原子化系统

原子化系统的作用是将待测试样转变成基态原子蒸气。它可分为火焰原子化器和无火焰原子化器。由于无火焰原子化能更好地提高原子化效率，其测定灵敏度比火焰原子化更高。

① 火焰原子化器(Flame atomizer)

火焰原子化器一般由雾化器、混合室、和燃烧器组成，其中：

雾化器是原子化器的主要部件，它的作用是将试样溶液进行雾化，使之成为微米级的气溶胶。

混合室的作用是使燃气、助燃气和气溶胶三者在进入燃烧器前得到充分混合，使粒度较大的雾珠凝聚，沿着混合室壁流入废液管中排出，粒度较小的气溶胶均匀的进入燃烧器，使火焰尽量不受扰动，改善火焰的稳定性。

燃烧器的作用是产生火焰，使进入火焰的气溶胶蒸发和原子化。如表4-1所示常用的有空气-乙炔、氧化亚氮-乙炔火焰。另外，还有空气-氢、氩-氢火焰，但由于温度低，化学干扰和基体干扰较大，实际工作中很少应用。

表4-1 火焰类型及火焰温度

火焰类型	最大温度/℃	火焰类型	最大温度/℃
氩-氢	1577	空气-乙炔	2300
空气-氢	2045	氧化亚氮-乙炔	2955

火焰原子化法比较简单，易操作，重现性好。但原子化效率较低，一般为10%～30%，试样雾滴在火焰中的停留时间短，约为10^{-4} s，且原子蒸气在火焰中又被大量气流所稀释，限制了测定灵敏度的提高。

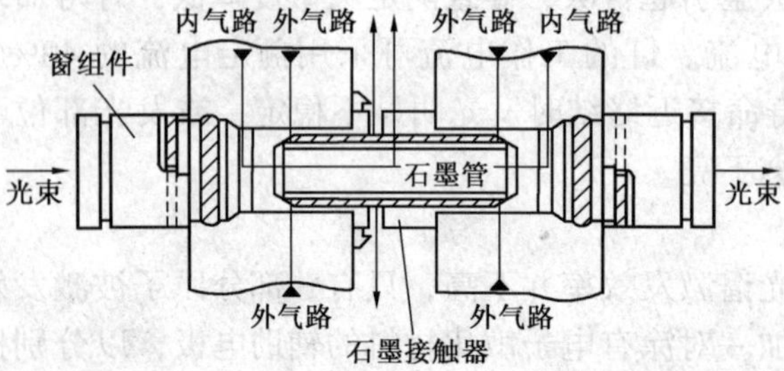

图4-6　石墨炉原子化器

② 无火焰原子化法

无火焰原子化器又称电热原子化器，目前广泛使用的为石墨炉原子化器，见图4-6。其基本原理就是将样品通过进样器注入石墨管中，并以石墨管作为电阻发热体，通电后使电阻发热体升温，达到样品原子化的目的。石墨炉原子化器由加热电源、保护系统、石墨炉组成。加热电源提供大电流给石墨管两端的石墨锥、石墨帽，并传导给石墨管，使其产生高达3000℃的高温，将置于管中的被测元素变为基态的原子蒸气。保护系统分为气体与冷却水保护。气体使用惰性气体，保证石墨管在高温的状态下不会被氧化。冷却水保证石墨炉在开始第二次测试前可以迅速冷却到室温状态。石墨炉原子化器原子化效率高，灵敏度优于火焰原子化方法。

石墨炉原子化过程一般需要经干燥→灰化→原子化→高温净化四段程序升温完成。其中：

干燥　在低温(溶剂沸点)下蒸发掉样品中溶剂；

灰化　在较高温度下除去低沸点无机物及有机物，减少基体干扰；

原子化　使以各种形式存在的分析物挥发并离解为中性原子；

高温净化　升至更高的温度，除去石墨管中的残留分析物，以减少和避免记忆效应。

石墨炉原子化法与火焰原子化法相比，石墨炉原子化法的优点是原子化效率高，可得到比火焰大数百倍的原子化蒸气浓度。绝对灵敏度可达10^{-9}～10^{-13} g，比火焰原子化法提高几个数量级。测定时试样用量一般很少，液体和固体都可直接进样分析，但其精密度较差，相对偏差约为4%～12%。

③ 低温原子化法

低温原子化法又称化学原子化法，其原子化温度为室温至摄氏数百度。常用的有汞低温原子化法及氢化法。

汞低温原子化法：汞在室温下，有一定的蒸气压，沸点为357℃。对试样进行化学预处理还原出汞原子，由载气(Ar或N_2)将汞蒸气送入吸收池内测定。

氢化物原子化法：适用于Ge、Sn、Pb、As、Sb、Bi、Se和Te等元素。在一定的酸度下，将被测元素还原成极易挥发与分解的氢化物，如AsH_3、SnH_4、BiH_3等。这些氢化物经载气送入石英管后，进行原子化与测定。

(3) 分光系统

分光系统即单色器，由入射和出射狭缝、凹面反射镜和色散元件(棱镜、光栅)等组成。原子吸收分光光度计中，元素灯发射出的光谱中除了含有待测元素的特征谱线外，还存在待测原子的其他谱线、所填充气体的发射谱线等杂质谱线，单色器的作用就是把待测元素的特征谱线与其他谱线分开，便于测定。

(4) 检测系统

检测系统完成光电信号的转换，即将接收到的光信号转换为电信号，提供给数据处理系统。常用的检测器为光电倍增管。它是利用二次电子的发射放大光电流将微弱的光信号转换为电信号的器件，由一个光电发射阴极、一个阳极以及若干倍增级组成。光电倍增管的阴极受到光子的碰撞，发出光电子，光电子通过逐级碰撞，电子数目依次倍增，最后测量的阳极电流与入射光强度成正比。

(5) 数据处理系统

数据处理系统一方面是获得仪器传回的信号，完成对数转换的处理，将结果输出。另一方面由于计算机技术的发展，可以更好的控制仪器，显示获得的测量数据、工作曲线、分析结果，并可实时的显示出原子化过程中的原子吸收信号、背景信号，便于分析者更好的进行数据分析判断。

(6) 背景校正装置

背景校正方式目前有氘灯校正背景、自吸收校正背景、塞曼效应校正背景三种方法。

① 氘灯背景校正

使用D2灯与空心阴极灯同时通过样品交替获得信号，空心阴极灯测得的吸收是待测元素的原子吸收和共存元素背景吸收的总和，而氘灯测得的只是共存元素的背景吸收。然后，在光度测定线路中，经过信号的对数转换，测得上述信号的差，从而校正共存物背景和准确测定分析元素的吸收，如图4-7所示。

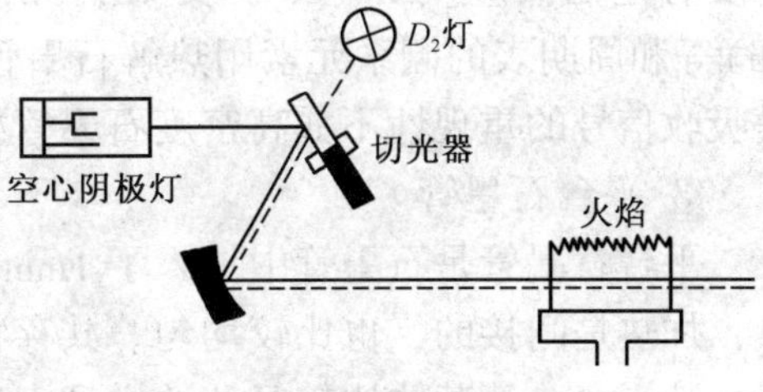

图4-7　氘灯背景校正原理图

② 自吸收背景校正

通过对空心阴极灯施加高低不同的电压，使空心阴极灯工作电流不同，空心阴极灯在低电流状态下发出的光就是元素的特征锐线光谱，测得的信号就是待测元素和共存物的背景吸收总和，而在高电流状态下发出的光产生自吸，特征光谱被自己吸收，因此测得的信号只有背景吸收。两个信号在光度测定线路中经过对数转换，测得上述信号的差，从而校正共存物背景和准确测定分析元素的吸收。

③ 塞曼背景校正

在磁场中原子能级发生裂变致使谱线分裂，由原先的一条线分裂为三条或三组多条谱线的现象称为塞曼效应。塞曼效应分为正常塞曼效应与反常塞曼效应。正常塞曼效应是发射线在磁场作用下分裂为三个分量，即1个 P 组分(在特征谱线中心波长处，有特征吸收)和2个 S 组分(偏离特征谱线中心波长，磁场强度足够时无特征吸收)。因此，P 组分测得的是特征元素吸收与背景吸收的总和，S 组分测得的是背景吸收加部分特征元素吸收，通过数据转换处理，得到的就是样品的吸收。

2.2　仪器日常使用和维护

(1) 气源

乙炔纯度要保证达到98%，点火前后数据无变化为最好。当乙炔瓶压力低于0.5Mp时必须更换，否则乙炔钢瓶内溶解物会溢出，进入管道，造成仪器内乙炔气路堵塞，不能点火。氩气纯度只需99%以上即可，主要是为了保护石墨管不被氧化。

(2) 正确使用空心阴极灯

空心阴极灯使用前应经预热，大约30min左右，使灯的发射强度达到稳定。使用灯电流的大小一般为灯最大电流标识的40%~60%，若长期不用时，应定期点燃，以延长灯的使用寿命。

(3) 石墨管的类型和寿命

石墨炉原子化法中，有三种类型的石墨管，可根据待测元素和干扰的程度进行选择。

① 高密度石墨管

多数元素可用高密度石墨管测定并得到良好的重现性。B、Ca、Mo等一些元素容易与碳反应，在原子化过程中不能完全挥发，产生记忆效应。有机溶剂类的样品容易渗透，也容易产生记忆效应。

② 热解石墨管

高密度石墨管的表面经过处理得到热解石墨管。由于渗透小，上述两类的记忆效应很小。因为样品渗透进入管中少，有机溶剂类型样品也能得到良好的结果。B、Ca、Mo等几乎没有记忆效应。Al、Si以及4b，5b，6b，7b，8族元素(Ti、V、Cr、Mo、Fe、Co、Ni、Cu)等和周期表的镧系元素用热解石墨管测定的灵敏度比高密度石墨管测定的高2~3倍。但是吸收信号的重现性不如高密度石墨管好。

③ 平台石墨管

平台石墨管是石墨管中加入了1mm厚、几毫米大小石墨的平台。由于样品在平台中加热，加热是间接的，也比较均匀。共存物质的干扰和背景吸收的影响相应较小。特别适合分析血液、海水等基体比较复杂的样品中沸点较低的金属，例如Cd、Pb等。

石墨管可一直使用，直到灵敏度或重现性不能满足要求为止。石墨管的寿命取决于测定样品溶液的性质、共存物质的性质以及待测元素原子化的温度等。一般样品组成不太复杂的情况下可使用2000次。

(4) 火焰部分的维护及测量注意事项

① 处理样品后要无颗粒物质，否则很容易把雾化器进样毛细管堵塞。如有颗粒，要过滤样品。毛细管堵塞后，样品灵敏度会下降很大，此时一般要取下雾化器，用专用的钢丝(仪器自带)疏通，疏通时注意不要把撞击球捅掉，尽量不要拔出雾化器的毛细管部分。

② 火焰法测量常出现的问题有点不着火。应检查燃气、助燃气压力，并将出口完全打开，保证气体流量。

(5) 石墨炉部分的维护和测量注意事项

① 石墨炉是用于分析PPb级浓度的样品，因此，不能盲目进样，浓度太高会造成石墨管被污染，可能多次高温清烧也烧不干净，造成石墨管报废。一般的测量过程要先检查水的干净程度，建议吸光度值起码要在0.01以内，然后加酸做成空白，再进样。检查酸的纯度，同样，吸光度值建议要控制在0.01以内，否则会影响灵敏度及线性。空白没问题后再配制标准系列，要注意标准样的吸光度，最高浓度标准样吸光度值建议要在0.8以下为好，否则可能线性不良，造成测量误差大。石墨炉法测量，对大气环境及样品瓶、样品杯、容量瓶等接触样品的容器的干净程度要求很高。

② 调节原子化器的位置，检查光路，使光强度符合实验要求。光路不正或空心阴极灯电流不足，使光强度减弱。考虑更换空心阴极灯。

③ 自动进样器臂不能到达石墨管上方。原因可能是进样臂转动时被外力阻挡，导致进样臂的传感器读到的位置偏差太大，自己不能找回原点位置，如果关机后再重新初始化还不能正常，就要用专用调整软件由维修人员调整。

④ 调整进样头位置。当样品不能正确加入到石墨管中时，应调整自动进样器底部两旋钮(控制前后和左右位置)，使样品能正确进入石墨管并记忆此位置。

⑤ 重现性差

火焰方式下确认雾化效果是否正常、排废液是否通畅。

石墨炉方式下检查空白是否过大、进样针位置是否调整好、进样管路中是否有气泡、注射器体积是否设置正常、石墨炉升温程序是否合适等因素。

1. 简述原子吸收光谱仪的结构？

2. 比较火焰原子化法与石墨炉原子化法的优缺点？为什么后者的灵敏度更高？

3. 为什么石墨法原子吸收测定中要使用惰性气体？

4. 在原子吸收分析中，一个理想光源应该具备哪些特点？

5. 原子吸收光谱的波长范围是多少？

课题 3　测定条件的选择

3.1　最佳实验操作条件的选择

在进行原子吸收光谱测定时，为了获得灵敏、重现性好和准确的结果，应对测定条件进行优选。

3.1.1　吸收波长(共振线)的选择

每种元素都有若干条分析线，为保证检测具有高灵敏度，通常选择其中最灵敏线(共振吸收线)作为吸收线。但是，当测定元素的浓度很高，或避免邻近光谱线的干扰时，可以选择次灵敏线(非共振线)作为吸收线。

3.1.2　空心阴极灯电流选择

空心阴极灯的发射特征与灯电流有关，一般要预热 10~30min 才能达到稳定的输出。灯电流小，发射线半峰宽窄，放电不稳定，光谱输出强度小，灵敏度高。灯电流大，发射线强度大，发射谱线变宽，但谱线轮廓变坏，导致灵敏度下降，信噪比大，灯寿命缩短。因此，必须选择合适的灯电流。选择灯电流的一般原则是，在保证有足够强且稳定的光强输出条件下，尽量使用较低的工作电流。通常以空心阴极灯上标明的最大灯电流的一半至 2/3 为工作电流。也可由实验绘出吸光度(A)-灯电流(I)的关系曲线，选用与最大吸光度对应的最小灯电流值。

3.1.3　狭缝宽度的选择

对于无干扰线、谱线简单的元素，如碱金属、碱土金属，可采用较宽的狭缝，增强光的强度，增加稳定性。对存在干扰线、谱线复杂的元素，如铁、钴、镍等，需选用较小的狭缝，防止非吸收线进入检测器，来提高灵敏度。测定中可以通过实验进行选择，调节不同的狭缝宽度，测定吸光度随狭缝宽度的变化。以不引起吸光度减少的最大狭缝宽度为应选择的合适的狭缝宽度。

狭缝的宽度可由被测元素的光谱通带通过计算得到，即光谱通带 W 为单色器的线色散率的倒数 D 和狭缝宽度 L 的乘积：$W(\mathrm{nm}) = D(\mathrm{nm/mm}) \times L(\mathrm{nm})$；$L(\mathrm{nm}) = W(\mathrm{nm}) / D(\mathrm{nm/mm})$。

已知原子吸收光谱仪的单色器 D 值为 2nm/mm，镁元素和钴元素的光谱通带值分别为 2nm 和 0.1nm，求镁元素和钴元素的测量狭缝宽度？

解析：1. 镁元素的测量狭缝宽度

$$L_{镁} = W/D = 2/2 = 1(\mathrm{mm})$$

2. 钴元素的测量狭缝宽度

$$L_{钴} = W/D = 0.1/2 = 0.05(\mathrm{mm})$$

3.1.4　原子化条件的选择

(1) 火焰原子化法

火焰的选择与调节是影响原子化效率的主要因素。首先要根据试样的性质选择火焰的类型，对于分析线在 200nm 以下的元素，不宜选用乙炔火焰。对于易电离的元素，宜选用低温火焰。而对于易生成难离解化合物的元素，则宜选用高温火焰。然后再通过实验确定合适的燃助比。调节燃烧器高度来控制光束的高度，使光束从原子浓度最大处通过，以得到较高的灵敏度。

(2) 石墨炉原子化法

合理选择干燥、灰化、原子化和高温净化等阶段的温度与时间十分重要。通过实验选择最合适的条件。

3.1.5　进样量的控制

在原子吸收测定过程中，若进样量过小，则吸收信号弱，不便于测量；进样量过大，则在火焰原子化法中，对火焰产生冷却效应，在石墨炉原子化法中，则会增加除残的困难。在实际分析工作中，应测定吸光度值随进样量的变化，在综合考虑测定灵敏度以及工作曲线的线性范围的情况下，确定适宜的进样量。

随着计算机技术的发展，原子吸收光谱仪都配备了微机处理系统。可对仪器的多种参数，如波长选择、灯电流、原子化器的位置、单色器的狭缝宽度、原子化程序等都可以用微机处理选择，从而简化了分析操作，缩短了工作时间。

3.2　干扰元素及其消除方法

原子吸收光谱分析由于使用锐线光源，是一种选择性比较好的分析方法，产生的干扰是比较少的，但也不能忽视。根据干扰产生的原因来分类，主要干扰有物理干扰、化学干扰、电离干扰、光谱干扰和背景干扰等，实验中应采取适当的措施以消除干扰，以获得满意的分析结果。

3.2.1　物理干扰

物理干扰是指试液在转移、形成气溶胶、试样热解、灰化和被测元素原子化等过程中，由于试样的物理性质的变化而产生的干扰。如黏度、表面张力或溶液的密度等的变化，而引起原子吸收强度的变化所引起的干扰。

消除办法：配制与被测试样组成相近的标准溶液或采用标准加入法。若试样溶液的浓度高，还可采用稀释法。

3.2.2 化学干扰

化学干扰是原子吸收光谱分析中的主要干扰。它是由于被测元素原子与共存组分发生化学反应生成稳定的化合物，从而使参与锐线吸收的基态原子数目减少，而影响被测元素的原子化，引起干扰。消除化学干扰的方法有以下几种：

(1) 选择合适的原子化方法

提高原子化温度，减小化学干扰。使用高温火焰或提高石墨炉原子化温度，可使难离解的化合物分解。例如在高温火焰中磷酸根不干扰钙的测定。

(2) 加入释放剂

释放剂的作用是释放剂与干扰物质能生成比被测元素更稳定的化合物，使被测元素释放出来。例如，磷酸根干扰钙的测定，可在试液中加入镧、锶盐，镧、锶与磷酸根首先生成比钙更稳定的磷酸盐，就相当于把钙释放出来了。

(3) 加入保护剂

保护剂作用是它可与被测元素生成易分解的或更稳定的配合物，防止被测元素与干扰组分生成难离解的化合物。而生成的化合物又很容易挥发和原子化，对测定不干扰。

保护剂一般是有机配合剂。例如，EDTA、8-羟基喹啉。例如铝干扰镁的测定，8-羟基喹啉可作保护剂。又如：测定钙时，加入 EDTA 使其生成稳定化合物 CaY，CaY 又很容易挥发和原子化，从而消除了磷酸根对钙测定的干扰。

(4) 加缓冲剂

于试样与标准溶液中均加入超过缓冲量(即干扰不再变化的最低限量)的干扰元素。如在用乙炔-氧化亚氮火焰测钛时，可在试样和标准溶液中均加入 200ppm 以上的铝，使铝对钛的干扰趋于稳定。

(5) 加入基体改进剂

对于石墨炉原子化法，在试样中加入基体改进剂，使其在干燥或灰化阶段与试样发生化学变化，其结果可以增加基体的挥发性或改变被测元素的挥发性，以消除干扰。

如果将消除化学干扰的几种试剂联合使用，则克服干扰的效果会更显著。

3.2.3 电离干扰

在高温条件下，原子除了进行原子化外，还有部分原子会电离，使基态原子数减少，吸光度值下降，这种干扰称为电离干扰。

消除电离干扰最有效的方法是采用较低的温度和加入过量的消电离剂。消电离剂是比被测元素电离电位低的元素，相同条件下消电离剂首先电离，产生大量的电子，抑制被测元素的电离。例如，测钙时可加入过量的 KCl 溶液消除电离干扰。钙的电离电位为 6.1eV，钾的电离电位为 4.3eV。由于 K 电离产生大量电子，使钙离子得到电子而生成原子，即 $K \rightarrow K^+ + e$，$Ca^+ + e \rightarrow Ca$。

3.2.4 光谱干扰

光源在单色器的光谱通带内存在与分析线相邻的其他谱线而引起干扰，可能有下述几种情况存在：

（1）光源发射出的待测元素的灵敏线和次灵敏线十分接近，且不易分开时会降低测定灵敏度。此时应减少狭缝宽度将两线分开以消除这种干扰。这种情况常见于多谱线元素（如 Ni、Co、Fe）。

（2）空心阴极灯内充有 Ar、Ne 等惰性气体，其发射的灵敏线若与待测元素的灵敏线相近时，会产生干扰。例如 Ne 发射 359.34nm 谱线，Cr 的灵敏线为 359.35nm，为此测定铬元素的空心阴极灯，应改充 Ar 气而消除 Ne 的干扰。

（3）空心阴极灯的阴极材料不纯，含有的杂质元素发射出与待测元素相近的谱线。为消除这种干扰可改用其他的锐线波长。

3.2.5　背景干扰

形成背景干扰的主要因素是分子吸收和光散射。分子吸收是指在原子化过程中生成的分子对锐线辐射的吸收。分子吸收是带状光谱，会在一定波长范围内形成干扰。常见的气体分子有卤化物、氢氧化物、氰化物等。光散射是指原子化过程中产生的微小的固体颗粒使光产生散射，造成透射光减弱，从而使吸光度值增加。

通常背景干扰都会使吸光度值增加，使测定结果偏高。石墨炉原子化法背景吸收的干扰比火焰原子化法严重。不管哪种方法，有时不消除背景干扰就不能进行测定。消除背景干扰的方法可采用氘灯校正背景、自吸收校正背景、塞曼效应校正背景三种方法（见仪器结构背景校正装置部分）。

原子吸收分析中，存在哪些干扰因素？如何消除？

课题 4　定量分析

4.1　定量分析方法

原子吸收光谱法是一种元素定量分析方法，它可以用于测定 60 多种金属元素和一些非金属元素的含量。常使用的方法有标准曲线法、标准加入法和内标法。

原子吸收光谱法测定样品基于样品浓度正比于原子化阶段时对光的吸光度。可根据样品的性质和干扰情况，选用不同方法进行测定。原子吸收光谱法中的校准曲线通常在低浓度区域呈现良好的线性，但是在高浓度区由于各种原因产生弯曲，导致误差。因此，推荐采用线性良好的浓度区域。合适的浓度范围应该是在能产生 0.2~0.8 吸光度或 15%~65%透光率之间的浓度。

4.1.1　标准曲线法

根据样品的实际情况，配制一组不同浓度的待测元素的标准溶液，在选定的操作条件下，由低浓度到高浓度顺序分别测定其吸光度，以测得的吸光度 A 为纵坐标，待测元素的浓度 c 为横坐标作图，得到标准曲线。然后在相同操作条件下测定待测试液的吸光度，由标准曲线上查出该吸光度所对应的浓度，即为试液中待测元素的浓度或含量。

标准曲线法适用于样品组成简单或共存元素无干扰的情况，可用于同类大批量样品的分析。为保证测定的准确度，应尽量使标准溶液的组成与待测试液的基体组成相一致，并用相同的方法进行处理，以减少因基体组成的差异而产生的测定误差。

4.1.2　标准加入法

当试样基体影响较大时可采样标准加入法进行分析。

在 4 份或 5 份相同体积的被测元素试液中，从第二份起分别按比例加入不同量待测元素的标准溶液，并稀释至相同体积，然后在相同实验条件下依次测定其吸光度 A。以加入待测元素的标准溶液量为横坐标，相应的吸光度为纵坐标作图可得一标准加入法曲线，如图 4-8 所示。将此曲线的延长线与横坐标轴交点 c_x，即为待测元素的浓度。

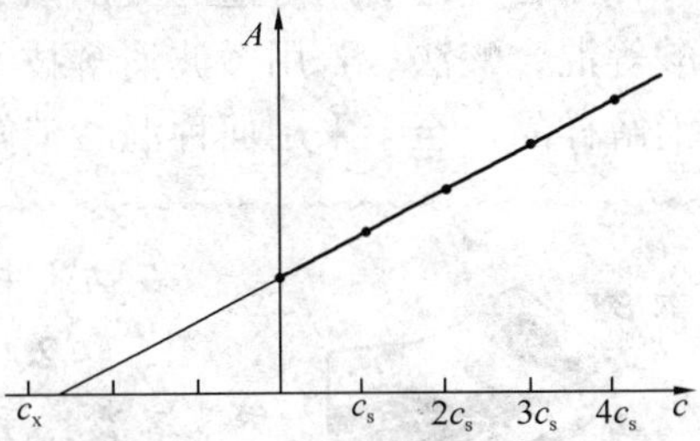

图 4-8　标准加入法

注意事项：须线性良好；至少四个点；只消除基体效应，不消除分子和背景吸收；斜率小时误差较大。

4.1.3　内标法

此法只限于在多波道仪器上测定。方法是：向试样和标准溶液中加入一定量的试样中不存在的其他元素作为内标元素，在多波道仪器上，用相同条件同时测出标准和内标元素的吸光度，接着测定试样与内标元素的吸光度，以标准与内标元素的吸光度比值作纵坐标，以标准溶液的浓度作横坐标绘制标准曲线，试样中待测元素的浓度由所得的试样与内标元素读数的比值在标准曲线上查出。

1. 原子吸收光谱分析中常用的定量分析方法有哪几种？如何选取？
2. 何谓灵敏度和检测限？

4.2　样品制备

原子吸收光谱分析通常是溶液进样，被测样品需事先转化为溶液样品。预处理方法与通常的化学分析相同，要求试样分解完全，在分解过程中不能引入沾污和造成待测组分的损失，所用试剂及反应产物对后续测定应无干扰。

分解试样最常用的方法是用酸溶解和碱熔融，近年来微波消解法获得了广泛的应用。通常采用稀酸、浓酸或混合酸处理，酸不溶物质采用熔融法。无机试样大都采用此类方法。有机试样通常先进行灰化处理，以除去有机物基体。灰化处理主要分成干法灰化和湿法消化两种。对于易挥发性元素（如 Hg、As、Gd、Pb、Sb、Se 等），不能采用干法灰化，因为这些元素在灰化过程中损失严重。灰化后的残留物再用合适的酸溶解。

4.2.1　干法灰化

在较高的温度下，用氧来氧化样品。准确称取一定量的样品，放在石英坩埚或铂坩埚中，于 80~150℃低温加热赶去大量有机物，然后放于高温炉中，加热至 450~550℃进行灰化处理。冷却后，再将灰分用 HNO_3，HCl 或其他溶剂进行溶解，如有必要，则加热溶液以使残渣溶解完全，转移到容量瓶中，稀释溶液至刻度。

4.2.2　湿法消化法

样品在升温下用合适的酸加以氧化。最常用的是盐酸+硝酸法、硝酸+高氯酸法或硫酸+硝酸等混合酸法。若用微波消解技术，可将样品放在聚四氟乙烯焖罐中，于专用微波炉中加热消解样品。至于采用何种混酸消解样品，需视样品类型而定。

石脑油中铅含量测定的样品预处理：

1. 取 200mL 石脑油置于 500mL 塑料瓶中，加入 2mL 1%碘-二甲苯溶液，于振荡器振荡 1h。

2. 再加入 5mL 5%稀硝酸，再于振荡器振荡 1h。

3. 静置之后，用分液漏斗取出底层液体，作为原子吸收测定液。

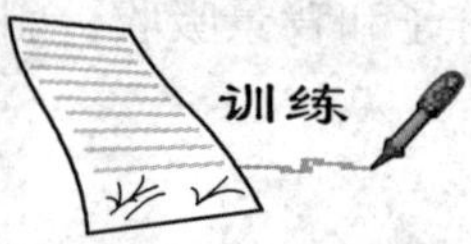

1. 原子吸收分光光度检测系统由(　　)组成。
(A)光电倍增管　(B)放大器
(C)对数转换器　(D)记录器

2. 原子吸收分光光度计空心阴极灯内充满低压的(　　)。
(A)氖气　(B)氩气　(C)二氧化碳　(D)氧气

3. 原子吸收光谱分析测定条件的选择包括(　　)。
(A)吸收波长的选择　(B)原子化条件的选择
(C)比色皿的选择　(D)光谱通带的选择

4. 无火焰原子吸收分光光度计的石墨炉利用(　　)来加热石墨管。
(A)高压　(B)低压　(C)低电流　(D)大电流

5. 原子吸收分光光度计单色器的性能主要是指(　　)。
(A)色散率　(B)分辨率　(C)集光本领　(D)透过率

6. 灯在点燃后要从灯的阴极辉光的颜色判断一下灯的工作是否正常(观察空心阴极的发光)，充氖气的灯负辉光的颜色是(　　)。
(A)红色　(B)橙红色　(C)蓝色　(D)淡紫色

7. 原子化系统的作用是将试样中的待测元素转化成(　　)。
(A)固体试样　(B)分子蒸气　(C)原子蒸气　(D)固体液体混合试样

8. 火焰原子化法能对(　　)直接进行测定。
(A)固体试样　(B)气体试样　(C)液体试样　(D)固体液体混合试样

9. 石墨炉原子吸收测定仪的程序升温分为(　　)。
(A)干燥　(B)灰化　(C)原子化　(D)高温净化

10. 原子吸收法火焰温度明显影响原子化过程，火焰温度最高的一组是(　　)。
(A)空气-乙炔　(B)空气-石油气
(C)氧化亚氮-乙炔　(D)空气-氢气

训练

11. 对固体样品可进行(　　)处理，以制备成待测元素的无机盐溶液，再进行火焰原子化或石墨炉原子化。

(A)溶解　　(B)灰化

(C)湿法消化　　(D)富集

12. 原子吸收光谱定量分析中(　　)。

(A)溶解高纯金属使用的酸类用分析纯足以

(B)溶解高纯金属使用的酸类是化学纯即可

(C)都要使用标准溶液

(D)配标准溶液不必用去离子水

13. 衡量原子吸收光谱仪性能的两个重要指标是(　　)。

(A)灵敏度和检测限　　(B)透过率和检测限

(C)灵敏度和透过率　　(D)透过率和噪声

14. 产生一个能够确证在试样中存在某元素的分析信号所需要的该元素的最小量是指(　　)。

(A)检测限　　(B)透过率　　(C)灵敏度　　(D)噪声

模块七

油品分析

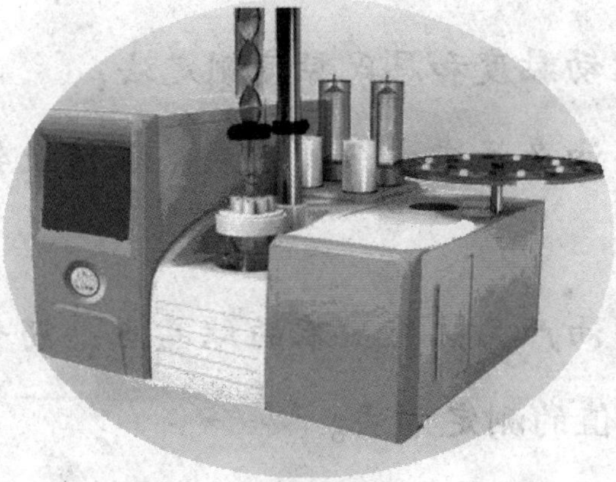

- 单元一　颜色的测定
- 单元二　密度的测定
- 单元三　馏程的测定
- 单元四　闪点的测定
- 单元五　黏度的测定
- 单元六　油品中杂质成分的测定
- 单元七　油品中其他性能指标的测定

学 习 目 标

1. 了解液体化学产品颜色测定及芳烃酸洗试验法；

2. 了解密度计测定法和比重瓶测定法；

3. 掌握馏程的相关定义及石油产品馏程测定法；

4. 掌握闭口杯法和开口杯法测定闪点；

5. 掌握运动黏度和恩氏黏度测定法；

6. 掌握石油产品中水分、残炭、酸值及铜片腐蚀等测定法；

7. 掌握石油产品热值、苯的结晶点、沥青针入度的测定及汽油辛烷值的测定方法。

单元一　颜 色 的 测 定

课题 1　液体化学产品颜色测定(铂-钴色号) GB/T 3143—82

1.1　定义及方法概要

本标准适用于测定透明或稍带接近于参比的铂-钴色号的液体化学产品的颜色，这种颜色特征通常为“棕黄色”。

试样的颜色与标准铂-钴比色液的颜色目测比较，并以 Hazen(铂-钴)颜色单位表示结果。

Hazen(铂-钴)颜色单位即：每升溶液含 1mg 铂(以氯铂酸计)及 2mg 六水合氯化钴溶液的颜色。

1.2　仪器及试剂

72 型分光光度计或类似的分光光度计。

纳氏比色管：50mL 或 100mL，在底部以上 100mL 处有刻度标记。

比色管架：一般比色管架底部衬白色底板，底部也可安有反光镜，以提高观察颜色的效果。

六水合氯化钴：分析纯。

盐酸：分析纯。

氯铂酸的制法：在玻璃皿或瓷皿中用沸水浴上加热法，将 1.00g 铂溶于足量的王水中，当铂溶解后，蒸发溶液至干，加 4mL 盐酸溶液再蒸发至干，重复此操作两次以上，这样可得 2.10g 氯铂酸。

1.3　准备工作

(1) 标准比色母液的制备(500Hazen 单位)

在 1000mL 容量瓶中溶解 1.00g 六水合氯化钴和相当于 1.05g 的氯铂酸或 1.245g 的氯铂酸钾于水中，加入 100mL 盐酸溶液，稀释到刻线，并混合均匀。

标准比色母液可以用分光光度计以 1cm 的比色皿按下列波长进行检查，其吸光度范围见表 1-1。

表 1-1　消光值范围

波长/nm	吸光度	波长/nm	吸光度
430	0.110~0.120	480	0.105~0.120
455	0.130~0.145	510	0.055~0.065

(2) 标准铂-钴对比溶液的配制

在 10 个 500mL 及 14 个 250mL 的两组容量瓶中，分别加入如表 1-2 所示的标准比色母液的体积数，用蒸馏水稀释到刻线并混匀。

表 1-2 标准铂-钴对比溶液的配制表

500mL 容量瓶		250mL 容量瓶	
标准比色母液的体积	相应颜色	标准比色母液的体积	相应颜色
mL	Hazen 单位铂-钴色号	mL	Hazen 单位铂-钴色号
		30	60
		35	70
5	5	40	80
10	10	45	90
15	15	50	100
20	20	62.5	125
25	25	75	150
30	30	87.5	175
35	35	100	200
40	40	125	250
45	45	150	300
50	50	175	350
		200	400
		225	450

注：标准比色母液和稀释溶液放入带塞棕色玻璃瓶中，置于暗处，标准比色母液可以保存 1 年，稀释溶液可以保存 1 个月，但最好应用新鲜配制的。

1. 铂-钴颜色的单位是指________。
2. GB/T 3143 适用范围的正确描述是________。

1.4 实验步骤

向一支纳氏比色管中注入一定量的试样，使注满到刻线处，同时向另一支纳氏比色管中注入具有类似颜色的标准铂-钴对比溶液注满到刻线处。

比较试样与标准铂-钴对比溶液的颜色，比色时在日光或日光灯照射下，正对白色背景，从上往下观察，避免侧面观察，提出接近的颜色。

试样的颜色以最接近于试样的标准铂-钴对比溶液的 Hazen(铂-钴)颜色单位表示。如果试样的颜色与任何标准铂-钴对比溶液不相符合，则根据可能估计一个接近的铂-钴色号，并描述观察到的颜色。

训练

1. 下列操作步骤，不属于制备氯铂酸时的操作的是(　　)。

(A)称取 1.00g 铂　　(B)称取 1.00g 氯铂酸

(C)溶于足量的王水　　(D)用玻璃皿在沸水浴上加热

2. 测定铂钴色度时，错误的观察溶液的颜色方法是(　　)。

(A)在日光灯下观察　　(B)在日光照射下观察

(C)从上往下观察　　(D)站在光源好的侧面观察

3. 用分光光度计在 480nm 下以 1cm 比色皿测定标准比色母液的吸光度，其范围应为(　　)。

(A)0.110~0.120　(B)0.130~0.145　(C)0.105~0.120　(D)0.055~0.065

4. 应用 GB/T 3143 进行样品分析时，对技术要素说明正确的是(　　)。

(A)所用试剂均要求分析纯　　(B)所用试剂均要求化学纯

(C)管架底部衬白色底板　　(D)管架底部衬黑色底板

5. GB/T 3143 规定，报告铂钴色度时，试样的颜色以(　　)的标准铂钴对比溶液的颜色单位表示。

(A)最接近试样　　(B)比试样颜色稍浅

(C)比试样颜色稍深　　(D)按要求选择深或浅

6. 报告铂钴色度时，结果表示正确的是(　　)。

(A)5Hazen 单位　　(B)10

(C)15 铂-钴色号　　(D)5#

7. 在铂钴色度测定中，可能用到的仪器有(　　)。

(A)分光光度计　　(B)纳氏比色管

(C)沸水浴　　(D)比色管架

课题 2　芳烃酸洗试验法(GB/T 2012—889)

2.1　定义及方法概要

本方法适用于芳烃。

在规定条件下，将同体积的试样与 95%(m/m)硫酸进行振荡，将酸层与标准比色液的颜色作比较。

2.2　仪器及试剂

比色管：带玻璃磨口塞的圆筒，用薄壁无色玻璃制成。高约 100mm，内径 13±0.5mm，壁厚 1~2mm。围绕比色管有两条刻度线，上刻度线距比色管外底表面 70±1mm，下刻度线应平分比色管内底表面到上刻度线的体积，并使之相差不大于 0.1mL。各比色管在色泽等各方面均应相似。

水浴：能控制在(20±1)℃。

重铬酸钾：分析纯，将重铬酸钾研细，在 120℃烘干至恒重。

硫酸：分析纯。

高锰酸钾：分析纯。

二次蒸馏水：向蒸馏水中加入少量高锰酸钾，在玻璃蒸馏瓶中进行再蒸馏得到。

2.3 准备工作

配制含有等体积蒸馏水和浓度约为 98%(m/m)硫酸的贮备稀酸溶液，使用前要使溶液达到室温。向 100mL 贮备稀酸溶液中加入 2 滴高锰酸钾溶液，以检验是否有可被氧化的物质。高锰酸钾的颜色应在 5min 内不消失。

配制贮备重铬酸钾溶液：将重铬酸钾研细，在 120℃烘干至恒重，称取 2.5g±0.0002g，放在洁净的烧杯内，先用 50mL 蒸馏水溶解后，再加入 50mL 约 98%(m/m)硫酸，然后将其移入 500mL 容量瓶中。用贮备稀酸溶液清洗烧杯，清洗液移入容量瓶中，冷却后用贮备稀酸溶液稀释至刻度，摇匀，此液称为贮备重铬酸钾溶液。

根据需要用适量的贮备稀酸溶液稀释贮备重铬酸钾溶液配制标准比色液(用 100mL 容量瓶稀释后分别装入比色管中)。标准比色液应在使用的同一天配制，保存于暗处。标准比色液具有氧化性能，避免接触任何有机物。制备和贮存溶液时，应使用无油脂和无灰尘的带玻璃塞比色管。

2.4 试验步骤

不要在直射阳光下进行试验。用铬酸洗液清洗比色管，用蒸馏水冲洗并干燥。

装两种不同浓度的标准比色液分别于两支比色管的上刻度线，其中第二支比色管比色液浓度为第一支比色管中的标准比色液浓度与该浓度相应的重复性规定值之和。

将试样过滤，弃去第一个 10mL 滤液。将经过滤的试样注入到第三个比色管至下刻度线。盖上塞子，置于(20±1)℃的水浴中。用一个合适容器，放入一定量 95%硫酸，置于水浴中，直至其达到水浴温度。然后注入第三支比色管至上刻度线，盖上塞子，剧烈震荡 2min±5s，将比色管放回水浴静置 10min±5s。

然后在良好光线下，立即将比色管中酸层颜色与上述两个比色管中标准比色液比较。目测比色时，比色管后面最好衬有白纸，以免受外界光线的影响。

1. GB/T 2012 中，高锰酸钾溶液的作用是________。

2. GB/T 2012 中，试样应经过过滤，并弃去第一个________ mL 滤液。

思考

2.5 重复性与再现性

重复性：同一操作者重复测定的两个结果之差不应大于表 1-3 中所列数值。

再现性：不同实验室各自提出的两个结果之差不应大于表 1-3 中所列数值。

表 1-3　芳烃酸洗试验数据的重复性和再现性

标准比色液中重铬酸钾含量	重复性	再现性	标准比色液中重铬酸钾含量	重复性	再现性
0.1~0.4	0.05	0.1	2.0	0.4	1.0
0.5	0.1	0.2	3.0	0.8	1.8
1.0	0.1	0.5	5.0	2.0	3.5
1.5	0.2	0.6			

注：对颜色较深的试样，精密度较差。

有些试样，由于贮存时间较长，易得出较高的结果。

2.6　报告

结果报告为浅于产品标准规定的标准比色液；等于产品标准规定的标准比色液；虽深于产品标准规定的标准比色液，但在精密度的误差范围内；或深于产品标准规定的标准比色液。

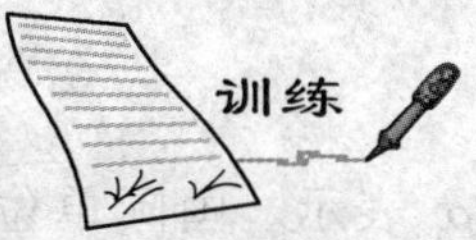

1. GB/T 2012 中，标准比色液颜色变化的依据是(　　)。

(A)重铬酸钾含量不同　　(B)高锰酸钾量不同

(C)硫酸含量不同　　(D)指示剂用量变

2. GB/T 2012 中，试样应(　　)。

(A)没有量的控制　　(B)注入到比色管的上刻线

(C)注入到比色管的下刻线　　(D)取规定的重量

3. 配制贮备重铬酸钾溶液时，需要进行的操作步骤是(　　)。

(A)将重铬酸钾在 120℃下烘干　　(B)用 50mL 蒸馏水溶解

(C)加入 50mL95%硫酸　　(D)用贮备稀酸溶液清洗烧杯

4. GB/T 2012 中，样品比色管剧烈振荡后，应放回水浴静置(　　)±5s。

(A)5s　　(B)10s　　(C)5min　　(D)10min

5. 下列关于酸洗比色试验的描述，正确的是(　　)。

(A)不要在直射的阳光下比色

(B)比色时后面最好衬有白纸

(C)水浴温度应控制在(20±1)℃

(D)检验可被氧化物质时，高锰酸钾溶液的颜色应在 5min 内不消失

6. 应用 GB/T 2012 时，下列结果报告形式正确的是(　　)。

(A)浅于产品标准规定的标准比色液

(B)等于产品标准规定的标准比色液

(C)深于产品标准规定的标准比色液

(D)小于重铬酸钾含量为 0.10g/L 标准比色液

7. 在酸洗比色测定中，可能用到的仪器有(　　)。

(A)烘箱　　(B)比色管　　(C)水浴　　(D)比色管架

单元二　密度的测定

课题 1　密度计法测定密度(GB/T 1884—2000)

密度是石油及其产品最基本的物理性质，根据它可大致推断石油产品的成分和原油类型。不仅能直接表征油品的特性，还可以间接推算其他物理性质或其他物理性质联用，形成新的参数来反映油品的特性。生产和贮运中，常用密度进行油罐的设计和油品的计量。

密度测定方法有密度计法，比重瓶法，韦氏天平法，密度测定仪法。其中密度计法(GB/T 1884—2000)作为原油和液体石油产品密度实验室测定法。比重瓶法(GB/T 2540—81)适用于测定液体或固体石油产品的密度，但不适用于测定高挥发性液体的密度。

1.1　密度的定义

(1) 密度　在规定温度下，单位体积内含物质的质量数，用 ρ_t 表示。国际单位为 kg/m^3。常用的倍数单位为 g/cm^3，kg/L。

(2) 标准密度　石油及石油产品在标准温度下(我国规定 20℃)的密度，用 ρ_{20} 表示。

(3) 视密度　用石油密度计测定密度时，在某一温度下所观察到的石油密度计读数，用 ρ'_t 表示。

(4) 相对密度　物质在给定温度下的密度与标准密度下标准物质的密度之比值。对石油液体其标准物质是水。过去称为比重，通常用 d 表示。即 20℃时油品的密度与 4℃时纯水的密度的比值。

密度数值大小的影响因素：石油产品的密度取决于组成它的烃类的相对分子质量和分子结构。同一原油的各馏分随着沸点的上升，相对分子质量的增大，密度也随之增大。碳原子数相同的烃类其密度大小的顺序为：芳烃大于环烷烃；异构烷烃大于正构烷烃，而且含硫、氮、氧等有机化合物及胶质、沥青质较多的原油密度较大。

1.2　方法概要及原理

方法概要：使试样处于规定温度，将其倒入温度大致相同的密度计量筒中，将合适的密度计放入已调好温度的试样中，让它静止。当温度达到平衡后，读取密度计刻度读数和试样温度。用石油计量表把观察到的密度计读数换算成标准密度。如果需要，将密度计量筒及内装的试样一起放在恒温浴中，以避免在测定期间温度变动太大。

测定原理：基于阿基米德定律，液体石油产品的密度越大，则密度计处于平衡状态时直立的越高，液体石油产品的密度越小，则沉入越多。

1.3　仪器

(1) 石油密度计　玻璃制，符合 SH/T 0316。

(2) 密度计量筒　内径至少比石油密度计的外径大 25mm，高度能使石油密度计漂浮在试样中，石油密度计底部距量筒底部至少 25mm。

(3) 温度计 经检定合格的、分度值为 0.2℃的全浸水银温度计。温度计修正：记录到 0.1℃

(4) 恒温浴 在试验期间，能保持试验温度在±0.25℃以内。

1.4 测定步骤及数据处理

(1) 调好试样温度

把样品加热到使它能充分的流动，但温度不能高到引起轻组分损失，或低到样品中的蜡析出。对于 50℃的黏度不大于 200m·m^2/s 的样品，使样品的温度与周围环境的温度相差不超过±5℃，必要时允许将样品加热至 40℃。

(2) 转移试样

把试样转移到温度稳定、清洁的密度剂量筒中，避免试样飞溅和生成空气泡，并要减少轻组分的挥发。把装有试样的量筒垂直的放在没有空气流动的地方。在整个试验期间，环境温度变化应不大于 2℃。当环境温度变化大于±2℃时，应使用恒温浴，以免温度变化太大。

(3) 测量

将温度计插入试样中，小心搅拌，温度计水银线要保持全浸，记录温度到 0.1℃，取出温度计。再将选好的清洁、干燥的石油密度计轻轻放入试样中。对于不透明黏稠液体，要等待密度计慢慢地沉入液体中。对透明低黏度液体，将密度计压入液体中约两个刻度，再放开。由于干管上多余的液体会影响读数，在密度计干管液面以上部分应尽量减少残留液。

(4) 读数

当密度计离开量筒壁自由飘浮并静止时，读取密度计刻度值。测量深色试样，应读取试样弯月面上缘与石油密度计刻度相切的一点(见图 2-2)；测量浅色试样，应读取试样主液面与石油密度计刻度相切的一点(见图 2-1)。如使用 SY-1 和 SY-2 型密度计，仍读取液体弯月面上缘与密度计干管相切处的刻度。记录密度计读数后，立即取出密度计，并用温度计垂直地搅拌试样，记录温度到 0.1℃，这个温度与开始试验温度相差不大于 0.5℃。

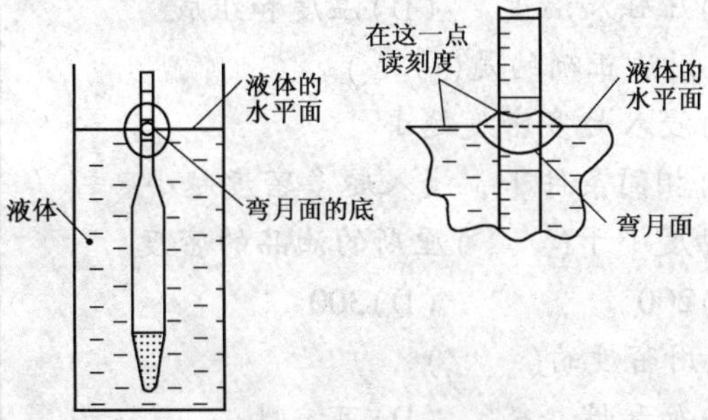

图 2-1 透明液体的密度计刻度读数

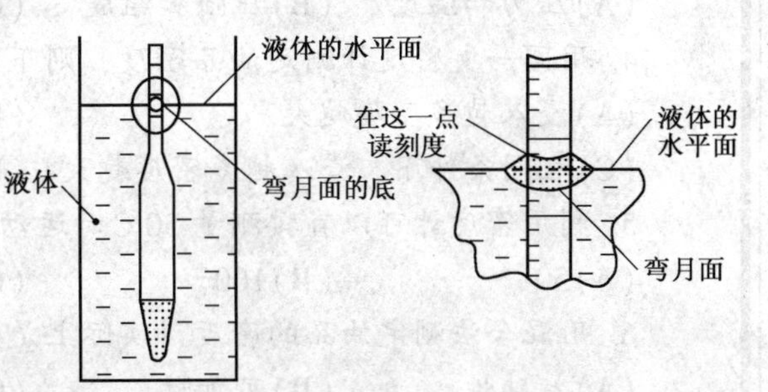

图 2-2 深色液体的密度计刻度读数

(5) 计算

根据连续两次测定的视密度，用石油计量表查得 20℃的密度，取两个 20℃密度的算术平均值作为测定结果。密度最终结果记录到 0.1kg/m^3，20℃。

对于 50℃时黏度大于 200m·m^2/s 的石油产品，可将黏稠油品用等体积，已知密度的煤油稀释，并搅匀，再按前述方法测定混合液的密度。此时，试样的密度可计算为

$$\rho = 2\rho_1 - \rho_2$$

式中　ρ_1——混合液的密度；

ρ_2——煤油的密度；

ρ——试样的密度。

1. 石油产品密度的单位通常使用________。

2. 标准密度的符号为________。

1.5　重复性与再现性

重复性：同一操作者用同一仪器在恒定的操作条件下对同一种试样测定结果之间的差不应超过下述数值，见表 2-1。

再现性：不同操作者，在不同实验室对同一试样测定结果之间的差不应超过下述数值，见表 2-1。

表 2-1　密度计法测密度的重复性和再现性

石油产品	重复性/(kg/m^3)	再现性/(kg/m^3)	石油产品	重复性/(kg/m^3)	再现性/(kg/m^3)
透明低黏度液体	0.5	1.2	不透明液体	0.6	1.5

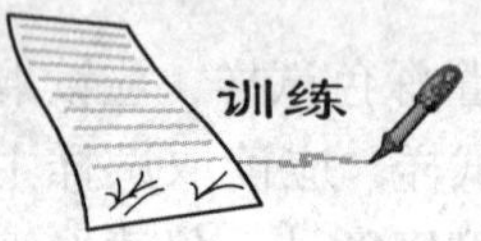

1. 石油产品的标准密度是指在(　　)℃下测定的石油产品密度。

(A)10　　(B)15　　(C)20　　(D)25

2. 石油产品的密度一般均小于(　　)。

(A)0.6　　(B)0.8　　(C)1.0　　(D)1.2

3. 下列因素，对石油产品密度有影响的是(　　)。

(A)压力和温度　　(B)压强和组成　　(C)压强和温度　　(D)温度和组成

4. 用同一支密度计测定油品密度，则下列说法正确的是(　　)。

(A)浸入越多密度越大　　(B)浸入越多密度越小

(C)相同条件下，浸入越多密度越大　　(D)相同条件下，浸入越多密度越小

5. 利用密度计可以直接测量 50℃时运动黏度小于(　　)厘斯的油品的密度。

(A)50　　(B)100　　(C)200　　(D)300

6. 用混合法测定油品的密度，实际上是应用密度的(　　)。

(A)特殊性　　(B)可加性　　(C)加和性　　(D)可溶性

课题 2　比重瓶法测定密度(GB/T 2540—81)

2.1　仪器

恒温浴：深度大于比重瓶高度，能保持水浴温度控制在±0.1℃以内。

温度计：0~50℃，50~100℃；分度为 0.1℃。

比重瓶支架：用于支持比重瓶。

比重瓶：体积为 25mL，瓶颈上带有标线或毛细管磨口塞子，瓶的内、外壁上不挂水珠，水能从比重瓶内壁或毛细管塞内完全流出。

2.2　测定步骤

（1）比重瓶 20℃水值的测定

先清洗比重瓶和塞子的油污，经铬酸洗液彻底清洗，用水清洗后，再用蒸馏水冲洗并干燥。必要时可用过滤的干燥空气流清除痕迹的水分。

将仔细洗涤，干燥好并冷至室温的比重瓶称准至 0.0002g，得空比重瓶质量 m_1。

用注射器将新煮沸并经冷却至 18~20℃的蒸馏水装满至比重瓶顶端，加上塞子，放入(20±0.1)℃恒温浴中，至少 30min，不要浸没比重瓶或毛细管上端。

温度平衡后，称量装有水的比重瓶质量 m_2，称准至 0.0002g。比重瓶 20℃的水值 $m_{20}=m_2-m_1$ 测定 3~5 次，取算术平均值作为该比重瓶水值。水值需定期测定。

（2）密度的测定

选取适当型号的比重瓶，称重。将恒温浴调到所需温度。

用注射器取样，注入比重瓶中，加上塞子，浸入恒温浴直至顶部，不要浸没比重瓶盖或毛细管上端，恒温时间不少于 20min。

温度达到平衡没有气泡，试样表面不再变动时，用滤纸(或注射器)吸去过剩的试样，对磨口塞型比重瓶盖上磨口塞，取出比重瓶，仔细擦干其外部并称重得 m_3。

固体或半固体试样，采用广口型比重瓶，加半瓶试样。如试样为脆性固体，则粉碎或熔融后装入，然后用加热、抽空等办法除去气泡，冷却到接近 20℃。称重，得装有半瓶试样的比重瓶质量 m_3。再用蒸馏水充满比重瓶，恒温后取出，得装有试样和水的比重瓶质量 m_4。

2.3　数据处理

液体试样 20℃的密度 ρ_{20}，按下式计算为

$$\rho_{20}=\frac{(m_3-m_1)(0.99820-0.0012)}{m_{20}}+0.0012$$

固体或半固体试样 20℃的密度 ρ_{20}，按下式计算为

$$\rho_{20}=\frac{(m_3-m_1)(0.99820-0.0012)}{m_{20}-(m_4-m_3)}+0.0012$$

液体试样的 t℃密度，按下式计算为

$$\rho_t=\frac{(m_3-m_1)(\sigma-0.0012)}{m_t}+0.0012$$

式中　m_3——在 20℃时装有试样的比重瓶质量，g；

m_1——空比重瓶质量，g；

m_{20}——在 20℃时比重瓶的水值，g；

m_4——在 20℃时装有半瓶试样和水的比重瓶质量，g；

σ——水在 t℃时的密度，g/cm³。

m_t——t℃时比重瓶水值；0.99820 为水的 20℃密度，g/cm³；

0.0012——在 20℃、大气压为 760mmHg 时的空气密度，g/cm³。

2.4　重复性

重复测定两个结果之差不应超过以下数值，见表 2-2。

表 2-2　比重瓶法测定密度的重复性

试　样	允许差数/(g/cm³)	试　样	允许差数/(g/cm³)
液体石油产品	0.0004	固体或半固体石油产品	0.0008

1. 应用比重瓶法测定油品密度，恒温浴应选择可恒温到±(　　)℃的恒温浴。

(A)0.1　(B)0.2　(C)0.5　(D)1.0

2. 测定比重瓶的水值，应测定(　)次，取算术平均值。

(A)2~3　(B)3~5　(C)4~6　(D)4~7

3. 用比重瓶法测定液体石油产品密度，两个测定结果之差不应大于(　　)g/cm³。

(A)0.0001　(B)0.0002　(C)0.0004　(D)0.0008

4. 测定比重瓶的水值，比重瓶在恒温水浴中应至少保持(　　)min。

(A)10　(B)20　(C)30　(D)40

5. 用比重瓶法测定样品密度，要求比重瓶应称准至(　　)g。

(A)0.001　(B)0.002　(C)0.0001　(D)0.0002

6. 应用比重瓶法测定密度，对试验有影响的比重瓶因素不包括(　　)。

(A)比重瓶破损　(B)比重瓶水值　(C)比重瓶型号　(D)比重瓶批号

单元三 馏程的测定

课题 1 石油产品馏程测定法(GB/T 255—77)

1.1 馏程的定义及方法概要

石油产品的馏程：100mL 试样在规定的仪器及试验条件下，按产品性质的要求进行蒸馏，系统地观察温度读数和冷凝液体积，然后从这些数据算出测定结果。油品在规定条件下蒸馏所得出的，以初馏点和终馏点表示其蒸发特征的温度范围。

馏出温度：油品在规定条件下进行馏程测定中量筒内回收的冷凝液达到某一规定体积时所同时观察的温度，以℃表示。

干点：蒸馏烧瓶中最低点的最后一滴液体汽化时，一瞬间所观察到的温度计读数，以℃表示。

终馏点：在试验过程中，得到的温度计最高读数，以℃表示。

初馏点：从冷凝管较低的一端滴下第一滴冷凝液的一瞬间，观察到的温度计读数，以℃表示。

回收量：与温度计读数同时观察到在接收量筒内的冷凝液的体积，以 mL 表示。

蒸馏损失量=100-回收量-残留量

方法概要：

100mL 试样在规定的仪器及试验条件下，按产品性质的要求进行蒸馏，系统地观察温度读数和冷凝液体积，然后从这些数据算出测定结果。

1.2 仪器

石油产品馏程测定器(见图 3-1)，秒表和温度计。

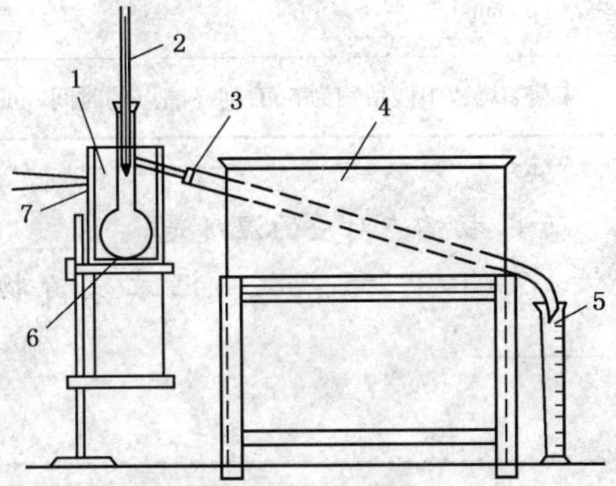

图 3-1 蒸馏测定器

1—蒸馏瓶；2—温度计；3—冷凝管；4—水箱；5—量筒；6—电炉；7—挡风罩

1.3 准备工作

试样中有水时，试验前应进行脱水。在蒸馏前，冷凝器的冷凝管要用缠在铜丝或铝丝上的软布擦拭内壁，除去上次蒸馏剩下的液体。

蒸馏汽油时水槽中的温度必须保持在 0~5℃。蒸馏溶剂油、喷漆燃料、煤油、及其他石油产品时，水槽中的温度要调节到不高于30℃。在蒸馏含蜡液体燃料的过程中，控制水温在 50~70℃之间。蒸馏烧瓶可以用轻质汽油洗涤，再用空气吹干。在必要时，用铬酸洗液或碱洗液除去蒸馏烧瓶中的积碳。用清洁、干燥的 100mL 量筒量取试样 100mL 注入蒸馏烧瓶中，不要使液体流入蒸馏烧瓶的支管内。

将装好试样的蒸馏烧瓶安装在规定的石棉垫上。

1.4 试验步骤

装好仪器后，先记录大气压力，然后开始对蒸馏烧瓶均匀加热。

开始加热到初馏点的时间，汽油为 5~10min；航空汽油为 7~8min；喷气燃料、煤油、轻柴油为 10~15min；重柴油或其他重质油料为 10~20min。蒸馏速度要均匀，每分钟馏出 4~5mL。记录所需馏出百分数的馏出温度。

在蒸馏汽油时，当量筒中的馏出液达到 90mL 时，允许对加热强度作最后一次调整，要求在 3~5min 内达到干点。如要求终点而不要求干点时，应在 2~4min 内达到终点。试验结束后，让蒸馏烧瓶冷却 5min，将蒸馏烧瓶中热的残留物倒入 10mL 的量筒内。待量筒冷却到 (20±3)℃时，记录残留物的体积，精确至 0.1mL。

1.5 国标（GB/T 6536—1997）的测定条件（见表 3-1）

表 3-1 国标(GB/T 6536—1997)的测定条件

	Ⅰ	Ⅱ
冷浴的温度/℃	0~1(0~4)	0~60
量筒周围浴的温度/℃	13~18	试样温度±3
开始加热到初馏点的时间/min	5~10	5~15
初馏点到 5%回收体积的时间/s	60~75	
从 5%回收体积到蒸馏烧瓶中残留物为 5mL 的冷凝平均速率/(mL/min)	4~5	4~5
从蒸馏烧瓶中残留物为 5mL 到终馏点的时间/min	3~5	不大于 5

1. 初馏点对应的温度是________时，烧瓶内的气相温度。
2. GB/T 255 规定，记录残留物的体积，应等待量筒冷却到________℃。

1.6 重复性

重复测定两个结果之差不应大于如下的数值：
初馏点是 4℃；干点和中间馏分是 2℃和 1mL；残留物是 0.2mL。

1.7　常见故障处理（见表3-2）

表3-2　馏程测定仪常见故障处理

故　　障	产生原因	处理方法
指示灯不亮	1. 电源插头不紧 2. 保险丝烧断 3. 开关接触不良 4. 指示灯损坏	1. 插紧电源插头 2. 更换保险丝 3. 检修开关 4. 更换指示灯
冷管温度不能降至0~5℃	压缩机损坏，不制冷	检查压缩机系统
电炉不加热	加热炉丝烧断	更换炉丝
电压表指针晃动，影响加热升温速率	1. 可调电位器接触不良 2. 电压不稳	检查可调电位器
电压表无电压指示	1. 插头、插座接触不良 2. 保险丝烧断	检查电路系统
电压表指针无法指在220V	电炉加热不够	检查电炉
加热结束后，电炉温度降不下来	风扇不运转	检查风扇系统
电子秒表不运行	电子秒表损坏	检查电子秒表系统
电子秒表无法清零	电子秒表损坏	检查电子秒表系统
分馏瓶无法安装在仪器上	仪器电炉支架上下调节旋钮损坏	检修电炉支架系统
用缠在铜丝上的软布擦拭冷凝管内壁时，拉条拉不过去	冷凝管内污物太多，部分堵塞冷凝管	清除冷凝管内污物
照明灯不亮	照明灯坏	更换照明灯
加热分馏瓶沸腾不均匀	分馏瓶不符合标准	更换分馏瓶
加热时，油蒸气突然增大	分馏瓶底部可能有裂口	1. 立即关闭电炉电源 2. 用石棉布覆盖电炉，以免着火发生危险 3. 更换分馏瓶

1. 不同的石油产品有不同的馏程，其原因是(　　)。
(A)不同的石油产品由不同的元素组成
(B)不同的石油产品有不同的分子结构
(C)不同的石油产品由相似的有机物组成
(D)不同的石油产品由不同的有机物组成

2. GB/T 255规定，在馏出液达到90mL时，调整加热强度应做到(　　)。
(A)3~5min达到干点
(B)2~4min达到干点
(C)要求终点而不要求干点时，应在3~5min内到达终点
(D)要求终点而不要求干点时，应在2~4min内到达终点

3. 馏程测定的原理是(　　)。
(A)纯化合物的沸点在一定条件下为一个范围
(B)纯化合物的沸点在一定条件下为一个恒定值
(C)化合物的沸点随条件变化而变化
(D)压强对化合物沸点有影响

训练

4. GB/T 255 规定，重复测定残留物的允许差数为(　　)mL。
(A)0.1　(B)0.2　(C)0.4　(D)0.5

5. 普通馏程测定装置的常见异常现象包括(　　)。
(A)加热故障　(B)冷凝故障
(C)温度计故障　(D)电源电压低

6. 馏程测定装置加热故障，不正确的处理是(　　)。
(A)检查电源　(B)检查炉丝　(C)检查电压　(D)检查控制电路

课题2　高沸点石油产品高真空蒸馏测定法（SH/T 0165—92）

2.1　定义及方法概要

减压馏程适用于测定蜡油和润滑油等高沸点范围石油产品。

方法概要：将100mL试样倒入装有瓷片的干净分馏瓶中，记录试样的温度。安装好温度计及仪器。受器量筒放入盛水的高型烧杯中，使水温与装入试样时的温度之差不大于3℃。启动真空泵，保证整个系统不漏气。调节放空阀，使残压达到测定要求。加热，按照有关标准和试样技术要求，记录温度和馏出百分数，并记录残压及时间，要求蒸馏中残压波动不超过0.5mmHg。最后按常、减压温度换算图，换算为常压的馏程温度。

2.2　仪器

减压馏程测定装置，见图3-2；减压馏程测定器，见图3-3。

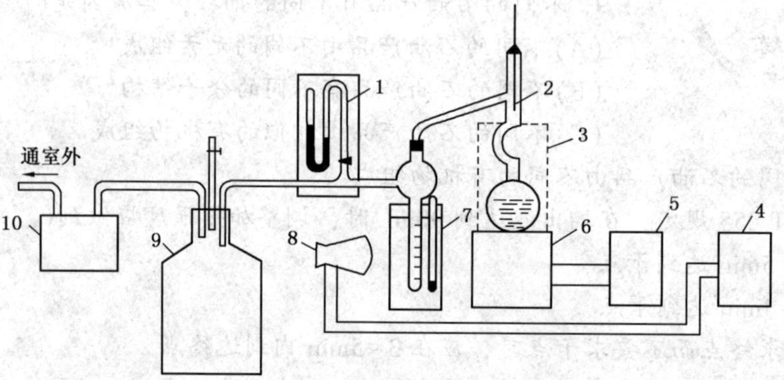

图3-2　减压馏程测定装置

1—真空压力计；2—减压馏程测定器；3—保温罩；4、5—变压器；6—电炉；7—高型烧杯；8—红外线灯；9—缓冲瓶；10—真空泵

温度计：0~100℃及0~360℃棒状温度计。

量筒：100mL。

2.3　准备工作

试样中有水时，试验前应进行脱水。含蜡油品预热到高于其凝点15~20℃；

取100mL或相当于100mL质量的试样，倒入装有瓷环的干净分流瓶中，记录量取试样的温度。安装仪器时，使温度计位于分馏瓶瓶颈中央，并且使温度计水银球的上边缘与分馏瓶支管焊接处的下边缘在同一水平面上。各磨口处涂少量真空脂，磨口外涂一层火棉胶。受器量筒用装水的高型烧杯保温。

启动真空泵，关闭放空阀，检查系统气密程度，再调节放空阀，使残压达到测定要求。在保证测定出蒸馏最高温度的情况下可使残压读至0.5mmHg。

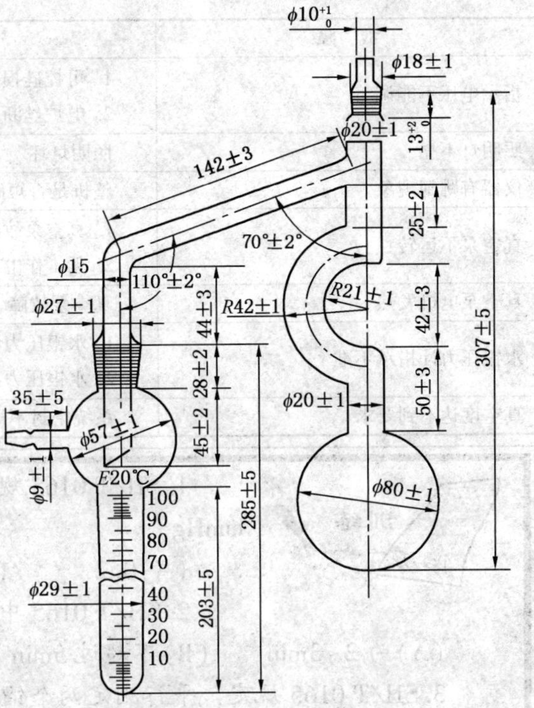

图3-3 减压馏程测定器

2.4 试验步骤

开始加热，初馏时间控制在10~20min。蒸馏时控制从初馏点到馏出10%的时间不超过6min，10%~90%每分钟馏出4~5mL。馏出90%时允许最后调整一次加热强度，使90%到终馏点不超过5min。记录温度和馏出百分数，同时记录残压和时间。蒸馏过程残压波动不得超过0.5mmHg。

蒸馏到终点，停止加热，取下保温罩，待温度计自然冷却到100℃以下，缓慢的放空。水银真空压力计回到原位后停真空泵。

按常、减压温度换算图将减压下测定的各点温度换算为常压下的温度。

2.5 重复性

同一操作者重复测定的两个结果之差不应大于下列数值：

馏出温度为5℃

馏出量为1mL

2.6 常见故障处理（见表3-3）

表3-3 减压馏程测定仪常见故障处理

故　障	产生原因	处理方法
指示灯不亮	1. 电源插头不紧 2. 保险丝烧断 3. 开关接触不良 4. 指示灯损坏	1. 插紧电源插头 2. 更换保险丝 3. 检修开关 4. 更换指示灯
电压表无电压指示	1. 插头、插座接触不良 2. 保险丝烧断	检查电路系统
电压表指针无法指在220V	电炉加热不够	检查电炉
仪器超温，无指示	1. 仪器控温失灵 2. 传感器故障	1. 检查仪器温控 2. 检查传感器 3. 定期校验传感器

续表

故 障	产生原因	处理方法
指示电压不能调节	1. 可控硅损坏 2. 电炉丝断或接触不良	1. 检修可控硅 2. 检修电炉丝
照明灯不亮	照明灯坏	更换灯泡
仪器有跳闸现象	整机是否短路	检查电路系统
真空泵不运转	1. 真空泵故障 2. 无工作电压	1. 检查真空泵 2. 检查电路系统
真空泵电机发热	真空泵故障	检查真空泵
水银压力计指示不准	1. 水银压力计脏、污染 2. 水银压力计未定期校准	1. 清洗水银及压力计 2. 定期校准水银压力计
真空度达不到要求	系统密封不严	检查系统密封

训练

1. SH/T 0165 规定，蒸馏过程中残压波动不得超过(　　)mmHg。
(A)0.2　(B)0.5　(C)0.8　(D)1.0

2. SH/T 0165 中，从初馏点到馏出 10%的时间(　　)。
(A)为 2~3min　(B)不超过 5min　(C)不超过 6min　(D)没有规定

3. SH/T 0165 规定，平行测定两个馏出温度的差数应不大于(　　)℃。
(A)1　(B)3　(C)5　(D)8

4. 为了更好的保护减压蒸馏测定装置，蒸馏停止加热后首先应做的工作是(　　)。
(A)缓慢放空　(B)取下保温罩　(C)停真空泵　(D)迅速放空

5. 对减压馏程测定装置的真空泵的维护工作包括(　　)。
(A)注油　(B)清洗入口纱网　(C)换油　(D)换定子

6. 减压馏程测定过程中，真空度不够，不正确的处理是(　　)。
(A)检查真空泵功率　(B)检查系统密封性
(C)检查高型烧杯容积是否过大　(D)检查放空阀

7. 减压馏程测定过程中，真空压力计显示异常，正确的处理是(　　)。
(A)检查电压是否波动　(B)检查管路是否堵塞
(C)检查电炉变压器是否故障　(D)检查真空压力计是否损坏

单元四 闪点的测定

课题1 闭口杯法测定闪点(GB/T 261—83)

1.1 定义及方法概要

闪点：是油气与空气的混合气体，在遇到明火时，发生瞬间着火的最低温度。

闭口杯法闪点：是石油产品用闭口杯在规定条件下加热到它的蒸汽与空气的混合气接触火焰发生闪火时的最低温度，称为闭口杯法闪点。

方法概要：试样在连续搅拌下用很慢的恒定的速率加热。在规定温度间隔，同时中断搅拌的情况下，将一小火焰引入杯内。试验火焰引起试样上的蒸汽闪火时的最低温度作为闪点。

1.2 仪器

闭口闪点测定器(见图4-1)：符合SH/T 0315《闭口闪点测定器技术要求》

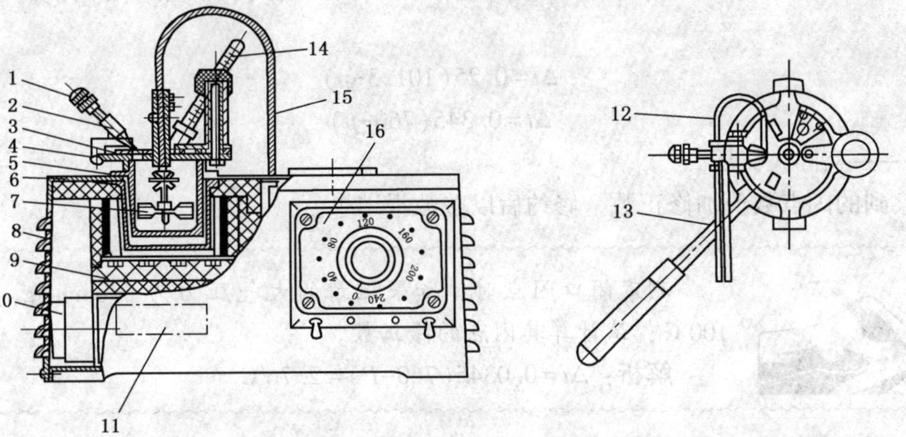

图4-1 闭口闪点测定器

1—点火器调节螺丝；2—点火器；3—滑板；4—油杯盖；5—油杯；6—浴套；7—搅拌器；8—壳体；9—电炉盘；10—电动机；11—铭牌；12—点火管；13—油棒手柄；14—温度计；15—传动软轴；16—开关箱

温度计：符合GB/T 514《石油产品试验用液体温度计技术要求》。

防护屏：用镀锌铁皮制成，高度550~650mm，宽度以适用为宜，屏身内壁涂成黑色。

1.3 准备工作

试样的水分超过0.05%时，必须脱水。脱水后，取试样的上层澄清部分供试验使用。

油杯要用无铅汽油洗涤，再用空气吹干。

试样注入油杯时，试样和油杯的温度都不应高于试样脱水的温度。杯中试样要装满到环状标记处，盖上清洁、干燥的杯盖，插入温度计，将油杯放入空气浴中。试验闪点低于50℃的样品，应预先将空气浴冷却到室温(20±5)℃。

将点火器的灯芯或煤气引火点燃，并将火焰调整到接近球形，其直径为3~4mm。

用检定过的气压计，测定实验时的实际大气压力P。

1.4　试验步骤

试验闪点低于50℃的试样，从试验开始到结束要不断地进行搅拌，并使试样温度每分钟升高1℃。试验闪点高于50℃的试样，开始加热速度要均匀上升，并定期进行搅拌。到预计闪点前40℃时，调整加热速度，使在预计闪点前20℃时，升温速度能控制在每分钟升高2~3℃，还要不断进行搅拌。

试样温度到达预期闪点前10℃时，对于闪点低于104℃的试样每经1℃进行点火试验；对于闪点高于104℃的试样每经2℃进行点火试验。

试样在试验期间都要转动搅拌器进行搅拌；只有在点火时才停止搅拌。点火时，使火焰在0.5s内降到杯上含蒸汽的空间中，留在这一位置1s立即迅速回到原位。

在试样液面上方最初出现蓝色火焰时，立即从温度计读出温度作为闪点的测定结果。继续点火试验，仍有闪燃现象，则第一次记录有效。同时纪录大气压力。

1.5　数据处理

大气压力对闪点影响的修正应观察和记录大气压，按式(1)或式(2)计算闪点修正数Δt(℃)。

$$\Delta t = 0.25(101.3 - p) \tag{1}$$

$$\Delta t = 0.345(760 - p) \tag{2}$$

式中　p——实际大气压。

观察到的闪点数值加修正数，修约后以整数报结果。

案例　测定闭口闪点时，如果记录的大气压力为680mmHg，闪点为100℃，试计算其闪点的修正数。

解析：$\Delta t = 0.0345(760 - P) = 2.76$℃

1.6　重复性与再现性

重复性：同一操作者用同一仪器在恒定的操作条件下对同一种试样测定结果之间的差不应超过下述数值，见表4-1。

再现性：不同操作者，在不同实验室对同一试样测定结果之间的差不应超过下述数值，见表4-1。

表4-1　闭口杯法测定闪点的重复性和再现性

闪点范围/℃	(重复性/允许差数)/℃	(再现性/允许差数)/℃	闪点范围/℃	(重复性/允许差数)/℃	(再现性/允许差数)/℃
104或低于104	2	4	高于104	6	8

1.7 常见故障处理见下表4-2

表4-2 闭口闪点测定仪常见故障处理

故障	产生原因	处理方法
指示灯不亮	1. 电源插头不紧 2. 保险丝烧断 3. 开关接触不良 4. 指示灯损坏	1. 插紧电源插头 2. 更换保险丝 3. 检修开关 4. 更换指示灯
仪器不加热	电炉丝烧坏，不加热	检查加热系统，电炉丝是否断了
仪器加热控制失灵	1. 可调电位器接触不良 2. 双向可控硅坏	1. 检查可调电位器 2. 检查双向可控硅
电压表指针晃动，影响加热升温速率	1. 可调电位器接触不良 2. 电压不稳	检查可调电位器
搅伴器停止转动	搅伴器损坏	检查搅伴器系统
点火管火苗经常熄灭	点火系统损坏	1. 检查点火管 2. 检查点火管调节螺丝是否松动
仪器漏电	1. 地线未连接正确 2. 电炉丝凸出未进入槽中	1. 重新连接地线 2. 重新安装电炉丝

训练

1. 国家标准规定，闭口杯法适用于测定(　　)闪点石油产品。

(A)低　(B)高　(C)低闪点和高　(D)上级要求

2. 闪点在(　　)℃以下的液体叫做易燃液体。

(A)25　(B)35　(C)45　(D)55

3. 测定闪点高于50℃的样品的闭口闪点，到预计闪点前40℃时，要调整加热速度以使升温速度在预计闪点20℃时能控制在每分钟升高(　　)℃。

(A)1　(B)2~3　(C)3~4　(D)4~5

4. 测定闭口闪点，试样温度达到预期闪点前10℃时，对于闪点高于104℃的试样需要每(　　)℃进行一次点火试验。

(A)1　(B)2　(C)3　(D)5

5. 测定闪点低于50℃的样品的闭口闪点的操作步骤包括(　　)。

(A)用电加热装置加热　(B)升温时不断搅拌

(C)升温时定期搅拌　(D)控制升温速度为每分钟升高2℃

6. 测定闭口闪点时，使用电热装置加热时，应注意(　　)。

(A)闪点低于50℃的试样，从开始到结束要不断搅拌

(B)闪点低于50℃的样品，从开始到结束温度每分钟升高1℃

(C)闪点高于50℃的试样，开始加热速度要均匀上升

(D)闪点高于50℃的试样，开始加热时要进行定期搅拌

7. 闪点测定中，电加热装置不加热的原因不可能是(　　)。

(A)电源未接通　(B)炉丝断裂　(C)控制电路故障　(D)电压波动

8. 闭口闪点测定中不搅拌，正确的处理为(　　)。

(A)检查搅拌桨　(B)检查电源　(C)检查控制电路　(D)检查油品质量

课题2 开口杯法测定闪点及燃点(GB/T 267—88)

2.1 定义及方法概要

开口杯法适用于测定润滑油和深色石油产品。

把试样装入内坩埚中到规定的刻线。首先迅速升高试样的温度，然后缓慢升温，当接近闪点时，恒速升温。在规定的时间间隔，用一个小的点火器火焰按规定通过试样表面，以点火器火焰使试样表面上的蒸汽发生闪火的最低温度，作为开口杯法闪点。继续进行试验，直到用点火器火焰使试样发生点燃并至少燃烧5s时的最低温度，作为开口杯法燃点。

2.2 仪器

开口闪点测定器：符合SH/T 0318要求。

温度计：符合GB/T 514要求。

煤气灯、酒精喷灯或电炉(测定闪点高于200℃试样时，必须用电炉)。

2.3 准备工作

试样的水分大于0.1%时必须脱水。闪点低于100℃的试样脱水时不必加热；其他试样允许加热至50~80℃时用脱水剂脱水。

内坩埚用溶剂油洗涤后，放在点燃的煤气灯上加热，除去遗留的溶剂油。待内坩埚冷却至室温时，放入装有细沙的外坩埚中，使细沙表面距离内坩埚的口部边缘约12mm，并使内坩埚底部与外坩埚底部之间保持厚度5~8mm的沙层。

在试样注入内坩埚时，对于闪点在210℃和210℃以下的试样，液面距离坩埚口部边缘为12mm(即内坩埚内的上刻线处)；对于闪点在210℃以上的试样，液面距离坩埚口部边缘为18mm(即内坩埚内的下刻线处)。

将装好试样的坩埚平稳的放置在支架上的铁环或电炉中，再将温度计垂直的固定在温度计夹上，并使温度计的水银球位于内坩埚中央，与坩埚底和试样液面的距离大致相等。

2.4 试验步骤

加热坩埚，使试样逐渐升高温度，当试样温度达到预计闪点前60℃时，调整加热速度，使试样温度达到闪点前40℃时能控制升温速度为每分钟升高(4±1)℃。

试样温度达到预计闪点前10℃时，将点火器的火焰长度调整为3~4mm，然后放到距离试样液面10~14mm处，并在该处水平面上沿着坩埚内经做直线运动，从坩埚的一边移至另一边所经过的时间为2~3s。试样温度每升高2℃应重复一次点火试验。

试样液面上方最初出现蓝色火焰时，立即从温度计读出温度作为闪点的测定结果，同时记录大气压。

燃点：测得试样的闪点之后，继续对外坩埚进行加热，使试样的升温速度为每分钟升高(4±1)℃，按上述用点火器的火焰进行点火试验。试样接触火焰后立即着火并能继续燃烧不少于5s，此时立即从温度计读出温度作为燃点的测定结果。

2.5 数据处理

大气压力对闪点或燃点的修正应在大气压力 72.0～101.3kPa（540～760mmHg）范围内，修正数 Δt（℃）可按下式计算

$$\Delta t=(0.00015t+0.028)(101.3-p)7.5$$

$$\Delta t=(0.00015t+0.028)(760-p_1)$$

式中 p——试验条件下的大气压力，kPa；

t——在试验条件下测得的闪点或燃点，℃；

0.00015、0.028——试验常数；

7.5——大气压力单位换算系数；

p_1——试验条件下的大气压力，mmHg。

案例

化验员李某在测定燃点时，记录的大气压力为 700mmHg，燃点为 300℃，试计算其燃点的修正数。

解析：$\Delta t=(0.00015t+0.028)(760-P_1)=4.4$℃

2.6 重复性

重复性：同一操作者重复测定的两个闪点结果之差不应大于表 4-3 所示数值。

表 4-3 开口杯法测定闪点的重复性

闪点/℃	重复性/℃	闪点/℃	重复性/℃
≤150	4	>150	6

同一操作者重复测定的两个燃点结果之差不应大于 6℃。

训练

1. 开口杯法测定石油产品的闪点，闪点高于 210℃的试样，内坩埚试样液面（　　）。

(A)距离口部 12mm　(B)距离口部 18mm

(C)与上刻线平齐　(D)与下刻线平齐

2. 测定开口闪点时，点火器火焰应该（　　）运动。

(A)沿内径曲线　(B)沿外径曲线　(C)沿外径直线　(D)沿内径直线

3. 下列大气压力，符合开口杯法测定闪点修正数计算要求的是（　　）。

(A)80kPa　(B)100kPa　(C)60kPa　(D)70kPa

4. 测定开口闪点时，内坩埚内剩余洗涤剂应（　　）。

(A)烘箱干燥　(B)自然干燥　(C)空气吹干　(D)煤气灯加热

5. 开口闪点测定中常见的异常现象不包括（　　）。

(A)点火器不点火　(B)坩埚内油量不准

(C)电热装置不加热　(D)温度计读数不准

6. 开口闪点测定中，油温不易控制，正确的处理是（　　）。

(A)检查油量　(B)将砂层变厚　(C)检查电压　(D)将砂层变薄

7. 闭口闪点测定中不搅拌，正确的处理为（　　）。

(A)检查搅拌桨　(B)检查电源　(C)检查控制电路　(D)检查油品质量

单元五 黏度的测定

课题1 石油产品运动黏度的测定(GB/T 265—88)

1.1 黏度的定义

黏度：液体流动时内摩擦力的量度，黏度值随温度的升高而降低，随温度的下降而增大。

运动黏度：表示液体在重力作用下流动时内摩擦力的量度，其值为相同温度下液体的动力黏度与其密度之比。国际单位制中用 m^2/s 表示，习惯用厘斯，单位为 mm^2/s，符号为 V_t。1 厘斯 = $10^{-6}mm^2/s$。

1.2 方法概要

本方法是在某一恒定的温度下，测定一定体积的液体在重力下流过一个标定好的玻璃毛细管黏度计的时间，黏度计的毛细管常数与流动时间的乘积，即为该温度下测定液体的运动黏度。

1.3 仪器

黏度计：玻璃毛细管黏度计应符合 SH/T 0173《玻璃毛细管黏度计技术条件》的要求。每支黏度计必须按 JJG 155《工作毛细管黏度计检定规程》进行检定并确定常数。

恒温浴：带有透明壁或装有观察孔的恒温浴，其高度不小于 180mm，容积不小于 2L，并且附设着自动搅拌装置和一种能够准确地调节温度的电热装置。以保证试验的温度必须保持恒定到±0.1℃。

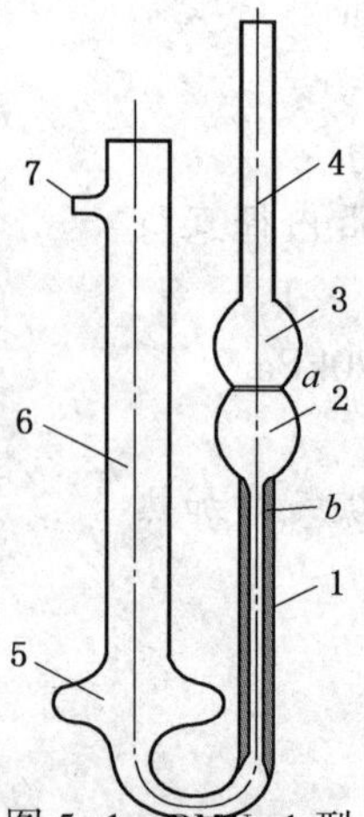

图 5-1 BMN-1 型毛细管黏度计

1—毛细管；2、3、5—扩张部分；4、6—管身；7—支管

玻璃水银温度计：符合 GB/T 514《石油产品试验用液体温度计技术条件》分格为 0.1℃。

秒表：分格为 0.1s。

1.4 准备工作

试样含有水或机械杂质时，在试验前必须经过脱水处理。

将黏度计用溶剂油或石油醚洗涤，如果黏度计上粘有污垢，就用铬酸洗液、水、蒸馏水或 95% 乙醇依次洗涤。然后放入烘箱中烘干或用通过棉花滤过的热空气吹干。

在内经符合要求且清洁、干燥的毛细管黏度计内装入试样。见图5-1。

将橡皮管套在支管 7 上，用手指堵住管身 6 的管口，同时倒置黏度计，然后将管身 4 插入装着试样的容器中；这时利用橡皮球，真空泵将液体吸到标线 b，2 和 3 处不要发生气泡和裂缝，当液面达到 b 时，就从容器里提起黏度计，并迅速恢复其正常状态，擦去管身 4 上多余试样，从支管 7 处取下橡皮管套在管身 4 上。

将装有试样的黏度计浸入事先准备好的恒温浴中，不同的试验温度有不同的恒温时间（见表 5-1），并且要求温度必须保持恒定在±0.1℃。

表 5-1　黏度计在恒温浴中的恒温时间

试验温度/℃	恒温时间/min	试验温度/℃	恒温时间/min
80，100	20	20	10
40，50	15	0～-50	15

用夹子将黏度计固定在支架上，黏度计安装时，必须用铅垂线调整成垂直状态，否则会影响测定的结果。温度计要利用另一只夹子来固定，让水银球的位置接近黏度计毛细管中央点的水平面，并使温度计上测温的刻度位于恒温浴液上 10mm 处。

1.5　试验步骤

利用毛细管黏度计管身 4 口所套着的橡皮管将试样吸入扩张部分 2，使试样液面稍高于标线 a，并且注意不要让毛细管和扩张部分 2 的液体产生气泡或裂隙。

此时观察试样在管身中的流动情况，液面正好到达标线 a 时，开动秒表；液面正好流到标线 b 时，停止秒表。

用秒表记录下来的流动时间，应重复测定至少 4 次，其中各次流动时间与其算术平均值的差数应符合如下的要求：在温度 100～15℃ 测定黏度时，这个差数不应超过算术平均值的±0.5%；在温度 15～-30℃ 测定黏度时，这个差数不应超过算术平均值的±1.5%；在低于 -30℃ 测定黏度时，这个差数不应超过算术平均值的±2.5%。

然后，取不少于 3 次的流动时间所得的算术平均值，作为试样的平均流动时间。

1.6　数据处理

在温度 t 时，试样的运动黏度 V_t（mm^2/s）按下式计算为

$$V_t = c \cdot \tau_t$$

式中　c——黏度计常数，mm^2/s^2；

τ_t——试样的平均流动时间，s。

黏度测定结果的数值，取四位有效数字。

使用全浸式温度计时，如果它的测温刻度露出恒温浴的液面，应依据下式计算温度计液柱露出部分的补正数 Δt，才能准确地量出液体的温度为

$$\Delta t = k \times h \times (t_1 - t_2)$$

式中　k——常数，水银温度计采用 $k=0.00016$，酒精温度计采用 $k=0.001$；

h——露出在浴面上的水银柱或酒精柱高度，用温度计的度数表示；

t_1——测定黏度时的规定温度，℃；

t_2——接近温度计液柱露出部分的空气温度，℃。

试验时取 t_1 减去 Δt 作为温度计上的温度读数。

案例

黏度计常数为 0.4780mm²/s²，50℃时测定试样的流动时间为 318.0，322.4，322.6，321.0s，试计算试样的运动黏度。

解析：$\tau_{50}=\dfrac{318.0+322.4+322.6+321.0}{4}=321.0\text{s}$

各次流动时间与平均流动时间的允许差数为 $\dfrac{321.0\times0.5}{100}=1.6\text{s}$

因为 318.0s 与平均流动时间之差已超过 1.6s，所以这个读数应弃去。

于是平均流动时间为 $\tau_{50}=\dfrac{322.4+322.6+321.0}{3}=322.0\text{s}$

试样运动黏度测定结果为

$V_{50}=c\times\tau_{50}=0.4780\times322.0=154.0\text{mm}^2/\text{s}$

1.7 重复性与再现性

重复性：同一操作者，用同一试样重复测定的两个结果之差，不应超过下列数值，见表 5-2。

再现性：由不同操作者，在两个实验室提出的两个结果之差，不应超过下列数值，见表5-3。

表 5-2 运动黏度数值的重复性

测定黏度的温度/℃	重复性/%
100~15	算术平均值的 1.0
低于 15~-30	算术平均值的 3.0
低于-30~-60	算术平均值的 5.0

表 5-3 运动黏度数值的再现性

测定黏度的温度/℃	再现性/%
100~15	算术平均值的 2.2

1.8 运动黏度测定仪的常见故障处理（见表 5-4）

表 5-4 运动黏度测定仪常见故障处理

故　障	产生原因	处理方法
指示灯不亮	1. 电源插头不紧 2. 保险丝烧断 3. 开关接触不良 4. 指示灯损坏 5. 无工作电压	1. 插紧电源插头 2. 更换保险丝 3. 检修开关 4. 更换指示灯 5. 检查供电线路及仪器
恒温浴不升温	加热器烧坏，不加热	检查加热系统
恒温浴温度不能保持恒定到±0.1℃	1. 温控系统是否损坏 2. 传感器是否损坏 3. 风的影响，室内温度不恒定	1. 检查温控系统 2. 检查传感器 3. 关闭门窗
恒温浴温度超温	1. 温控系统失灵 2. 未正确操作升温旋钮	1. 检查温控系统 2. 正确调整操作
恒温浴内搅拌器停止转动	搅拌电机损坏	检修恒温浴内搅拌电机
黏度计无法固定在浴缸里	黏度计夹子太松	调整黏度计夹子
恒温浴缸振动，恒温浴内液体晃动较剧烈，影响试样的分析结果，造成分析误差大	1. 因实验室周围施工等原因引起实验台及恒温浴缸振动 2. 恒温浴内自动搅拌器转速太快	1. 停止实验室周围施工 2. 检修恒温浴内搅拌电机

续表

故　　障	产生原因	处理方法
恒温浴内温度计测温的刻度不能调整到位于恒温浴的液面上 10mm 处	1. 恒温浴固定温度计的支架及夹子损坏 2. 浴缸内水等液体量太少	1. 检查维修恒温浴固定温度计的支架及夹子 2. 浴缸内加入足够的水等液体
数码管显示浴缸实际温度不准	1. 仪器内部故障 2. 环境因素影响	仪器进行检查校对
照明灯不亮	照明灯坏	更换照明灯
黏度计无法调整成为垂直状态	1. 浴缸不水平 2. 固定黏度计支架上的旋转调整螺钉损坏	1. 用水平仪检测调整运动黏度测定仪的水平 2. 检修黏度计支架

训练

1. 测定运动黏度时，对于测定温度在 100～15℃的试样，再现性要求两个测定结果之差不超过算术平均值的(　　)%。

(A)0.05　　(B)1.0　　(C)2.2　　(D)3.0

2. 测定运动黏度时，试样在扩张部分流动的过程中，恒温浴应(　　)。

(A)搅拌　　(B)停止搅拌　　(C)温度恒定　　(D)温度按要求变动

3. 测定运动黏度的毛细管黏度计必须是(　　)。

(A)新黏度计　　(B)用过两次的黏度计

(C)标定过的黏度计　　(D)不需标定的黏度计

4. 运动黏度测定装置中，恒温浴的常见故障不包括(　　)。

(A)电源故障　　(B)温控电路故障

(C)铂电阻温度计故障　　(D)温度波动超过要求

5. 运动黏度测定装置的常见故障包括(　　)。

(A)黏度计故障　(B)恒温水浴故障　(C)温度计故障　(D)秒表故障

6. 运动黏度测定所用恒温浴故障，不当的处理是(　　)。

(A)检查恒温液　(B)检查电源　(C)检查控制电路　(D)检查铂电阻温度计

7. 运动黏度测定过程中，下列属于常见的仪器故障的原因的是(　　)。

(A)温控电路故障　　(B)铂电阻温度计故障

(C)使用和保存不当　　(D)秒表指示不准

课题 2　石油产品恩氏黏度的测定(GB/T 266—88)

2.1　恩氏黏度的定义及方法概要

恩氏黏度是试样在某温度下从恩氏黏度计流出 200mL 所需的时间与蒸馏水在 20℃流出相同体积所需的时间(s)之比。用符号 E_t 表示，单位为条件度，用符号^0E 表示。试验中，试样流出应成为连续的线状。

黏度计的水值是蒸馏水在20℃时从恩氏黏度计流出200mL所需的时间(s)。

2.2 仪器

恩氏黏度计(见图5-2)包括装试样的容器，堵塞流出管用的木塞，金属三脚架。

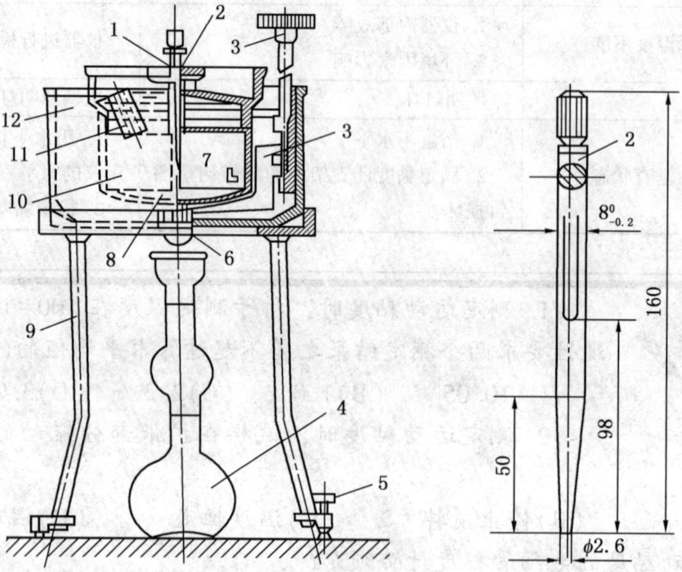

图5-2 恩氏黏度计

1—木塞插孔；2—木塞；3—搅拌器；4—接收器；5—水平调节螺钉；
6—流出孔；7—小尖钉；8—球面形底；9—铁三脚架；10—内容器；
11—温度计插孔；12—外容器

温度计、恩氏黏度计用的接受瓶、电加热装置、5mL吸量管和分度值为0.2s的秒表。

2.3 准备工作

测定黏度计的水值：

在测定水值前，黏度计的内容器要依次用石油醚(或乙醚)95%乙醇和蒸馏水洗涤，并用空气吹干。接收器依次用铬酸洗液，水和蒸馏水仔细洗涤。

将新蒸馏的20℃蒸馏水注入黏度计内容器中，直至内容器中三个尖钉的尖端刚刚露出水面为止。外容器中装入相同温度的水，水浸到内容器中扩大部分为止。调整黏度计的位置，保证内容器中三个尖钉的尖端都处在同一水平面上。

将未经干燥的空接收瓶放在内容器的流出管下面，然后放水，流出管内要装满水，并使流出管的底端悬着一大滴水珠。立即将木塞插入流出管内，接收瓶中的水重新注入内容器中，切勿溅出。为保证瓶中水完全流出，空接收瓶放在内容器上倒置1~2min。

内容器中的水和外容器中的液体要充分搅拌，使温度等于20℃。(5min内温度波动范围±0.2℃)迅速提起木塞，启动秒表。接受瓶接收200mL时，立即停住秒表。

计算标准黏度计的水值应等于(51±1)s，超出此范围不允许使用该仪器。

2.4 实验步骤

每次测定黏度前，用滤过的清洁溶剂油仔细洗涤黏度计的内容器及其流出管，然后用空气吹干。内容器不准擦拭，只允许用剪齐边缘的滤纸吸去剩下的液滴。

将试样注入内容器中，外容器中注入水(测定温度在80℃以下时)或润滑油(测定温度在80~100℃时)。在试验过程中试样的温度保持恒定，5min内能保持规定的温度。内容器中的样品和外容器中的液体，温度波动范围在±0.2℃内。

稍微提起木塞，使多余的试样留下，直至三个尖钉的尖端刚好露出油面为止，油中不要留有气泡。利用温度计搅拌试样，达到规定温度时，不进行搅拌，保持5min。

迅速提起木塞，开动秒表，接收瓶中试样正好达到200mL的标线时，立即停住秒表，记录试样的流出时间，准确至0.2s。取重复测定两个结果的算术平均值，作为试样的恩氏黏度。

2.5　数据处理

试样在温度 t 时的恩氏黏度 E_t(其单位为条件度)按下式计算为

$$E_t=\frac{\tau_t}{K_{20}}$$

式中　τ_t——试样在温度t时从黏度计中流出200mL时所需的时间，s；

K_{20}——黏度计的水值，s。

案例

黏度计的水值 $K_{20}=51.1$s。若燃料油在80℃时从黏度计流出200mL的时间为 $\tau_{80}=472.8$s，试计算其恩氏黏度。

解析：$E_{20}=\frac{\tau_{80}}{K_{20}}=\frac{472.8}{51.1}=9.2$ 条件度

2.6　重复性

重复性：同一操作者重复测定两个流出时间之差不应大于下列数值，见表5-5。

表5-5　恩氏黏度数值的重复性

流出时间/s	重复性/s	流出时间/s	重复性/s
≤250	1	501~1000	5
251~500	3	>1000	10

训练

1. 洗涤恩氏黏度测定所用接收器时，可能用到的洗涤液有(　　)。

(A)乙醇　　(B)铬酸洗液　　(C)溶剂油　　(D)水

2. 计算恩氏黏度时，需要的数据为(　　)。

(A)试样在测定温度下流出100mL的时间

(B)试样在测定温度下流出200mL的时间

(C)黏度计的水值 K_{20}

(D)黏度计的水值 K_{25}

训练

3. 测定恩氏黏度时，对于流出时间为300s的试样，重复性要求两个流出时间之差不应大于(　　)s。

(A)1　(B)2　(C)3　(D)5

4. 测定恩氏黏度，应有的操作步骤包括(　　)。

(A)内容器洗涤　(B)内容器恒温　(C)温度计搅拌　(D)温度计测量

5. 恩氏黏度计常见的仪器故障不包含(　　)。

(A)黏度计漏油　(B)温度计断线　(C)秒表读数不准　(D)内容器不标准

6. 恩氏黏度电加热装置不工作的原因不包含(　　)。

(A)炉丝断裂　(B)电压不稳　(C)电源未接通　(D)电路故障

7. 恩氏黏度电加热装置不工作，不当的处理是(　　)。

(A)检查炉丝是否断裂　(B)检查电压是否有波动

(C)检查电源是否接通　(D)检查是否有断路现象

单元六 油品中杂质成分的测定

课题1 石油产品水分测定(GB/T 260—77)

原油中含水会使蒸馏操作不稳，能耗增加。由水带入的盐类会使设备产生严重的腐蚀。航空燃料中含水会使结晶点升高，引起燃油系统堵塞。发动机燃料和润滑油中含水会把无机盐带入汽缸内，使机件腐蚀、积炭增加、磨损加剧。因此，水分是各种油品产品标准中必不可少的规格指标之一。

1.1 方法概要

用一定量的试样与无水溶剂混合，进行蒸馏测定其水分含量并以百分数表示。

1.2 仪器及材料

水分测定器(图6-1)包括圆底玻璃烧瓶1，容量为500mL，接收器2(图6-2)和直管式冷凝管3，长度为250~300mm。

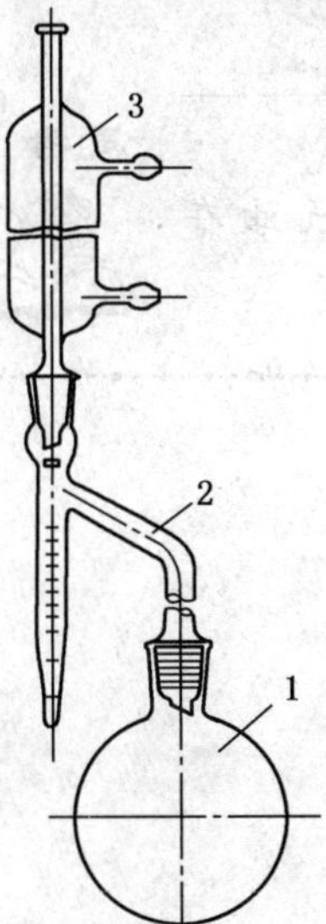

图6-1 水分测定器

1—圆底烧瓶；2—接收器；3—冷凝器

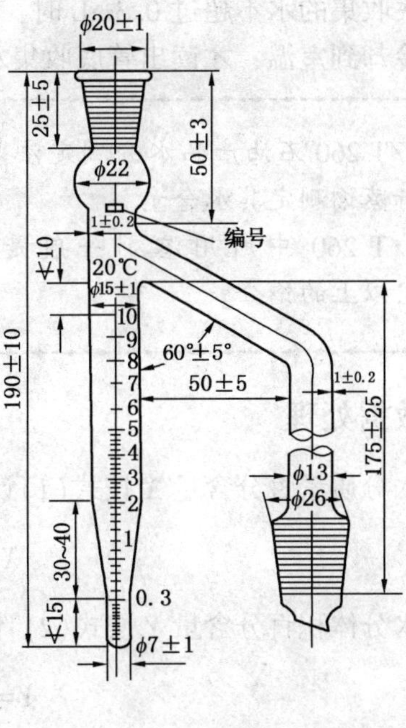

图6-2 接收器

水分测定器的各部分连接处，可以用磨口塞或软木塞连接(仲裁试验时必须用磨口塞连接)。接收瓶的刻度在0.3mL以下设有十等分的刻线；0.3~1.0mL之间设有七等分的刻线；1.0~10mL之间每分度为0.2mL。

溶剂：工业溶剂油或直馏汽油在 80℃以上的馏分，溶剂在使用前必须脱水和过滤。

无釉瓷片、浮石、或一端封闭的玻璃毛细管，在使用前必须经过烘干。

1.3　试验步骤

将装入量不超过瓶内容积 3/4 的试样摇动 5min，要混合均匀。黏稠的或含石蜡的石油产品应预先加热至 40~50℃，再进行摇匀。

向预先洗净并烘干的圆底烧瓶 1 称入摇匀的试样 100g，称准至 0.1g(试样的水分超过 10%时，试样的重量应酌量减少，要求蒸出的水不超过 10mL)。用量筒取 100mL 溶剂，注入圆底烧瓶中，然后投入一些无釉瓷片、浮石或毛细管。

洗净并烘干的接收瓶 2 要用它的支管紧密地安装在圆底烧瓶 1 上，使支管的斜口进入圆底烧瓶 15~20mm。然后在接收器上连接直管式冷凝管 3。冷凝管的内壁要预先用棉花擦干。安装时，冷凝管与接受器的轴心线要相互重合，冷凝管下端的斜口切面要与接收器的支管管口相对。为了避免蒸气逸出，应在塞子缝隙上涂抹火棉胶。进入冷凝管的水温与室温相差太大时，应在冷凝管的上端用棉花塞住，以免空气中的水蒸气进入冷凝管凝结。

用电炉、酒精灯或调成小火焰的煤气灯加热圆底烧瓶，并控制回流速度，使冷凝管的斜口每秒滴下 2~4 滴液体。蒸馏将近完毕时，如果冷凝管内壁沾有水滴，应使圆底烧瓶中的混合物在短时间内进行剧烈沸腾，利用冷凝的溶剂将水滴尽量洗入接收瓶中。接收瓶中收集的水体积不再增加，而且溶剂的上层完全透明时，应停止加热。回流时间不应超过 1h。

圆底烧瓶冷却后，将仪器拆卸，读出接收器中收集水的体积。当接收器中的溶剂呈现混浊，而且管底收集的水不超过 0.3mL 时，将接收器放入热水中浸 20~30min，使溶剂澄清，再将接收器冷却到室温，才读出管底收集水的体积。

1. GB/T 260 石油产品水分测定法是将一定量的试样与________混合，进行蒸馏测定其水含量。

2. GB/T 260 中所用溶剂一般是工业溶剂油或直馏汽油在________℃以上的馏分。

1.4　数据处理

试样的水分质量百分含量 X 按式(1)计算为

$$X=\frac{V}{G}\times 100 \tag{1}$$

试样的水分体积百分含量 Y 按式(2)计算为

$$Y=\frac{V\cdot\rho}{G}\times 100 \tag{2}$$

式中　V——接收器中收集水的体积，mL；

ρ——注入烧瓶时的试样的密度，g/mL；

G——试样的重量，g。

取两次测定的两个结果的算术平均值，作为试样的水分。

试样的水分少于 0.03%，认为是痕迹。在仪器拆卸后接收器中没有水存在，认为试样无水。

1.5　准确度

在两次测定中，收集水的体积差数，不应超过接收器的一个刻度。

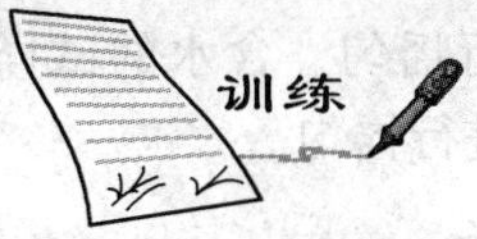

1. 水分测定器的接受器在 0.3mL 以下有(　　)个等分刻线。

(A)7　(B)8　(C)9　(D)10

2. GB/T 260 中所用的冷凝管的长度为(　　)mm。

(A)150~200　(B)200~250　(C)250~300　(D)300~350

3. 应用 GB/T 260 测定样品的水分，试样应摇动(　　)min。

(A)3　(B)5　(C)8　(D)10

4. 应用 GB/T 260 测定样品的水分，如果接受器中有不超过 0.3mL 水但溶剂浑浊，则应将接受器放入热水中(　　)min。

(A)5~10　(B)10~20　(C)20~30　(D)20~35

5. 应用 GB/T 260 测定试样的水分，如果测定结果为痕迹，则试样水分应少于(　　)%。

(A)0.01　(B)0.02　(C)0.03　(D)0.05

6 应用 GB/T 260 测定样品的水分，蒸出的水量不应超过(　　)mL。

(A)5　(B)6　(C)8　(D)10

课题 2　康氏法测定残炭(GB/T 268—87)

2.1　残炭的定义及方法概要

(1) 残炭的定义

油料在隔绝空气的情况下加热时，会蒸发、裂解和缩合，生成焦炭状残留物，我们称之为残炭，用残留物占油品的质量分数(m%)表示。残炭是评价油品在高温条件下生成焦炭倾向的指标。

(2) 方法概要

把已称重的试样置于坩埚内进行分解蒸馏。残余物经强烈加热一定时间即进行裂化和焦化反应。在规定的加热时间结束后，将盛有碳质残余物的坩埚置于干燥器内冷却并称重，计算残炭值(以原试样的质量百分数表示)。

2.2　仪器

石油产品康氏残炭测定仪(见图 6-3)。

2.3　准备工作

瓷坩埚必须先放在 800℃±20℃的高温炉中煅烧 1.5~2h，然后清洗烘干备用。

将备好的盛有两个玻璃珠的瓷坩埚称重，称准至 0.0001g。

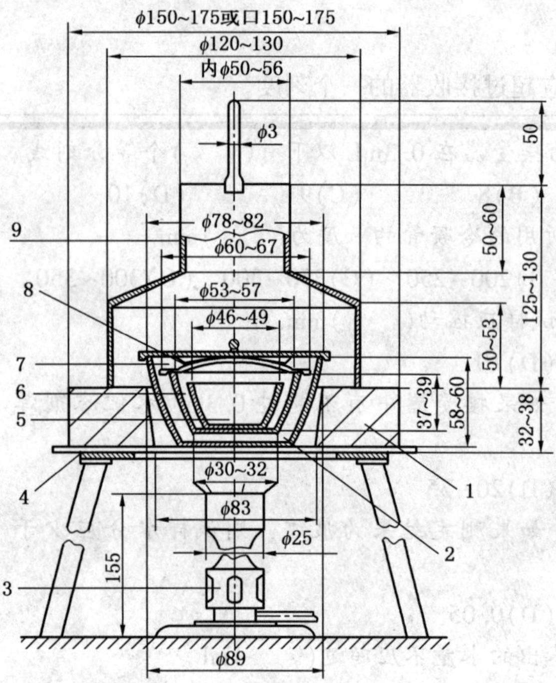

图 6-3　康氏残炭测定仪

1—遮焰体；2—干沙子；3—喷灯；4—镍铬丝三脚架；5—瓷坩埚；6—内铁坩埚；7—外铁坩埚；8—水平孔；9—圆铁罩

所取的试样必须具有代表性。取样前将装入量不超过瓶内容积 3/4 的试样充分摇动，使其混合均匀。

黏稠的或含蜡的石油产品，应预先加热至 50~60℃再进行摇匀。含水的试样应先脱水和过滤，再进行摇匀。

2.4　试验步骤

向盛有两个直径约 2.5mm 玻璃珠并称过重量的瓷坩埚内称入 10g±0.5g 试样。试样量需根据预计的残炭生成量按表 6-1 称取，并称准至 0.005g。

表 6-1　试样量

预计残炭/%	试样量/g
<5	10±0.5
5~15	5±0.5
>15	3±0.1

将盛有试样的瓷坩埚放入内铁坩埚的中央。在外铁坩埚内铺平沙子，将内铁坩埚放在外铁坩埚的正中。盖好内、外铁坩埚的盖子。参照图 6-3 安装仪器。全套坩埚用圆铁罩罩上，以使反应过程中受热均匀。

置灯头于外铁坩埚底下约 50mm 处，进行强火加热(但不冒烟)使预点火阶段控制在(10±1.5)min 内。当罩顶出现油烟时，立即移动或倾斜喷灯使火焰触及坩埚边缘，使油蒸气着火，调节火焰，油蒸气均匀燃烧，火焰高出烟囱，但不超过火桥。使油蒸汽燃烧阶段应控制在 13min±1min 内完成。

当试样蒸气停止燃烧，罩上看不见蓝烟时，增强火焰，外铁坩埚底部和下部呈樱桃红色时，保持 7min。总加热时间(包括预点火和燃烧阶段在内)应控制在(30±2)min 内。移开喷灯，冷却到不见烟约 15min，用热坩埚钳将瓷坩埚移入干燥器内。冷却 40min 后称重，准确至 0.0001g，计算残碳值。

1. 测定黏稠或含石蜡的石油产品的残炭，应预先加热至________℃再进行摇匀。
2. 测定残炭含量时，最后称量应在冷却________min 后进行

2.5　精密度

重复性：同一操作者测得的两个结果之差，不应超过图 6-4 所示的重复性数值。

再现性：由两个实验室提供的两个结果之差，不应超过图 6-4 所示的再现性数值。

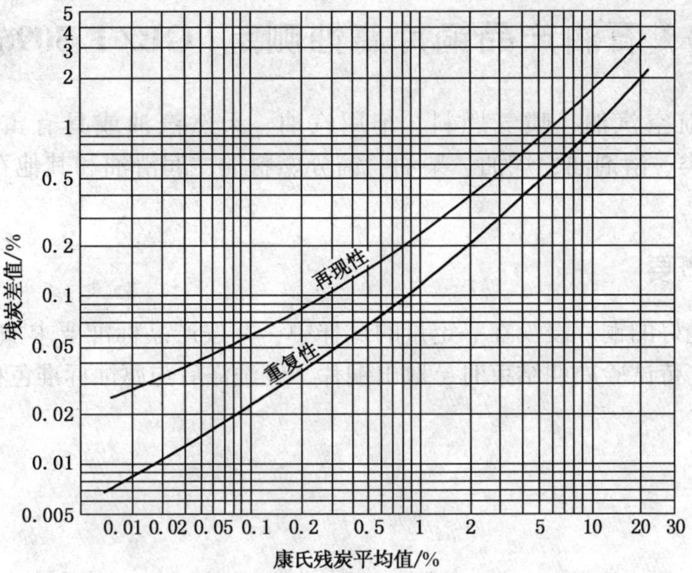

图 6-4　康氏残炭数值精密度

训练

1. 测定石油产品残炭前，应煅烧坩埚直至两次称量之差不大于(　　)g。

(A)0.0004　(B)0.0003　(C)0.0002　(D)0.0001

2. 测定残炭含量时，量取好试样后，应将试样放入(　　)。

(A)内铁坩埚中央　(B)外铁坩埚中央

(C)内铁坩埚靠近火焰处　(D)外铁坩埚靠近火焰处

3. 测定残炭含量时，量取试样与仪器安装的先后顺序是(　　)。

(A)先安装后量取　(B)先量取后安装

(C)安装完成后点火后量取　(D)取样在试验进行需要时进行

4. 测定残炭含量时，油蒸气燃烧阶段应控制在(　　)min 内。

(A)15±1　(B)13±1　(C)13±1.5　(D)15±1.5

5. 下列属于残炭含量测定技术要素的是(　　)。

(A)按规定称取试样　(B)预点火阶段控制在(10±1.5)min 内

(C)含水试样要脱水和过滤　(D)试样要有代表性

6. 残炭测定用瓷坩埚的干燥一般采用(　　)。

(A)烘干　(B)风干　(C)微波干燥　(D)超声干燥

7. 下列结构不属于康氏残炭测定仪组成部分的是(　　)。

(A)瓷坩埚　(B)油杯　(C)内铁坩埚　(D)外铁坩埚

课题 3　石油产品铜片腐蚀测定(GB/T 5096—85)

适用于测定航空汽油、喷气燃料、车用汽油、天然汽油或具有雷德蒸气压不大于124kPa 的其他烃类、溶剂油、煤油、柴油、馏分燃料油、润滑油和其他石油产品对铜的腐蚀性程度。

3.1　方法概要

把一块已磨光好的铜片浸没在一定量的试样中，并按产品标准要求加热到指定的温度，保持一定的时间。待试验周期结束时，取出铜片，经洗涤后与腐蚀标准色板进行比较，确定腐蚀级别。

3.2　仪器

试验弹

试管：长 150mm，外径 25mm，壁厚 1~2mm，在试管 30mL 处刻一环线。

水浴或其他液体浴：能维持在试验所需的温度 40，50 或(100±1)℃范围内。

磨片夹钳或夹具

温度计

铜片：纯度大于 99.9%的电解铜。宽为 12.5mm，厚为 1.5~3.0mm，长为 75mm。

腐蚀标准色板

3.3　试验步骤

不同的产品采用不同的试验步骤。

(1) 航空汽油、喷气燃料

把试样倒入清洁、干燥的试管中 30mL 刻线处，并将经过最后磨光的干净的铜片在一分钟内浸入该试管的试样中。把该试管小心地滑入试验弹中，并把弹盖旋紧。把试验弹完全浸入已维持在(100±1)℃的水浴中。在浴中放置 2h±5min 后取出试验弹，并在自来水中冲几分钟，打开试验弹盖，取出试管，检查铜片。

(2) 柴油、燃料油、车用汽油

把试样倒入清洁、干燥的试管中 30mL 刻线处，并将经过最后磨光的干净的铜片在一分钟内浸入该试管的试样中。用一个有排气孔的软木塞塞住试管。把该试管放到已维持在(50±1)℃的水浴中，放置 3h±5min 后，检查铜片。

(3) 溶剂油、煤油

按步骤(2)进行试验但水浴温度为(100±1)℃。

(4) 润滑油

按步骤(2)进行试验但水浴温度为(100±1)℃。此外，还可以在改变了的试验时间和温度下进行试验，一般从 120℃起，以 30℃为一个平均增量向上提高温度。

(5)铜片的检查

把试管的内容物倒入 150mL 高型烧杯中，用不锈钢镊子立即将铜片取出，浸入洗涤溶剂中，洗去试样。把铜片与腐蚀标准色板比较来检查变色或腐蚀迹象。比较时把铜片和腐蚀标准色板对光线成45°角折射的方式拿持，进行观察。确定腐蚀级别。

3.4　常见故障处理（见表6-2）

表6-2　铜片腐蚀测定仪常见故障处理

故　　障	产生原因	处理方法
指示灯不亮	1. 电源插头不紧 2. 保险丝烧断 3. 开关接触不良 4. 指示灯损坏	1. 插紧电源插头 2. 更换保险丝 3. 检修开关 4. 更换指示灯
水浴不升温	加热器烧坏，不加热	检查加热系统
水浴温度不能保持恒定到±1℃	温控系统是否损坏	检查温控系统
水浴内搅拌器停止转动	搅拌电机损坏	检查搅拌电机
水浴内搅拌器运转震动大	1. 工作电压不正常 2. 碳刷损坏	1. 检查电路系统 2. 修复碳刷

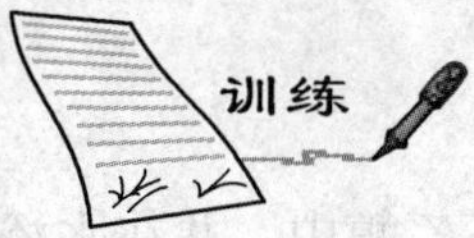

1. 铜片腐蚀用试验弹需要试漏，其试漏时间要求是(　　)。

(A)每次试验前　　(B)每隔一星期

(C)每隔一个月　　(D)每隔半年

2. 对于铜片腐蚀测定用水浴应定期检查，内容包括(　　)。

(A)恒温性能　　(B)支架能否保持试验弹垂直

(C)浴液的量　　(D)支架能否使试管垂直

3. 测定喷气燃料的铜片腐蚀，水浴温度要求控制在(　　)±1℃。

(A)40　　(B)50　　(C)100　　(D)120

4. 测定铜片腐蚀，要求将铜片在(　　)内浸入试管的试样中。

(A)30s　　(B)1min　　(C)45s　　(D)90s

5. 润滑油的铜片腐蚀测定如果在改变了的试验时间和温度条件下进行，一般以(　　)℃为一个平均增量提高温度。

(A)20　　(B)10　　(C)30　　(D)40

6. 贮存会使铜片轻度变暗的试样，一般应用(　　)。

(A)干净、深色玻璃瓶　　(B)塑料瓶

(C)干净、白色玻璃瓶　　(D)不影响腐蚀性的合适容器

7. 应用GB/T 5096测定石油产品铜片腐蚀时，恒温水浴温度波动超过期望值，不正确的处理是(　　)。

(A)使用稳压器　　(B)适当减少浴液

(C)检查温度检测器灵敏性　　(D)适当增加浴液

8. 应用GB/T 5096时，铜片腐蚀分析装置应包含(　　)。

(A)试验弹　　(B)试管　　(C)恒温水浴　　(D)温度计

课题 4 酸值的测定(GB/T 264—83)

4.1 定义及方法概要

酸值：中和 1g 石油产品所需的氢氧化钾毫克数。

方法概要：以 95%乙醇在沸腾情况下将油品中的酸性物质抽出，然后用已知浓度的氢氧化钾乙醇溶液滴定，通过甲酚红、碱性蓝指示剂颜色的变化来确定滴定终点。记录滴定所消耗的氢氧化钾乙醇溶液的体积，通过计算得到油品的酸值。

4.2 仪器及试剂

锥形烧瓶：250 或 300mL

电热板或水浴

球形回流冷凝管

95%乙醇溶液：分析纯

微量滴定管：2mL，分度为 0.02mL

碱性蓝 6B 指示剂

氢氧化钾：分析纯，配成 0.05mol/L 氢氧化钾乙醇溶液

甲酚红：配制溶液时，称取甲酚红 0.1g。研细，溶于 100mL 95%乙醇中，并在水浴中煮沸回流 5min，趁热用 0.05mol/L 氢氧化钾乙醇溶液滴定至甲酚红溶液由橘红色变为深红色，而在冷却后又能恢复成橘红色为止。

4.3 试验步骤

用清洁、干燥的锥形烧瓶称取试样 8~10g，称准至 0.2g。

在另一只清洁无水的锥形瓶中，加入 95%乙醇 50mL，装上回流冷凝管。在不断摇动下，将 95%乙醇煮沸 5min，除去溶于 95%乙醇内的二氧化碳。

在煮沸过的 95%乙醇溶液中加入 0.5mL 碱性蓝 6B(或甲酚红)溶液，趁热用 0.05mol/L 氢氧化钾乙醇溶液中和，直至溶液由蓝色变成浅红色(或由黄色变成紫红色)为止。对未中和就已呈现浅红色(或紫红色)的乙醇，若要用它测定酸值较小的试样时，可事先用 0.05mol/L 稀盐酸若干滴，中和乙醇恰好至微酸性，然后再按上述步骤中和直至溶液由蓝色变成浅红色(或由黄色变成紫红色)为止。

将中和过的 95%乙醇注入装有已称好试样的锥形瓶中，并装上回流冷凝管。在不断摇动下，将溶液煮沸 5min。

在煮沸过的混合液中，加入 0.5mL 的碱性蓝 6B(或甲酚红)溶液，趁热用 0.05mol/L 氢氧化钾乙醇溶液滴定，直至 95%乙醇层由蓝色变成浅红色(或由黄色变成紫红色)为止。

对于在滴定终点不能呈现浅红色(或紫红色)的试样，允许滴定达到混合液的原有颜色开始明显地改变时作为终点。

在每次滴定过程中，自锥形烧瓶停止加热到滴定达到终点所经历的时间不应超过 3min。

4.4　数据处理

试样的酸值 X，用 mgKOH/g 的数值表示，可按下式计算为

$$X=\frac{V\cdot T}{G}$$

$$T=56.1\times N$$

式中　V——滴定时所消耗氢氧化钾乙醇溶液的体积，mL；

G——试样的质量，g；

T——氢氧化钾乙醇溶液的滴定度，mgKOH/g；

56.1——氢氧化钾的摩尔质量；

N——氢氧化钾乙醇溶液的浓度，mol/L。

1. 测定石油产品酸值，所用的标准滴定溶液的浓度是________mol/L。
2. 测定酸值的过程中，将乙醇煮沸 5min 的目的是________。

4.5　重复性与再现性

重复性：同一操作者重复测定两个结果之差不应超过表 6-3 中数值。

再现性：由两个实验室提出的两个结果之差不应超过表 6-3 中数值。

表 6-3　酸值数值的重复性和再现性

范围/(mgKOH/g)	重复性/(mgKOH/g)	再现性/(mgKOH/g)	范围/(mgKOH/g)	重复性/(mgKOH/g)	再现性/(mgKOH/g)
0.00~0.1	0.02	0.04	大于 0.5~1.0	0.07	平均值的 15%
大于 0.1~0.5	0.05	0.10	大于 1.0~2.0	0.10	平均值的 15%

1. GB/T 264 规定，每次滴定过程中，自锥形瓶停止加热到滴定达到终点所经过的时间不应超过(　　)min。

(A)3　(B)4　(C)5　(D)6

2. GB/T 264 规定，对于酸值在 0.00~0.1mgKOH/g 的试样，重复性要求两个测定结果之差不应大于(　　)mgKOH/g。

(A)0.01　(B)0.02　(C)0.03　(D)0.05

3. 酸值的计算公式正确的是(　　)。

(A)$\frac{56.1\times V\times C}{G}$　(B)$\frac{56.1\times C}{V\times G}$　(C)$\frac{56.1\times C}{V\times G}$　(D)$\frac{56.1\times V}{C\times G}$

4. 酸值计算公式中，56.1 的含义是(　　)。

(A)计算中的常数　(B)经验积累值

(C)氢氧化钾的摩尔当量　(D)氢氧化钾的摩尔当量浓度

单元七　油品中其他性能指标的测定

课题 1　石油产品热值测定(GB/T 384—81)

1.1　方法概要

本方法适用于以量热计氧弹测定不含水的石油产品的总热值和净热值。

测定内容包含三部分：一、弹热值测定法；二、总热值测定法；三、净热值测定法。

弹热值测定法作为总热值和净热值的测定基础。

1.2　弹热值测定法

方法概要：

将试样装在氧弹内的小皿中，用易燃而不透气的胶片封闭起来，或把试样封闭在聚乙烯管制成的安瓿中，使试样在压缩氧中燃烧，以测定其燃烧时所发生的热值(弹热值)。

注：应在一个单独的房间内进行，要背阳，并要保证室内温度稳定，房间内不应有影响燃烧热测定的加热装置，在试验进行时禁止通风。

装压缩氧气用具的连接部分严禁涂润滑油脂，如在试验或搬运时沾了润滑油脂或其他油类而显有油污，则应先用汽油小心洗涤，然后用乙醇或乙醚洗涤。

1.3　总热值测定法

方法概要：先从氧弹洗涤液中测定硫含量(此硫在氧弹中由二氧化硫变成硫酸，使硫酸根离子变成硫酸钡沉淀析出，由测定硫酸钡的重量算出硫含量)。然后，在试样的弹热值中引入修正数(二氧化硫变成硫酸及硫酸溶解于水时所放出的热量；由氮生成硝酸溶解于水时所放出的热量)，从而得到总热值。

注：含硫酸钡沉淀的烧杯，在沸腾的水浴上放置 2h。

坩埚及其内容物要在 800 ~ 850℃高温炉中煅烧，并使其达到连续两次称量间的差小于 0.001g。

1.4　净热值测定法

方法概要：用实验方法或按公式计算的方法测定试样中的氢含量。向总热值中引入水蒸汽生成热的修正数，即得净热值。

在氧弹内压缩氧气中，放入已知重量的吸有硫酸的浮石作为吸水剂，同时用封上胶片的小皿燃烧所称得的试样，但不计算热值，将氧弹置于沸腾的水中及空气中以吸收水分，然后测定浮石所吸收的水量。步骤分以下几部分：

(1)吸水剂的制备；(2)空白试验(至少进行两次)；(3)氢的测定；(4)氢含量的计算；(5)计算净热值。

训练

1. 测定总热值时，修正数包含(　　)。
(A)二氧化硫变成硫酸所放出的热量　(B)硫酸溶解热
(C)水蒸气生成热　(D)氮生成硝酸溶解于水时所放出的热量

2. 测定总热值时，滤液中加入的指示剂是(　　)。
(A)甲基橙　(B)酚酞　(C)甲基红　(D)淀粉

3. 测定净热值时，氧弹压力应控制在(　　)公斤力/厘米^2。
(A)20~25　(B)25~28　(C)28~30　(D)30~32

4. 下列叙述符合 GB/T 384 对热值测定要求的是(　　)。
(A)正常情况下，每 3 个月测定一次
(B)更换温度计时要重新测定
(C)室温变动在±3℃时必须重新测定
(D)测定装置部分修理后要重新测定

5. 洗涤热值分析用氧弹沾有的油污时，可能用到的洗涤液有(　　)。
(A)汽油　(B)乙醇　(C)乙醚　(D)铬酸洗液

6. 热值分析过程中，点火失败的原因不包含(　　)。
(A)点火丝断　(B)点火丝造成短路　(C)点火电压不够　(D)没有注入硝酸

7. 热值分析过程中常见的异常现象包括(　　)。
(A)开机异常　(B)搅拌器不转动　(C)点火失败　(D)试验失败

8. 热值分析过程中点火失败，可能的原因是(　　)。
(A)点火丝安装不好　(B)氧弹制作失败　(C)样品坩埚脏　(D)点火电压异常

课题 2　苯结晶点测定(GB/T 3145—82)

2.1　方法概要

本方法适用于测定苯的结晶点。

在规定的冷却条件下，当被测试样冷却到一定温度，在有固体析出后，温度复又回升，回升达到的最高温度即为结晶点。

2.2　仪器

小试管：长 125~127mm，外径 15~16mm。在从管底至高(52±1)mm 高度处刻一刻线。

大试管：长 150~152mm，外径 25~27mm。

温度计：刻度分度值 0.02℃。

冷浴

搅拌器

2.3　试验步骤

试样混合均匀，倾入小试管至刻线处，用滴管加一滴蒸馏水，剧烈摇动半分钟。把带有温度计和搅拌器的软木塞插入小试管中，并调节温度计4.0~4.4℃处的刻线与软木塞上缘平齐，温度计的水银球在试管的中心，温度计水银球的下边缘距小试管底约8~10mm。

把装好试样和温度计的小试管直接插入冷浴中，在不断搅拌下冷却小试管内的试样至6℃时，立即取出，擦干外壁水迹，迅速插入大试管中，放入冷浴继续冷却。

继续不断搅拌试样，观察温度读数下降至一最低点，然后又升高至一最高点，并在最高点恒定不少于30s，随后又继续下降，记录最高点的恒定温度，即为含水试样结晶点。读至0.01℃。

如最高点温度恒定少于30s或最低点温度和最高点温度不明显时，须重新测定。

2.4　数据处理

将测得结果换算成不含水试样结晶点报出，如

$$t=t_0+\Delta t_1+\Delta t_2+0.09$$

式中　t——不含水试样结晶点，℃；

t_0——观察所得读数，℃；

Δt_1——温度计校正值，℃；

Δt_2——汞柱外露部分的温度校正值，℃；

0.09——含水试样换算为不含水试样的校正值，℃。

$$\Delta t_2=0.00016H(t_0-t_B)$$

t_B——由辅助温度计观察所得在软木塞以上汞柱中段附近的温度，℃；

H——温度计露出在软木塞外面部分的汞柱高度，℃。

注：Δt_2 小于0.01℃时可以不进行 Δt_2 补正。

1. GB/T 3145中，当插入冷水浴的小试管内试样温度为________℃时，应取出小试管。

2. GB/T 3145中，插入小试管的温度计水银球的下边缘距离小试管底部应为________mm。

2.5　重复性与再现性

重复性：在同一实验室，由同一试验者，对同一试样，重复测定两个结果间的差数不应大于0.02℃。

再现性：在不同实验室，由不同一试验者，对同一试样，进行测定两个结果间的差数不应大于0.04℃。

取平行测定两个结果的算术平均值，作为测定结果。

1. GB/T 3145 中，样品倾入小试管后，应(　　)。

(A)剧烈摇动　　(B)滴加 1 滴蒸馏水

(C)缓慢摇动　　(D)滴加 2 滴蒸馏水

2. GB/T 3145 中，小试管装好试样和温度计后，应(　　)。

(A)插入冷却浴　　(B)插入大试管　　(C)进行搅拌　　(D)剧烈摇动

3. GB/T 3145 中，重复性要求两个测定结果间的差数不应大于(　　)℃。

(A)0.01　　(B)0.02　　(C)0.03　　(D)0.04

4. GB/T 3145 中，选择大试管的内径应为(　　)mm。

(A)15~16　　(B)15~17　　(C)25~27　　(D)26~28

5. 测定结晶点所用的温度计属于低温温度计，正确的保存方法为(　　)。

(A)常温　　(B)低温　　(C)水平放置　　(D)竖直放置

6. 对于自动搅拌的结晶点测定仪，对搅拌系统的日常维护工作一般包括(　　)。

(A)润滑　　(B)紧固　　(C)除尘　　(D)更换

7. 数显控温的结晶点测定仪，如不升温，则不当的处理方式为(　　)。

(A)检查电路　　(B)检查搅拌速度　　(C)检查保险丝　　(D)检查可控硅

8. 数显控温的结晶点测定仪，如温度显示剧烈波动，则常见的处理方式为(　　)。

(A)检查可控硅　　(B)检查温控电路　　(C)加快搅拌速度　　(D)降低搅拌速度

课题 3　汽油辛烷值测定(马达法 GB/T 503—1995)

3.1　定义及方法概要

3.1.1　定义

汽油抗拒爆震的能力称为抗爆性。

(1) 爆震

在点燃式发动机中，混合气被点燃后，尚未燃烧的那部分混合气出现自燃时发出的爆响现象。

(2) 辛烷值

表示点燃式发动机燃料抗爆性的一个预定数值。在规定条件下的标准发动机试验中，通过和标准燃料进行比较来测定。采用和被测定燃料具有相同抗爆性的标准燃料中异辛烷的体积百分数表示。

标准燃料由异辛烷、正庚烷混配而成。人为规定：异辛烷辛烷值为 100，正庚烷辛烷值为 0。测定方法不同，辛烷值不一样，因此，引用辛烷值时应该指明所采用的方法。辛烷值越高，汽油的抗爆性越好。

辛烷值分为研究法辛烷值(*RON*)和马达法辛烷值(*MON*)。

马达法辛烷值(*MON*)与全尺寸点燃式发动机高速运转下的抗爆性能相关联。

研究法辛烷值(*RON*)与全尺寸点燃式发动机低速运转下的抗爆性能相关联。

综合反映车用汽油的抗爆性：

$$抗爆指数=\frac{RON+MON}{2}$$

3.1.2 方法概要

一种燃料的马达法辛烷值是在标准操作条件下，将该燃料与已知辛烷值的参比燃料混合物的爆震倾向相比较而确定的。具体的做法是借助于改变压缩比，并用一个电子爆震表来测量爆震强度而获得标准爆震强度。可用内插法和压缩比法进行测定。

3.2 马达法辛烷值的测定

首先要求发动机的转速在(900±9)r/min，在一次试验中最大变化不超过9r/min。

3.2.1 用内插法测定试样

（1）配制一个接近估算辛烷值的参比燃料，倒入化油器的一个油罐中，把燃料液面调到估计产生最大爆震强度的位置上，旋转选择阀，让发动机用这个参比燃料工作，调整燃料液面高度，使之获得最大爆震强度液面和最大爆震表读数，并作记录。

（2）在进行第一个内插参比燃料试验后，可配制第二个参比燃料，预计两个参比燃料的爆震表读数应把试样的爆震表读数包括在内，这两个参比燃料的辛烷值差数不大于2个单位。把调好的第二个参比燃料倒入化油器的第二个油罐中，获得最大爆震强度液面和最大爆震表读数，并作记录。

（3）检查标准爆震强度的一致性

（4）如果第一、第二两个参比燃料的爆震表读数不能把试样的读数包括在内，就应根据已测数据预算结果，选择第三个参比燃料，以替换前两者中一个，并于另一个相配合，以达到把试样的爆震表读数包括在内的目的。

（5）试验结果的计算为

$$X=\frac{b-c}{b-a}(A-B)+B$$

式中 X——试样的辛烷值；

A——高辛烷值参比燃料的辛烷值；

B——低辛烷值参比燃料的辛烷值；

a——高辛烷值参比燃料的平均爆震表读数；

b——低辛烷值参比燃料的平均爆震表读数；

c——试样的平均爆震表读数。

3.2.2 用压缩比法测定试样

（1）确定标准爆震强度：用与试样同一范围的第一参比燃料；把压缩比调整到符合要求的数值；调整参比燃料液面，取得最大爆震燃料-空气比；调整爆震仪的“仪表读数”使爆震表达50位置上。

（2）评定试样燃料：把化油器燃料选择阀转到装有试样的燃料罐供油，调整压缩比使爆震表读数为50；调整燃料罐液面，取得最大爆震的燃料-空气比；重新调整压缩比使爆震表读数为50；读取计数器读数。

（3）试样测定的结果辛烷值与确定标准爆震强度所用的参比燃料的辛烷值，最大允许差异不能超过表7-1中数值。

表 7-1　最大允许差值

试样评定辛烷值范围	参比燃料与试样之间辛烷值最大允差	试样评定辛烷值范围	参比燃料与试样之间辛烷值最大允差
等于或低于 90.0	2.0	102.1~105.0	1.3
90.1~100.0	1.0	高于 105.1	2.0
100.1~102.0	0.7		

3.3　辛烷值机的维护保养

辛烷值机的维护保养分为三种类型：每日的检查维护，按规定强制性的中短期检维修和较长时期的检修，全面的对机器进行的大修。

3.3.1　日常维护

包括对机器的一般检查和正确使用维护。

(1) 燃料系统，检查气化器管路和阀门是否泄漏。

(2) 检查曲轴箱机油液面，如油量不足及时补加规定牌号的机油。

(3) 检查点火系统，检查点火定时，如不符合要求进行调整。

(4) 阀系统，检查气阀间隙，不合标准及时调整。

(5) 开车一定要盘车，停机一定要转动飞轮压缩冲程上死点处。每次开车要检查蒸馏水液面，各点温度压力等情况的变化，停车后清理环境清擦机器。

3.3.2　周维护

检查储罐内冷却液液面，并加入蒸馏水以保持储罐内有一半高度液面。

3.3.3　月维护

用一支防冻自动比重计测量冷却液相对密度，并加入蒸馏水或冷却液以保持混合液的凝点在-18~-15℃。

乙二醇 $\rho_{20}=1.1088$，水:乙二醇(5：1)混和 $\rho_{20}=1.1018$。

3.3.4　半年维护

在冷却液循环泵的每个油孔内滴入一滴轻质润滑油；用低压压缩空气吹扫，以清洁空气过滤器；排出冷却液并用新配冷却液替换。

3.3.5　年维护

更换空气过滤器。

3.3.6　常见故障处理(见表 7-2)

表 7-2　辛烷值测定仪常见故障处理

故　　障	产生原因	处理方法
1. 辛烷值机转不起来	单相电源损坏 三相电源损坏 有积水或燃料等物质 马达损坏	检查单相电源启动开关 检查线路电压的保险丝或电路断续器 检查同步马达
2. 辛烷值机转动，但不点火	点火系统故障 燃料供应情况不正常	检查点火 检查燃料供应情况 检查压缩压力 检查排气系统的背压

续表

故　障	产生原因	处理方法
3. 过高的爆震强度	点火定时不正确 压缩压力是否过高 燃料，参比燃料掺配比例是有差错 实验室内的空气有杂质	检查点火定时是否正确 检查压缩压力是否过高 检查燃料，参比燃料掺配比例是否有差错；样品桶上贴错标签 检查实验室内的空气是否有杂质(即氯化烃或硫化物)
4. 辛烷值机的机械噪声	活塞销子与轴承间隙过大 活塞裙部间隙过大 连杆轴瓦松动 曲轴轴承松动 飞轮在轴上固定不紧 定时齿轮的齿间间隙过大或间距过大 凸轮轴的轴向间隙过大 松动的皮带撞击声	检查机械噪声，可将压缩比降低，用高辛烷值燃料，使之不产生爆震。例如，将压缩比调到计数器 264，用异辛烷加铅燃料。
5. 排气系统的"二次燃烧"	点火系统失灵 发动机着火不良 排气阀关不严 点火定时延迟 阀定时不准 燃料-空气比过大	二次燃烧导致排气系统的部件破裂，应立即排除
6. 汽化器的故障	针型阀关不严，汽化器浮子损坏，汽化器喷油嘴选择不当，汽化器喷油嘴堵塞，三通阀孔或垂直的喷油嘴堵塞，汽化器喉管安装不合要求或喉管的尺寸大小与大气压不相称等 燃料选择阀的旋塞上出现环型划痕	检查汽化器
7. 油耗过多	活塞，活塞环或气缸磨损过大 活塞，活塞环或气缸被划出沟痕 活塞环卡住，无弹性或坏了 油杯或排油孔堵塞 润滑油牌号不对 曲轴箱润滑油液面太高 漏油 连杆轴承松动 连杆没有找直(扭曲) 油压太高 曲轴箱呼吸阀堵塞	检查活塞，活塞环或气缸

标准试验条件下，试验燃料与标准燃料混合液的抗爆震相等时，标准燃料中，异辛烷含量的________就是该试验燃料的辛烷值。

训练

1. 燃料的抗爆性与分子结构的关系是：相对分子质量接近时，(　　)。

(A)正构烷烃最易产生爆震　(B)芳烃最不容易产生爆震

(C)烯烃最易产生爆震　(D)环烷烃最不容易产生爆震

2. 用内插法测定燃料的辛烷值，测定完第二个内差参比燃料后，应进行(　　)。

(A)检查标准爆震强度一致性　(B)测定第三个内差参比燃料

(C)配制第三个参比燃料　(D)检查燃料液面

3. 用压缩比法测定燃料辛烷值，属于确定标准爆震强度的操作是(　　)。

(A)把压缩比调整到符合要求的数值　(B)调整压缩比使读数为 50

(C)调整爆震仪使爆震表达 50　(D)调整参比燃料液面

4. 辛烷值机每天的维护保养项目包括(　　)。

(A)检查气化器管路是否泄漏　(B)润滑

(C)检查点火系统　(D)检查气阀间隙

5. 辛烷值分析过程中，试验机转不起来，正确的处理是(　　)。

(A)用手旋转试验机飞轮　(B)检查单相电源

(C)检查三相电源　(D)检查同步马达

6. 辛烷值分析过程中，试验机产生机械噪声，正确的处理是(　　)。

(A)检查连杆轴瓦是否松动　(B)检查曲轴轴承是否松动

(C)检查皮带是否松动　(D)检查飞轮是否在轴上固定不紧

7. 辛烷值分析过程中，油耗过多的原因包括(　　)。

(A)漏油　(B)油压低

(C)润滑油牌号不对　(D)曲轴箱润滑油液面太低

课题 4　沥青针入度测定(GB/T 4509—1998)

沥青针入度用于说明沥青黏稠程度，沥青的针入度越大，说明沥青黏稠程度越小，沥青越软。

4.1　定义及方法概要

针入度：在规定条件下，标准针垂直穿入沥青试样中的深度，以 1/10mm 表示。

方法概要：沥青的针入度以标准针在一定的载荷、时间及温度条件下垂直穿入沥青试样的深度表示，单位为 1/10mm。除非另行规定，标准针、针连杆与附加砝码的总重量为(100±0.05)g，温度为(25±0.1)℃，时间为 5s。

特定试验可采用的其他条件如表 7-3。

表 7-3　特定试验条件

温度/℃	载荷/g	时间/s	温度/℃	载荷/g	时间/s
0	200	60	46	50	5
4	200	60			

特定试验，报告中应注明试验条件。

4.2 仪器

针入度仪：能使针连杆在无明显摩擦下垂直运动，能指示穿入深度，精确到0.1mm。

标准针：由硬化回火的不锈钢制成，洛氏硬度为54~60。

试样皿：根据不同的针入度选择不同直径、深度的试样皿。

恒温水浴：不少于10L，能保持温度在试验温度下控制在0.1℃范围内。

平底玻璃皿：不少于350mL，内设不锈钢三角支架，以保证试样皿稳定。

计时器：刻度为0.1s，60s内准确度达到±0.1s。

温度计：液体玻璃温度计，0~50℃，分度值0.1℃。

4.3 准备工作

小心加热，搅拌样品，使其能够流动，时间不超过30min，同时避免试样进入气泡。加热温度焦油沥青≯60℃，石油沥青≯90℃。

将试样倒入预先选好的试样皿中，其深度大于预计穿入深度10mm。同时将试样倒入两个试验皿。松松的盖住试样皿以防灰尘落入，在15~30℃室温下冷却。(小试样皿：1~1.5h，大试样皿：1.5~2.0h)然后将两个试验皿和平底玻璃皿一起放入恒温浴中，水面应没过试样表面10mm以上。在规定的试验温度下冷却。小试样皿：1~1.5h，大试样皿：1.5~2.0h。

4.4 试验步骤

调节针入度仪水平，检查针连杆和导轨，确保上面无水和其他杂质。

将已恒温到试验温度的试样皿和平底玻璃皿取出，放置在针入度仪的平台上。慢慢放下针连杆，使针尖刚刚接触到试样表面，拉下活杆，使其与针连杆顶端相接触，调节针入度仪上的表读数为零。

用手紧压按钮，同时启动秒表，使标准针自由下落穿入沥青试样。到规定时间停压按钮，使标准针停止移动。

拉下活杆，再使其与针连杆顶端相接触，此时表盘指针读数即为试样的针入度。

同一试样至少重复测定三次。每一试验点的距离和试验点与试样皿边缘的距离都不小于10mm。每次测定需用干净的针。当针入度大于200时，至少用三根针，每次试验用的针留在试样中，直到三根针扎完时再取出。针入度小于200时，可将针取下，用合适溶剂擦净后继续使用。

1. 将试样倒入预先选好的试样皿中时，试样的深度应大于预计穿入深度________mm。

2. 采用GB/T 4509测定石油沥青的针入度，同一试样应重复测定至少________次。

4.5　准确度

三次测定结果取平均值，取至整数为试验结果。三次测定的针入度值相差不应大于表7-4中的数值。

表 7-4　沥青针入度数值的重复性和再现性

针入度	0~49	500~149	150~249	250~350
最大差值	2	4	6	8
重复性	不大于平均值的 4%			
再现性	不大于平均值的 11%			

训练

1. 在4℃的特定条件下测定石油沥青的针入度，试验时间为(　　)。

(A)5s　　(B)60s　　(C)10s　　(D)30s

2. 应用 GB/T 4509 测定针入度为 200 的试样，三次测定的最大差值不应大于(　　)单位。

(A)2　　(B)4　　(C)6　　(D)10

3. 采用 GB/T 4509 测定石油沥青的针入度，各测定点之间的距离不应小于(　　)mm。

(A)5　　(B)10　　(C)15　　(D)20

4. 对于针入度数据处理的叙述，正确的是(　　)。

(A)测定结果是两次测定的平均值　　(B)保留至整数

(C)测定结果是三次测定的平均值　　(D)保留一位小数

训练题答案

模块一　相关知识

单元一　化工样品采样制样

课题二

1. A　2. C　3. B　4. A　5. B　6. B　7. B　8. D　9. B　10. A

课题三

1. D　2. D　3. C　4. B　5. C　6. C　7. C　8. D　9. D　10. D　11. C　12. A　13. B　14. D　15. D

单元二　工艺基础知识

1. A　2. A　3. C

单元三　电工基础知识

1. 3　2. C　3. 不变　4. 等于原来每根电阻的 1/3　5. B　6. 1A　7. C　8. C　9. ABD

模块二　化学基础知识

单元一

1. A　2. D　3. A　4. C　5. B　6. B　7. B　8. C　9. AC　10. A　11. C　12. A　13. C　14. CD　15. C　16. BCD　17. C　18. C　19. D　20. C

单元二

1. B　2. D　3. D　4. CD　5. D　6. C　7. D　8. D　9. D　10. B　11. C　12. ABD　13. B　14. B　15. ABD　16. C　17. C　18. ABC

单元三

1. D　2. C　3. ACD

单元四

1. A　2. B　3. D　4. A　5. D　6. D　7. D　8. B　9. C　10. D　11. B　12. D　13. C　14. B　15. A　16. AC　17. B　18. B　19. ACD　20. B　21. C　22. D　23. D　24. B　25. D　26. B　27. ACD　28. A　29. B　30. CD　31. A　32. B　33. BCD　34. D　35. C　36. B　37. BD

模块三　化学分析

单元一

1. D　2. A　3. AC　4. ACD　5. B　6. D　7. B　8. B　9. ABD　10. 符合要求

单元二

1. 19.5%　2. 59.8%　3. 64mL　4. 1.6g/L　5. 1766　6. 2.55　7. 1：1　8. 33.07%　9. 97.4%　10. 97.94%　11. 19.66%　12. 78.67%　13. 95.04%　14. 0.00840mol/L　15. 0.1752mol/L　16. 0.08601mol/L

单元三

1. B 2. AB 3. B 4. A 5. C 6. B 7. C 8. D 9. B 10. D 11. C 12. AC 13. ABC

单元四

1. B 2. D 3. A 4. C 5. D 6. ABC 7. AB 8. C 9. A 10. B 11. AC 12. ABC

单元五

1. D 2. A 3. ACD 4. A 5. B 6. B 7. B 8. B 9. D 10. D 11. BC 12. BCD 13. C 14. ABD

单元六

1. A 2. ABC 3. B 4. B 5. ABC 6. ACD 7. CD

单元七

1. ABC 2. C 3. D 4. B 5. 65.38%，34.62%

模块四 色谱分析

单元一

1. D 2. B 3. A 4. D 5. C 6. B 7. C

单元二

1. A 2. D 3. A 4. C 5. ABD

单元三

1. C 2. D 3. B 4. D 5. C 6. B 7. C 8. C 9. ABCD 10. ABC 11. D 12. D 13. C 14. A 15. C 16. A

单元四

1. C 2. A 3. D 4. D 5. B 6. C 7. D 8. C 9. C

单元五

1. D 2. A 3. A 4. C 5. D 6. A 7. AC 8. A 9. B 10. A 11. C 12. D 13. A 14. C

单元六

1. B 2. AB 3. B 4. C 5. D 6. D 7. ABC 8. BC 9. C 10. B 11. ABCD 12. A 13. C 14. C 15. AB 16. B 17. B 18. C 19. BCD 20. B 21. D 22. ABC 23. A 24. B 25. A 26. A 27. B

单元七

1. A 2. BCD 3. D 4. B 5. ACD 6. C 7. B 8. BCD 9. C 10. D 11. C 12. AB 13. A 14. AB 15. D 16. C 17. ABD 18. B 19. ABC 20. ABD 21. C 22. AB

模块五 电化学分析

单元一

1. C 2. ACD 3. A 4. B 5. ACD 6. A 7. C 8. ABD 9. A 10. C 11. B 12. (1)电池符号：Pt，$H_2(P=x\text{atm})$ | $H^+(y\text{mol/L})$ $Cl^-(y\text{mol/L})$ | AgCl，Ag

(2)电池符号：Cd(Hg) | $CdSO_4\cdot 8/3H_2O$(饱和)，Hg_2SO_4(固体) | Hg

单元二

1. C 2. B 3. A 4. C 5. C 6. B 7. 不可行 8. 10^{-5}mol/L

单元三

1. C　2. A　3. B　4. D　5. C　6. D　7. B　8. C　9. C　10. C　11. ABC　12. ABCD

单元四

1. B　2. C　3. C　4. A　5. C　6. A　7. A　8. ABC

单元五

1. B　2. A　3. B　4. A　5. D　6. ABD　7. ACD

8. 1)根据被测物质的含量、滴定体系、干扰离子情况、工作电极面积及要求测量的精度等条件选择。2)终点判断方式和终点判断电路的灵敏度也影响到电解电流的选择。

9. 96%　10. 0. 813426. 8

模块六　光化学分析

单元一

1. AC　2. C　3. ABCD　4. BD　5. A　6. BD　7. AB　8. C

单元二

1. B　2. AB　3. CD　4. CD　5. C　6. D　7. ABC　8. B　9. BC　10. AB　11. ABCD　12. A　13. B　14. A　15. C　16. BCD　17. ABCD　18. B　19. AD　20. A

单元三

1. B　2. C　3. AB　4. A　5. A　6. AB　7. A　8. BCD　9. C　10. BC　11. C　12. B　13. BA　14. A　15. AB　16. A　17. ABC

单元四

1. ABCD　2. AB　3. ABD　4. BD　5. ABC　6. B　7. C　8. C　9. ABCD　10. C　11. ABCD　12. C　13. A　14. A

模块七　油 品 分 析

单元一

课题 1

1. B　2. D　3. C　4. AC　5. A　6. AC　7. ABCD

课题 2

1. A　2. C　3. ABD　4. D　5. ABCD　6. ABC　7. ABC

单元二

课题 1

1. C　2. C　3. D　4. D　5. C　6. C

课题 2

1. A　2. B　3. C　4. C　5. D　6. D

单元三

课题 1

1. D　2. AD　3. B　4. B　5. ABC　6. C

课题 2

1. B　2. C　3. C　4. B　5. ABC　6. C　7. ABD

单元四

课题 1

1. A　2. C　3. B　4. B　5. AB　6. ABCD　7. D　8. ABC

课题 2

1. BD　2. D　3. ABD　4. D　5. B　6. BC　7. ABC

单元五

课题 1

1. C　2. AC　3. C　4. D　5. ABCD　6. A　7. ABC

课题 2

1. AD　2. BC　3. C　4. ABCD　5. D　6. B　7. B

单元六

课题 1

1. D　2. C　3. B　4. C　5. C　6. D

课题 2

1. A　2. A　3. B　4. B　5. ABCD　6. A　7. B

课题 3

1. A　2. ABCD　3. C　4. B　5. C　6. ABD　7. B　8. ABCD

课题 4

1. A　2. B　3. A　4. C

单元七

课题 1

1. ABD　2. A　3. D　4. ABD　5. ABC　6. D　7. ABCD　8. ABD

课题 2

1. B　2. A　3. B　4. C　5. BD　6. ABC　7. B　8. BD

课题 3

1. AB　2. A　3. ACD　4. ABCD　5. ABCD　6. ABCD　7. AC

课题 4

1. B　2. C　3. B　4. BC

参 考 文 献

1 陆士庆．炼油工艺学．第二版．北京：中国石化出版社，2005
2 陆良福．炼油过程与设备．第二版．北京：中国石化出版社，2006
3 蔡世干等．石油化工工艺学．北京：中国石化出版社，1993
4 温铁坚．化学分析．北京：中国石化出版社，1991
5 刘珍．化验员读本．第四版．北京：化学工业出版社，2003
6 许晓文等．定量化学分析．第二版．天津：南开大学出版社，2004
7 黄一石等．定量化学分析．北京：化学工业出版社，2004
8 肖新亮等．实用分析化学．天津：天津大学出版社，1997
9 周玉敏．分析化学．北京：化学工业出版社，2002
10 钟洪辉．电化学分析法．重庆：重庆大学出版社，1991
11 严辉宇．库仑分析．北京：新时代出版社，1985
12 方建安等．电化学分析仪器．南京：东南大学出版社，1992
13 张金锐．微库仑分析原理及应用．北京：石油工业出版社，1984
14 叶宪曾．仪器分析教程．第二版．北京：北京大学出版社，2007
15 邵丽华．仪器分析．北京：人民卫生出版社，2004
16 武汉大学化学系．仪器分析．北京：高等教育出版社，2001
17 林俊杰等．无机化学．第二版．北京：化学工业出版社，2007
18 池雨芮．无机化学．北京：化学工业出版社，2006
19 中石化职业技能鉴定指导中心．化工分析工．北京：中国石化出版社，2006
20 贺红举．有机化学．北京：化学工业出版社，2006
21 刘军等．有机化学．北京：化学工业出版社，2007
22 许国旺等．现代实用气相色谱法．北京：化学工业出版社，2004
23 吴烈钧．气相色谱检测方法．第二版．北京：化学工业出版社，2005
24 王立，汪正范．色谱分析样品处理．第二版．北京：化学工业出版社，2006
25 杨海鹰等．气相色谱在石油化工中的应用．北京：化学工业出版社，2005
26 刘国诠，余兆楼．色谱柱技术．第二版．北京：化学工业出版社，2006
27 汪正范．色谱定性与定量．第二版．北京：化学工业出版社，2007
28 傅若农．色谱分析概论．第二版．北京：化学工业出版社，2005